高职高专国家示范性院校系列教材

# 电子产品检修技术

主　编　王成福

副主编　朱苏航　诸葛坚　陈桂兰

西安电子科技大学出版社

## 内容简介

本书根据教育部最新职业教育教学改革要求，结合编者二十多年的课程教学改革经验，以典型电子产品的组成原理分析以及维修岗位的技术要求为主线进行编写。本书共7章，主要内容包括：电源应用知识、电子产品维修工具及检修方法、常用电子元器件、LED应急照明灯具、台式电脑主板电路及维修、计算机数据恢复技术、“电子产品芯片级检测维修与数据恢复”技能大赛。本书沿着电子产品检修任务这条主线，从电源供给、单元电路功能实现、元器件应用以及检修方法入手，配以相应的理论知识和技能实训，注重电路应用能力的培养，便于读者高效地学习相关知识与技能。

本书由全国职业院校技能大赛的成果转化而来，并吸纳了一线教师的教学经验和合作企业的开发成果，通俗易懂、内容精练、理实结合、实用性强。

本书可作为电子信息类、计算机类、自动化类、机电类专业的电子产品检修技术课程的教材，也可作为应用型本科、开放大学、继续教育、自学考试和培训班的教材，还可作为电子产品设计与检修技术人员的参考用书。

**图书在版编目(CIP)数据**

**电子产品检修技术**/王成福主编. —西安：西安电子科技大学出版社，2020.4
ISBN 978-7-5606-5597-0

Ⅰ.①电… Ⅱ.①王… Ⅲ.①电子产品—检修—教材 Ⅳ.①TN07

**中国版本图书馆CIP数据核字(2020)第043011号**

策划编辑 高 樱
责任编辑 郑一锋 雷鸿俊
出版发行 西安电子科技大学出版社(西安市太白南路2号)
电 话 (029)88242885 88201467 邮 编 710071
网 址 www.xduph.com 电子邮箱 xdupfxb001@163.com
经 销 新华书店
印刷单位 陕西天意印务有限责任公司
版 次 2020年4月第1版 2020年4月第1次印刷
开 本 787毫米×1092毫米 1/16 印张 19.5
字 数 461千字
印 数 1～3000册
定 价 44.00元
ISBN 978-7-5606-5597-0/TN

**XDUP 5899001-1**

# 前　　言

电子产品的生产过程离不开在线维修，电子产品出厂后必须有售后维修服务。因此，“电子产品检修技术”课程成为电子信息类和机电类专业的重要专业课程。

本书是编者在二十多年来从事高职教育教学研究和工程应用实践以及总结电子产品检修与相关技能指导经验的基础上编写的。本书具有以下特点：

(1) 依据专业教学标准设置知识结构，注重行业发展对课程内容的要求，精选典型案例，设计教学内容。

(2) 坚持以维修岗位需要为主线，遵守行业作业标准，按照“问题导向、任务驱动、学做结合、操作规范”的思路进行编写。

(3) 在处理电脑主板故障时，将软件应用与硬件维修相结合，贯彻理论指导实践的思想，突出实用性，重视基本应用能力以及通用维修技能的培养。

(4) 在结构组织上，从简单到复杂，由浅入深，层次分明，有助于读者结合自身实际有选择地开展高效学习。

本书共分7章。第1章详细介绍了电子产品的4种常用电源的电路组成、工作原理、故障检修以及安全注意事项；第2章主要介绍了常用维修工具、检测仪表的使用、基本维修方法以及检修注意事项等；第3章概要介绍常用贴片器件的识读、参数测量及应用方法等；第4章详细分析了LED应急照明电路的组成、工作原理以及常见故障的维修方法等；第5章详细介绍了台式电脑主板的电路组成、工作原理、常见故障现象及维修方法等；第6章主要介绍了计算机数据存储介质与存储原理、数据丢失原因及常用数据恢复软件的使用方法等；第7章简单介绍了全国职业院校技能大赛“电子产品芯片级检测维修与数据恢复”赛项的相关内容，包括PC系列板卡、NB系列板卡、MO系列板卡的电路功能分析、检测和维修。

本书由金华职业技术学院王成福任主编，朱苏航、诸葛坚、陈桂兰任副主编。本书的出版得到了西安电子科技大学出版社和金华职业技术学院领导的大力支持，在此表示衷心感谢。

由于编者水平和经验有限，书中难免有不妥之处，敬请读者批评指正。

编　者

2019年7月

# 目　　录

# 第 1 章　电源应用知识

- 交流电源
- 直流稳压电源
- 开关稳压电源
- 直流充电电源

## 导入语

按基本形态分类，能源可分为一次能源和二次能源。一次能源，即天然能源，指在自然界存在的能源，如煤炭、石油、天然气、水能等。二次能源是指由一次能源加工转换而成的能源产品，如电力、煤气、蒸汽及各种石油制品等。一次能源又可分为可再生能源(水能、风能、太阳能、波浪能、潮汐能、海洋温差能、地热能及生物质能等)和非再生能源(煤炭、石油、天然气、油页岩、核能等)。发电装置是将其他形式的能转换成电能的装置。根据“磁生电”原理，发电机能把机械能转换成电能，如火力发电机组和水力发电机组。太阳能发电是指直接将光能转变为电能的发电方式，包括光伏发电、光化学发电、光感应发电和光生物发电。通过氧化还原反应而产生电流的装置称为原电池，也可以说是把化学能转变成电能的装置。干电池属于化学电源中的原电池，是一种一次性电池。电源是向电子设备提供功率的装置，也称电源供应器，它提供电子设备中所有部件所需要的电能。电源功率的大小，电流和电压是否稳定，将直接影响电子设备的工作性能和使用寿命。常见的电源有交流电源、直流电源、电池等。

本章将介绍电源应用的基本知识，包括单相交流电源和三相交流电源的特点及应用、直流稳压电源的组成及应用、开关稳压电源的组成及应用、直流充电电源的组成及应用。

## 学习目标

- 了解常见电子产品的电源类型；
- 能正确选择与安全使用交流电源；
- 能正确分析、使用与检修直流稳压电源；
- 能正确分析、使用与检修开关稳压电源；
- 能正确分析、使用与检修直流充电电源。

## 1.1　交 流 电 源

### 1. 电能的作用

电能是用途最广泛的能源之一，电能的利用是 19 世纪 60 年代后期开始的第二次工业革命的主要标志，从此人类社会进入了电气时代。电能被广泛应用在动力、照明、冶金、化学、纺织、通信、广播等各个领域，是科学技术发展、国民经济飞跃的主要动力。

**2. 电能的产生**

电能主要来自其他形式能量的转换，包括水能(水力发电)、热能(火力发电)、原子能(核电)、风能(风力发电)、化学能(电池)及光能(光电池、太阳能电池、太阳能发电等)等。电能生产一般是在煤炭、水利、风力、日照等资源丰富的地方建立发电厂，将发出的电再通过输电线传送到远距离供用户使用。电能可分为直流电能、交流电能、高频电能等，这几种电能均可相互转换。

**3. 交流电源**

交流电源是通过插头与插座或导线连接来提供交流电力的装置。产生、输送、分配以及应用电能的系统称为电力系统。在电力系统中连接发电设备到用电设备之间的输配电系统称为电网。电路是电流流通的路径，一般由用电设备和元器件根据某种需要按一定方式组合起来，主要实现电能的传输和转换或者实现信号的传递和处理等功能。

电子产品的常用电源

## 1.1.1 单相交流电源

**1. 交流电的电压波形**

交流电流(Alternating Current，AC)是指电流方向随时间作周期性变化的电流，其在一个周期内的运行平均值为零。不同于直流电流，交流电流的方向是随着时间发生改变的。交流电压的波形通常为正弦曲线，但实际上还有应用其他的波形，例如三角形波、矩形波等。单相电(Single-phase electric power)是指一根相线 L(俗称火线)和一根零线 N 构成的电能输送形式，必要时会有第三根线(地线 PE)，用来防止触电。

我国城乡使用的单相交流电(市电)，频率规定为 50 Hz，波形为正弦曲线，额定电压为 220 V，供电视机、电冰箱、电饭煲等家用电器使用，使用时只要将负载和电源的火线与零线相连即可。正弦交流电电压波形如图 1-1 所示。

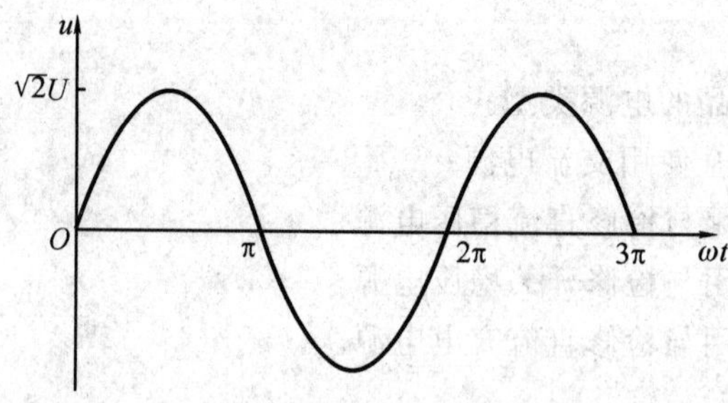


图 1-1 正弦交流电电压波形

**2. 交流电的频率**

交流电的频率是指单位时间内周期性变化的次数，单位是赫兹(Hz)，与周期成倒数关系。日常生活中的交流电的频率一般为 50 Hz 或 60 Hz，而无线电技术中涉及的交流电频率一般较大，达到千赫兹(kHz)甚至兆赫兹(MHz)的度量。不同国家的电力系统的交流电频率不同，通常为 50 Hz 或者 60 Hz。在亚洲使用 50 Hz 的国家与地区主要有中国、日本、泰国、印度和新加坡，而韩国、菲律宾和中国台湾地区使用 60 Hz，欧洲大部分国家使用 50 Hz 赫兹，美洲使用 60 Hz 的国家主要是墨西哥、美国、加拿大。

**3. 交流电压的峰值和有效值**

正余弦交流电的峰值与振幅相对应，而有效值大小则由相同时间内产生相当焦耳热的直流电的大小来等效。交流电峰值与均方根值(有效值)的关系为

$$U_{\text{peak}} = \sqrt{2}U \tag{1-1}$$

有效值 $U$ 也叫均方根值。正弦交流电的有效值是其峰值的 $1/\sqrt{2}$。例如，城市生活用电 220 V 表示的是有效值，而其峰值约为 311 V。正弦交流电在一个周期内的平均值为零。在电表测量中，根据交流电在正半个周期内的平均值来响应，平均值等于交流电峰值的 $2/\pi$，并将电表刻度按有效值来标记，即电表测量交流电的有效值。

**4. 交流电的瞬时功率与有功功率**

交流电的功率有瞬时功率、视在功率、有功功率和无功功率。正弦交流电的瞬时功率 $P(t)$ 为

$$P(t) = u(t)i(t) = U_0\sin(\omega t + \varphi)\cdot I_0\sin\omega t \tag{1-2}$$

式中，$U_0$ 为电压峰值，$\omega$ 为角频率，$t$ 为时间，$\varphi$ 为电压与电流之间的相位差，$I_0$ 为电流峰值。正弦交流电在一个周期内的平均功率 $\overline{P}$ 为

$$\overline{P} = P = UI\cos\varphi \tag{1-3}$$

式中，$U$ 为电压有效值，$I$ 为电流有效值，$\cos\varphi$ 为功率因数。交流电的平均功率又称有功功率，单位是 W，它是保持用电设备正常运行所需的电功率，也就是将电能转换为其他形式能量(机械能、光能、热能)的电功率。

**5. 交流电的视在功率**

交流电的视在功率 $S$ 为

$$S = UI \tag{1-4}$$

视在功率的单位是 V·A，它反映了为确保网络能正常工作，外电路需要传给网络的功率容量。对于非纯电阻电路，电路的有功功率小于视在功率；对于纯电阻电路，视在功率等于有功功率。如果网络中既存在电阻，又存在电感、电容等储能元件，那么外电路除了必须提供其正常工作所需的有功功率外，还应有一部分能量被贮存在电感、电容等元件中，这就是视在功率大于平均功率的原因。只有这样，网络或设备才能正常工作，若按平均功率给网络提供电能是不能保证网络正常工作的。因此，在实际中通常用额定电压和额定电流来设计和使用用电设备，而用视在功率来标示它的容量。

**6. 交流电的无功功率**

交流电的无功功率 $Q$ 为

$$Q = UI\sin\varphi \tag{1-5}$$

交流电的无功功率是用来在电气设备中建立和维持电磁场的电功率。凡是有电磁线圈

的电气设备，要建立磁场，就要消耗无功功率。无功功率绝不是无用功率，它的用处很大。例如，一盏 40 W 的日光灯，除需要 40 W 有功功率(镇流器也需消耗一部分有功功率)来发光外，还需要 80 var 左右的无功功率供镇流器的线圈建立交变磁场。由于它对外不做功，所以被称为“无功”功率；又如，电风扇的电动机需要建立和维持旋转磁场，使转子转动，从而带动机械运动，电动机的转子磁场就是靠从电源取得无功功率建立的。交流电的视在功率 $S$ 和有功功率 $P$ 与无功功率 $Q$ 的关系为

$$S^2 = P^2 + Q^2 \tag{1-6}$$

**★ 即问即答**

用万用表(或交流电压表)测得交流电压的数值是(　)。

A. 瞬时值　B. 平均值　C. 有效值　D. 最大值

## 1.1.2　三相交流电源

与单相交流电路相比，三相正弦交流电路在电能生产、输送、分配和应用等方面具有一系列显著优点，得到世界各国的普遍应用。工业、农业、日常生活供电均为三相交流电源，我们使用的单相交流电源只是三相交流电源中的一相。电动机等大功率用电设备通常都是三相负载，可以直接与电压等级相符的三相电源连接。功率较小的单相负载通常接在三相电源中的一相上使用。

**1. 三相交流电压波形**

三相正弦交流电源，是由三个频率相同、振幅相等、相位依次互差 120°的交流电势组成的电源，其 A、B、C 三个相电压的波形如图 1-2 所示。

三个相电压的表达式为

$$\begin{cases} e_A = E_m \sin(\omega t) \\ e_B = E_m \sin(\omega t - 120°) \\ e_C = E_m \sin(\omega t - 240°) \end{cases} \tag{1-7}$$

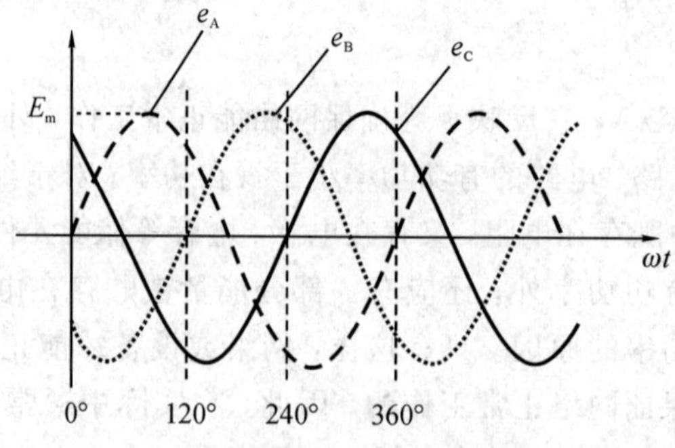


图 1-2　三相交流电压波形

**2. 三相四线制供电系统**

如果将电力变压器次级三个绕组的末端连在一起，用一条中性线(零线)N 引出，再分别从三个相电源的始端引出三条线，称为相线(火线)，就构成了三相四线制供电系统，如

图 1-3 所示。相线和零线之间的电压称为相电压，相线与相线之间的电压称为线电压。三相电的颜色 A 相为黄色，B 相为绿色，C 相为红色。在我国的 380 V/220 V 供电系统中，任意两相之间的线电压都是 380 V，任一相线对中性线的相电压都是 220 V。三相交流电因用途不同还有相电压为 660 V 、6000 V 等的供电系统。

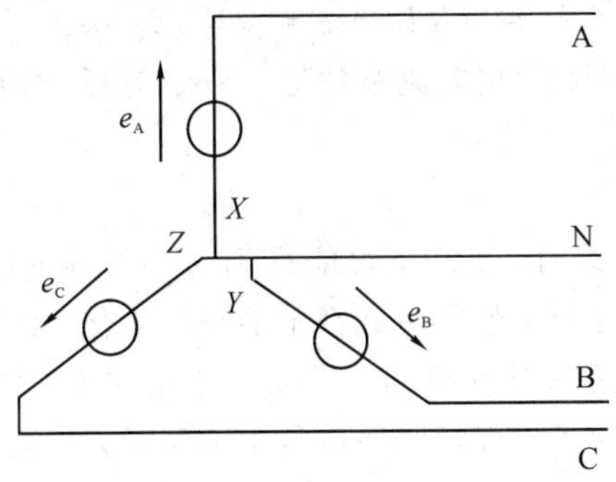


图 1-3　星形连接的三相四线制供电系统

### 3. 三相负载的星形连接电路

1）单相/三相负载星形连接电路

根据负载类型的不同，三相交流电路有星形连接和三角形连接两种接法。星形连接采用三相四线制电路，适用于大批量的单相负载（例如照明灯）和对称的三相负载（例如三相电动机），如图 1-4 所示。在连接负载时，单相负载和其中的一根火线及零线相连，各相所连接的照明灯功率尽可能相同，三相对称负载和全部三根火线及零线相连，电源的线电压为 380 V，电源的相电压为 220 V。

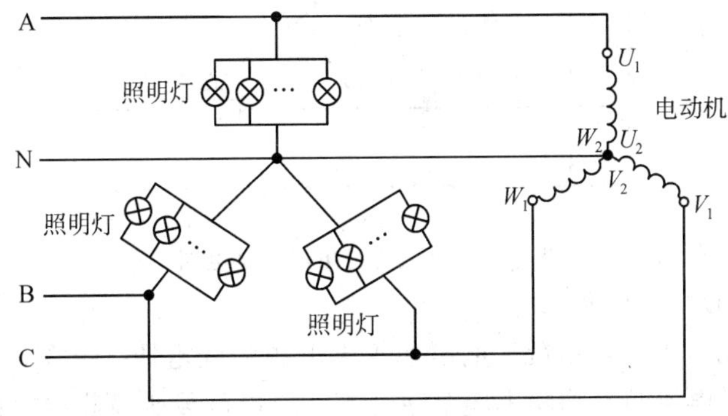


图 1-4　负载的星形连接电路

2）星形连接时的功率计算

当三相负载不对称时，各相负载电压均等于电源的相电压 220 V，各相负载的相电流等于相应的线电流，但各相电流与有功功率应单独计算，三相负载所吸收的总的有功功率 $P$ 等于各相有功功率（$P_A$、$P_B$、$P_C$）之和，即

$$P = P_A + P_B + P_C = U_{PA} I_{PA} \cos\varphi_A + U_{PB} I_{PB} \cos\varphi_B + U_{PC} I_{PC} \cos\varphi_C \qquad (1-8)$$

式中，$U_{PA}$为 A 相相电压有效值，$I_{PA}$为 A 相相电流有效值，$\cos\varphi_A$ 为 A 相功率因数；$U_{PB}$为

B 相相电压有效值，$I_{PB}$ 为 B 相相电流有效值，$\cos\varphi_B$ 为 B 相功率因数；$U_{PC}$ 为 C 相相电压有效值，$I_{PC}$ 为 C 相相电流有效值，$\cos\varphi_C$ 为 C 相功率因数。

当三相负载对称时，相电压均为 220 V，三相电流对称，各相的相电流、相位差和有功功率均相等，三相负载所吸收的总的有功功率 $P$ 可按下式计算：

$$P = 3U_P I_P \cos\varphi = \sqrt{3}U_L I_L \cos\varphi \tag{1-9}$$

式中，$U_P$ 为相电压有效值，$I_P$ 为相电流有效值，$\cos\varphi$ 为任一相的功率因数，$U_L$ 为线电压有效值，$I_L$ 为线电流有效值。

3）星形连接的注意事项

负载不对称而又没有中线时，负载上可能得到大小不等的电压，有的超过用电设备的额定电压，有的达不到额定电压，使得负载都不能正常工作。比如，照明电路中各相负载不能保证完全对称，必须保证零线连接可靠。零线的作用在于，使星形连接的不对称负载能得到相等的相电压 220 V。为了确保零线在运行中不断开，其上不允许接熔断器，也不允许接开关。

**4. 三相负载的三角形连接电路**

1）380 V 单相负载/三相负载的三角形连接电路

三角形连接采用三相三线制电路，适用于额定电压为 380 V 的单相负载（例如空气压缩机、电焊机、电炉及变电站用整流设备）和对称的三相负载（例如三相电动机），如图 1－5 所示。

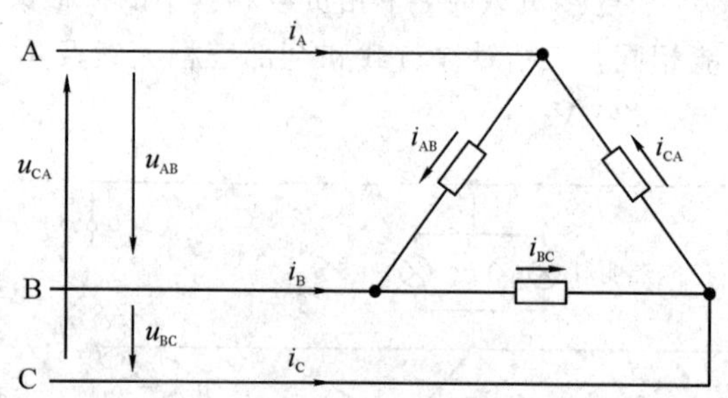


图 1－5　负载的三角形连接电路

2）三角形连接的功率计算

当三相负载不对称时，各相负载电压均等于电源的线电压 380 V，各线电流由相邻两相电流决定，但各相电流与有功功率应单独计算，三相负载所吸收的总的有功功率等于各相有功功率之和，即仍可按照式（1－8）来计算，但此时的相电压应为 380 V。

当三相负载对称时，相电压均为 380 V，三相电流对称，各相的相电流、相位差和有功功率均相等，三相负载所吸收的总的有功功率仍可按照式（1－9）来计算。

**★ 即问即答**

三相电动机接在同一电源中，作三角形连接时的总功率是作星形连接时的（　）倍。

A. 1　　B. 3　　C. 1.732　　D. 9

### 1.1.3　安全用电知识

电给人们的生产生活带来了很大的便利，但是，如果不注意安全用电，则会引起不必要的伤害或损失。例如，触电可造成人身伤亡，设备漏电产生的电火花可能酿成火灾、爆炸。因人体接触或接近带电体导致电流经过人体的现象称为触电。一旦发生触电事故，应立即组织人员急救。首先要尽快使触电者脱离电源，然后根据触电者的具体情况，采取相应的急救措施，这是抢救触电者生命的关键。同时，掌握用电事故的处理技巧也很重要，如因家用电器着火引起火灾，必须先切断电源，然后再进行救火，以免触电伤人。因此，学习安全用电知识、严格执行安全操作规程、正确安装使用电器、对用电线路和设备进行定期安全检查是确保人身安全、避免设备财产损失的重要举措。

**1. 触电对人体伤害程度的影响因素**

1）电流大小的影响

流经人身的电流大小会直接影响人体因触电所受到的伤害程度。当人体流过工频1 mA或直流 5 mA 的电流时，人体就会有麻、刺、痛的感觉，这种电流称为感知电流。正常人触电后能自主摆脱的最大电流称为摆脱电流，工频摆脱电流约 16 mA(大约 50％的成年男子和成年女子的摆脱电流分别约为 16 mA 和 9 mA)。当人体流过工频 20～50 mA 或直流80 mA电流时，人就会产生麻痹、痉挛、刺痛的感觉，同时血压升高，呼吸困难，自己不能摆脱电源，会有生命危险。当人体流过 100 mA 及以上电流时，可很快使人致命，因此通常将 100 mA 及以上电流定为致命电流。

2）电流持续时间的影响

在电流相同情况下，持续时间越长，触电后果就越严重。触电电流的毫安数乘以持续时间，以 mA · s 表示，可作为触电危害的衡量指标。我国规定 30 mA · s 为安全值，超过这个数值，就会对人体造成伤害。因此，从保护人身安全的角度出发，30 mA · s 是规定漏电保护装置主要技术指标的依据。

3）电流频率的影响

一般来说，频率在 25～300 Hz 的电流对人体触电的伤害程度最为严重。低于或高于此频率段的电流对人体触电的伤害程度明显减轻。

4）电流流经途径的影响

当电流通过人体心脏、脊椎或中枢神经系统时，危险性最大。通常认为头部触电及从一只手到另一只手或从手到脚的触电是最危险的。从脚到脚的触电，危险性最小。

5）人体电阻的影响

在一定电压作用下，流过人体的电流与人体电阻成反比。有关研究结果表明，人体电阻在正常条件下一般为 800～3000 Ω。人体电阻与皮肤状态有关，如皮肤在干燥、洁净、无破损的情况下，可高达几十千欧，而潮湿的皮肤，其电阻可能在 800 Ω 以下。小孩、成年女性的人体电阻一般比成年男性的小一些。

6）人体状况的影响

电流对人体的伤害程度与人的性别、年龄、身体及精神状态有很大的关系，主要是因为人体电阻不同以及心脏器官忍受极限能力不同。一般来说，女性比男性对电流敏感；小孩比大人敏感；体弱多病者比健康者敏感。

**2. 触电方式和触电原因**

1）单相触电

当人体触到一根相线或者与相线相连的其他带电体时，电流从相线经人体和大地形成回路，就构成了单相触电。

2）两相触电

当人体两个不同部位同时触到三相供电系统中任意两根相线时，电流从一根相线经人体和另一根相线形成回路，就构成了两相触电。

3）跨步电压触电

当人的双脚同时踩在不同电位的地面(如带电高压线断线落地周围)时，由于两脚之间有电位差而产生触电电流，就构成了跨步电压触电。

4）感应电压触电

靠近高压未做接地的金属体或架空线路时，在强电场的作用下会产生感应电压。感应电压分为静电感应电压和交流感应电压。当人接近或触及带有感应电压的设备和线路时，造成的触电事故称为感应电压触电。感应电压触电在实践中常有发生，若处理不当甚至可能造成人员伤亡。

**3. 防止触电的保护措施**

1）正确使用电气设备

应严格按照使用说明书的要求使用各种电气设备，使用完毕应立即切断电源。当发现电气设备发声异常，或有焦糊味等不正常情况时，应立即切断电源，请专业人士检修。电气设备暂时不用的，可关掉电源开关或拔掉电源插头。不要移动工作中的非移动式用电设备，应在切断电源的条件下搬动。

2）防止用电设备受潮

不要用湿布擦拭带电的设备，也不要用湿手去拔插头或扳电气开关，平时应防止导线和用电设备受潮。

3）正确处理破损电线与插头

发现电线、插头损坏应及时更换，不要在室内或其他场所乱拉电线、乱接电气设备。对于拆除设备后所遗留的电线，应切断电源，并将裸露的线端用绝缘胶布包扎好。当发现电线断落地面上时，不可走近，应及时通知专业人员处理；对于落地的高压线应离开落地点10 m以上，应立即设置禁止行人通行标志、派人看守，并通知供电部门前来处理。

4）特殊场合采用安全电压供电

安全电压，是指在没有其他任何保护措施和防护设备的情况下，接触时对人体各部位不造成任何损害的电压限值标准。在国家标准《特低电压(ELV)限值》(GB/T3805—2008)中规定，在接触面积不大于80 $cm^2$ 并且干燥的空气环境下，安全电压为AC 33 V(15～100 Hz)、DC 70 V；人在潮湿的空气环境下，安全电压为AC 16 V(15～100 Hz)、DC 35 V；人在游泳池、水槽或水池中，交直流安全电压均为0 V，即人体不能接触电源。例如，机床加工照明可以采用 AC 24 V 电压，潮湿工作场所或在金属容器内使用手提式电动工具或照明灯时，应采用 AC 12 V 电压。

所谓安全电压也不是绝对的，在一定条件下也是可以造成严重后果的。如果电流很大，即使电压很低也可能置人于死地，尤其是小孩。我国工程上习惯采用电力行业规定的安全电压 36 V，在干燥情况下人体电阻大，在几百千欧以上，人体电流不会超过 30 mA，一般不会有危险；但是如果人体在潮湿的环境或淋湿的情况下，尤其是人体出汗时，电阻下降很多，这时若触电即使只有 36V 电压，电流也会很大，所以也会电死人。对于淋浴器等大功率电器，如果采用安全电压供电是极其危险的。这是因为大功率电器如果工作电压很低，电流强度就会很大，导线会产生热量和强烈的有害电磁辐射，另外，电击致死的可能性也很大。所以，目前国际上通用的民用工频电流解决方法是采用漏电保护器，很多民宅甚至采用二级、三级漏电保护器。

5）安装漏电保护器

将漏电保护器安装在低压供电线路中后，当发生漏电和触电，且电路中的电流达到保护器所限定的动作电流值时，漏电保护器就立即在限定的时间内动作，自动断开电源进行保护。在技术上漏电保护器应满足以下要求：

(1) 触电保护的灵敏度要正确合理，一般运作电流应在 15～30 mA 范围内。

(2) 触电保护的动作时间一般情况下不应大于 0.1 s。

6）保护接地

将电气设备的外壳与大地相连，这种接地方式称为保护接地。保护性接地装置的接地电阻应不大于 4 Ω，接地体可用埋入地下 2.5 m 及以下的钢管或角钢。

在中性点接地的 380 V/220 V 三相四线制(A、B、C、N 线)的供电系统中，不允许设备采用接地保护，只能采用接零保护(三芯电源插座中的 PE 线，不能与插座中的 N 线直接相连，而应与从漏电开关之前的 N 线相连的单独引来的 PE 线相连)，还可采用重复接地，如图 1-6 所示。

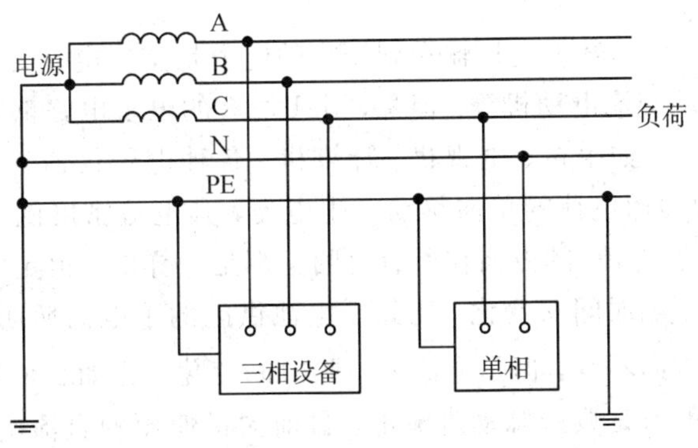


图 1-6　三相四线制供电系统的接零保护

在中性点不接地的三相三线制(A、B、C)的供电系统中，只能采用接地保护，如图1-7所示。

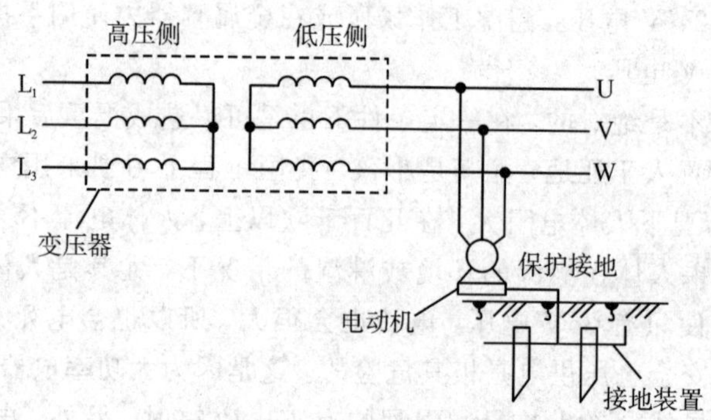


图 1－7　三相三线制供电系统的接地保护

根据供电系统的线路不同，保护接地可分为接地保护和接零保护。接地和接零保护都是为了防止人身触电事故和保证电气设备正常运行所采取的措施。但是，在同一个电力变压器的供电系统中，不能同时有保护接地和保护接零，也就是说不能一些设备外壳接零，另一些设备外壳接地。这是因为当接地设备发生外壳漏电时，电流通过接地电阻形成回路，由于接地电阻的作用，电流不会太大，线路中的短路保护器件可能不会动作，而使漏电长期存在。这时，除了接触该设备外壳的人有触电危险外，由于零线对地电压升高，会使所有与接零设备外壳接触的人都有触电危险。在中性点接地的系统中，沿零线走向的一处或多处还要再次将零线接地，这叫重复接地。重复接地可提高安全性，因为当电气设备外壳漏电时重复接地可以降低零线的对地电压。当零线断线时，也可减轻触电的危险。

**★ 即问即答**

根据国家标准，在正常干燥空气环境下的安全电压是(　)。

A. AC 16 V　　B. AC 24 V　　C. AC 33 V　　D. AC 36 V

## 1.2　直流稳压电源

稳压电源的分类

从电能产生来看，大多数发电厂输送到用户的电力是交流电。交流电可以直接用来照明或驱动交流电动机等。但是，几乎所有的电子电路都要求使用稳定的直流电源供电，如手机、电视机、计算机、各种电子仪器等。直流电(Direct Current，DC)由电荷的单向移动产生电流，其电流密度随着时间而变化，但是电荷移动(电流)的方向在所有时间里都是一样的。恒定电流是指电流大小和方向都不随时间而变化，比如干电池供电的手电筒照明线路。脉动直流电是指电流方向不变，但是电流大小随时间变化，比如我们把 50 Hz 的交流电经过二极管整流后得到的就是典型脉动直流电。目前大量使用的直流电源大多数由交流电转换而来。半波整流得到的是 50 Hz 的脉动直流电，如果采用全波或桥式整流，得到的就是 100 Hz 的脉动直流电，它们只有经过滤波(用电感或电容)以后才变成平滑的直流电，当然其中仍存在脉动成分(称为纹波系数)，纹波大小视滤波电路的滤波效果而定。

一切电子产品都离不开直流稳压电源，直流稳压电源的性能与优越的工作状态是电子产品质量的保证。直流稳压电源是指能为负载提供稳定直流电压的电子装置。直流稳压电源按习惯可分为化学电源(各类电池、蓄电池)、线性稳压电源和开关稳压电源。线性稳压电源和开关稳压电源一般选用交流电源供电，经过整流滤波和稳压电路来实现稳定直流电压输出，当交流供电电源的电压或负载电阻变化时，稳压电路的直流输出电压都会保持稳定。

## 1.2.1　线性直流稳压电源的组成

线性直流稳压电源是由电源变压器、整流电路、滤波电路、稳压电路等 4 部分组成的，如图 1-8 所示。其中，变压器把 220 V 交流电压变为所需要的低压交流电；整流电路将交流电压变换为单向脉动的直流电压；滤波电路用来滤除整流后单向脉动电压中的交流成分，使之成为平滑的直流电压；稳压电路把不稳定的直流电压变为稳定的直流电压输出。当电网电压在－10％～＋5％变化(符合国家标准 GB50052—2009)或者负载变化引起直流电源内阻上压降变化时，均会导致整流滤波后的直流电压发生变化，但经过稳压电路调整后就可以输出稳定的直流电压，保证电子装置正常工作。

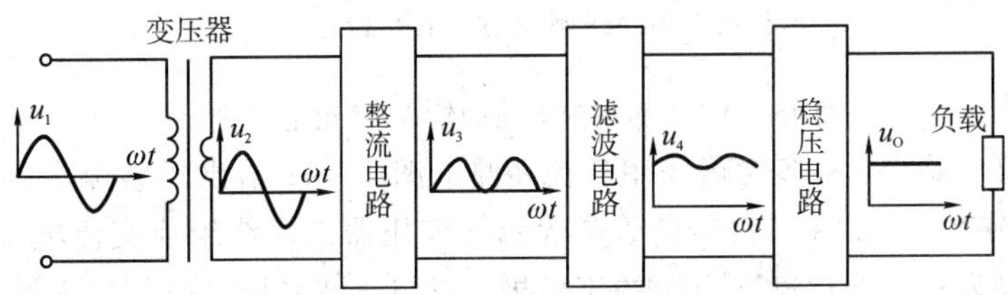


图 1-8　线性直流稳压电源的组成

### 1. 单相整流电路

单相整流电路利用二极管的单相导电性和不同的电路形式，将交流电变换成单方向的脉动直流电，可分为半波整流、全波整流和桥式整流 3 种电路形式。单相半波、桥式整流电路如图 1-9 所示，对应的输入/输出电压波形如图 1-10 所示。

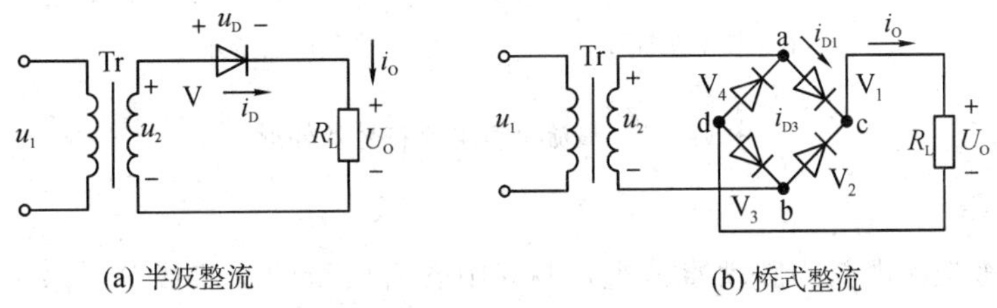


图 1-9　二极管单相整流电路

由图 1-10(a)可见，负载上得到单方向的脉动直流电压，由于电路只在 $u_2$ 的正半周有输出，所以称为半波整流电路。半波整流电路具有结构简单、使用元件少、成本低等优点，缺点是交流电压中只有半个周期得以利用，输出直流电压低，即 $U_O \approx 0.45U_2$，一般适用于输出功率较小、对直流电压要求不高的场合，其中 $U_2$ 为输入交流电压的有效值。由 4 只二极管构成的桥式整流电路如图 1-9(b)所示，其电压输出波形如图 1-10(b)所示。在整个周期内，始终有同方向的电流流过负载 $R_L$，故在 $R_L$ 上得到单方向全波脉动的直流电压。可见，桥式全波整流电路输出电压为半波整流电路输出电压的两倍，即 $U_O \approx 0.9U_2$。

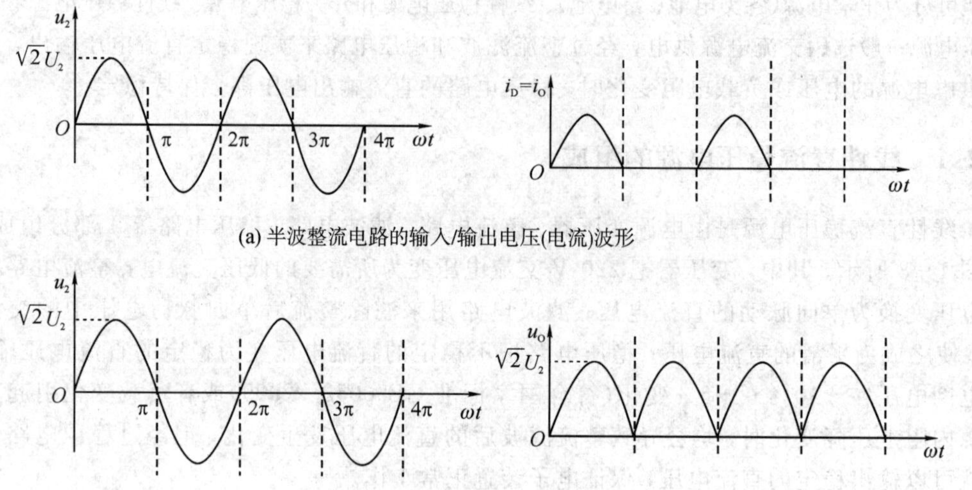


图 1-10 单相整流电路的输入/输出电压波形

在全波整流电路中，很多时候采用整流桥堆，图 1-11 给出了整流全桥的电路符号及外形。其中，标有"～"或"AC"符号的管脚表示接变压器二次绕组或交流电源，标有"＋"与"－"的符号管脚表示整流后输出电压的正负极，应与滤波稳压电路的输入端相连。

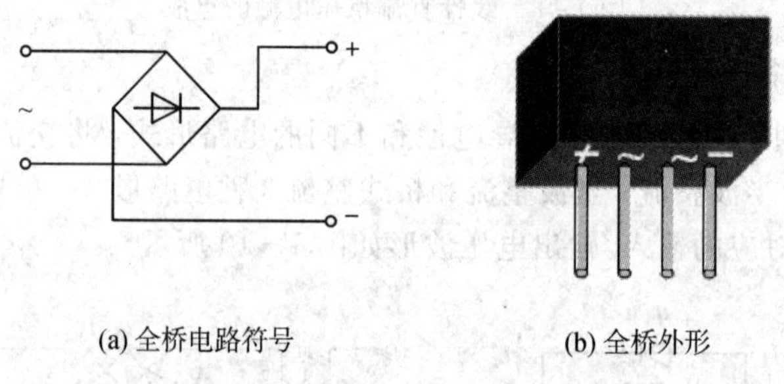


图 1-11 整流全桥电路符号及外形

**2. 滤波电路**

整流电路将交流电变为脉动直流电，但其中含有大量的交流成分，称为波纹电压。为了滤去交流成分，应在整流电路的后面加接滤波电路。常用滤波电路主要有电容滤波电路、电感滤波电路及电感、电容组合构成的复式滤波电路。

对于电容滤波电路，滤波电容的计算公式为

$$C \geqslant \frac{0.289}{f \cdot \dfrac{U}{I} \cdot AC_v} \text{(F)} \tag{1-10}$$

式中，$f$ 是整流电路的脉冲频率(Hz)，如 50 Hz 交流电源输入，半波整流电路的脉冲频率为 50 Hz，全波整流电路的脉冲频率为 100 Hz。$U$ 是整流电路最大输出电压(V)，$I$ 是整流电路最大输出电流(A)，$AC_v$ 是波纹系数，它等于峰值电压与谷值电压差值的一半与平均

电压的比值。例如，桥式整流电路，输出 12 V，电流 300 mA，波纹系数取 8%，滤波电容为

$$C \geqslant \frac{0.289}{100 \times \frac{12}{0.3} \times 0.08} = 0.0009\ \text{F} = 900\ \mu\text{F}$$

电容选取 1000 μF，便能满足基本要求。

对于全波(桥式)整流和电容滤波电路，接上额定负载，滤波后的输出直流电压为

$$U_O = 1.2U_2 \tag{1-11}$$

对于半波整流和电容滤波电路，接上额定负载，滤波后的输出直流电压变为(1～1.1)$U_2$。表 1-1 给出常用滤波电路的性能简介。

**表 1-1　常用滤波电路的性能简介(全波整流)**

| 名称 | 电容滤波 | 电感电容复式滤波 | RC-π 型滤波 |
|---|---|---|---|
| 电路 | 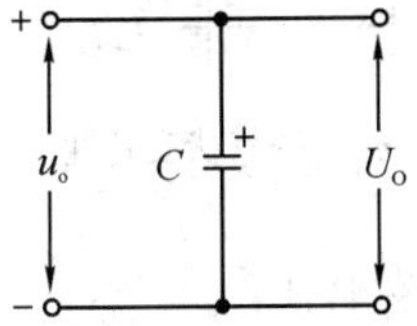 +, −, $u_o$, $C$, $U_O$ | 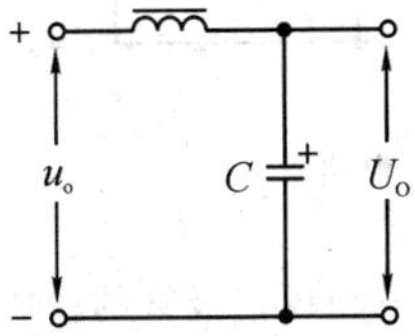 +, −, $u_o$, $C$, $U_O$ | 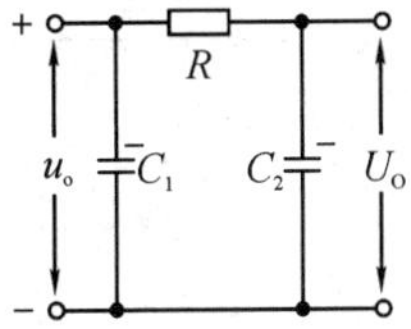 +, −, $R$, $u_o$, $C_1$, $C_2$, $U_O$ |
| 输出电压 $U_O$ | $U_O \approx 1.2U_2$ | $U_O \approx 0.9U_2$ | $U_O \approx 1.2U_2 \cdot R_L/(R+R_L)$ |
| 优点 | ① 输出电压较高<br>② 小电流时滤波效果较好 | ① 几乎没有直流电压损失<br>② 滤波效果很好<br>③ 整流电路不受浪涌电流的冲击<br>④ 负载能力较强 | ① 滤波效果较好<br>② 兼有降压限流作用<br>③ 成本低、体积小 |
| 缺点 | ① 负载能力差<br>② 电源接通瞬间充电电流很大，整流电路承受很大的浪涌冲击电流 | ① 输出电流很大时需要有体积和重量都很大的滤波阻流圈<br>② 输出电压较电容滤波低<br>③ 负载电流突变时易产生高电压，易击穿整流管 | ① 带负载能力差<br>② 有直流压降损失 |
| 适用场合 | 小电流负载或负载变化不大的场合 | 负载电流大、要求波纹系数较小的场合 | 负载电阻较大、电流较小，要求波纹系数较小的场合 |

### 3. 稳压电路

稳压电路根据调整元件类型可分为硅稳压二极管稳压电路、晶体管稳压电路、晶闸管稳压电路、集成稳压电路等。根据调整元件与负载的连接方法，可将稳压电路分为并联型和串联型稳压电路。根据调整元件的工作状态不同，可将稳压电路分为线性稳压电路和开关稳压电路。

## 1.2.2 硅稳压二极管稳压电路

### 1. 硅稳压二极管稳压电路

硅稳压二极管稳压电路由限流电阻和硅稳压二极管组成，是线性稳压电路之一，如图1－12所示。这种电路主要用于对稳压要求不高的场合，有时也作为基准电压源。

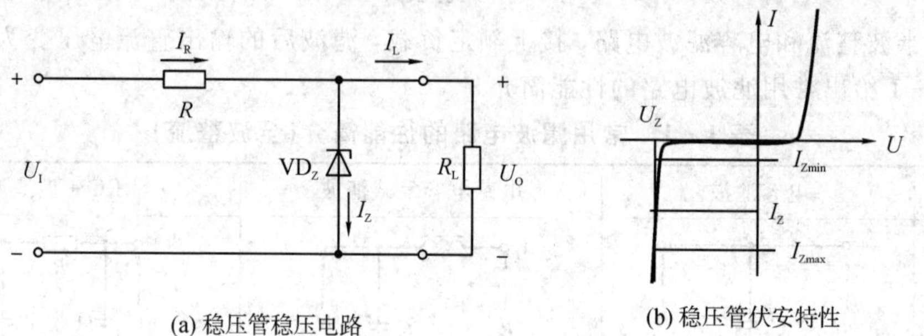


图 1－12 硅稳压二极管的稳压电路及伏安特性

在图1－12中，在输入电压$U_I$与负载$R_L$之间串联一个起稳压调节作用的电阻$R$，该电阻起限流保护稳压二极管的作用，称为限流电阻。稳压管的稳压原理在于稳压管具有很强的电流控制能力，当反向电流有很大增量时只引起很小的端电压变化。稳压管反向击穿曲线愈陡，动态电阻愈小，稳压管的稳压性能就愈好。当电网电压$U_I$或负载$R_L$变化时，假如输出电压$U_O$下降，则稳压二极管内反向电流$I_Z$也减小，导致通过限流电阻$R$上的电流也减小，这样使电压降$U_R$也下降，由于$U_O=U_I-U_R$，而使$U_O$值得到回升，上述过程可表示为：

稳压管稳压电源的工作原理

$$U_O\downarrow\rightarrow I_Z\downarrow\rightarrow I_R\downarrow\rightarrow U_R\downarrow\rightarrow U_O\uparrow$$

由此可以看出，稳压管起着电流的自动调节作用，而限流电阻$R$起着输出电压稳定调整作用。

稳压管稳压电路的仿真

### 2. 稳压管及限流电阻的选择

在图1－12的稳压电路中，为了保证稳压管正常工作，就必须根据输入电压和负载$R_L$的变化范围，来选择合适的限流电阻R及稳压管。

1）限流电阻$R$的选择

通过限流电阻的选择，使流过稳压管的电流处于稳压管正常工作参考电流$I_{Zmin}$和最大稳定电流$I_{Zmax}$之间，确保稳压效果良好、又不会使稳压管发热过多而损坏。

（1）当$U_I$达到最大值和$I_L$达到最小值时，$U_I=U_{Imax}$，则$I_R=\dfrac{U_{Imax}-U_Z}{R}$达到最大值，而$I_L=I_{Lmin}$，则$I_Z=I_R-I_L$达到最大值。为了保证稳压管正常工作，此时的$I_Z$值应小于管子的最大工作电流$I_{Zmax}$，即

$$\frac{U_{Imax}-U_Z}{R}-I_{Lmin}<I_{Zmax},\quad R>\frac{U_{Imax}-U_Z}{I_{Zmax}+I_{Lmin}} \tag{1-12}$$

(2) 当 $U_I$ 达到最小值和 $I_L$ 达到最大值时，$U_I=U_{Imin}$，则流过 $R$ 的电流 $I_R=\frac{U_{Imin}-U_Z}{R}$ 达到最小值，而 $I_L=I_{Lmax}$，则流过稳压管的电流 $I_Z=I_R-I_L$ 达到最小值。此时稳压管的工作电流 $I_Z$ 值应大于管子正常工作参考电流 $I_{Zmin}$，即

$$\frac{U_{Imin}-U_Z}{R}-I_{Lmax}>I_{Zmin}, \quad R<\frac{U_{Imin}-U_Z}{I_{Zmin}+I_{Lmax}} \tag{1-13}$$

可用下式来选择限流电阻 $R$ 的功率

$$P=\frac{(U_{Imax}-U_Z)^2}{R}$$

综上所述，选择合适的限流电阻既要保证稳压管反向击穿稳压，又要保证流过稳压管的电流不超过最大稳定电流，同时还要考虑到限流电阻的功耗不超过额定值。

2) 确定稳压管的参数

稳压管的参数有稳定电压、动态电阻、工作电流、最大稳定电流、额定功耗、温度系数等。选取稳压管时，稳压管的稳定电压要等于负载电压；最大稳定电流的选取，要考虑负载电流为 0、输入电压达到最大值的特殊情况；除此之外，动态电阻和温度系数越小越好。一般取 $U_Z=U_O$，$I_{Zmax}=(1.5\sim3)I_{Lmax}$，$U_I=(1.5\sim2)U_O$。

图 1－13 是一种实际提供输出电压 6 V、输出电流 20 mA 左右的直流稳压电源。该电路经 $C_1$ 降压、桥式整流和 $C_2$ 滤波后得到 10 V 左右的直流电压，经 $R_3$ 限流，向稳压管和负载提供电流。其中，$R_1$ 的作用是当电源断电时为电容释放剩余电量提供通路。稳压管 2DW232(2DW7C)的主要参数是：稳定电压 6.0～6.5 V，动态电阻小于等于 10 Ω，工作电流 10 mA，最大稳定电流 30 mA，额定功耗 0.2 W，温度系数 $10^{-4}$℃。

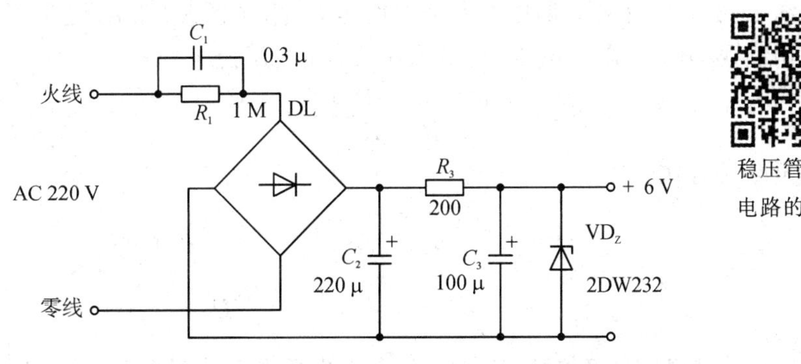


稳压管稳压电路的设计

图 1－13　6 V 硅稳压管稳压电路

★ 同步训练

目标：通过分析与计算图 1－13 中电阻 $R_3$ 的功耗，理解限流电阻的作用及选取方法。

### 1.2.3　串联调整型稳压电路

硅稳压二极管稳压电路具有电路简单、成本低廉、调试方便等优点，但是输出电流较小，仅有几十毫安，输出电压不能调节，稳压性能较差，只适用于对稳压要求不高的小型电子设备。对于稳压性能要求较高或者输出电流较大的场合，就不能由简单的硅稳压管稳压电路来供给。具有放大环节的串联调整型稳压电路不但其输出电压在一定范围内可调，而

且稳压性能较好，所以应用较广。

### 1. 串联调整型稳压电路的组成

串联型稳压电路的工作原理

图 1－14 是一种三极管串联调整型直流稳压电路，它由取样电路、基准电路、比较放大和调整电路四部分组成。其中，$R_1$、$R_2$、$R_P$ 为取样电路；$R_3$ 和 $VD_Z$ 组成基准电路，$R_3$ 是 $VD_Z$ 的限流电阻，$VD_Z$ 给 $V_2$ 发射极提供一个基准电压；$V_2$ 为比较放大管，其作用是将稳压电路输出的电压变化量与 $V_2$ 的发射极基准电压相比较，它们的电压差经过 $V_2$ 放大后，送到调整管 $V_1$ 的基极，控制调整管工作。调整管 $V_1$ 是串联调整型稳压电路的核心元件，必须选择满足输出电流要求的大功率三极管。

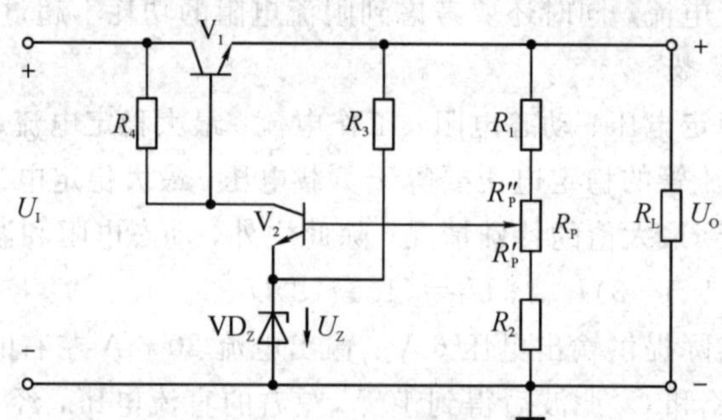


图 1－14　三极管串联调整型直流稳压电路

### 2. 串联调整型稳压电路的工作原理

串联型稳压电路的仿真

在图 1－14 中，采样电路中有一个电位器 $R_P$ 串接在 $R_1$ 和 $R_2$ 之间，可以通过调节 $R_P$ 来改变输出电压 $U_O$ 的大小。输出电压为

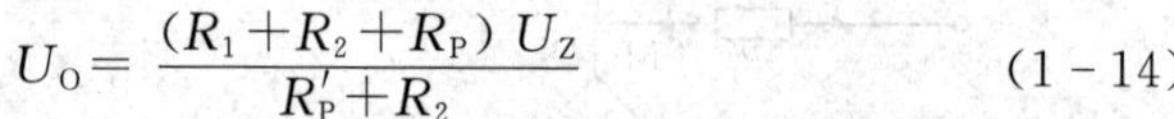

$$U_O=\frac{(R_1+R_2+R_P)\ U_Z}{R_P'+R_2} \tag{1-14}$$

输出电压调节范围为

$$U_{Omin}=\frac{R_1+R_2+R_P}{R_P+R_2}U_Z \tag{1-15}$$

$$U_{Omax}=\frac{R_1+R_2+R_P}{R_2}U_Z \tag{1-16}$$

串联调整型稳压电路的稳压原理：当电网电压升高或者负载电阻增大时，均可引起输出电压 $U_O$ 增加，取样电压按比例增加，而基准电压 $U_Z$ 使 $V_2$ 发射极电位基本不变，$U_{be2}$ 随之增大，经过电流放大后使 $V_2$ 集电极电流增大，$U_{C2}$ 下降，即 $V_1$ 的基极电位降低，使 $I_{C1}$ 降低，从而使得输出电压 $U_O$ 回落，基本实现输出电压的稳定。反之，当电网电压下降或负载电阻减小时，将引起输出电压下降，其稳压过程与上述相反。

为提高输出电压的稳定性，应尽可能地把输出电压的变化量全部放到比较放大管的基极，也就是说分压比 $n=R_2/(R_1+R_2)$ 应取得大一些，但是当 $n$ 取值太大接近于 1 时，会使比较放大管的集—射极间压降过小，影响稳压范围，因此通常取 $n=0.5\sim0.8$。同时，要求输入电压至少比最大输出电压高 3 V。

### 3. 大功率串联调整型稳压电路

1) TL431 简介

TL431 是一款电压可调的精密基准电压源，其最高输入电压为 37 V，输出电压可在 2.5～36 V范围内调整，工作电流最小为 1 mA，最大稳定电流为 100 mA，动态电阻为 0.22 Ω。在电子电路中，TL431 的用途很广，可以作为精密基准电压源，可以用来代替稳压管构成并联可调式稳压电源，还可以作为恒流源及电压检测电路。另外，在开关电源中，TL431 还可以作为简单的误差放大器。

2) TL431 封装和等效电路

精密基准电压源 TL431 有阴极 K(CATHODE)、阳极 A(ABODE)和参考电极 REF，其引脚封装和电路符号如图 1-15 所示。TL431 的输出电压 $U_{KA}$范围为 2.5～36 V 连续可调，工作电流 $I_{KA}$为 1～100 mA，基准电压 $U_{REF}$为 2.5 V±2%。

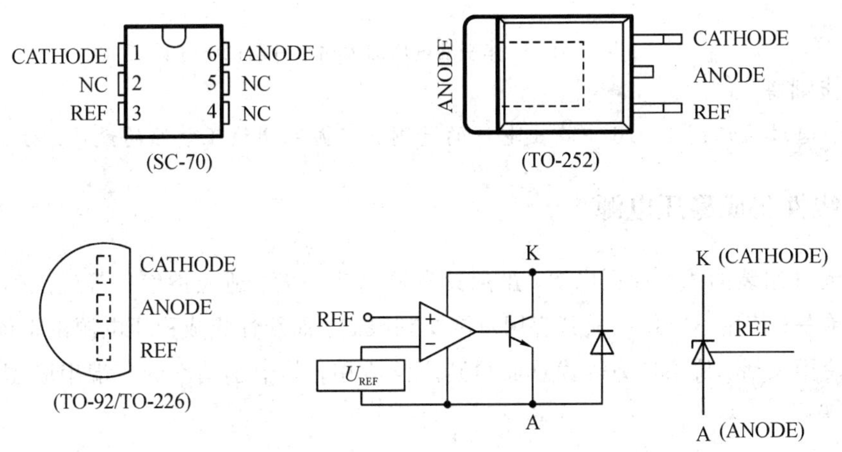


图 1-15　TL431 引脚封装和电路符号

3) TL431 应用举例

利用 TL431 作基准电压的大功率可调稳压电源，输出电压为 2.5～24 V，最大输出电流为 6 A，如图 1-16 所示。图中，AC 220 V 电压经变压器 B 降压、$VD_1$～$VD_4$整流、$C_1$滤波，得到 DC 30 V 电压。此外 $VD_5$、$VD_6$、$C_2$、$C_3$组成倍压整流电路，d 点电位 $U_d$=60 V；$R_W$、$R_3$组成分压电路，与 TL431 构成取样放大电路；$V_1$、$R_2$组成限流保护电路，场效应管 2SK790(NMOS 管，15 A、500 V、150 W、0.4 Ω)作调整管，$C_5$是输出滤波电容。稳压过程是：当电网电压降低或负载电阻减小引起输出电压降低时，f 点电位降低，经 TL431 内部放大使 e 点电压增高，经 2SK790 调整使其漏极电流增大，b 点电位升高，起到稳定输出电压的作用；反之，当输出电压增高时，f 点电位升高，e 点电位降低，经 2SK790 调整后，b 点电位降低，使输出电压回到稳定值。当输出电流大于 6 A 时，在 $R_2$上产生的压降达 0.6 V，足以使三极管 $V_1$ 得到偏置而导通，e 点电位将大大降低，从而使 2SK790 的漏极电流下降，起到输出电流限制作用。这样，可以使输出电流被限制在 6 A 以内，从而防止因过流而损坏调整管。在电路中除电阻 $R_1$ 选用 2 kΩ/2 W、$R_2$ 选用 0.1 Ω/5 W 外，其他元件无特殊要求。$R_W$ 用来调节输出电压大小，输出电压为

$$U_O = \frac{2.5(R_3 + R'_W)}{R_3}(\text{V})$$

其中，$R'_W$ 为电位器的有效电阻。

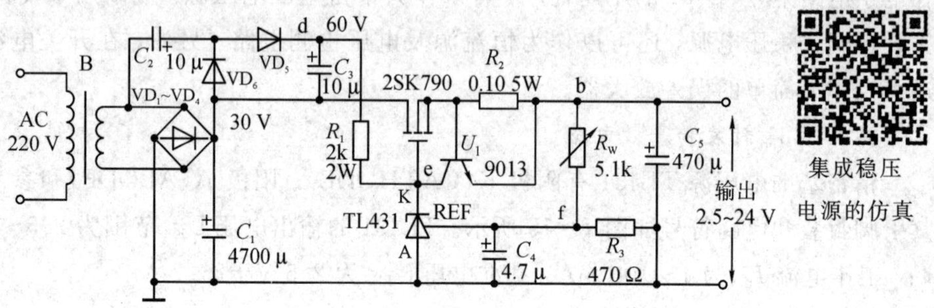


图 1-16　TL431 作基准电压的大功率可调稳压电源

**★同步训练**

目标：通过验证图 1-16 中输出电压的范围，掌握可调稳压电源的设计方法。

## 1.2.4　线性集成稳压电源

分立元件组装的线性稳压电源，虽然具有输出功率大、适应性较广等优点但因其体积大、功能单一、使用不方便而使其应用范围受到限制。而线性集成稳压电源由于体积小、可靠性高、使用灵活、价格低廉等优点而得到广泛应用，其中小功率的三端串联型稳压器的使用最为普遍。

### 1. 三端固定输出集成稳压器

LM78XX 和 79XX 系列集成稳压器只有电压输入端 IN、输出端 OUT 和公共端(接地端)GND，输出电压固定，故称为三端固定输出集成稳压器，其外形及封装如图 1-17 所示。这种三端稳压器属于串联型稳压电路，除了取样、基准、比较放大和调整等环节外，还有启动和保护电路。

国产 CW78XX 系列(与进口 LM78XX 对应)是三端固定式输出正电压的集成稳压器，稳压时输入电压与输出电压的落差值(稳压损耗)应大于等于 2.5 V，最大输入电压为 35 V，它的输出电压有 5 V、6 V、9 V、12 V、15 V、18 V、24 V 等档次。它们型号的后两个数字就是输出电压值，例如：CW7805 的输出电压为+5 V，以此类推。CW78XX 系列产品的最大输出电流为 1.5 A；CW78MXX 系列的最大输出电流为 0.5 A；CW78LXX 系列的最大输出电流为 0.1 A；CW78TXX 系列的最大输出电流为 3 A；CW78HXX 系列的最大输出电流为 5 A。与 CW78XX 系列产品对应的输出负电压集成稳压器是 CW79XX 系列。

应该注意，CW78XX 系列产品的金属外壳为 GND 端，所安装的散热器接地；而 CW79XX 系列的金属外壳为电压输入端(IN 端)，所安装的散热器不接地而接输入电压。

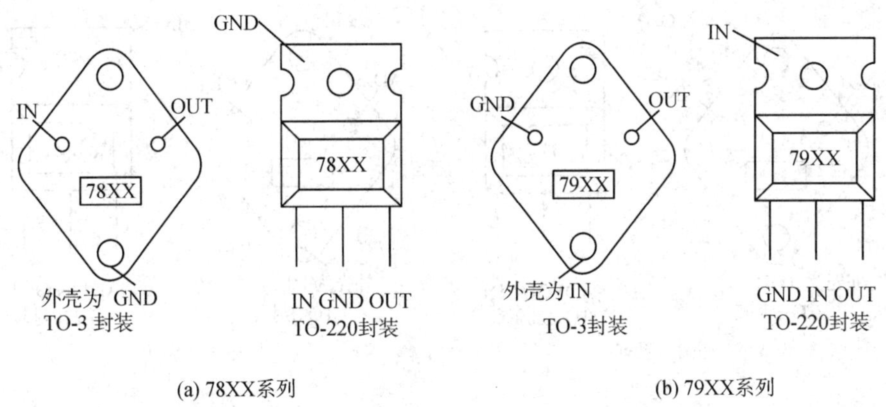


图 1-17　78XX/79XX 系列集成稳压器外形及封装图

**2. 三端固定输出集成稳压器应用举例**

三端固定输出稳压器 CW7815 和 7915 应用电路举例如图 1-18 所示。AC 220 V 电压经电源变压器 B 变换输出两组 AC 15 V 电压，经 $VD_1$～$VD_4$ 桥式整流和 $C_1$、$C_2$、$C_3$、$C_4$ 滤波，得到＋18 V、－18 V 电压，分别加到 7815 和 7915 的输入端。经 7815 和 7915 稳压后分别输出＋12 V、－12 V 电压，这两组电压的最大输出电流可达 1.5 A。电路中，$C_1$、$C_2$ 为低频滤波电容，用于滤除低频噪声；$C_3$、$C_4$ 为高频滤波电容，用于吸收高频脉冲干扰；输出端电解电容 $C_5$、$C_6$ 是稳压后的缓冲滤波电容，根据负载电流大小来确定容量，只要够用即可；如果此电容容量过大，开机时的电容浪涌电流会损坏集成稳压器。输出端的小电容 $C_7$、$C_8$ 作为电源退耦电容，用于防止通过电源形成的正反馈通路而引起的寄生振荡。

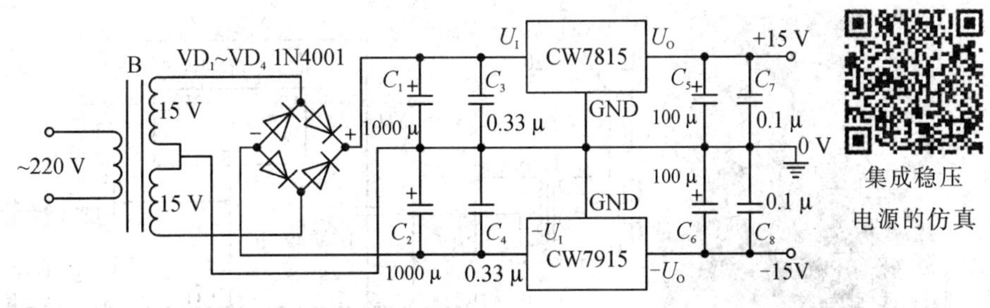


图 1-18　三端稳压器 781/7915 应用电路

**3. 三端可调式集成稳压器**

三端可调式集成稳压器不仅输出电压可调，而且稳压性能指标均优于固定式集成稳压器，例如 CW117 输出正电压系列有 CW117、CW217、CW317 三个产品，分别对应军用品、工业品和民用品；对应的输出负电压系列有 CW137、CW237、CW337 三个产品。CW117/137 系列稳压器，有调整端 ADJ、输入端 IN 和输出端 OUT，输出端与调整端之间的电压固定为 1.25 V，调整端的输出电流很小且十分稳定(50 μA)，其外形及封装如图 1-19 所示。其中，CW117L 的最大输出电流为 0.1 A，CW117M 的最大输出电流为 0.5 A，CW117 的最大输出电流为 1.5 A。

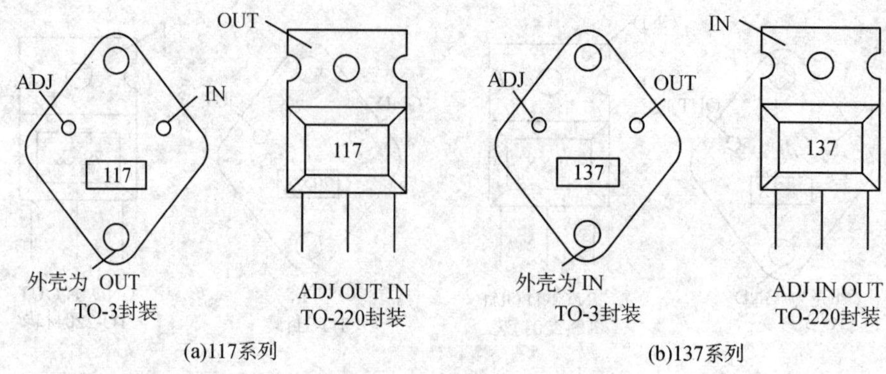


图 1-19　三端可调式集成稳压器外形及封装图

**4. 三端可调式集成稳压器应用举例**

1）LM317 应用电路举例

图 1-20 是 LM317 应用电路，它将 AC220 V 电压转化为输出电压 2.8～7 V 可调，最大输出电流可达 1.5 A。220 V 交流电从插头经保险管送到变压器的初级线圈，经过变压器降压为 AC 9 V，经 $VD_1$～$VD_4$ 桥式整流和电容 $C_1$ 滤波后得到 10.8 V 电压，送到三端稳压集成电路 LM317 的 Vin 端(第 3 脚)。调节可变电阻 $R_{P1}$ 的阻值，便可从 LM317 的输出端获得可变的输出电压。其中，二极管 $VD_5$ 用于防止输入端短路时 $C_3$ 上存储的电荷产生很大的电流反向流入稳压管使之损坏。$C_2$ 为输出端退耦电容，$C_3$ 为输出端缓冲滤波电容。

集成稳压电源的设计

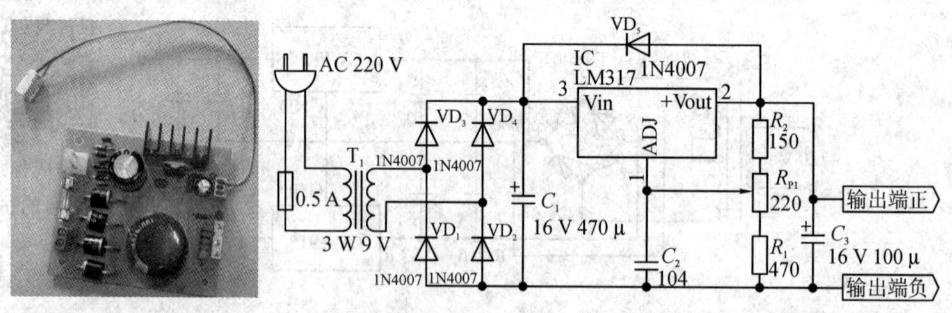


图 1-20　LM317 应用电路

最小输出电压为

$$U_{Omin}=\frac{1.25\times(R_1+R_2+R_{P1})}{R_2+R_{P1}}=\frac{1.25\times(470+150+220)}{(150+220)}=2.8\ V$$

最大输出电压为

$$U_{Omax}=\frac{1.25\times(R_1+R_2+R_{P1})}{R_2}=\frac{1.25\times(470+150+220)}{150}=7\ V$$

2）LM337 应用电路举例

LM337 的应用电路如图 1-21 所示。其输出电压 $U_O=-1.25(R_1+R_2)/R_2$，稳压输

出的调节范围为－1.25 V～ －47 V，要求输入电压至少为－50 V，即输入电压与输出电压之间的压差至少为 3 V。其中，$C_1$ 为高频滤波电容，$C_2$ 为低频滤波电容，$C_3$ 为输出端缓冲滤波电容。

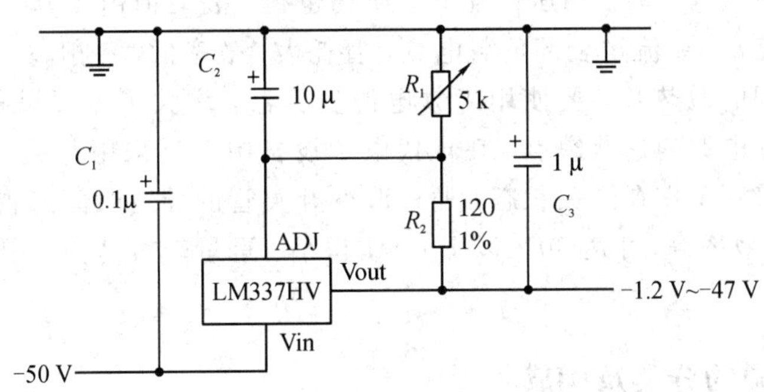


图 1－21　LM337 应用电路

**★ 同步训练**

目标：通过验证图 1－21 中输出电压的范围，掌握可调式稳压器在稳压电源中的应用方法。

### 5. 低压差线性集成稳压器

在上述串联型线性集成稳压器中，为了获得良好的稳压效果，稳压器的输入电压与输出电压之间的差值一般要大于 3 V。由于压差较大，在输出电流较大时稳压器的功耗就比较大，不但效率降低，而且还需要增加体积较大的散热器，增加成本。在这种情况下，可以采用低压差线性集成稳压器。

低压差线性稳压器是新一代的集成电路稳压器，输入电压与输出电压的差值可低至 0.5～0.6 V，效率可以提高到 95%以上，是一个自耗很低的微型片上系统。在其内部集成了具有极低线上导通电阻的 MOSFET，以及肖特基二极管、取样电阻和分压电阻等硬件电路，并具有过流保护、过温保护、精密基准源、差分放大器、延迟器等功能以及极低的自有噪声和较高的电源抑制比。低压差线性稳压器也有固定输出电压和可调输出电压两种类型，广泛应用于手机、DVD、数码相机、计算机等多种消费类电子产品中。

例如，LM1117 是一个低压差电压调节器系列，其压差在 1.2 V 输出、负载电流为 800 mA 时为 1.2 V。它与 TI 公司的工业标准器件 LM317 有相同的管脚排列。LM1117 有可调电压的版本，通过两个外部电阻可实现 1.25～13.8 V 输出电压范围，另外还有 5 个固定电压输出(1.8 V、2.5 V、2.85 V、3.3 V 和 5 V)的型号。LM1084 是一个低压差电压调节器系列，最高输入电压 12 V，有 5 个固定电压输出(1.2 V、1.8 V、2.5 V、3.3 V 和 5 V)的型号以及通过两个外部电阻可实现 1.25～10.3 V 输出电压范围的可调电压型号。

# 1.3 开关稳压电源

线性稳压电源结构简单、稳压性能好，使用也很广泛，但由于其调整管工作在线性放大区，管压降较大，要流过全部负载电流，管耗大、效率低，一般仅为40%～60%，且需要安装较大面积的散热片，要使用工频电源变压器，增大了电源设备的体积和重量。为了克服线性稳压电源的这些缺点，在现代电子设备中广泛采用开关型稳压电源。开关型稳压电源的调整管工作在开关状态，通过改变开关管的导通时间来得到稳定的输出电压，具有功耗小、效率高(可达90%以上)、体积小、重量轻等特点，因此得到迅速的发展和广泛应用。

## 1.3.1 开关电源的分类及构成

### 1. 开关电源的分类

开关电源的种类很多，可以按不同方式来分类，如按调整管与负载的连接方式可分为串联型和并联型开关电源；按控制方式可分为脉冲宽度调制型(PWM)、脉冲频率调制型(PFM)和混合型(脉宽—频率调制型)开关电源；按调整管是否参与振荡可分为自激式和他激式开关电源；按调整管的类型可分为晶体管、MOS管型开关电源。

### 2. 开关稳压电源的组成

开关稳压电源主要由EMI滤波器(抗干扰电路)、低频整流滤波电路、开关调整管、储能电感(并联型为开关变压器)、高频整流滤波电路、取样比较放大电路、控制驱动电路等组成，如图1-22所示。其工作过程是：交流电压经过EMI滤波器和低频整流滤波电路变换成脉动直流电压，在控制电路的控制下，调整管周期性地饱和导通和截止，将脉动直流电压变为矩形波电压并加到储能电感(或开关变压器)上，再经过高频整流滤波电路输出稳定的直流电压。控制电路包括方波发生电路和脉宽调制电路。调整管的开关状态受脉冲电压控制，脉冲电压先由方波发生器产生，并经脉宽电路调制后得到。取样比较放大电路将一部分输出电压和基准电压进行比较，当输出电压偏离正常值时，输出误差信号，对开关脉冲宽度(调整管导通时间)进行调制，确保输出电压稳定。

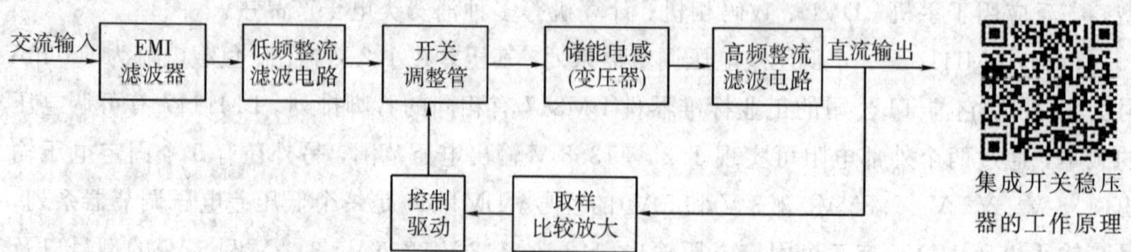


图1-22 开关稳压电源组成框图

### 3. 串联型开关电源(DC/DC)组成框图

调整管与负载电阻串联的开关电源称为串联型开关电源，其核心部分(DC/DC)组成框图如图 1－23 所示。调整管 V 在基极矩形波电压控制下周期性地饱和导通与截止，间断性地将输入脉动直流电压加到储能电感 $L$ 上，再经 VD、$L$、$C$ 整流滤波后得到稳定的直流电压。调整管基极控制电压受取样比较放大电路的误差电压调制，确保输出电压稳定。

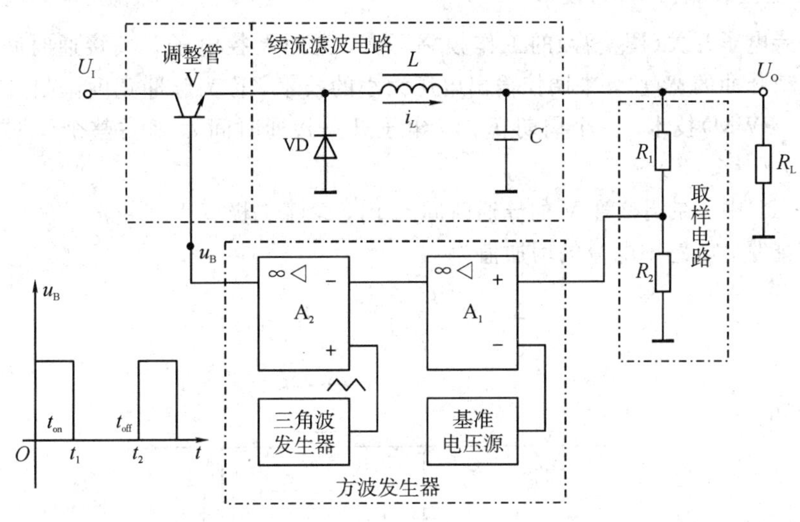


图 1－23　串联型开关电源(DC/DC)组成框图

### 4. 并联型开关电源(DC/DC)组成框图

开关器件与负载电路并联的开关电源称为并联型开关电源，较常见的是变压器耦合型开关电源，它用脉冲变压器代替储能电感，将续流二极管移到变压器的副边，其核心部分(DC/DC)组成框图如图 1－24 所示。图中，启动电路为开关器件在首次上电时提供导通电流；脉冲调整电路为开关器件周期性导通与截止提供矩形脉冲信号；取样、基准、比较放大电路通过误差电压调节开关器件的导通时间，确保输出电压的稳定；光耦隔离器件实现输出电路与输入电路的电气隔离，隔离了干扰信号，提高了电源工作的可靠性。

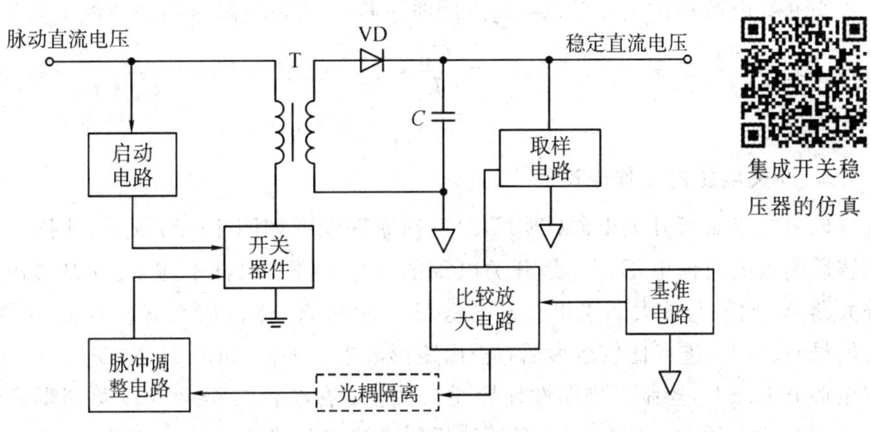


图 1－24　并联型开关电源(DC/DC)组成框图

## 1.3.2 开关电源的稳压原理

### 1. 脉冲宽度调制(PWM)技术

如果保持电子开关(调整管)的工作频率不变，通过调控电子开关接通时间长短(即改变调整管驱动脉冲的宽度)，来调控输出电压大小的技术，称为脉冲宽度调制(Pulse Width Modulation，PWM)技术。一个周期 $T$ 内，电子开关接通时间 $t_{on}$ 所占整个周期 T 的比例，称为占空比 $D(=t_{on}/T)$。

在图 1－25 中，在调整管 V 的导通时间 $t_{on}$ 内，续流二极管 VD 截止，输入电压对储能电感 $L$ 补充能量，电感中电流的增加值为

$$\Delta I_{L1} = \frac{U_I - U_O}{L} \cdot t_{on} \tag{1-17}$$

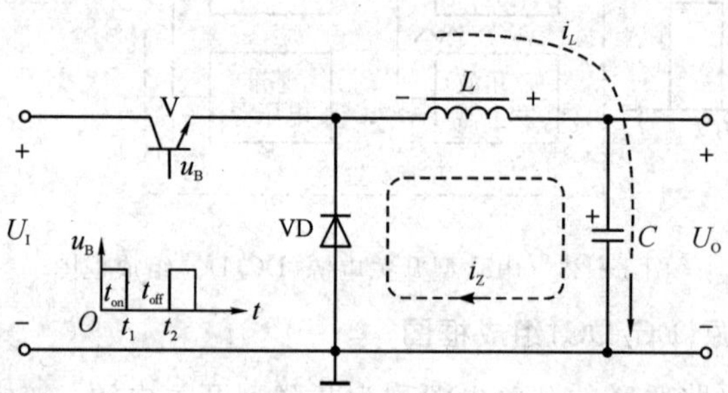


图 1－25 脉冲宽度调制(PWM)原理图

在调整管 V 的截止时间 $t_{off}$ 内，续流二极管 VD 导通，电感 $L$ 中的储能向负载释放能量，电感中电流的减少值为

$$\Delta I_{L2} = \frac{U_O}{L} \cdot t_{off} \tag{1-18}$$

当开关电源稳定工作后，一周内储能电感 $L$ 的吸收能量和释放能量必然相等，即

$$\Delta I_{L1} = \frac{U_I - U_O}{L} \cdot t_{on} = \Delta I_{L2} = \frac{U_O}{L} \cdot t_{off} \quad \text{或者} \quad U_O = \frac{t_{on}}{t_{on} + t_{off}} \cdot U_I = D \cdot U_I \tag{1-19}$$

### 2. 开关电源的工作原理

他激式串联型开关电源(DC/DC)工作原理框图如图 1－26 所示。图中，$U_I$是经过整流滤波后输入的直流电压，$U_O$是开关电源的输出电压。取样电压 $U_F$ 和基准电压 $U_{REF}$ 经比较放大器 $A_1$ 比较与放大后输出直流电压 $U_P$，送到 $A_2$ 比较放大器。$A_2$ 将三角波发生器送来的信号 $U_S$与 $U_P$进行比较放大后，输出矩形波电压 $U_B$，如图 1－26(a)、(b)所示。调整管 V 在矩形波电压 $U_B$控制下周期性地导通与截止，在续流二极管 VD 两端得到如图 1－26(c)所示的脉冲电压 $U_{O1}$，经过 $L$、$C$ 滤波后得到稳定的直流电压，如图 1－26 (d)所示。因频率较高的振荡信号由三角波发生器独立产生，故称为他激式。

开关电源的稳压过程：当电网电压或负载电阻增大引起输出电压升高时，取样电压 $U_F$ 升高，导致 $U_P$升高，经 $A_2$ 比较放大后，使控制电压 $U_B$脉冲宽度变小，使调整管 V 的导通

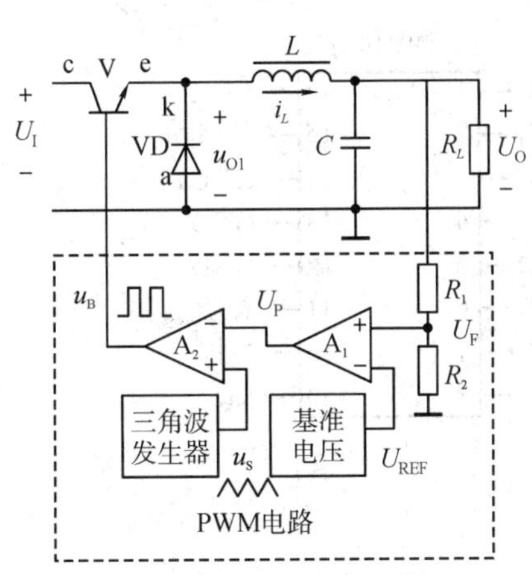


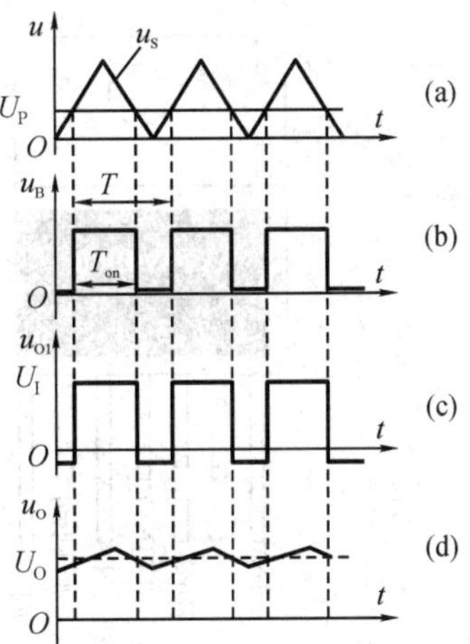


图 1-26　开关稳压电源原理框图及信号波形

时间下降，进而使输出电压下降，实现稳定输出电压的目的。反之，当输出电压降低时，会使调整管 V 的导通时间增加，使输出电压维持稳定。

**3. 开关稳压电源的特点**

与线性稳压电源相比，开关稳压电源具有如下特点：

(1) 允许电网电压变化范围大：当电网电压在 110～260V(某些机型允许 90～280V)范围内变化时，开关稳压电源仍能获得稳定的直流输出电压，其直流输出电压的变化率保持在 2%以下。

(2) 功耗低、效率高：效率约为 80%～95%。

(3) 体积小、重量轻。

(4) 具有过压、过流等多种保护电路，可靠性高。

(5) 容易实现多路电压输出和遥控功能。

(6) 电路复杂、对元件要求高。

(7) 输出纹波较大，约有 10～100 mV 的峰-峰值。

(8) 动态响应时间至少要大于一个开关周期，不如线性稳压电源快速。

## 1.3.3　集成开关稳压器及其应用

**1. CW4960/4962 集成开关稳压器**

CW4960/CW4962 是将调整管集成在芯片内部的串联型集成开关稳压器，只需少量外围元件就能构成稳压电路。CW4960 额定输出电流为 2.5 A，过流保护电流为 3～4.5 A，它采用单列 7 脚封装形式，如图 1-27(a)所示。CW4962 额定输出电流为 1.5 A，过流保护电流 2.5～3.5 A，它采用双列直插式 16 脚封装，如图 1-27(b)所示。

CW4960/CW4962 内部电路完全相同，主要由基准电压源、误差放大器、脉冲宽度调制器、功率开关管以及软启动电路、输出过流限制电路、芯片过热保护电路等组成。CW4960/CW4962 典型应用电路如图 1-28 所示，其最大输入电压为 50 V，输出电压范围为 5.1～40 V，连续可调，变换效率为 90%，额定输出电流由芯片决定。输入端所接电容 $C_1$

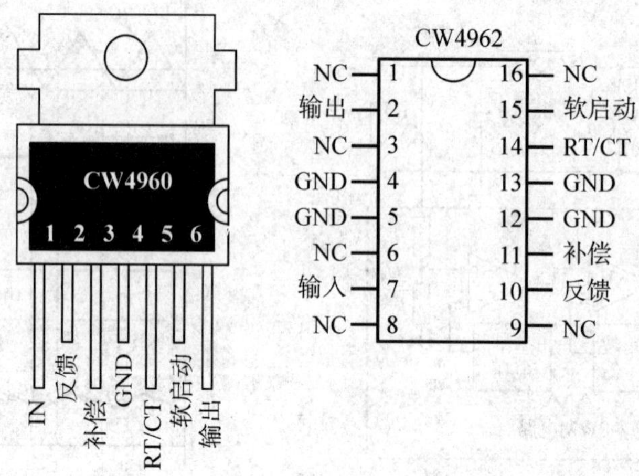


图 1－27　CW4960/4962 引脚图

可以减小输出电压的纹波，$R_1$、$R_2$为取样电阻，输出电压为

$$U_O = \frac{5.1 \times (R_1 + R_2)}{R_2} \quad (\mathrm{V}) \tag{1-20}$$

式中，$R_1$、$R_2$的取值范围为 500 Ω～10 kΩ。$R_T$、$C_T$用于决定开关电源的工作频率 $f=1/R_TC_T$。一般取 $R_T=1\sim27$ kΩ，$C_T=1\sim3.3$ nF。图 1－28 所示电路的工作频率为 100 kHz，$R_p$ 与 $C_p$ 组成的串联支路为频率补偿电路，用以防止产生寄生振荡；VD 为续流二极管，采用 4 A/50 V 的肖特基或快恢复二极管；$C_3$为软启动电容，防止输出电压上升过快。

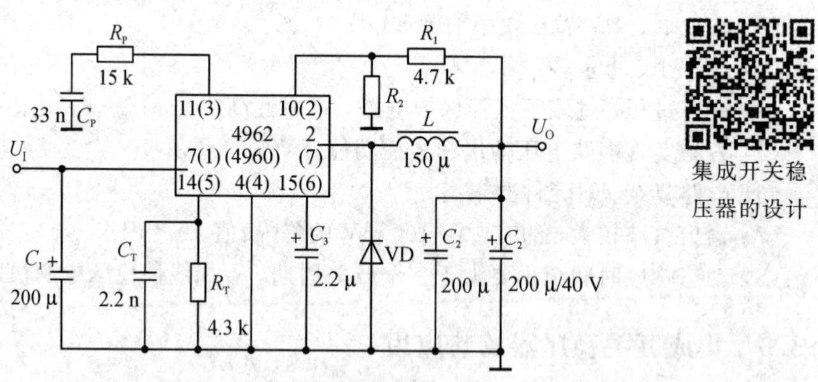


集成开关稳压器的设计

图 1－28　CW4960/4962 应用电路

**2. LM2576S 集成开关稳压器**

1) LM2576S 型号

LM2576S 是串联开关稳压器，输出电压分为固定 3.3 V、5 V、12 V、15 V 和 ADJ(可调)5 种，由型号的后 3 个字符标称。LM2575/2575HV 的输出电流可达 1 A，LM2576/2576HV 的输出电流可达 3 A；LM2575/2576 的最高输入电压为 40 V，LM2575HV/2576HV 的最高输入电压为 60 V；输出电压可调范围为 1.23～37 V（HV 型号的可达 57V）。两种芯片的内部结构相同，内部包含有调整管、调整管控制电路、启动电路、输入欠压锁定控制和保护电路等，固定输出电压稳压器还含有取样电路。

2）LM2576S 特点

LM2576S 集成稳压器的特点是：外部元器件少，使用方便；振荡器的频率固定为 52 kHz，所需滤波电容较小；占空比 $D$ 可达 98%，从而使电压和电流调整率更理想；转换效率可达 75%～88%，一般不需要散热器。LM2576S 单列直插式塑料封装的外形及管脚排列如图1-29所示，两种系列芯片的管脚含义相同。其中，第 5 脚为开关控制端，可用 TTL 高电平使芯片关闭输出，进入低功耗待机模式，此时芯片典型待机电流为 50 μA；稳压器正常工作时，应将此引脚接地。第 4 脚为反馈端，对于输出电压固定型，应将此引脚与输出端相连；对于输出电压可调型，应将此引脚与取样电路相连，并提供参考电压 $U_{REF}$ 为 1.23 V，供输出电压调整计算使用。

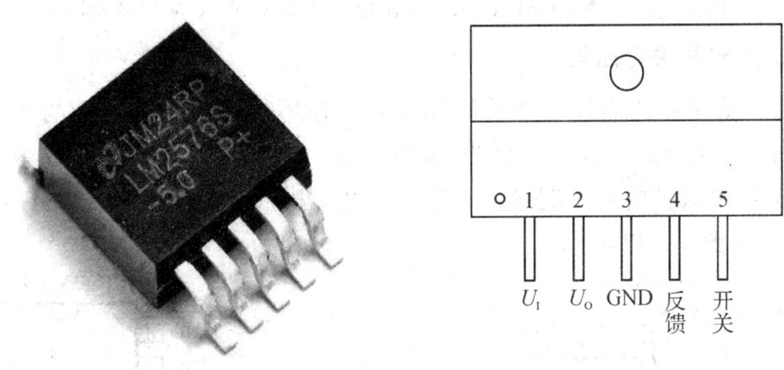


图 1-29　LM2576S 外形及管脚图

3）LM2576-5.0/ LM2576HV-5.0 应用举例

LM2576-5.0/ LM2576HV-5.0 固定输出电压集成稳压器，对应国产型号为 CW2576-5.0/ CW2576HV-5.0，在输入电压为 DC 7～40 V（对于 HV 型，最高输入电压可达 60 V）时，输出电压稳定为+5 V，输出电流最大可达 3 A，如图 1-30 所示。图中参数的选择：输入电容 $C_{IN}$ 要选择低 ESR（等效串联电阻）的铝电解电容或钽电容作为旁路电容，防止输入端出现大的瞬间电压，可选择容值为 100～10 000 μF 的电容，电容的额定耐压值要为最大输入电压的 1.5 倍，千万不要选用陶瓷电容，否则会造成严重的噪音干扰；二极管 $VD_1$ 应选择开关速度快、正向压降低、反向恢复时间短的肖特基二极管，千万不要选用 1N4000/1N5400 之类的普通整流二极管；输出端电容 $C_{OUT}$ 推荐使用 220～1000 μF 之间低 ESR 的钽电容或铝电解电容。

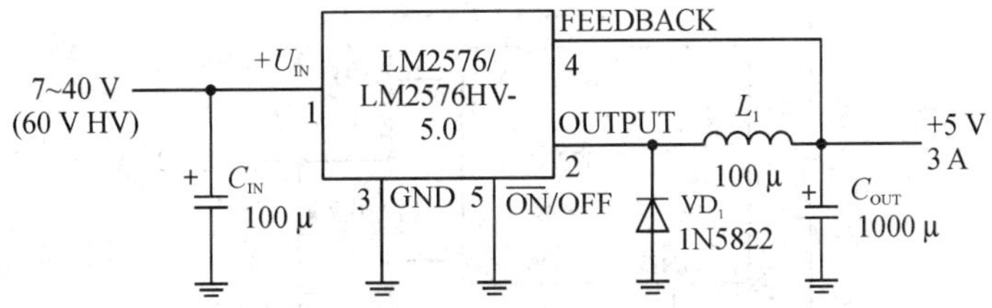


图 1-30　LM2576-5.0/LM2576HV-5.0 应用电路

LM2576HV-ADJ 为可调输出电压集成稳压器，在输入电压为 DC 55 V 时，输出电压可以在 1.2～50 V 范围内调节，最大输出电流可达 3 A，如图 1-31 所示。具体输出电压由取样电阻和基准电压决定，可下式求出：

$$U_O=\left(1+\frac{R_1}{R_2}\right)U_{REF}=\left(1+\frac{R_1}{1.21}\right)\times1.23\quad(\mathrm{V})\qquad(1-21)$$

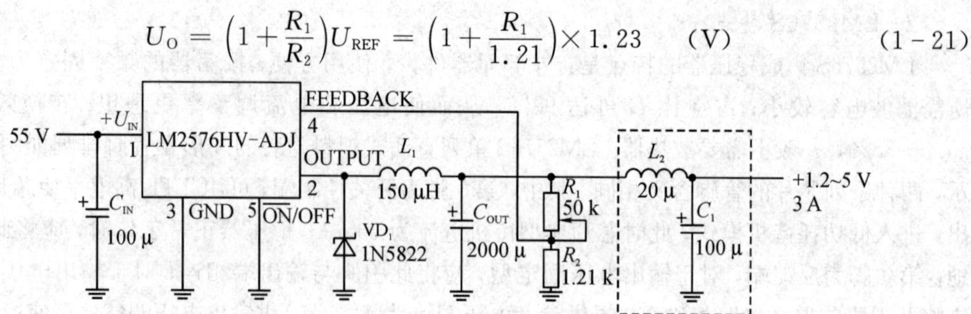


图 1-31　LM2576HV-ADJ 输出电压 1.2 V 至 50 V 可调电路

### 3. LT1072 集成开关稳压器

LT1072 是一款单片式高功率开关稳压器，可在所有标准的开关配置中运作，包括降压、升压、反激式、正激式、负输出和“cuk 变换器”。它将一个高电流、高效率开关与所有的振荡器、控制器和保护电路一起集成在芯片之内。LT1072 拥有 5 引脚 TO-220 封装和 8 引脚 DIP 封装，如图 1-32 所示。

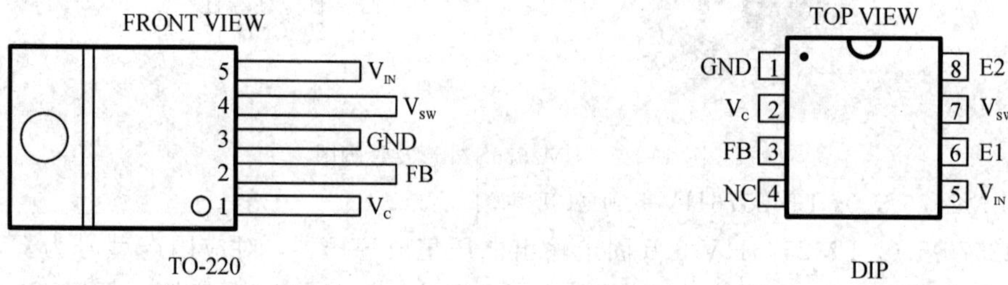


图 1-32　LT1072 引脚排列图

LT1072 应用电路如图 1-33 所示，它将+5 V 电压转化为+12 V 电压输出，额定输出电流可达 0.25 A。其中，二极管 $VD_1$ 选用快速恢复肖特基二极管 1N4936，正向额定电流为 1 A，最大正向压降为 1.2 V，反向击穿电压为 600 V。因为 LT1072 的 FB 端与 GND 端之间的基准电压 $U_{REF}=1.24$ V，所以图 1-33 所示电路的输出电压为

$$U_O=\left(1+\frac{R_1}{R_2}\right)U_{REF}=\left(1+\frac{10.7}{1.24}\right)\times1.24=11.94\quad(\mathrm{V})\qquad(1-22)$$

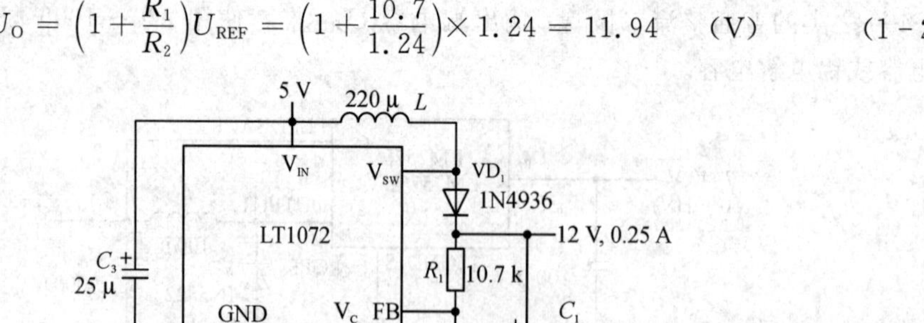


图 1-33　LT1072 将+5 V 转换为+12 V 电路图

#### 4. TOP221 单片开关稳压器

TOP221 是第二代 TOPSwitch-Ⅱ系列单片开关稳压器，仅有 3 个控制信号，外围元件很少，基本无需调试就能应用于专用开关电源电路，其引脚排列如图 1-34 所示。其在密封的环境中使用，在 DC 100～380 V(对应整流器输入电压 AC85～265 V)输入电压下，可以输出 7 W 左右的功率，而在开放环境下使用最大可输出 15 W 的功率。

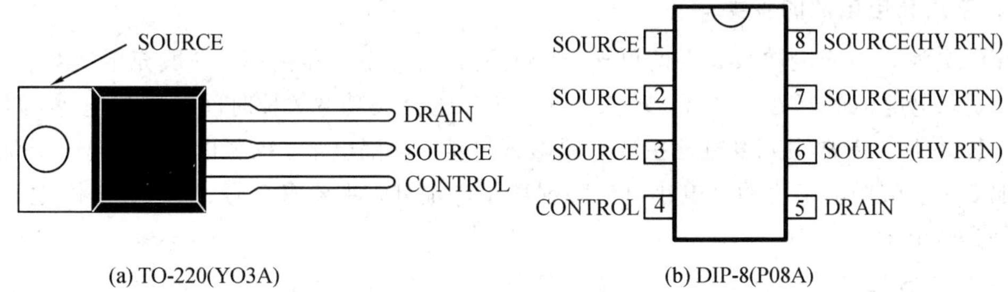


图 1-34 TOP221 引脚排列图

TOP221 芯片内部集成有 MOSFET、PWM 控制器、高压启动电路、环路补偿和故障保护电路等。TOP221P 用于产生+5 V、0.78 A 和+12 V、0.1 A 的开关电源电路，如图 1-35 所示。图中，$R_3$、$C_1$、$VD_1$ 为 $N_1$ 提供能量释放通道，起到保护 TOP221P 的作用；$C_5$ 起到软启动的作用，自动启动时间为 0.83 s。TOP221 稳压控制原理为：

$U_{O1}\downarrow \rightarrow I_F$(光耦的 LED 正向电流)$\downarrow \rightarrow I_C$($IC_1$ 控制电流)$\downarrow \rightarrow D$(占空比)$\uparrow \rightarrow U_{O1}\uparrow$

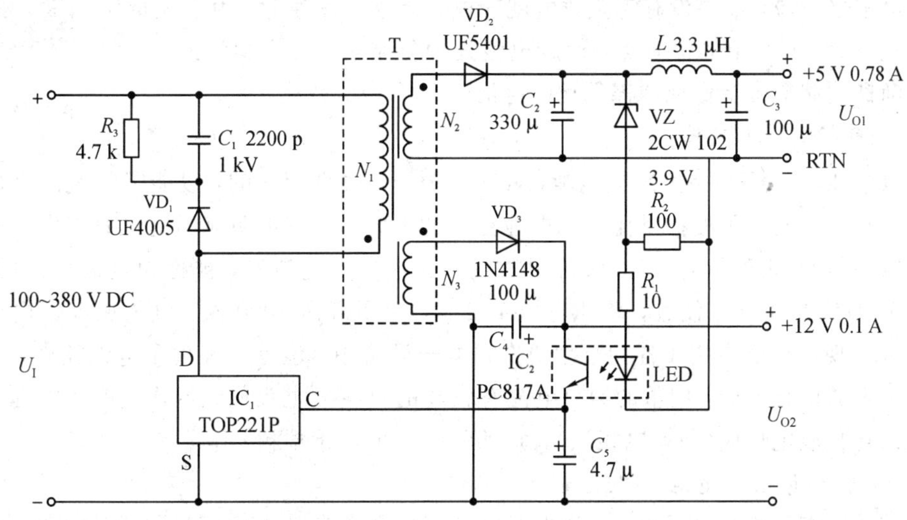


图 1-35 TOP221P 应用电路图

**★ 即问即答**

· 在开关电源中控制电路的发展将主要集中到以下几个方面，其中错误的是(　)。

A. 高频化　B. 智能化　C. 小型化　D. 多功能化

· 在开关电源中光电耦合器既有隔离作用，也有(　)功能。

A. 放大　B. 抗干扰　C. 延时　D. 转换

# 1.4 直流充电电源

## 1.4.1 常用充电电池的使用

### 1. 常用充电电池的种类

充电电池是指充电次数有限的可充电的电池，配合充电器使用，一般充电次数在1000次左右。充电电池的好处是经济、环保、电量足，适合大功率、长时间使用的电器(如随身听、电动玩具等)。常用充电电池主要有铅酸蓄电池、镍镉电池、镍氢电池、锂离子电池、铁锂电池5种。市场上出售的充电小电池除锂离子电池外，主要有5号、7号充电电池，但也有1号充电电池。

1) 铅酸蓄电池

铅酸蓄电池具有无需均衡充电、使用寿命长、内阻小、输出功率高、自放电小、成本相对较低等特点，是目前世界上应用最为广泛的电池产品。此类电池单体电压高(2 V)，主要用于汽车、摩托车的启动，应急照明系统，UPS(不间断电源)系统等大功率场合。改进型全密封免维护铅酸蓄电池解决了补充溶液的问题，使用更方便。

2) 镍镉(Ni-Cd)电池

镍镉(Ni-Cd)电池单体电压1.2 V，使用寿命500次，可代替普通电池，但有充电记忆效应，如果没有完全放电就充电，会令容量降低。由于大量使用镍镉电池(Ni-Cd)中的镉有毒，使废电池处理复杂，环境受到污染，因此它将逐渐被用储氢合金做成的镍氢充电电池(Ni-MH)所替代。

蓄电池充电器电路的设计

3) 镍氢(Ni-MH)电池

镍氢电池(Ni-MH)是由镍镉电池(NiCd battery)改良而来的，以能吸收氢的金属代替镉(Cd)。它以相同的价格提供比镍镉电池更高的电容量、较不明显的记忆效应以及较低的环境污染(不含有毒的镉)。其回收再用的效率比锂离子电池好，被称为是最环保的电池。镍氢(Ni-MH)电池价格便宜，单体电压1.2 V，使用寿命1000次，电量比镍镉电池高约1.5～2倍，现已广泛应用于各种小型便携式电子设备中。但是与锂离子电池比较，镍氢电池却有一定的记忆效应，旧款的镍氢电池有较高的自我放电反应，新款的镍氢电池已具有相当低的自我放电反应(与碱电相当)，而且可在－20℃低温下工作。

4) 锂离子(Li-ion)电池

可充电锂离子电池是手机、笔记本电脑等现代数码产品中应用最广泛的电池，但它较为“娇气”，在使用中不可过充、过放(会损坏电池或使之报废)。根据所用电解质材料的不同，锂离子电池分为液态锂离子电池(Liquified Lithium-Ion Battery，LIB)和聚合物锂离子电池(Polymer Lithium-Ion Battery，PLB)。单个液态锂离子电池的电压是3.6V，通常不做成5号电池的形式，具有容量大、重量轻、电压高等优点，但不耐贮存、价格较高，基本上是“专款专用”，通用性差。

锂聚合物电池是液态锂离子电池的改良型，没有电池液，而改用聚合物电解质，单体电压 3.7 V，使用寿命为 500 次以上，放电温度为 −20 ℃～60 ℃。新一代聚合物锂离子电池在形状上可做到薄形化(最薄可达 0.5 mm)、任意面积化和任意形状化，大大提高了电池造型设计的灵活性。同时，聚合物锂离子电池的单位能量比液态锂离子电池提高了 20%，其容量与环保性能等都较液态锂离子电池有一些改善。

5) 铁锂(LiFePO4)电池

铁锂电池是一种新型动力电池，具有输出效率高、温时性能良好、不燃烧、不爆炸、循环寿命长、快速充电、环境无污染等特点，受到各方面的重视。单个铁锂电池的标称电压是 3.2 V，终止充电电压是 3.6 V，终止放电电压是 2.0 V。

目前，在汽车电池领域，锂电池仍然是霸主。而根据材料不同，汽车电池还分为磷酸铁锂、钛酸铁锂以及三元锂电池。市面上几乎所有新能源汽车都内置这三类电池，无论是新能源汽车企业的翘楚特斯拉，还是当前新能源汽车领军者的比亚迪，都在这个“局”中。随着新能源汽车的全面提速，三种技术路线之间的淘汰赛已经分出胜负，磷酸铁锂和钛酸铁锂逐渐掉队，三元锂电池单独领跑。

石墨烯聚合材料电池是利用锂离子在石墨烯表面和电极之间快速大量穿梭运动的特性，开发出的一种新能源电池。其成本将比锂电池低 77%，重量仅为锂电池的一半，使用寿命是锂电池的两倍。首例石墨烯聚合材料电池，其储电量是目前市场最好产品的 3 倍，用此电池提供电力的电动车最多能行驶 1000 km，而其充电时间不到 8 min。尽管石墨烯聚合材料电池在实验室研发取得了突破性进展，但技术还不成熟，距离应用还有一段距离，未来也存在巨大变数。这种变数不仅来自技术本身，需要进一步提升产品可靠性和安全性，同时还受到其他因素掣肘，包括配套电池企业的生产水平，如电池的一致性、快充充电桩和充电网络的硬件支撑、电池管理系统、电池散热性能等。

**2. 充电电池的正确使用方法**

充电电池的使用涉及选购、充电、使用和存储等过程。正确使用充电电池，可以延长电池的寿命或者减缓电池容量的衰退。选购充电电池的型号规格与外形尺寸时，一定要满足用电设备的要求，还应考虑电池的品牌。所用的充电器一定要和充电电池相配对，充电器的充电电压、充电电流、充电保护等都是充电器的核心，直接决定电池能否充满，影响电池的使用寿命。因此，使用充电器之前必须看清充电器的输出电压、充电电流以及使用说明书，必须明确可充哪些电池(包括电池种类、电池容量、电池尺寸等)。对于锂电池，必须选用专用充电器，否则可能会达不到充满状态，影响其性能发挥。

充电电池使用注意事项如下：

(1) 正确选购符合用电设备要求的充电电池。

(2) 正确使用与充电电池相配对的充电器。

(3) 电池在充电过程中请不要拔下外接电源，电池充满后就要拔下充电器及电源插座。

(4) 使用电池时，除了锂电池不能过充过放外，请尽量全部用完电量(即设备不能再工作)再充电，并且尽可能一次性将电池电量充满，这是因为电池充放电次数(即寿命)是有限的。

(5) 如果使用电池的电器长时间不用，请拔下电池，将电池单独存放。

(6) 电池单独存放前，请保持电池电量大于 80%。

(7) 电池应置于-10 ℃～35 ℃的干燥环境中存放，避免阳光直射。

(8) 电池单独存放时间建议不要超过 3 个月，并保证每隔 3 个月左右就对电池进行一次充电。

(9) 镍镉电池、锂电池破损后会污染环境，同时又有一定的危险性，请不要随意拆卸、丢弃，对废弃电池应进行集中收集处理。

## 1.4.2 镍氢电池充电器

镍氢电池(Ni-MH 电池)是采用氧化物作为正极，储氢金属作为负极，碱液(主要为 KOH)作为电解液封装而成的充电电池。镍氢电池的充电与使用说明中涉及一些专用术语，下面进行简单介绍。

**1. 基本术语**

(1) 电池标称电压。电池标称电压是指在电池正常工作过程中表现的额定电压。镍氢电池的标称电压为 1.2 V。

(2) 电池开路电压。电池开路电压是指电池在非工作状态下即电路中无电流流过时，电池正负极之间的电势差。

(3) 电池工作电压。电池工作电压是指电池在工作状态下即电路中有电流流过时，电池正负极之间的电势差。

(4) 电池终止电压。电池放电试验中，规定结束放电的负荷电压称为终止电压。对于单支镍氢电池，终止电压为 1.0 V。

(5) 电池中点电压

电池中点电压是指电池放电到 50%额定容量时的电池电压。它主要用来衡量大电流放电系列电池的高倍率放电能力，是电池的一个重要指标。

(6) 电池容量。电池容量有额定容量与实际容量之分。电池额定容量是指设计与制造电池时在规定的放电条件下，应该放出的最低电量，用 $C$ 来表示。IEC 标准规定：镍镉电池和镍氢电池在 20±5℃环境下，以 0.1$C$ 充电 16 h 后，再用 0.2$C$ 放电至 1.0 V 时所释放出的电量称为电池的额定容量。电池的实际容量是指电池实际工作过程中所能释放的最大电量。

(7) 电池放电的残余电量。当对充电电池用大电流(如 1$C$ 或以上)放电时，由于电流过大，使内部扩散速率存在“瓶颈效应”，致使电池电量在未能完全放出时已经达到终电压，此时剩余的电量称为电池放电的残余电量。该剩余电量如果再用小电流(如 0.2$C$)继续放电的话，还能继续放电直到终止电压为止(对单支镍氢电池，放电到 1.0V 为止)。

(8) 镍氢电池的标准充放电。IEC 标准规定镍氢电池的标准充放电为：首先将电池以 0.2$C$ 放电至 1.0 V/支，然后以 0.1 $C$ 充电 16 h，搁置 1 h 后，再以 0.2$C$ 放电至 1.0 V/支，即为对镍氢电池的标准充放电。其优点是充电电路简单，不足之处是充电时间较长。

(9) 镍氢电池的快速充电与急速充电。一般镍氢电池行业将 0.2$C$/0.3$C$ 的充电称为快速充电；将 0.5～1.5$C$ 的充电称为急速充电。应该注意，急速充电必须设置合适的充电截止条件，否则会形成过充，过充后所产生的氧气来不及被消耗，就可能造成内压升高、电池变形、漏液等不良现象，使电池性能显著下降。

(10) 脉冲充电及对电池性能影响。脉冲充电一般采用充与放的方法，即充电 5 s，就放电 1 s。这样充电过程产生的氧气在放电脉冲下将大部分被还原成电解液。这样做不仅限制了内部电解液的气化量，而且对那些已经严重极化的旧电池，使用本方法进行充放电5～10次后，会逐渐恢复或接近原有容量。从电化学角度看，脉冲充电方法是最好的电池充电方法。

(11) 涓流充电。涓流充电一般用于后备电源的充电，它使用(1/20～1/30)$C$ 持续充电。此充电方法对电池性能无影响。

(12) 过充电及对电池影响。当电池经过一定的充电过程充满电量后，再继续充电的行为称为过充电。如果过充电的电流过大或充电时间过长，所产生的氧气来不及消耗，就可能造成内压过高、电池变形、漏液等不良现象。同时，也会使电池性能显著降低。

(13) 充电效率。充电效率是指电池在一定放电条件下放电至某一截止电压时所释放出的电量与输入电池的电量之比，即

$$充电效率=\frac{放电电流\times 放电至截止电压的时间}{充电电流\times 充电时间}$$

(14) 放电率。放电率是指电池放电时的速率，常用倍率(若干倍 $C$)来表示，其数值上等于额定容量的倍数。如电池容量为 $C=600\ \mathrm{mA\cdot h}$，用 $0.2C$ 放电，则放电电流为 $I=0.2C=0.2\times 600\ \mathrm{mA}=120\ \mathrm{mA}$。我们通常所说的 $0.2C$、$1C$ 容量，就是指在放电率为 $0.2C$、$1C$ 条件下所释放出的电量。

(15) 放电效率。放电效率是指在一定放电条件下，电池放电至终点电压所释放出的实际容量与额定容量的比值。一般情况下，放电率越高，放电效率越低；环境温度越低，放电效率越低。

(16) 过放电及对电池影响。当电池放完内部存储的电量，电压达到一定值(终止电压)后，再继续放电的行为称为过放电。一般而言，过放电会使电池内压升高，正负极活性物质的可逆性会受到破坏，通过充电只能恢复部分可逆物质，电池容量也会有明显衰减。

### 2. 镍氢电池的充电方法

#### 1) 镍氢电池充电的常见控制方法

为了防止电池过充，需要对充电终点进行控制。当电池充满时，会有一些特别的信息可用于判断充电是否达到终点。镍氢电池充电的常见控制方法有充电时间控制、峰值电压控制、电压负增量($-\Delta V$)控制、电压零增量($0\Delta V$)控制、电池温度控制、最大温差控制、温度变化率控制等，这 7 种充电控制方法用来防止电池被过充。

(1) 充电时间控制：通过设置一定的充电时间来控制充电终点，一般按照充入 120%～150%电池标称容量所需的对应时间来控制。标准充电一般采用时间控制方式，比如按照 IEC 标准测试电池容量时即采用 $0.1C$ 充电 16 h 的方法。但是，由于电池的起始充电状态不完全相同，采用充电时间控制后，会造成有些电池充不满，有些电池过充电。

(2) 峰值电压控制：通过检测电池的电压来判断充电的终点，当电压达到峰值时，终止充电。但是，电池充足电的最高电压随环境温度、充电倍率而变，而且电池组中各单体电池的最高充电电压也有差别，因此该方法不可能非常准确地判断电池是否已充足电。

(3) 电压负增量(−ΔV)控制：当电池充满电时，电池电压会达到一个峰值，然后电压会下降。当电压下降到一定的值时，终止充电。由于电池电压的负增量与电池组的绝对电压无关，而且不受环境温度和充电倍率影响，因此可以比较准确地判断电池是否已充满。但是，镍氢电池充满电后，电池电压需要经过较长时间才出现负增量，所以存在比较严重的过充电问题，电池的温度较高。

(4) 电压零增量(0ΔV)控制：为了避免等待出现电压负增量的时间过久而损坏电池，通常采用0ΔV控制法。但是，镍氢电池在充满电之前，电池电压在某一段时间内可能变化很小，从而会引起过早地停止快速充电。为此，目前大多数镍氢电池快速充电器都采用高灵敏度−0ΔV检测，当电池电压略有降低(一般约为10 mV)时，立即停止快速充电。

(5) 电池温度(TCO)控制：当电池温度升高到一定数值时停止充电。

(6) 最大温差控制：在电池充电过程中，电池温度会逐渐升高。当电池充满电时，电池温度与周围环境温度的差值会达到最大，此时停止充电。

(7) 温度变化率($dT/dt$)控制：通过检测电池温度相对于充电时间的变化率(如2℃/2 min)来判断充电的终点。

2) 镍氢电池的充放电曲线

在环境温度25℃下，当镍氢电池以$1C$、$0.5C$、$0.1C$的充电倍率(或充电电流)进行充电时，刚开始，恒定充电电流能使电池电压很快上升；随后，电池电压以较低的速率持续上升，随着电池电量逐步升高，电压达到最高点之后会适当下降。充电电流越大，电池电压越高，充电特性曲线如图1-36(a)所示。从图中可以看出，在电池容量未满时充电，电池温度上升速率和充电电流大小关系不大，并且保持较低温度数值；当电池充满电后继续充电时，电池温度上升很快，且上升速率与充电电流成正比。在环境温度25℃下，当镍氢电池以$0.2C$、$1C$、$2C$、$3C$的放电倍率(或放电电流)进行放电时，电池电压与放电容量之间的关系如图1-36(b)所示。从图中可以看出，放电电流越大，能释放出的电量越低。镍氢电池在使用中出现过放电，或者在较长时间储存过程中由于自放电(每月自放电率可达20%～30%)引起过放电，会使电池内压升高，正负极活性物质可逆性受到破坏，即使充电也只能部分恢复，使得电池容量明显衰减。为此，一定要设置好放电终止电压，使镍氢电池在电压下降到0.9 V时自动停止放电。

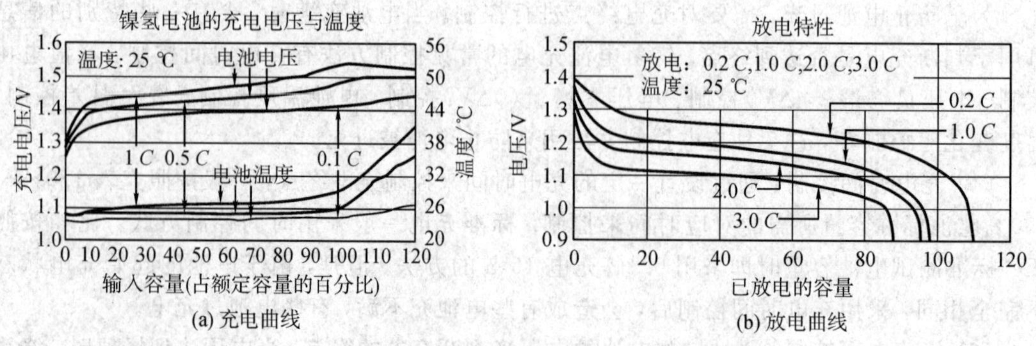

(a) 充电曲线
(b) 放电曲线

图1-36 镍氢电池的充放电曲线

### 3. 镍氢电池的充电电路

1）镍氢电池充电电压分析

日常使用的1.2 V镍氢电池，其充满电压通常为1.4 V，放电终止电压是0.9 V。这就意味着，镍氢电池在放电到0.9 V时已经不能使用，应该充电了。因此，0.9 V既是放电时的终止电压，也可以看作是镍氢电池充电的起始电压。实用中，因为0.9 V之后的镍氢电池还有一些小电流存在，所以有的镍氢电池将起始电压设置为0.8 V也是可行的。镍氢电池充满后的电压在1.4 V左右，这可以视为其最高电压，但个体电池也要视具体充电方式而定。一种情况是以恒压充电，比较老式的充电方式仍然这样设置，一般都是设置为1.4 V，但这样的后果有可能是电池到达1.4 V可能还没有充满，在这种情况下，镍氢电池充电终止电压就不是镍氢电池饱和电压。上述缺陷主要是由充电电流引起的，大电流充电有可能在1.4 V时并未充满电。从充电曲线上来看，有些以1C充电的镍氢电池容量到达100%的电压可以达到最高点1.53 V，然后这一电压又会下降再恢复到1.4 V附近，因此，1.53 V成为充电最高电压。镍氢电池充电器根据这个特点，把拐点电压出现点设置为充电截止时间。

大电流与小电流充电对充电电压的影响是：小电流充电在较低电压值就可以充满电，而且在满电后的充电仍能缓慢地提升电压；相反，1C以上的大电流充电在满电状态下继续充电，电压不升反降。所以，在电压达到一定高度(如1.36 V)后，采用0.3C左右的小电流充电是较为合理的。恒流充电法采用了温升速率法作为充电结束的判断依据，比如 在0.3C充电条件下，每分钟温度上升2℃就会停止充电，这时的镍氢电池电压一般都在1.4 V左右。

2）镍氢电池的充电过程

镍氢电池的充电过程通常可分为预充电、快速充电、补充充电和涓流充电4个过程。

(1) 预充电。对于长期不用的电池或者新电池充电时，一开始就采用快速充电，会影响电池寿命。因此，对于这种电池，应先使用小电流充电，直到电池满足一定的充电条件为止，这个阶段称为预充电。

(2) 快速充电。快速充电就是采用大电流(一般在1 C以上)充电，迅速恢复电池电能，快速充电时间由电池容量和充电速率决定。

(3) 补充充电。补充充电是指采用某些快速充电法完成快速充电后，电池并未充足电，此时再用不超过0.3 C的倍率进行补充充电，直至充满电为止。

(4) 涓流充电。涓流充电也称维护充电，是指只要电池接在充电器上并且充电器接通电源，充电器就始终以某一很低的充电倍率给电池充电。

3）镍氢电池充电电路的组成框图

镍氢电池充电电路一般由稳压电源(线性电源或开关电源)、充电控制集成电路、开关管电路、电池温度检测的传感器、充电电流取样电阻、充放电指示电路等组成，能实现对镍氢电池的充放电控制和各种保护功能，如图1-37所示。有些充电电路还包含微控制器、充电倍率选择、充电电池数量设定、充电状态数码显示等功能。

4）+5 V输入电压的镍氢电池充电电路

+5 V输入电压的镍氢电池充电电路主要由HX6321芯片负责充电控制功能，可充电

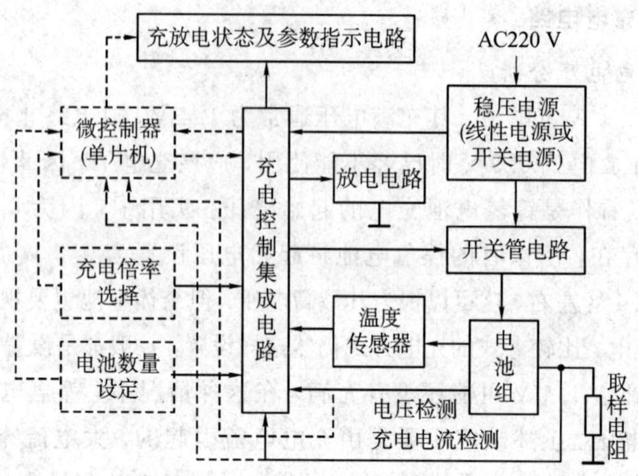


图 1-37 镍氢电池充电电路的组成框图

1、2、3 节电池(串联)，如图 1-38 所示。它能依据镍氢电池的电压状态，自动选择激活、预充、快充、涓流充电控制的 4 种工作流程，采用工业界高标准的精准$-\Delta V$、$0\Delta V$判别电池是否充饱，使用 PWM 控制充电，实现恒流充电目的，充饱率≥90%，充电效率约为 85%。依照电池规格需求，可通过外接电阻 $R_6$ 调整充电电流大小，具有过放电或老旧电池脉冲激活充电以及过高电池电压停止充电保护、预充时间 0.5 h 保护、快充时间 2.4 h 保护(可通过外接电阻 $R_1$ 调节快充时间)等多重电池保护功能。同时，该充电电路还具有无电池、充电中、充饱电、电池异常等充电状态的 LED 显示功能：当充电盒没有放入充电电池时，将显示“无电池”(LED 熄灭)状态；当充电盒放入干电池或碱性电池时，显示电池异常信号(LED 闪烁)并停止充电。充电中、充饱电的状态显示，可以根据 IC 的第 3 脚(LEDM)外接电位确定：当 LEDM 脚接 GND 时，充电时 LED 灯闪烁，电池充满时 LED 灯恒亮；当 LEDM 脚接 VDD 时，充电时 LED 灯恒亮，电池充满时 LED 灯闪烁。

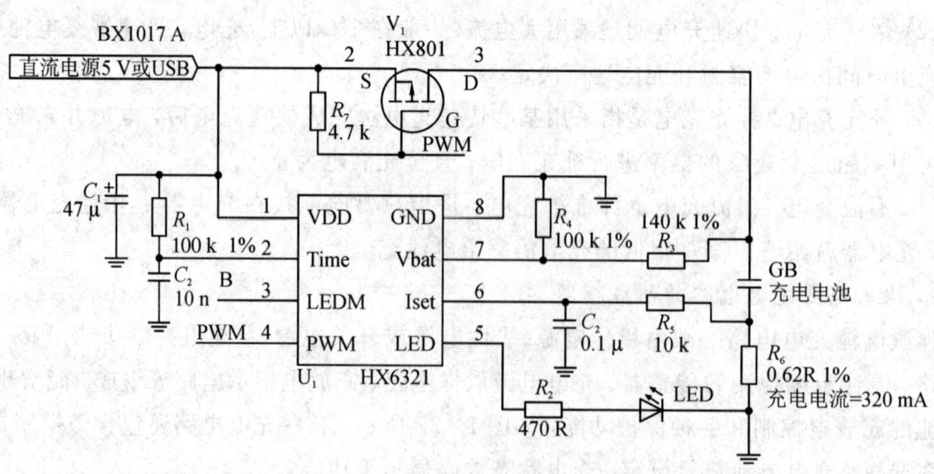


图 1-38 +5 V 输入电压的镍氢电池充电电路

5) ＋12 V 输入电压的镍氢电池充电电路

＋12 V 输入电压的镍氢电池充电电路主要由 HX6322 芯片负责充电控制功能，最多可充电 8 节电池(串联)，如图 1－39 所示。它能依据镍氢电池的电压状态，自动选择启动、预充、快充、涓流充电控制的 4 种工作流程。采用工业界高标准的精准－ΔV、0ΔV 判别电池是否充饱，使用 PWM 控制充电，实现恒流充电目的，充饱率≥95％，充电效率约为 90％。依照电池规格需求，可通过外接电阻 $R_6$ 调整充电电流大小，具有过放电或老旧电池脉冲激活充电以及过高电池电压停止充电保护、预充时间 0.5 h 保护、快充时间 2.4 h 保护(可通过外接电阻 $R_1$ 调节快充时间)等多重电池保护功能。同时，该充电电路还具有无电池、充电中、充饱电、电池异常等充电状态的 LED 显示功能：当充电盒没有放入充电电池时，将显示“无电池”(LED 熄灭)状态；当充电盒放入干电池或碱性电池时，显示电池异常信号(LED 闪烁)并停止充电。充电中、充饱电的状态显示，可以根据 IC 的第 3 脚(LEDM)外接电位确定：当 LEDM 脚接 GND 时，充电时 LED 灯闪烁，电池充满时 LED 灯恒亮；当 LEDM 脚接 VDD 时，充电时 LED 灯恒亮，电池充满时 LED 灯闪烁。

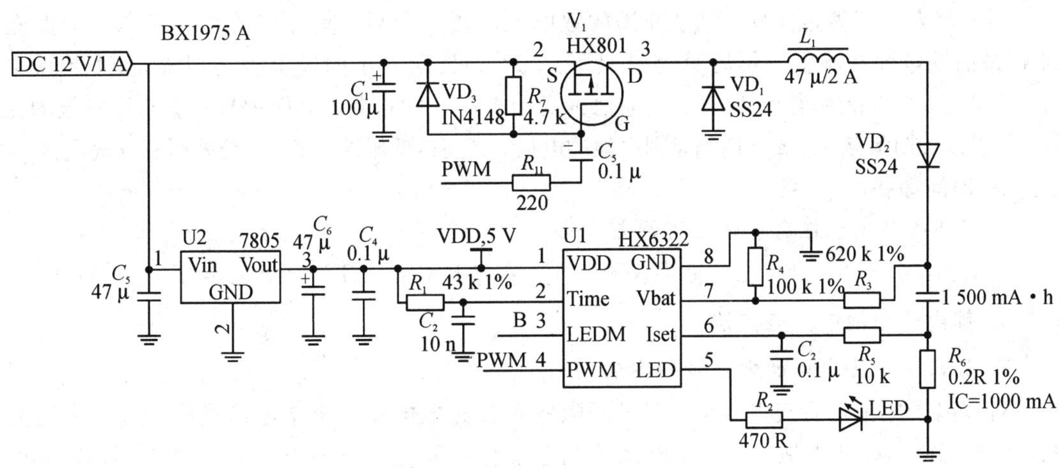


图 1－39　＋12V 输入电压的镍氢电池充电电路

## 1.4.3　锂离子电池充电器

### 1. 锂离子电池的使用

在实际使用中，我们应该尽量避免对锂电池“过充过放”，否则，将会对锂电池产生不可逆转的致命伤害。国产保护板通常会把低压保护设定在 2.5 V 左右(因为这样可以最大限度地延长放电时间)，锂电池的极限低电压是 2.3 V，安全低压不应该低于 3 V，在很多进口用电器里会把锂电池的低压保护设在 3.3～3.5 V，这样看似一次放电时间稍短，但是对总体寿命却是大有好处。这里还涉及放电电流的问题，在大电流放电时超过极限低压会比小电流放电超过极限低压的伤害要小，收音机属于小电流电器，所以，使用中最好留意一下电池电压，不要过放电，也尽量不要用到保护板动作，如果把锂电池用到 0 V，多数将损坏不能再用，少数虽能使用但寿命大大缩短。“把电池用尽”的做法其实来自镍镉电池，意思是避免“记忆效应”，但是锂电池的记忆效应比镍氢电池小得多，可以忽略不计。

1）如何为新电池充电

在使用锂电池中应注意的是，电池放置一段时间后会进入休眠状态，此时容量低于正常值，使用时间亦随之缩短。但是锂电池很容易激活，只要经过 3～5 次正常的充放电循环就可激活电池，恢复正常容量。

2）正常使用中应该何时开始充电

在正常情况下，应该有保留地按照电池剩余电量用完再充的原则充电，但是如果电池在第 2 天不可能坚持整个白天，就应该及时开始充电，除非能够随时给锂电池充电。

3）对手机锂电池的正确做法

(1) 按照标准的时间和程序充电，即使是前三次也要如此进行；

(2) 当出现手机电量过低提示时，应该尽量及时开始充电；

(3) 锂电池的激活并不需要特别的方法，在手机正常使用中锂电池会自然激活。

**2. 锂离子电池的保存**

据说有人专门做过实验，完全充满的锂电池静置一年后，其总容量会下降 20%，而充到 40%的锂电池在静置一年后总容量只下降 5%。长期不用的锂电池可以充电到 50%左右，应低温(如冰箱冷藏室)保存。锂电池本身会有一定的自漏电，保护板也会有微安级的耗电，所以在长期保存中，要定期测量锂电池的电压，当到达低压保护值时，要及时补充充电。

**★ 即问即答**

以下哪项不属于锂离子电池的特点(　)。

A. 开路电压高　B. 充放电寿命长　C. 有记忆效应　D. 自放电率低

**3. 锂离子电池的充电方法**

1）锂离子电池充电的常见控制方法

对锂离子电池进行充电，要按照时间顺序对其充电电流和充电电压进行控制，不能滥充，否则就极易损坏电池。锂离子电池的充电过程一般经历阶段 1(涓流充电)、阶段 2(恒流充电)、阶段 3(恒压充电)和阶段 4(充电终止)，如图 1-40 所示。

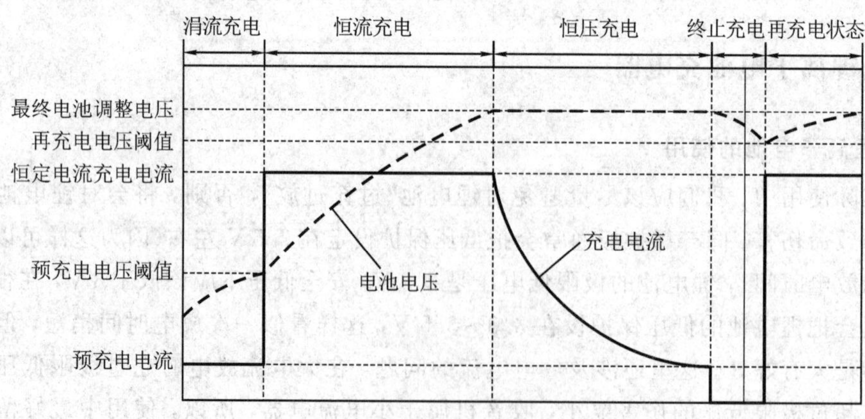


图 1-40　锂离子电池的四个充电过程

阶段 1：涓流充电——涓流充电用来对完全放电的电池单元进行预充(恢复性充电)。在锂电池电压低于 3 V 时采用涓流充电，涓流充电电流是恒流充电电流的 1/10，即 0.1$C$(以恒定充电电流为 1 A 举例，则涓流充电电流为 100 mA)。

阶段 2：恒流充电——当电池电压上升到涓流充电阈值以上时，提高充电电流进行恒流充电。恒流充电的电流在 0.2～1.0$C$ 之间。电池电压随着恒流充电过程逐步升高，一般单节电池设定的此电压为 3.0～4.2 V。恒流充电时的电流并不要求十分精确，大于 1$C$ 的恒流充电并不会缩短整个充电时间，因此这种做法不可取。

阶段 3：恒压充电——当电池电压上升到 4.2 V 时，恒流充电结束，开始恒压充电阶段。随着充电过程的继续，充电电流由最大值慢慢减少，当充电电流减小到 0.02$C$ 时，可以终止恒压充电。

阶段 4：充电终止——与镍氢电池不同，不建议对锂离子电池连续涓流充电。连续涓流充电会导致金属锂出现极板电镀效应，这会使电池不稳定，并且有可能导致突然的自动快速解体(爆炸)。通常有两种典型的充电终止方法，采用最小充电电流判断或者采用定时器控制(或者两者的结合)。最小电流法监视恒压充电阶段的充电电流，并在充电电流小于0.02$C$时终止充电。第二种方法就是从恒压充电阶段开始时计时，持续充电两个小时后终止恒压充电过程。

以上是标准锂电池的充电过程，又称为四段式充电，其充电过程通常由 IC 芯片进行控制。对完全放电的锂电池要充满电量约需 2.5～3 h。当然现在部分锂电池的充电系统还采用了更多的安全措施，如电池温度超出指定窗口(通常为 0℃～45℃)，那么充电会暂停。

再充电状态：锂电池充电结束后，充电系统若检测到电池电压低于 3.89 V，将会重新充电，直至重新满足终止充电条件(阶段 4)为止。

2）锂离子电池的充放电曲线

锂离子电池充电时的电池电压、充电电流、电池容量随充电时间的变化曲线如图 1-41(a)所示。从图中可以看出，锂电池一般采用标准的四段式充电，必须使用与电池配套的专用充电器来充电。由于锂电池的内部结构原因，放电时锂离子不能全部移向正极，必须保留一部分锂离子在负极，以保证在下次充电时锂离子能够畅通地嵌入通道，否则，电池寿命会缩短。为了保证石墨层中放电后留有部分锂离子，就要严格限制放电终止最低电压，也就是说锂电池不能过放电。单节锂电池的放电终止电压通常为 3.0 V，最低不能低于 2.5 V。电池放电时

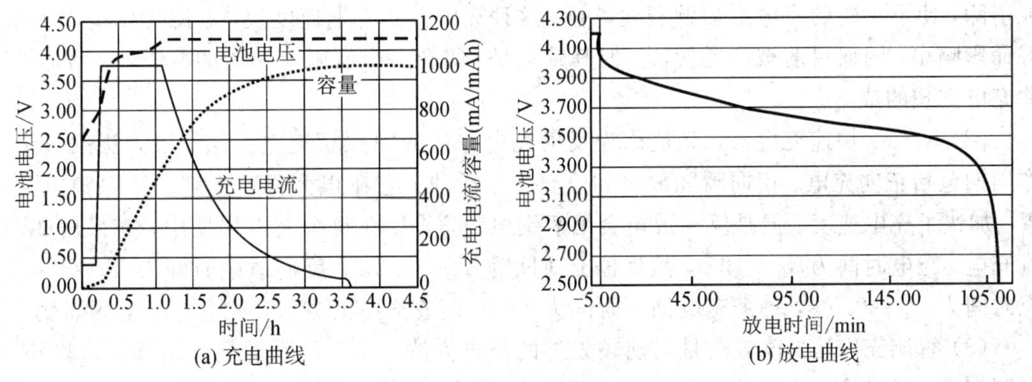

(a) 充电曲线　(b) 放电曲线

图 1-41　锂离子电池的充放电曲线

间长短与电池容量、放电电流大小有关。电池放电时间(小时)＝电池容量/放电电流，且锂电池放电电流(mA)不应超过电池容量的3倍，例如：1000 mA·h的锂电池，放电电流应严格控制在3 A以内，否则会使电池损坏。锂离子电池容量和放电时间的关系曲线，如图1-41(b)所示。

**4. 锂离子电池的充电电路**

1) 锂离子电池充电电压分析

锂离子电池标称电压一般为3.6 V或3.7 V(依厂商不同)。充电终止电压(也称浮置电压或浮动电压)，依具体电极材料不同一般为4.1 V、4.2 V等。一般负极材料为石墨时终止电压为4.2 V，负极材料为炭时终止电压为4.1 V。对同一块电池而言，充电时即使初始电压不同，当电池容量达到100%时，终止电压也均达到同一水平。在对锂离子电池进行充电的过程中，如果电压过高，电池内部将产生大量的热量，使电池正极结构被破坏或发生短路。因此在电池使用过程中必须对电池的充电电压进行监测，控制其电压在允许的电压范围内。

2) 锂离子电池的充电过程

根据锂电池电压的不同有不同的充电过程。当电池电压低于3 V时，先采用0.1$C$消流充电；当电池电压上升到3.0 V时，改成0.2～1.0$C$恒流充电；当电池电压上升到4.2 V时，改成恒压充电，当充电电流下降到0.02$C$时终止充电。

3) 锂电池的快速充电方法

锂电池的快速充电方法有多种，主要方法包括脉冲充电、Reflex充电和智能充电方法。

(1) 脉冲充电方法。脉冲充电曲线主要包括三个阶段：预充、恒流充电和脉冲充电。在恒流充电过程中以恒定电流对电池进行充电，部分能量被转移到电池内部。当电池电压上升到上限电压(4.2 V)时，进入脉冲充电模式：用1$C$幅度电流间歇地对电池充电。在恒定充电时间$T_c$内电池电压会不断升高，充电停止时电压会慢慢下降。当电池电压下降到上限电压(4.2 V)后，以同样的电流值对电池充电，开始下一个充电周期。如此循环充电直到电池充满为止，如图1-42所示。在脉冲充电过程中，电池电压下降速度会渐渐减慢，停充时间$T_o$会变长，当恒流充电占空比低至5%～10%时，认为电池已经充满，终止充电。与常规充电方法相比，脉冲充电能以较大的电流充电，在停充期电池的浓度极化和欧姆极化会被消除，使下一轮的充电更加顺利地进行。这种充电方式充电速度快，温度变化小，对电池寿命影响小，因而目前被广泛使用。但其缺点是：需要一个有限流功能的电源，这增加了脉冲充电方式的成本。

(2) Reflex快速充电法，又被称为反射充电方法或“打嗝”充电方法。该方法的每个工作周期包括正向充电、反向瞬间放电和停充三个阶段。它在很大程度上解决了电池极化现象，加快了充电速度。但是反向放电会缩短锂电池寿命。在每个充电周期中，先采用2$C$电流充电，充电时间为$T_c$＝10 s，然后停充时间为$T_{r1}$＝0.5 s，反向放电时间为$T_d$＝1 s，停充时间为$T_{r2}$＝0.5 s，每个充电循环时间为12 s。随着充电的进行，充电电流会逐渐变小。

(3) 智能充电法。该方法是目前较先进的充电方法，其主要原理是应用d$u$/d$t$和d$i$/d$t$控制技术，通过检查电池电压和电流的增量来判断电池充电状态，动态跟踪电池可接受的充电电流，使充电电流自始自终在电池可接受的最大充电曲线附近。这类智能充电方法，

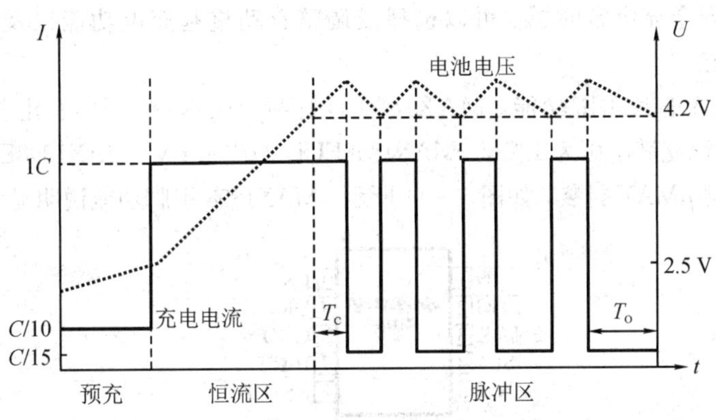


图 1－42　锂离子电池脉冲充电曲线

一般结合神经网络和模糊控制等先进算法技术，实现了锂电池充电系统的自动优化。

4）锂电池充电电路组成框图

根据锂电池的充电控制方式，可将其分为线性充电方式和开关充电方式的充电系统，它们均采用恒流/恒压充电控制方法，如图 1－43 所示。线性充电系统由一个传输电能的晶体管(三极管或场效应管)、输入和输出电容、调节充电电流大小的电阻等元器件组成，具有结构简单、元器件较少、成本低廉等优点，但存在抗电磁辐射干扰能力差、功耗及散热较大等缺点。与线性充电方式相比较，开关充电方式能够在比较宽的输入电压和电池电压范围内使用，保持一个比较高的转化效率，能够适应大功率充电，但电路中引入了高频开关和电感元件，使得整个电路会产生高频干扰。

手机万能充电器的工作原理

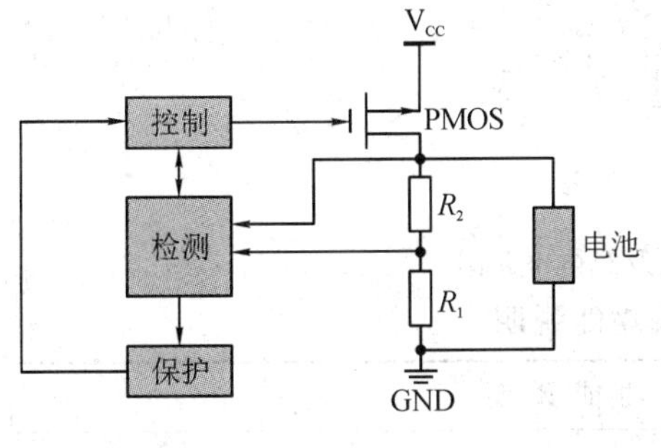


(a) 线性充电方式

(b) 开关充电方式

图 1－43　锂电池充电电路组成框图

5）单只锂电池线性充电器

(1) MAX1898 芯片简介。Maxim 公司出品的 MAX1898 充电管理芯片，配合外部 PNP 晶体管或 PMOS 场效应管，就可以组成简单、安全的单节锂电池线性充电器。MAX1898 在 4.5～12 V 输入电压范围内，能提供精确的恒流/恒压充电，电池电压调节精度为 ±0.75%，提高了电池性能并延长了使用寿命。充电电流由用户设定，采用内部检流，无需外部检流电阻。它能提供充电状态、充电电流和输入电源是否连接的监视信号输出。它还拥有可以设定的安全充电定时器、可以选择或调整自动重起充电功能以及对深度放电电池进行预充电等功能。

(2) MAX1898 芯片引脚功能。MAX1898 具有两个版本，可对所有化学类型的 Li+电池进行安全充电。电池充满电压为 4.2 V (MAX1898EUB42)或 4.1 V (MAX1898EUB41)。两者都采用 10 引脚、超薄型 μMAX 封装，如图 1－44 所示。MAX1898 引脚功能说明见表 1－2。

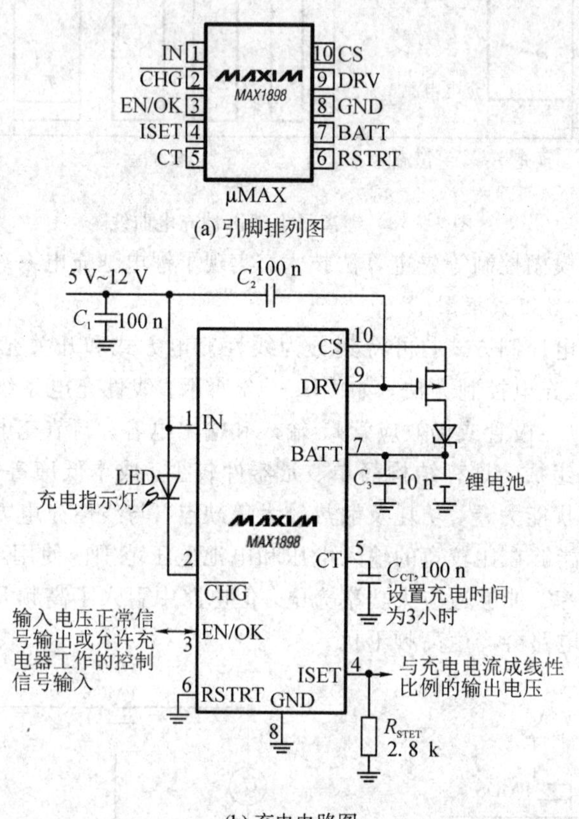

(a) 引脚排列图

(b) 充电电路图

手机万能充电器电路的设计

图 1－44　MAX1898 引脚排列及充电电路图

**表 1－2　MAX1898 引脚功能说明**

| 符号 | 引脚编号 | 功 能 说 明 |
|---|---|---|
| IN | 1 | 输入电压引脚，电压范围为 4.5～12 V |
| $\overline{\text{CHG}}$ | 2 | 充电状态开漏极 LED 驱动引脚。当没有电池或者充电器没有输入电压时，该引脚变为高阻抗(LED 熄灭)。当电池电压低于 2.5 V，并且以快充电流的 10%进行充电时(预充电状态)，该引脚变为低阻抗(LED 点亮)。当充电完成——充电电流低于快充电流的 20%或者安全定时器定时结束(当 CT 脚外接定时电容为 100nF 时，已经定时 3 h)时，该引脚变为高阻抗(LED 熄灭)。当发生充电故障——电池电压低于 2.5 V，且预充电定时时间到(当 CT 脚外接定时电容为 100 nF 时，已经定时 45 min)时，LED 以 1.5 Hz 的频率和 50%的占空比闪烁 |

续表

| 符号 | 引脚编号 | 功 能 说 明 |
| --- | --- | --- |
| EN/OK | 3 | 逻辑电平控制充电器工作/输入电源正常信号输出引脚。一个开漏极器件的输出端与该引脚相连，当该引脚维持低电平时将关闭充电器工作；当开漏极器件的输出端为高阻状态，且 IN 引脚的输入电压正常时，该引脚被内部 100kΩ 上拉电阻拉成高电平(+3 V)，可以作为电源 OK 指示 |
| ISET | 4 | 充电电流采样/最大充电电流设定引脚。该引脚输出的采样电流=充电电流/1000。如果将该引脚外接一个电阻 $R_{SET}$ 到接地端，就能限制最大充电电流=1.4 V/$R_{SET}$ |
| CT | 5 | 安全充电定时器控制引脚。通过一个外接定时电容设定定时器的定时值。当电容取 100 nF 时，定时长度为 3 h。将该引脚接地，禁止安全充电定时器功能 |
| RSTRT | 6 | 自动重起充电控制引脚。当该引脚接地，且电池电压比设定阈值低 200 mV 以下时，就会重启充电功能。当该引脚悬空或者将 CT 引脚接地(禁止定时器工作)时，自动重启充电功能被禁止。当该引脚和接地之间连接一个 0～23 kΩ的电阻时，可以降低重起阈值电压(3～4 V) |
| BATT | 7 | 电池电压感应输入引脚，与锂电池正极相连 |
| GND | 8 | 芯片接地引脚 |
| DRV | 9 | 外部晶体管驱动引脚，用于驱动 PMOS 管的门极或 PNP 管的基极 |
| CS | 10 | 电流检测输入引脚，和 PMOS 管的源极或 PNP 管的发射极相连 |

(3) MAX1898 构成的充电器。由 MAX1898 构成的完整充电器电路如图 1-44 所示。将开关电源形成的 5～12 V 直流电压，加到芯片的 IN 引脚，并且并联一只 0.1 μF 退耦电容，充电器就可以适用所有锂离子电池充电，并将充电电压精确控制为±75%。工厂设定的充电电压为 4.2 V(对于 MAX1898 EUB4.2 规格芯片)和 4.1 V(对于 MAX1898 EUB4.1 规格芯片)。一只连接在 IN 引脚和$\overline{\text{CHG}}$引脚之间的 LED 可以用作充电状态指示灯。BATT 引脚与地之间需要并联一只 10 μF 旁路电容，外部场效应管的漏极和 BATT 引脚之间需要连接一只肖特基二极管(具有开关频率高和正向压降低等优点)，避免输入电源短路时电池放电。当给 EN/OK 引脚外加低电平电压时，将关闭充电器工作。当 EN/OK 引脚悬空或呈高阻抗状态时，启动充电器工作。同时，该引脚可用于输入电源是否正常的判断，仅当输入电源电压正常时，该引脚可以输出高电平(+3 V)信号。将 RSTRT 引脚接地，当电池电压低于阈值电压时重新启动充电功能，对应的重充阈值电压分别为 4 V(MAX1898 EUB4.2)和 3.9 V(MAX1898 EUB4.1)。将 ISET 引脚通过外接一个 2.8 kΩ 电阻到接地端，可限制最大充电电流为 500mA。将 CT 引脚通过外接一个 100 nF 电容到接地端，设定充电定时器定时 3 h。DRV 引脚通过一只 100 nF 电容和输入电源相连，可以加快启动充电的开始。DRV 引脚外接调整管(P 沟道 MOSFET 或者 PNP 三极管)的选择：最大功耗应满足快充电流 $I_{FASTCHG}\times(U_{IN}-2.5\text{ V})$。通常使用低成本的 P 沟道 MOSFET，其工作电压大于预期的输入电压，导通电阻 $R_{DS(ON)}$ 位于 100～200 mΩ 范围就能满足要求。当选择 PNP 三极管做

调整管时，DRV 引脚可以提供高达 4 mA 的吸收电流，应根据快充电流大小来选择三极管的电流放大倍数 hFE(=快充电流/4 mA)。

6) 单只锂离子电池开关式充电器

(1) LTC4002 芯片简介。LTC4002 是凌特公司生产的高效独立开关模式电池充电控制器，它有 4.2 V 和 8.4 V 两种不同的充电电压型号，后缀数字表示充电电压。如 LTC4002ES8-4.2，对应输入电压为 4.7～22 V，供单只 4.2V 锂电池充电使用。LTC4002 具有 500 kHz 开关频率，是高效电流模式的 PWM 控制器。通过驱动一个外部 P 沟道 MOSFET，LTC4002 可以提供 4A 的充电电流，而效率可高达 90%，并具有±1%充电电压准确度和±5%充电电流准确度。LTC4002 具有自动关机、电池温度检测和超限停充保护、充电结束指示以及 3 小时充电终止定时器控制等功能。仅当电池电压低于 4.05 V 时，才能重新开始充电。

(2) LTC4002 引脚功能。LTC4002 采用 3 mm×3 mm 的 10 引脚 DFN 和 8 引脚 SO 两种封装形式，如图 1-45 所示。对于 10 引脚 DFN 封装，位于中心的外露焊盘(虚线框内标注 11)是接地的，必须焊在 PCB 上。LTC4002 各引脚的功能说明见表 1-3。

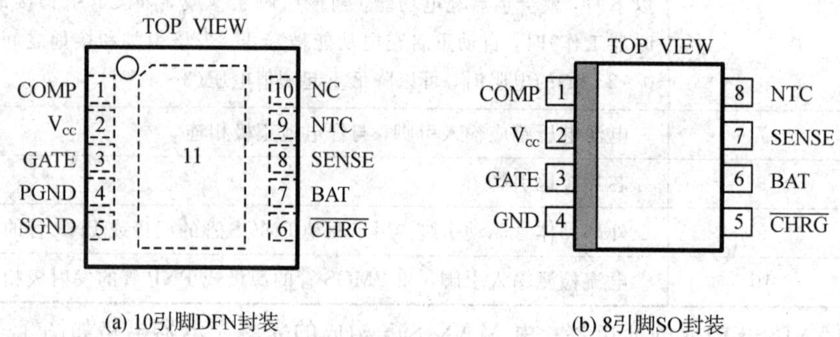


图 1-45 LCT4002 引脚排列图

**表 1-3 LTC4002 引脚功能说明**

| 符号 | 引脚编号(DFN/SO-8) | 功能说明 |
|---|---|---|
| COMP | 1/1 | 补偿时，外接 0.47 μF 电容和 2.2 kΩ 电阻串联。起停控制时，当该引脚电压达到 800 mV 时就开始充电；当该引脚电压低于 350 mV时就关断充电 |
| $V_{CC}$ | 2/2 | 正电源电压输入引脚，电压范围为 4.7～24 V，要求外接 0.1 μF 电容 |
| GATE | 3/3 | 门极驱动引脚，用于驱动低压控制导通、门一源击穿电压≤8 V 的 P-MOSFET |
| PGND | 4/4(GND) | PGND、SGND、外露的焊盘(DFN 封装的 11 脚)、GND 均为芯片接地引脚 |
| SGND | 5 | |

续表

| 符号 | 引脚编号(DFN/SO-8) | 功 能 说 明 |
|---|---|---|
| $\overline{\text{CHRG}}$ | 6/5 | 充电状态开漏极输出脚。当电池充电时，该引脚被内部 N-MOSFET 拉为低电平；当充电电流下降到满刻度电流的 25%且超过 120 μA 时，内部 N-MOSFET 关闭并且该引脚与地之间有 25 μA 电流；当定时器计时到或输入电压断开时，该引脚呈高阻状态 |
| BAT | 7/6 | 电池电压感应输入引脚，外接 22 μF 电容以减小纹波电压。内部连接一个在睡眠模式断开的分压电阻，用于设定最终的充电电压；在充电过程中，如果连接电池开路，那么过压电路将输出电压限制在超过设定充电电压的 10%之内。如果电池电压在 $V_{CC}$±250 mV 范围内，则芯片被强制进入睡眠状态，电源供电电流 $I_{CC}$降到 10 μA |
| SENSE | 8/7 | 电流放大器感应输入引脚。充电电流取样电阻 $R_{SENSE}$必须接在 SENSE 和 BAT 引脚之间；最大充电电流等于 100 mV/$R_{SENSE}$ |
| NTC | 9/8 | NTC(负温度系数)热敏电阻输入脚，外接一个负温度系数 10 kΩ 的热敏电阻到接地端，用于感应电池温度。当电池温度过高使该引脚电压降至 350 mV 以下时，或者电池电压过低使该引脚电压升至 2.465 V 以上时，充电暂停，内部充电定时器停止计时；但是，$\overline{\text{CHRG}}$引脚输出状态不受影响。如果不使用电池温度保护功能，将该引脚接地 |
| NC | 10 | 不连接，悬挂引脚 |

(3) LTC4002ES8-4.2 应用电路。由 PWM 降压(BUCK)开关模式电池充电控制器 LTC4002ES8-4.2 所构成的单只锂离子电池充电器电路，如图 1-46 所示。该充电器可以为锂离子电池提供恒流、恒压充电，恒定充电电流大小可以通过外接电阻(跨接在 SENSE 和 BAT 引脚之间)来设定。图 1-46 中的恒定充电电流为 100 mV/68 mΩ=1.47 A，最终充电电压为 4.2 V，且保持±1%精度。当电源引脚 $V_{CC}$外加电压上升到高于 4.2 V 并且比电池电压高 250 mV 时，开始对电池进行充电。如果电池电压低于 2.9 V，先采用涓流方式充电，此时的充电电流为额定充电电流的 10%，直至电池电压上升到 2.9 V 为止，再开始采用恒定电流充电；如果涓流充电的持续时间达到 30 min，则认为电池有故障并终止涓流充电。在恒定电流充电后，随着电池电压接近设定电压，充电电流开始下降；当充电电流降至额定充电电流的 25%时，与$\overline{\text{CHRG}}$引脚相连的内部 N 沟道 MOSFET 将关闭，将此引脚通过内部一个 25 μA 的电流源接地，可用于指示接近终止充电条件。芯片内部有一个 3 h 定时器，用于控制总的充电时间。当充电时间累计达到 3 h 后，则停止充电，并使$\overline{\text{CHRG}}$引脚呈现高阻状态。只有当电池电压降低到重充阈值电压 4.05 V 以下时，才能重新开始对电池充电。在加上输入电压后，如果将 COMP 引脚施加低电平电压，将关闭充电器；如果断开输入电压，该充电器将进入睡眠状态，工作电流 $I_{CC}$将降为 10 μA。现将芯片第 9 脚(NTC)通过一个 10 kΩ 的负温度系数热敏电阻接地，可以确保电池温度超过正常范围(0℃～

50℃)时停止充电。从图 1－46(b)可以看出，当输入电压位于 5～10 V 时，电源工作效率最大。

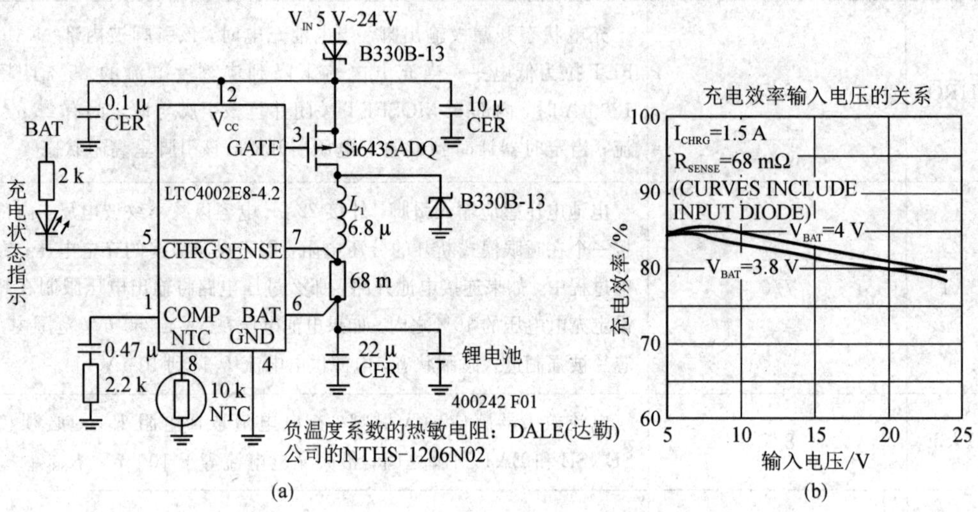


图 1－46 单只锂离子电池开关式充电电路

## ★ 即问即答

以下图形属于“恒流恒压充电”的是(　　)。

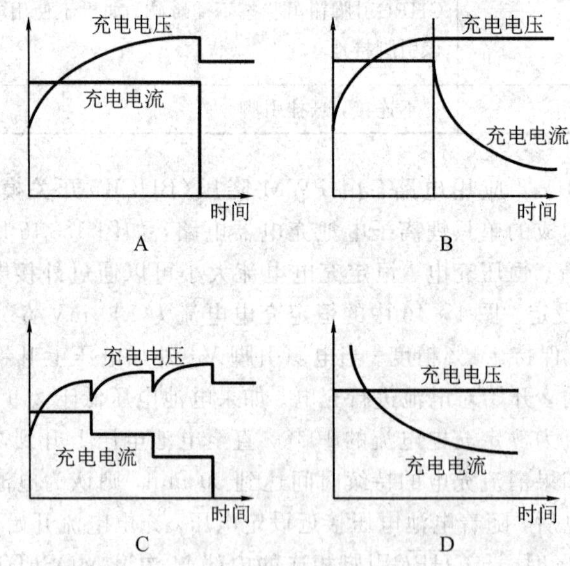

# 复习思考题 1

1. 稳压电源分为哪几类？各有什么特点？

2. 线性直流稳压电源和开关稳压电源有什么区别？

3. 在习题图 1-1 中，稳压管为 2CW14，它的参数是 $U_Z=6$ V，$I_Z=10$ mA，$P_Z=200$ mW，整流输出电压 $U_2=15$ V，稳定电流为 10 mA。当 $u_1$ 在 220 V±10%范围变化，负载电阻在 0.5～2 kΩ 变化时，试计算限流电阻 $R$ 的取值范围。

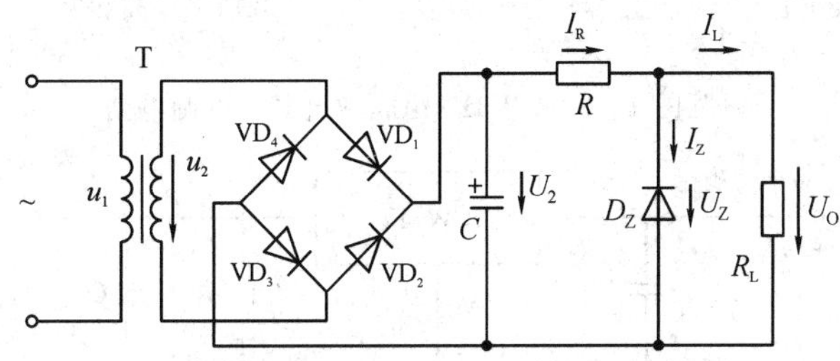


习题图 1-1　硅稳压管稳压电路

4. 用桥式整流、电容滤波、集成稳压块 LM7812 和 LM7912 设计最大输出电流为 1A、固定输出电压的正负直流电源(±12 V)。要求绘制电路图并给出元器件的型号规格。

5. 电路如习题图 1-2 所示，已知 CW7805 的输入电压为 24 V、静态工作电流 $I_Q=5$ mA，电阻 $R_1=150$ Ω，$R_2=360$ Ω，试求输出电压 $U_O$以及 $R_1$ 和 $R_2$ 的功率要求。

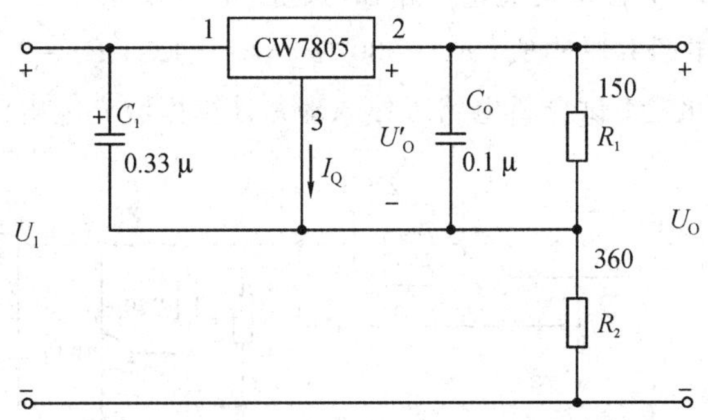


习题图 1-2　CW7805 提高输出电压电路

6. 电路如习题图 1-3 所示，已知 CW317 的输入电压为 30 V，基准电压 $U_{REF}=1.25$ V，基准电路的工作电流 $I_{REF}=50$ μA，电阻 $R_1=125$ Ω，$R_2=2200$ Ω，试求输出电压 $U_O$以及 $R_1$ 和 $R_2$ 的功率要求。

7. 要求用桥式整流、电容滤波、集成稳压块 LM117 设计一个最大输出电流为 1.5 A、输出电压为 0～30 V 可调的稳压电源电路(参考电路如习题图 1-4 所示)。要求给出计算公式与元器件的型号规格。

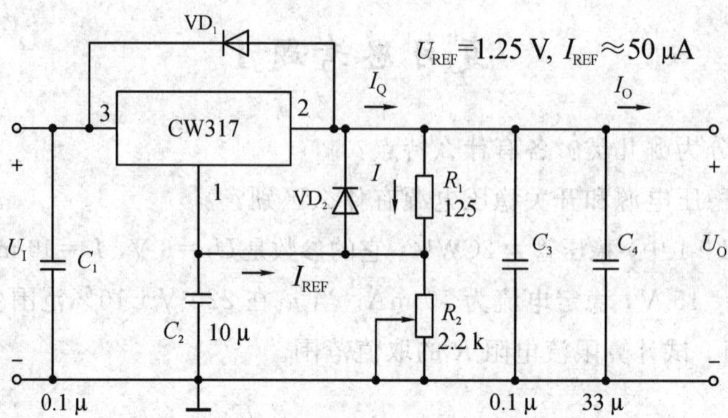


习题图 1-3　CW317 构成输出电压可调电路

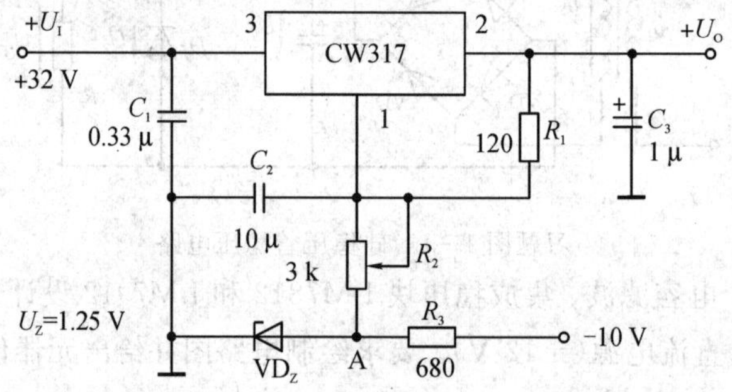


习题图 1-4　CW317 构成输出电压 0～30 V 可调电路

8. 3.7 V/720 mA·h 锂电池充电电路如习题图 1-5 所示，它采用恒流、限压充电方式。$R_1$ 由 3 只 220 Ω 电阻并联构成，$R_2$＝680 Ω，$R_3$＝1 kΩ，$R_4$＝220 Ω，TL431 为精密电压源，$V_1$ 为 TIP42 三极管。试分析电路工作原理并计算恒流充电电流值和限压电压值。

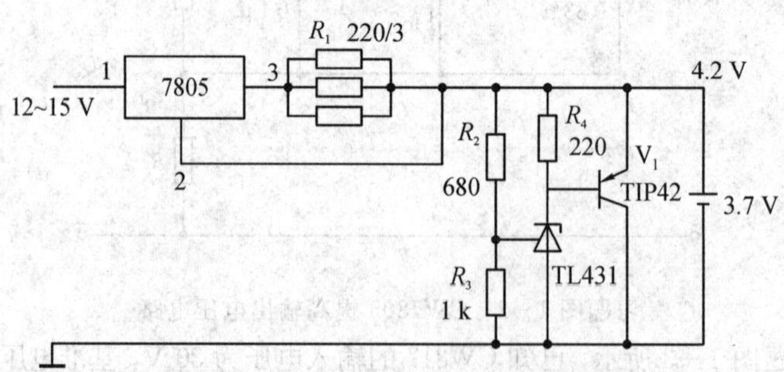


习题图 1-5　3.7V/720 mAh 锂电池充电电路

9. M4054 专为 USB 电源特性设计的单节锂电池恒流恒压线性充电 IC，如习题图 1-6 所示。当电池充电时，LED 亮；当电池充电完成(电池电压达到 4.2 V)时，LED 熄灭。PROG 脚外接电阻用于设定充电电流，充电电流等于 1000 V 除以外接电阻值。试分析电路工作原理并计算恒流充电电流值。

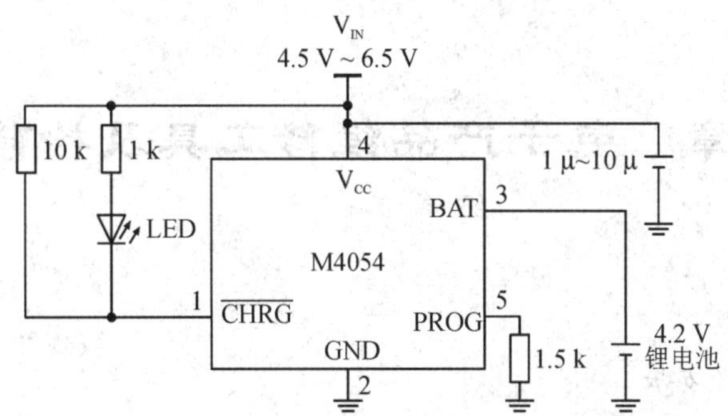


注：1脚接上拉电阻10 k，就可以确保在充电完成后LED灯全灭。

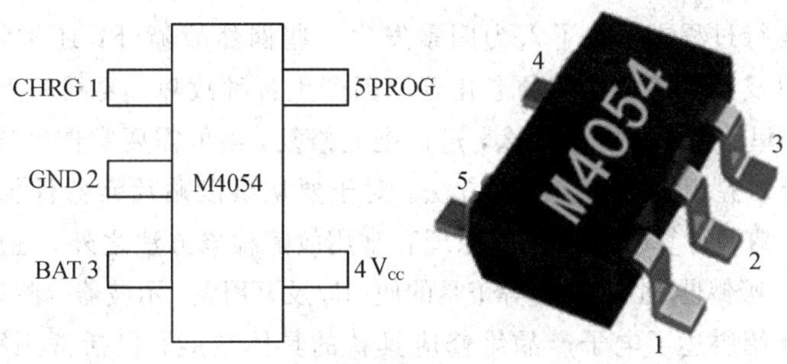


习题图 1 - 6　M4054 构成的锂电池充电电路

10. 通过查找相关资料，应用 TP4056 集成块设计一个锂电池充电电路。

# 第 2 章 电子产品维修工具及检修方法

★ 常用维修工具

★ 电子产品维修方法

## 导入语

电子设备在运行过程中，除了人为因素发生一些偶然故障外，还常常因环境的影响、运行条件的突变以及元器件电性能的老化等原因产生各种故障，要判断出设备发生什么故障、故障部位在哪里、故障原因是什么，进而把它修复，不但需要掌握维修工具和测量仪表的使用，而且更要掌握相关知识与维修方法。对于要从事以贴片元器件为主的计算机主板芯片级维修，除了掌握计算机电路工作原理和常用故障检修方法之外，还应该掌握台式恒温电烙铁、放大台灯、吸锡器、热风焊台等工具的使用以及万用表、示波器等测量仪表的使用。

本章将重点介绍讲述了电子产品维修应具备的具体技能，包括常用维修工具的使用、电子产品故障特点及基本的维修方法。

## 学习目标

- 能正确使用基本的维修工具；
- 能掌握分析故障发生的原因；
- 能正确使用基本的故障维修方法。

## 2.1 常用维修工具的使用

电脑主板芯片级维修常用工具主要有：万用表、示波器、晶体管图示仪、恒温电烙铁、热风焊台、编程器、主板故障诊断卡、螺丝刀、钳子、镊子、吸锡器等。本节重点介绍防静电的调温电烙铁、热风枪、放大台灯、数字万用表、数字示波器的使用方法。

### 2.1.1 焊接工具及材料

#### 1. 电子元件焊接工具

1）焊接工具的分类

根据焊接的形式，一般分为手动焊接与自动焊接。手工焊接主要是采用电烙铁，而自动焊接主要有波峰焊和贴片机。电烙铁是电子制作和电器维修的必备工具，主要用途是焊接元件及导线，按加热方式可分为直热式(包括内热式和外热式)电烙铁与调温式电烙铁。

2）直热式电烙铁

直热式电烙铁分为外热式电烙铁和内热式电烙铁。外热式电烙铁的规格很多，常用的有 25 W、45 W、75 W、100 W 等，功率越大烙铁头的温度也就越高。内热式电烙铁，由于烙铁芯安装在烙铁头里面，因而发热快，热利用率高，常用规格为 20 W、50 W 几种。由于它的热效率高，20 W 内热式电烙铁就相当于 40 W 左右的外热式电烙铁。

3）调温式电烙铁

调温式电烙铁又可分为恒温电烙铁和防静电的调温电烙铁两种。恒温电烙铁内部装有带磁铁式的温度传感器，通过控制通电时间而实现恒温，主要适用于焊接怕高温的元件，如焊接集成电路、晶体管、导线或某些软线等。防静电的调温烙铁包括与内部电路连接的电源插孔、恒温指示灯、工作指示灯、电源开关、调节电位器，具有电子控制恒温，PTC 陶瓷发热元件，升温快且温度可手动连续随意调节，独立静电接地系统，可消除静电和极大地降低各种干扰杂信号，不但确保电子器件静电安全，焊接时无需拔掉电源头，也保证工作人员和电子器件免受动力电电击的危险。外出维修时如遇无接地线时采用与设备搭接技术更方便，使烙铁与设备同电位，消除静电对设备的危害，主要用于焊接组件小、分布密集的贴片元件、贴片集成电路和易被静电击穿的 CMOS 元件等。

**2. 焊接辅助工具**

1）吸锡器

吸锡器是一种主要拆焊工具，用于收集拆焊电子元件时融化的焊锡。常见的吸锡器主要有吸锡球、手动吸锡器、电热吸锡器、防静电吸锡器、电动吸锡枪以及双用吸锡电烙铁等。胶柄手动吸锡器的里面有一个弹簧，使用时，先把吸锡器末端的滑杆压入，直至听到“咔”声，则表明吸锡器已被固定。再用烙铁对接点加热，使接点上的焊锡熔化，同时将吸锡器靠近接点，按下吸锡器上面的按钮即可将焊锡吸上。如果一次未能吸干净，则可重复操作几次。每次使用完毕后，要推动活塞三、四次，以清除吸管内残留的焊锡，使吸头与吸管畅通，以便下次再用。

2）空心针

不锈钢空心针形状如注射用针，有大小不同的各种型号，是拆卸元器件的必备工具，主要用来拆卸元器件在印制电路板上的引脚，如中周、集成块等多脚元器件。使用时，先用电烙铁烫化焊锡，再将空心针插入被拆元器件的引脚中旋转一下，元器件引脚便与印制电路板铜箔引线分离，这样拆卸元器件时既快且不损坏印制电路板铜箔。当拆卸不同粗细元器件引脚时，可换用内孔相应的不锈钢空心针，针头内孔以刚好插入元器件引脚为准。

**3. 焊料与助焊剂**

焊料与助焊剂的好坏，是保证焊接质量的重要因素。焊料是连接两个被焊物的媒介，它的好坏关系到焊点的可靠性和牢固性。助焊剂则是清洁焊接点的一种专用材料，是保证焊点可靠生成的催化剂。

1）焊料

焊料是一种熔点比被焊金属低，在被焊金属不熔化的条件下能润湿被焊金属表面，并在接触界面处形成合金层的物质。按其组成成份的不同，焊料可分为锡铅焊料、银焊料及铜焊料；按熔点可分为软焊料(熔点在 450℃以下)和硬焊料(熔点在 450℃以上)。根据不同的焊接产品，需要选用不同的焊料，是保证焊接质量的前提。在电子产品的装配中，一般都选用锡铅系列焊料，也称焊锡丝。根据焊接的不同需要，焊锡丝粗细各不相同，常用的焊锡丝直径有 0.5、0.8、0.9、1.0、1.2、1.5、2.0、2.3、2.5、3.0、4.0、5.0 mm 等多种。在其内部夹有固体焊剂松香，在焊接时一般不需要再加助焊剂。

2）助焊剂

因为金属表面与空气接触后都会生成一层氧化膜，温度越高，氧化越厉害。这层氧化膜在焊接时会阻碍焊锡的浸润，影响焊接点合金的形成。在没有去掉金属表面氧化膜时，即使勉强焊接，也是很容易出现虚焊、假焊现象。助焊剂就是用于清除氧化膜的一种专用材料，具有增强焊料与金属表面的活性、增强浸润能力，另外覆盖在焊料表面，能有效抑制焊料和被焊金属继续被氧化。所以在焊接过程中，一定要使用助焊剂，它是保证焊接过程顺利进行和获得良好导电性、具有足够的机械强度和清洁美观的高质量焊点必不可少的辅助材料。

助焊剂可分为无机系列、有机系列和树脂系列。其中，无机系列助焊剂的特点是化学作用强、腐蚀性大、易焊、浸润性非常好，常见的有 HCl、HBr、HF、$H_3PO_4$、NaCl、$SnCl_2$ 等，一般制成焊油，焊接后要清洗，否则会造成被焊物的损坏，主要用于金属制品、贴片元件的焊接。有机系列助焊剂主要有含有有机盐的水溶性助焊剂和含有有机酸的水溶性助焊剂，其特点是助焊性能好、可焊性高，不足之处是有一定的腐蚀性，且热稳定性差，一经加热，便迅速分解，主要用于金属制品、开关、接插件等塑料件的焊接。树脂系列助焊剂包括松香、松香加活性剂等，其特点是无腐蚀性、高绝缘性能、长期的稳定性和耐湿性，主要用于铂、铜、金、银等金属焊点、电子元器件的焊接。

**4. 无铅焊接**

在焊料的发展过程中，锡铅合金一直是最优质的、廉价的焊接材料，无论是焊接质量还是焊后的可靠性都能够达到使用要求；但是，随着人类环保意识的加强，“铅”及其化合物对人体的危害及对环境的污染，越来越被人类所重视。无铅焊接对设备要求较高，焊接温度高，设备和焊接材料价格昂贵，其主要优点是无毒、无污染、环保。一般出口到欧盟、美国等发达国家和地区的产品都要求无铅。

**5. 阻焊剂**

阻焊剂是一种耐高温的材料，可使焊接仅仅在需要焊接的焊点上进行，而将不需要焊接的部分保护起来，常用于防止桥接与短路情况。用阻焊剂形成防止焊接的一层称为阻焊层，一般是绿色或者其他颜色，覆盖在布有铜线上面的那层薄膜，它起绝缘的作用，还可防止焊锡附着在不需要焊接的一些铜线上。阻焊剂按工艺加工特点分为：紫外光(UV)固化型阻焊剂、热固化型阻焊剂、液态感光型阻焊剂、干膜型阻焊剂。

### 2.1.2 防静电的调温烙铁

防静电的调温烙铁常用于电路板上电阻、电容、电感、二极管、三极管、CMOS 器件、集成电路等管脚较少的片状元器件的焊接与拆焊。应重点学习在使用过程中如何调节符合标准的温度，从而获得均匀稳定的热量，掌握有效防止静电干扰的方法。

防静电的调温烙铁如图 2-1 所示。正确使用包括正常使用步骤、调至最适当的工作温度、结束使用步骤、烙铁头的保养方法和烙铁头的换新与维护等过程。

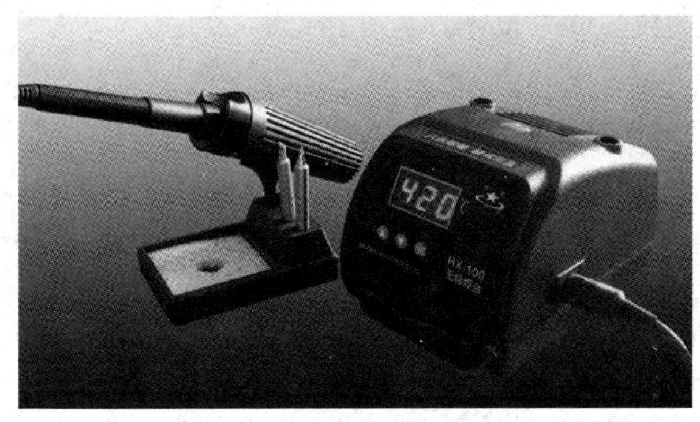


图 2-1　防静电的调温烙铁

### 1. 正常使用步骤

(1) 确认耐高温清洁海绵潮湿干净(浸水后取出)。

(2) 清除发热管表面杂质。

(3) 确认烙铁螺丝锁紧无松动。

(4) 将防静电的调温烙铁接地(电源三线插座中的地线必须接大地，且接地电阻不能大于 10 Ω)，这样可以防止工具上的静电损坏电路板上的精密元器件。

(5) 将电源开关切换到 ON 位置。

(6) 调整温度设定调整钮至 300℃，待加热指示灯熄灭后，用温度计测量烙铁头温度是否为 300℃±10℃以内，再加热至所需的工作温度。

(7) 如温度超过范围必须停止使用，并送去维修。

(8) 开始焊接操作。在焊接过程中，还应及时清理烙铁头，防止因为氧化物和碳化物损害烙铁头而导致焊接不良，定时给电烙铁上锡。对于管脚较少的片状元器件的焊接与拆焊应该采用轮流加热法。

### 2. 调至最适当的工作温度

在焊接过程中，温度过低将影响焊接的流畅性，温度过高会造成伤害线路板铜箔、焊接不完全、不美观及烙铁头过度损耗等后果，所以选择适当工作温度非常重要。根据焊接不同大小的元器件，应相应调整电烙铁的温度。如焊接电阻、电容、电感、TTL、熔断器时，应将烙铁温度设置为 330±10℃；焊接电晶体，应将烙铁温度设置为 260±10℃；焊接 QFP，应将烙铁温度设置为 340±10℃；焊接高功率晶体、连接器、DIP 零件，应将烙铁温度设置为 380±10℃；焊接铜柱，应将烙铁温度设置为 390±10℃。

注意：在红色区即温度超过 400℃(752 ℉)时，勿经常或连续使用；偶尔需要大焊点使用或者非常快速焊接时，仅可在短时间内使用。如果遇到大焊点，可先用热风枪加热，然后再用烙铁焊接。

**3. 结束使用步骤**

(1) 清洁擦拭烙铁头并加少许焊锡保护。

(2) 调整温度至可设定的最低温度。

(3) 将电源开关切换至 OFF 位置。

(4) 拔出电源插头。

**4. 造成烙铁头不沾锡的原因**

造成烙铁头不沾锡的原因如下：

(1) 温度过高，超过 400℃时易使沾锡面氧化。

(2) 使用时未将沾锡面全部加锡。

(3) 在焊接时助焊剂过少，或使用活性助焊剂，会使表面很快氧化。水溶性助焊剂在高温有腐蚀性的情况下也会损伤烙铁头。

(4) 擦拭烙铁头的海绵含硫量过高，或太干、太脏。

(5) 接触到有机物如塑料、润滑油等其他化合物。

(6) 焊锡不纯或含锡量过低。

**5. 烙铁头的保养方法**

(1) 对烙铁头每次送电前要先去除烙铁头上残留的氧化物、污垢或助焊剂，并将发热体内杂质清出，以防烙铁头与发热体或套筒卡死。随时锁紧烙铁头以确保其在适当位置。

(2) 使用时先将温度设立在 200℃左右预热，当温度到达后再设定至 300℃，到达 300℃时须实时加锡于烙铁头前端的沾锡部分，等候稳定 3～5 分钟，在测试温度达到标准后，再设定所需的工作温度。

(3) 焊接时，不可将烙铁头用力挑或挤压被焊接之物体，切勿敲击或撞击，以免电热管断掉或损坏，不可用摩擦方式焊接，否则会损伤烙铁头。

(4) 作业期间烙铁头若有氧化物必须立即用海绵清洁擦拭，不可用粗糙面之物体摩擦烙铁头。

(5) 不可使用含氯或酸的助焊剂。

(6) 不可加任何化合物于沾锡面。

(7) 较长时间不使用时，将温度调低至 200℃以下，并将烙铁头加锡保护，勿擦拭，只有在焊接时才可在湿海绵上擦拭，重新沾上新锡于尖端部分。海绵必须保持潮湿，每隔 4 小时必须清洗一次，确保干净。

(8) 当天工作完后，将烙铁头擦拭干净后重新沾上新锡于尖端部分，存放在烙铁架上并将电源关闭。

(9) 若沾锡面已氧化不能沾锡，或因助焊剂(Flux)引起氧化膜变黑，用海绵也无法清除时，可用 600～800 目的细砂纸轻轻擦拭，然后用内有助焊剂的锡丝绕于擦过的沾锡面，加温等候锡接触熔解后再进行重新加锡。

**6. 烙铁头换新与维护**

(1) 在换新烙铁头时，请先确定发热体是冷的状态，以免将手烫伤。

(2) 逆时针方向用手转动螺帽，将套筒取下，若太紧时可用钳子夹紧并轻轻转动。

(3) 将发热体内的杂物清出并换上新烙铁头。

(4) 烙铁头卡死时勿用力将其拔出以免损伤发热体，此时可用除锈剂喷洒其卡死部位再用钳子轻轻转动。

(5) 若卡死情形严重，请退回经销商处理或者只能报废。

### 2.1.3　热风枪

热风枪是贴片元件和贴片集成电路的拆焊、焊接工具，使用过程中要学会如何调节气流符合标准温度，从而获得均匀稳定的热量、风量，也要学习如何有效防止静电干扰。热风枪由气泵、交流调压电路板、气流稳定器、手柄等组成，如图 2－2 所示。机箱设有温度调节和气流调节两个旋钮，手柄采用消除静电的材料制成。热风枪主要是利用发热电阻丝的枪芯吹出的热风来对元件进行焊接与摘取。屏幕显示的温度为制热电路的实际温度，工人在操作过程中可以依照显示屏上显示的温度来手动调节。

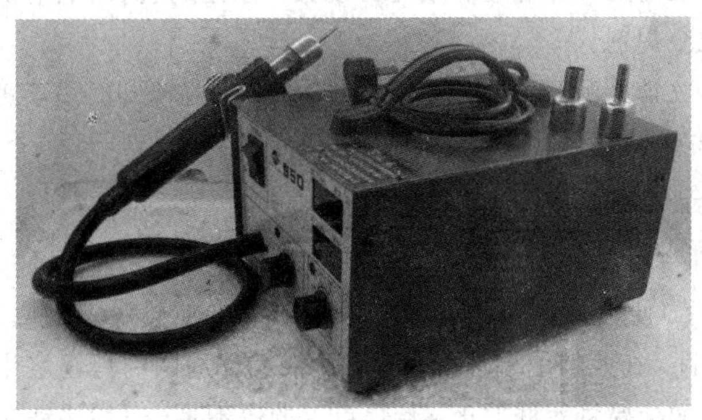

图 2－2　热风枪

#### 1. 准备工作

(1) 首次使用时，需阅读说明书，必须将底部通风口上的螺钉去掉。

(2) 松开喷嘴螺钉，选择合适的喷嘴(PCB 表面使用 4.4 mm 的喷嘴)，套装到位，轻拧螺钉。

(3) 检查热风枪静电接地线是否接触良好，检查喷嘴内有无金属物体，全部正常后，连接好电源线。

(4) 对不良零件周边容易受热的料件，使用美文胶纸或高温胶带进行隔热防护，防止外观损坏(如电解电容、IC 插座等)。

#### 2. 使用方法与步骤

(1) 将电源插头插入电源插座，按下热风枪电源开关，电源指示灯亮。

(2) 调整到合适的温度和风量。根据不同的喷嘴形状、工作要求特点调整热风枪的温度和风量。调节气流和温控钮后，稍等一会，待温度稳定下来，温度可调节在 300～350 ℃之间。在气流方面，如果是单喷嘴，则气流控制钮可设在 1～5 挡(每档标识温度为 80 ℃)，其他喷嘴可设定在4～8挡。例如：白光850B热风枪用A1130的喷嘴时，风量调1挡，温度调3.5挡，不用喷嘴时，风量调4挡，温度调4挡。数显型ATTEN850D用A1130的喷嘴时，风量调3挡，温度调350 ℃，不用喷嘴时风量调4.5挡，温度调380 ℃。

(3) 要等热风枪预热至温度稳定后方可进行焊接，焊接时手持着喷嘴手柄，将喷嘴对准拆焊元件上方1～2 cm处沿着芯片周围均匀加热，不可触及元件。在拆焊过程中，要注意保护周边元器件的安全。电阻、电容等微小元件的拆焊时间在5秒左右，一般的IC拆焊时间15秒左右，小BGA拆焊时间30秒左右，大BGA拆焊时间50秒左右。

(4) 当要吹焊贴片元件时，在引脚焊剂表面涂抹适量的助焊剂，待温度和气流稳定后，用喷嘴对着元器件各引脚均匀加热10～20 s后，等到底部的锡珠完全熔化时再用镊子夹住贴片元件，摇动几下将其取离，对焊盘和芯片引脚加焊锡和助焊剂并刮平。

(5) 当要焊接贴片元件时，在SMT焊点上涂抹适量助焊剂，将元器件各引脚加焊锡，将贴片元件放在焊接位置，用镊子按紧。用喷嘴均匀加热到焊锡熔化，移走喷嘴等待冷却凝固。焊接完毕后，检查是否存在虚焊或短路现象，若有，则需用电烙铁对其补焊并排除短路点。同时，清除残余焊剂。

(6) 工作完成，关掉电源开关，这时开始自动冷却，在冷却时段不可拔出电源插头，等到风扇自动关机后再拔掉电源插头。

**3. 吹焊小贴片元件的方法**

吹焊小贴片元件一般采用小嘴喷头，热风枪的温度调至2～3挡，风速调至1～2挡。待温度和气流稳定后，便可用手指钳夹住小贴片元件，使热风枪的喷头离欲拆卸的元件2～3 cm，并保持垂直，在元件的上方均匀加热，待元件周围的焊锡熔化后，用手指钳将其取下。如果焊接小元件，要将元件放正，若焊点上的锡不足，可用烙铁在焊点上加注适量的焊锡，焊接方法与拆卸方法一样，要注意温度与气流方向。

**4. 吹焊贴片集成电路的方法**

用热风枪吹焊贴片集成电路时，首先应在芯片的表面涂放适量的助焊剂，这样既可防止干吹，又能帮助芯片底部的焊点均匀熔化。由于贴片集成电路的体积相对较大，在吹焊时可采用大嘴喷头，热风枪的温度可调至3～4挡，风量可调至2～3挡，风枪的喷头离芯片2.5 cm左右为宜，吹焊时应在芯片上方均匀加热，直到芯片底部的锡珠完全熔解，此时应用手指钳将整个芯片取下。需要说明的是，在吹焊此类芯片时，一定要注意是否影响周边元件。另外芯片取下后，电路板上会残留余锡，可用烙铁将余锡清除。若是焊接芯片，应将芯片与电路板相应位置对齐，焊接方法与拆卸方法相同。

注意：热风枪的喷头要垂直焊接面，距离要适中，热风枪的温度和气流要适当，吹焊电路板时，应将备用电池取下，以免电池受热而爆炸。吹焊结束时，应及时关闭热风枪电源，以免手柄长期处于高温状态，缩短使用寿命。禁止用热风枪吹焊手机显示屏。

**5. 注意事项**

(1) 首次使用时，应将机箱下面最中央的红色螺钉拆下来，否则会引起严重的问题。

(2) 使用前，必须接好地线，为释放静电做好准备。

(3) 禁止在焊铁前端网孔放入金属导体，否则可能会导致发热体损坏及人体触电。

(4) 在热风焊枪内部，装有过热自动保护开关，枪嘴过热保护开关自动开启，机器停止工作。必须把热风风量“AIR CAPACITY”调至最大，延迟 2 min 左右，加热器才能工作，机器恢复正常。

(5) 使用后，要注意冷却机身。关电后，发热管会自动短暂喷出冷风，在此冷却阶段，不要拔去电源插头，等风扇自动关机后再拔掉电源插头。

(6) 不使用时，请把手柄放在支架上，以防意外。

**6. 温度设定参考**

50℃～150℃(122 ℉～300 ℉) 可将冷冻管解冻。

205℃～230℃ (400 ℉～450 ℉) 可将塑料管变弯或将干油漆或磨粉变软。

230℃～290℃ (450 ℉～550 ℉) 可软化粘着物。

425℃～455℃ (800 ℉～850 ℉) 可软化焊接物。

480℃～510℃ (900 ℉～950 ℉) 可松开生锈的螺栓。

520℃～550℃ (1000 ℉～1100 ℉) 可去除油漆。

550℃以上(1022 ℉以上 ) 开始变焦炭。

### 2.1.4　放大镜台灯

随着电路板集成度的提高，电子元件越来越小，普通肉眼难以辨认清楚，这时就需要使用放大镜台灯来放大局部电路，帮助人们辨识电路并进行焊接操作。台式放大镜台灯采用高倍带灯放大镜，可放大 10、15、20 倍等，是人们对电脑主板识读、维修的必备佳品。放大镜台灯就是带有放大镜的台灯，如图 2 - 3 所示。放大镜台灯自带照明光源，光线十分稳定，能清晰照亮观察部位，并且可以沿垂直和水平方向移动，根据需求改变位置，同时弹簧臂能保证在确定的聚焦范围内的放大作用。

图 2 - 3　放大镜台灯

使用时，将电路板放在底座上，将电源线插入电源插座，打开照明灯开关，调节台灯位置直至清晰放大为止，再进行电路识读、元件焊接、拆焊等操作。

## 2.1.5　数字万用表

万用表是电路检修过程中测量电路中的电压、电流、电阻、电容等众多电路参数，判断二极管、三极管、MOS场效应管的极性，测量晶体管的放大倍数等的工具。数字万用表是一种直接数字显示的万用表，它具有显示清晰直观、读数准确、分辨率高、使用方便安全等特点，如图2-4所示。

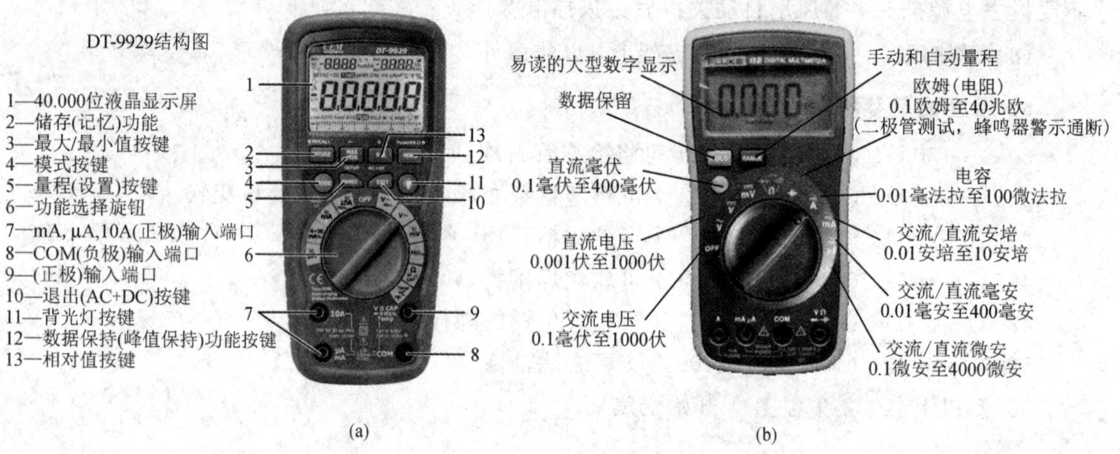


图2-4　数字万用表

### 1. 电压的测量

1）直流电压的测量

(1) 首次使用时将电池装入电池槽，注意区分电池的正负极，在内部红表笔与电池正极相连。将黑表笔插入COM插孔，红表笔插入VΩ插孔。

(2) 将功能开关置于直流电压档的合适V—量程范围，如果不知被测电压范围，将功能开关先置于最大量程，再根据读数情况逐渐下降。将测试表笔连接到待测电源(测开路电压)或负载上(测负载电压降)，打开电源开关，显示器显示测量结果，同时红表笔所接端的极性也显示在显示器上。

(3) 察看读数，如果显示器只显示"1"，表示超过量程，功能开关应置于更高量程，并确认单位。

注意：当测量高电压时，要格外注意避免触电。测试棒旁边的正三角形中有符号"!"，表示输入电压或电流不应超过指示值。

2）交流电压的测量

(1) 将黑表笔插入COM插孔，红表笔插入VΩ插孔。

(2) 将功能开关置于交流电压档的合适V～量程范围，如果不知道被测电压范围，可将功能开关先置于最大量程，再根据读数情况逐渐下降。将测试笔连接到待测电源或负载上，打开电源开关，显示器显示测量的交流电压值。

(3) 察看读数，如果显示器只显示"1"，表示超过量程，功能开关应置于更高量程，并确认单位。

**2. 电流的测量**

1）直流电流的测量

（1）将黑表笔插入 COM 插孔，当测量最大值为 200 mA 电流时，将红表笔插入 mA 插孔，当测量最大值为 20 A 电流时，将红表笔插入 20 A 插孔。如果使用前不知道被测电流范围，将功能开关先置于最大量程，然后根据读数情况逐渐下降。

（2）将功能开关置于直流电流档的合适 A—量程，并将测试表笔串联接入到待测负载上，电流值显示的同时，将显示红表笔的极性。

注意：mA 插孔测量的最大输入电流为 200 mA，过大的电流将烧坏保险丝，应再更换，20 A 量程无保险丝保护，测量时不能超过 15 秒。电流测量完毕后应将红笔插回 VΩ 孔，若忘记这一步而直接测电压，会造成万用表或电源报废。

2）交流电流的测量

测量方法与直流电流相同，不过档位应该打到交流档位，电流测量完毕后应将红笔插回 VΩ 孔，若忘记这一步而直接测电压，会造成万用表或电源报废。

**3. 电阻的测量**

（1）将红表笔和黑表笔分别插进 VΩ 和 COM 孔中，把旋钮转至所需的量程，用表笔接在电阻两端金属部位。

（2）读取测量值。如果被测电阻值超出所选择量程的最大值，将显示超过量程“1”，应选择更高的量程，对于大于 1 MΩ 或更高的电阻，要几秒钟后读数才能稳定，这是正常的现象。

注意：当检查被测线路的阻抗时，要保证移开被测线路中的所有电源，所有电容均放电。如果被测线路中有电源和储能元件，则会影响线路阻抗测试的准确性。另外，当旋钮处于 200 MΩ 挡位时，将两只表笔短路，显示屏上会有 1 个初始电阻值，测量电阻时应从测量读数中减去这个初始值。例如，短路时的初始值为 1，测一个电阻时，显示为 101.0，应从 101.0 中减去 1，则被测元件的实际阻值为 100.0 即 100 MΩ。

**4. 二极管的测量**

数字万用表可以测量发光二极管、整流二极管等，测量时，表笔位置与电压测量一样，将旋钮旋到二极管符号挡位，用红表笔接二极管的正极，黑表笔接负极，这时会显示二极管的正向压降。肖特基二极管的压降是 0.2 V 左右，普通硅整流管（1N4000、1N5400 系列等）约为 0.7 V，发光二极管约为 1.8～3.3 V。调换表笔，显示屏显示“1”，则为正常，因为二极管的反向电阻很大，否则表示此管已被击穿。

**5. 三极管的测量**

表笔插位与二极管相同，其测量方法和二极管类似。先假定 A 脚为基极，用黑表笔与该脚相接，红表笔与其他两脚分别接触。若两次读数均为 0.7 V 左右，再用红笔接 A 脚，黑笔接触其他两脚，若均显示“1”，则 A 脚为基极，否则需要重新测量，且此管为 PNP 管。那么集电极和发射极如何判断呢？数字表不能像指针表那样利用指针摆幅来判断，可以利用“hFE”挡来判断：先将档位打到“hFE”挡，可以看到挡位旁有一排小插孔，分为 PNP 和 NPN 管的测量。前面已经判断出管型，将基极插入对应管型“b”孔，其余两脚分别插入“c”，“e”孔，此时可以读取数值，即 β 值。再固定基极，其余两脚对调，比较两次读数，读数较大的管脚位置与表上“c”，“e”相对应。

注意：上法只能直接对如 9000 系列的小型管测量，若要测量大管，可以采用接线法，即用小导线将三个管脚引出再进行测量。

**6. MOS 场效应管的测量**

N 沟道场管有国产的 3D01、4D01 等系列，以及日产的 3SK 系列。G 极(栅极)的确定：利用万用表的二极管档，若某脚与其他两脚间的正反压降均大于 2 V，即显示“1”，此脚即为栅极 G。再交换表笔测量其余两脚，压降小的那次测量中，黑表笔接的是 D 极(漏极)，红表笔接的是 S 极(源极)。

**7. 电容测试**

(1) 将功能开关置于电容量程 C(F)。连接待测电容之前，注意每次转换量程时，复零需要时间，有漂移读数存在不会影响测试精度。

(2) 将电容器插入电容测试座中，等待稳定后读取测量值，并确认单位。

**8. 通断测试**

(1) 将黑表笔插入 COM 插孔，红表笔插入 VΩ 插孔(红表笔极性为“+”)，将功能开关置于二极管符号档位，并将表笔连接到待测电路，则读数为测量电路压降的近似值。

(2) 将表笔连接到待测线路的两端，如果两端之间电阻值低于约 70Ω 时，内置蜂鸣器会发声。

**9. 注意事项**

(1) 在使用万用表过程中，不能用手去接触表笔的金属部分，这样一方面可以保证测量的准确，另一方面也可以保证人身安全。

(2) 在测量某一电量时，不能在测量的同时换档，尤其是在测量高电压或大电流时，更应注意。否则，会使万用表毁坏。如需换挡，应先断开表笔，换挡后再去测量。

(3) 万用表使用完毕，应将转换开关置于交流电压的最大挡。如果长期不使用，还应将万用表内部的电池取出来，以免电池腐蚀表内其他器件。

## 2.1.6 数字示波器

示波器是电子产品故障检修中最常用的仪器，利用示波器能观察各种不同信号幅度随时间变化的波形曲线，还可以用它来测试各种不同信号参数，如电压、电流、频率、相位差、幅度等。数字示波器是运用数据采集、A/D 转换、软件编程等一系列技术制造出来的高性能示波器，具有波形触发、存储、显示、测量、波形数据分析处理等独特功能，使其应用日益普及。在电脑主板维修过程中，使用示波器可以直观地观察被测电路的信号波形和相关参数，还可以对两个不同位置的信号波形进行比较，从而快速、准确地找到故障原因。DS5062C 型两通

数字示波器的使用方法

道数字存储示波器如图 2－5 所示。

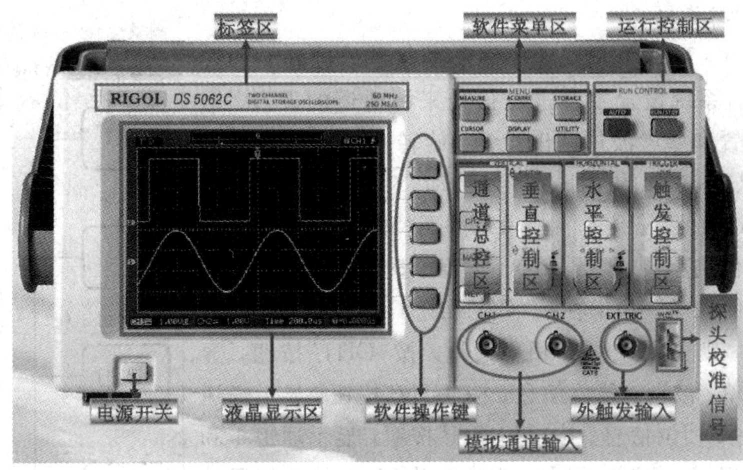


图 2－5　数字示波器

**1. 接通电源**

首先确认示波器的电源供电要求是 110 V 还是 220 V。有些示波器在后面板上设有电源电压选择开关，应确认选择开关处于交流 220 V 位置。DS5062C 型示波器的输入电源全球通用，为 AC100～225 V/40 W。然后将电源线插到交流 220 V 插座上，打开示波器电源开关，电源指示灯亮，表示电源接通。

**2. 探头校准与补偿(以 CH1 为例)**

在首次将探头与任一输入通道(CH1、CH2)连接时，进行此项调节，使探头与输入通道相配。未经补偿的探头会导致测量误差或错误。将 CH1 的探头菜单衰减系数设定为 10X，将探头上的开关设定为 10X，如图 2－6 所示。将示波器探头尾部与通道 1(CH1)相连，将探头端部与探头补偿器的校准信号(频率为 1 kHz、幅度为 0～3 V)输出端相连，打开通道 1，然后按 AUTO 按钮，示波器自动设置垂直、水平和触发控制，观看显示器上的信号波形。如果显示的波形是非标准的方波信号，则需要用非金属质地的改锥调整探头上的可变电容，直到显示标准的方波信号为止。

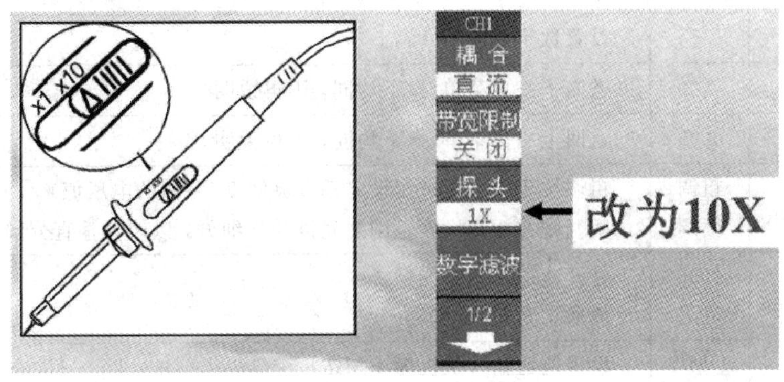


图 2－6　探头上的开关与菜单衰减系数的设置

### 3. 设置垂直系统

1）垂直控制旋钮

垂直控制区（VERTICAL）有一系列按钮、旋钮，如图2-7所示。垂直系统设置主要进行信号来源通道的设置、数学运算方式设置和参考波形调出设置。旋转“POSITION”旋钮，可以调整显示波形的上下位置。转动“SCALE”旋钮，可以改变“Volt/div(伏/格)”垂直档位。按下“SCALE”按钮，可以进行垂直档位的粗调/细调切换。当菜单显示时，按“OFF”按钮可快速关闭菜单。如果在按“CH1”或“CH2”按钮后立即按“OFF”按钮，则关闭菜单和相应通道。按“CH1”按钮，显示通道1的菜单、波形、档位信息。按“CH2”按钮，显示通道2的菜单、波形、档位信息。按“MATH”按钮，显示通道1和通道2信号的相加、相减、相乘、相除以及FFT(快速傅里叶变换)的运算结果。按“REF”按钮，显示参考波形与菜单。

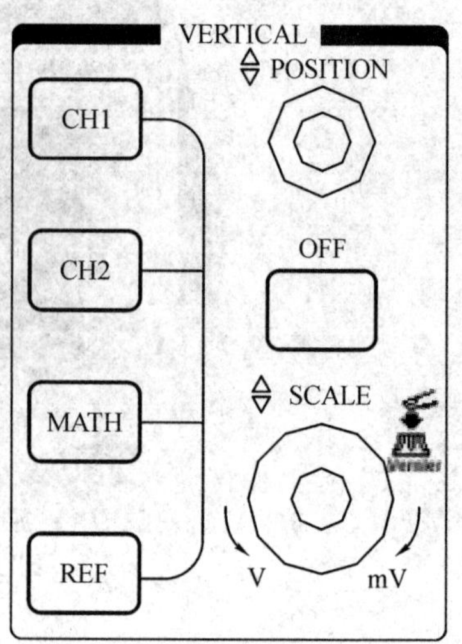

图 2-7　垂直设置按钮

2）设置垂直系统

(1) CH1、CH2 通道的设置。按 CH1 或 CH2 按钮，系统显示相应通道的操作菜单，操作说明见表 2-1。

**表 2-1　通道菜单设置说明**

| 功能设置 | 设定 | 说　明 |
|---|---|---|
| 耦合 | 交流<br>直流<br>接地 | 通过电容耦合，阻挡输入信号的直流成分<br>直接耦合，允许输入信号的交流和直流成分<br>断开输入信号 |
| 带宽控制 | 打开<br>关闭 | 限制带宽至 20 MHz，以减少显示噪声<br>满带宽 |
| 探头<br>(衰减倍数) | 1×<br>10×<br>100×<br>1000× | 根据探头衰减因素选取其中一个值(探头上的开关位置与探头菜单衰减系数相一致)，以保持垂直标尺读数准确 |
| 数字滤波 | | 设置数字滤波 |
| 下一页 | 1/2 | 进入下一页菜单(以下均同，不再说明) |
| 上一页 | 2/2 | 返回上一页菜单(以下均同，不再说明) |
| 档位调节 | 粗调<br>微调 | 粗调按 1—2—5 进制设定垂直灵敏度(每格的电压值)<br>微调则在粗调设置范围之间进一步细分，以改善垂直分辨率 |
| 反相 | 打开<br>关闭 | 打开波形反相功能<br>波形正常显示 |
| 输入 | 1 MΩ<br>50 Ω | 设置通道输入阻抗为 1 MΩ<br>设置通道输入阻抗为 50 Ω(仅适用于要求 50 Ω 终端阻抗的电路) |

(2) 数学运算功能设置(MATH)。该功能显示 CH1、CH2 通道信号波形的相加、相减、相乘、相除、快速傅立叶变换(FFT)的数学运算结果，操作说明见表 2-2。

**表 2-2　数学运算功能设置说明**

| 功能菜单 | 设　定 | 说　明 |
|---|---|---|
| 操作 | A+B<br>A−B<br>A×B<br>A÷B<br>FFT | 信源 A 与信源 B 波形相加<br>信源 A 波形减去信源 B 波形<br>信源 A 与信源 B 波形相乘<br>信源 A 与信源 B 波形相除<br>FFT 数学运算 |
| 信源选择 | CH1<br>CH2 | 设定 CH1 为运算波形<br>设定 CH2 为运算波形 |
| 窗函数 | Rectangle<br>Hanning<br>Hamming<br>Blackman | 设定 Rectangle 窗函数<br>设定 Hanning 窗函数<br>设定 Hamming 窗函数<br>设定 Blackman 窗函数 |
| 显示 | 分屏<br>全屏 | 半屏显示 FFT 波形<br>全屏显示 FFT 波形 |
| 垂直刻度 | Vrms<br>dBVrms | 设定以 Vrms 为垂直刻度单位<br>设定以 dBVrms 为垂直刻度单位 |

(3) 参考波形(REF)菜单设置。在实际测试过程中，用示波器测量观察有关组件的波形，可以把测量波形和参考波形样板进行比较，从而判断故障原因。按下“REF”按钮，显示参考波形菜单，设置说明见表 2-3。

**表 2-3　参考波形菜单设置说明**

| 功能菜单 | 设　　定 | 说　　明 |
|---|---|---|
| 信源选择 | CH1<br>CH2 | 选择 CH1 作为参考通道<br>选择 CH2 作为参考通道 |
| 保存 | | 选择一个已保存的波形作为参考通道的数据源 |
| 反相 | 打开<br>关闭 | 设置参数波形反相状态<br>关闭反相状态 |

### 4. 设置水平系统

1）水平控制旋钮

水平控制区有 1 个按钮和 2 个旋钮，如图 2－8 所示。水平系统设置主要用于改变水平刻度(时基)、触发在内存中的水平位置(触发位移)、触发电路重新启动的时间间隔(触发释抑)。旋转“POSITION”旋钮，可以调整显示波形的左右位置。转动“SCALE”旋钮，可以改变“S/div(秒/格)”水平档位(时基)。按下“SCALE”按钮，进行延迟扫描状态，再旋转该按钮可以改变延迟扫描时基而使显示窗口宽度变化。按“MENU”按钮，显示时基(TIME)设置菜单。在时基设置菜单下，可以开启/关闭延迟扫描，切换 Y-T、X-Y 显示模式。此外，还可以通过转动水平“POSITION”旋钮设置触发位移、触发释抑时间。在这里，触发位移是指实际触发点相对于存储器中点的位置。触发释抑是指重新启动触发电路的时间间隔。

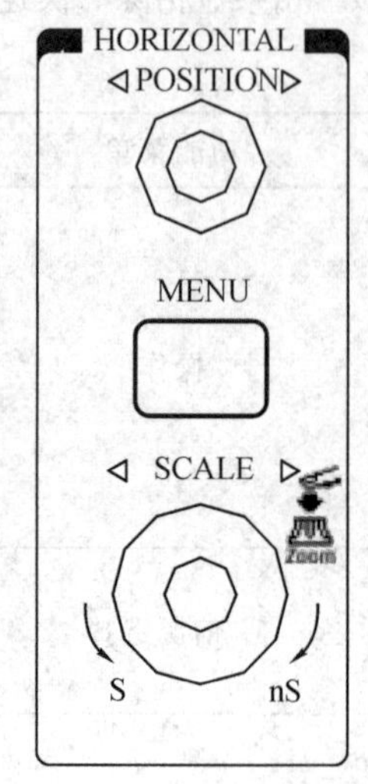


图 2－8 水平设置按钮

2）设置水平系统

按下水平控制区“MENU”按键，显示水平系统设置菜单，操作说明见表 2－4。

**表 2－4 水平系统设置说明**

| 功能菜单 | 设定 | 说明 |
| --- | --- | --- |
| 延迟扫描 | 打开<br>关闭 | 进入 Delayed 波形延迟扫描<br>关闭延迟扫描 |
| 格式 | Y－T<br>X－Y | Y－T 方式显示垂直电压(Y 轴)与水平时间(X 轴)的相对关系<br>X－Y 方式在水平 X 轴上显示通道 1 电压，在垂直 Y 轴上显示通道 2 电压 |
|  | 触发位移<br>触发释抑 | 调整触发位置在内存中的水平位移<br>设置可以接受另一触发事件之间的时间量 |
| 触发位移复位 |  | 调整触发位置到中心 0 点 |
| 触发释抑复位 |  | 设置触发释抑时间为 100 ns |

### 5. 设置触发系统

1）触发控制按钮

触发控制区有 3 个按钮和 1 个旋钮，如图 2－9 所示。转动“LEVEL”旋钮可以改变触发电平的大小(或百分比)，可以发现屏幕上有一条桔红色的触发线，随旋钮转动而上下移动。停止转动旋钮约 5 秒后，此触发线消失。按“MENU”按键，将调出触发操作菜单，可进行触发类型(边沿触发、视频触发或脉宽触发)、触发信源选择(CH1、CH2 或 EXT)、边沿类型

（上升沿、下降沿或上升下降沿）、触发方式（自动、普通或单次）、耦合（直流、交流、低频抑制或高频抑制）的设置。按“50％”按钮，设定触发电平在触发信号幅值的垂直中点。按“FORCE”按钮，强制产生一次触发信号，主要应用于触发方式中的“普通”和“单次”模式。

2）设置触发系统

触发决定了示波器何时开始采集数据和显示波形。一旦触发被正确设定，它可以将不稳定的显示转换成有意义的波形。按 MENU 按钮，可进行触发方式设置，如图 2－10 所示。触发有 3 种方式：边沿触发、视频触发、脉宽触发，每类触发使用不同的功能菜单，有不同的设置项目，分别适用于一般信号、场或行视频信号、异常脉冲信号的测量。

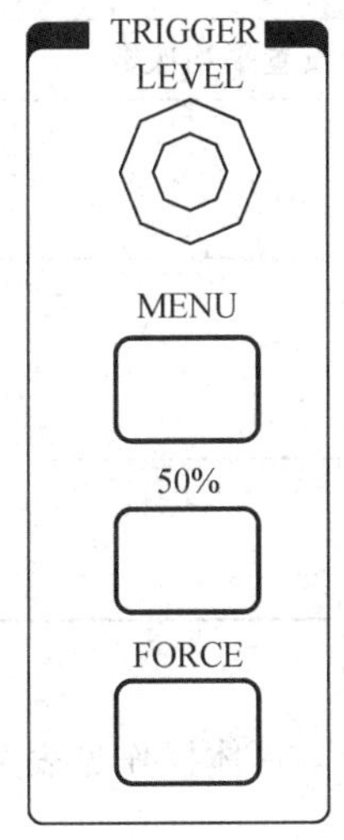


图 2－9　触发设置按钮

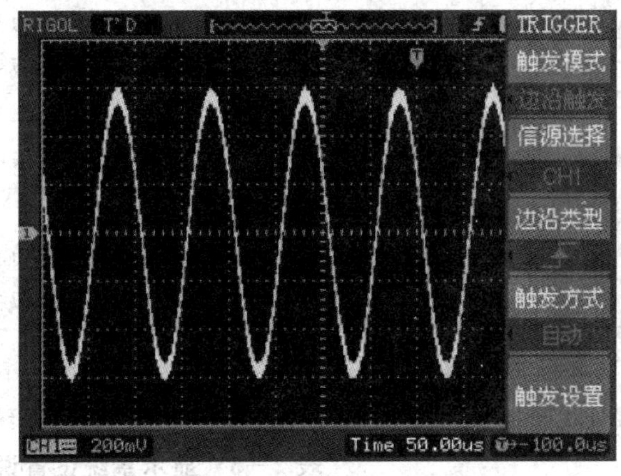


图 2－10　触发设置

**6. 设置采样系统**

1）MENU 控制区按钮

MENU 控制区共有 6 个按钮，如图 2－11 所示。其中，“MEASURE”按钮为自动测量设置按钮，“ACQUIRE”按钮为采样设置按钮，“STORAGE”按钮为存储设置按钮、“CURSOR”按钮为光标测量设置按钮，“DISPLAY”按钮为显示系统设置按钮，“UTILITY”按钮为辅助功能设置按钮。

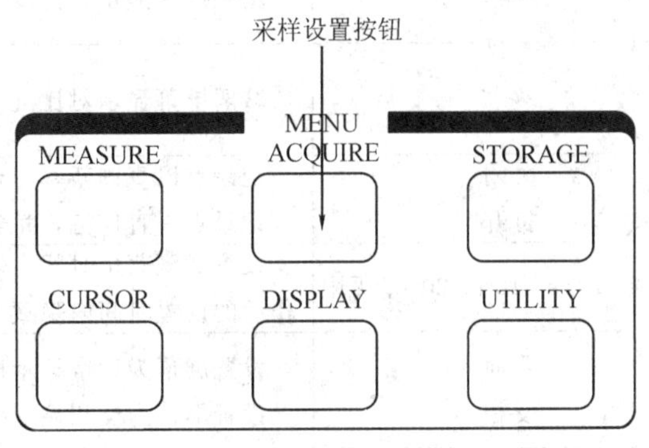


图 2－11　MENU 控制区按钮

2）设置采样系统

在 MENU 控制区按“ACQUIRE”按钮，弹出采样系统设置菜单，具体操作见表 2-5。

**表 2-5　采样系统设置说明**

| 功能菜单 | 设　定 | 说　　明 |
|---|---|---|
| 获取方式 | 普通<br>平均<br>模拟<br>峰值检测 | 打开普通采样方式<br>设置平均采样方式<br>设置模拟显示方式<br>打开峰值检测方式 |
| 平均次数 | 2～256 | 以 2 的倍数步进，从 2～256 设置平均次数 |
| 采样方式 | 实时采样<br>等效采样 | 设置采样方式为实时采样<br>设置采样方式为等效采样 |
| 亮度 | ＜i％＞ | 设置模拟显示采用点的亮度 |
| 混淆抑制 | 关闭<br>打开 | 关闭混淆抑制功能<br>打开混淆抑制功能 |

**7. 设置显示系统**

在 MENU 控制区按“DISPLAY”按钮，弹出显示系统设置菜单，具体操作见表 2-6。

**表 2-6　显示系统设置说明**

| 功能菜单 | 设　定 | 说　　明 |
|---|---|---|
| 显示类型 | 矢量<br>点 | 采样点之间通过连线的方式显示<br>直接显示采样点 |
| 屏幕网格 | | 打开背景网格及坐标<br>关闭背景网格<br>关闭背景网格及坐标 |
| | | 增强屏幕显示对比度 |
| | | 减弱屏幕显示对比度 |
| 波形保持 | 关闭<br>打开 | 记录点以高刷新率变化<br>记录点一直保持，直至波形保持功能被关闭 |
| 菜单保持 | 1 s、2 s、5 s、10 s、20 s、无限 | 设置隐藏菜单时间。菜单将在最后一次按键动作后的设置时间内隐藏 |
| 屏幕 | 普通<br>反相 | 设置屏幕为正常显示模式<br>设置屏幕为反相显示模式 |

**8. 波形存储和调出**

在 MENU 控制区按“STORAGE”按钮，弹出存储系统设置菜单，具体操作见表 2－7。通过菜单控制按钮设置存储/调出波形，或者进行存储类型和波形存储位置的设置。

**表 2－7　存储菜单设置说明**

| 功能菜单 | 设　定 | 说　　明 |
| --- | --- | --- |
| 存储类型 | 波形存储<br>设置存储<br>出厂设置 | 设置保存、调出波形操作<br>设置保存、调出设置操作<br>设置调出出厂设置操作 |
| 波形 | No.1，No.2，…，No.10 | 设置波形存储位置 |
| 调出 |  | 调出出厂设置或指定位置的存储文件 |
| 保存 |  | 保存波形数据到指定位置 |

**9. 辅助系统功能设置**

在 MENU 控制区按“UTILITY”按钮，弹出辅助系统功能设置菜单，操作说明见表 2－8。

**表 2－8　辅助系统功能设置说明**

| 功能菜单 | 设　定 | 说　　明 |
| --- | --- | --- |
| 接口设置 |  | 进入接口设置操作(RS-232、GPIB 地址、USB) |
| 声音 | (打开声音)<br>(关闭声音) | 设置按键声音 |
| 频率计 | 关闭<br>打开 | 关闭频率计功能<br>打开频率计功能 |
| Language | 简体中文<br>繁体中文<br>韩文<br>日文<br>English | 设置系统显示语言为简体中文<br>设置系统显示语言为繁体中文<br>设置系统显示语言为韩文<br>设置系统显示语言为日文<br>设置系统显示语言为 English |
| 通过测试 |  | 设置通过测试操作 |
| 波形录制 |  | 设置波形录制操作 |
| 自校正 |  | 执行自校正操作 |
| 自测试 |  | 执行自测试操作 |

**10. 自动测量设置**

在 MENU 控制区按“MEASURE”按钮，弹出自动测量设置菜单，操作说明见表 2－9。示波器具有峰-峰值、最大值、最小值、顶端值、底端值、幅值、平均值、均方根值、过冲、预冲、频率、周期、上升时间、下降时间、正占空比、负占空比、延迟 1→2 上升沿、延迟 1→2 下降沿、正脉宽、负脉宽等 20 种自动测量功能，其中，共有 10 种电压测量和 10 种时间测量。

**表 2-9 自动测量设置说明**

| 功能菜单 | 设 定 | 说 明 |
|---|---|---|
| 信源选择 | CH1、CH2 | 设置被测信号的输入通道 |
| 电压测量 | | 选择测量电压参数 |
| 时间测量 | | 选择测量时间参数 |
| 清除测量 | | 清除测量结果 |
| 全部测量 | 关闭<br>打开 | 关闭全部测量显示<br>打开全部测量显示 |

**11. 光标测量设置**

光标测量分为手动方式、追踪方式和自动测量方式 3 种模式。下面分别介绍这 3 种光标测量模式。

1）手动方式

(1) 手动光标方式是测量一对电压光标或一对时间光标的坐标值以及二者间的增量。通过手动调整光标的间距，显示的读数即为测量的电压或时间值。当使用光标时，需首先将信号源设成用户所需要测量的波形。

(2) 手动光标测量的操作步骤，有以下 4 步。

① 在 MENU 控制区按“CURSOR”按钮，弹出光标测量设置菜单，在“光标模式”项目中选择“手动”，见表 2-10。

② 在设置菜单的“光标类型”项目中，根据需要测量的参数，选择电压或时间。

③ 在设置菜单的“信源选择”项目中，根据被测信号的输入通道不同，选择 CH1、CH2 或 MATH。

**表 2-10 手动光标测量方式设置说明**

| 功能菜单 | 设 定 | 说 明 |
|---|---|---|
| 光标模式 | 手动 | 手动调整光标间距以测量电压或时间参数 |
| 光标类型 | 电压<br>时间 | 光标显示为水平线，用于测量垂直方向上的参数(电压)<br>光标显示为垂直线，用于测量水平方向上的参数(时间) |
| 信源选择 | CH1<br>CH2<br>MATH | 选择被测信号的输入通道 |

④ 对于光标 A(CurA)，测电压时，旋转垂直“POSITION”旋钮，光标上下移动；测时间时，旋转垂直“POSITION”旋钮，光标左右移动。

对于光标 B(CurB)，测电压时，旋转水平“POSITION”旋钮，光标上下移动；测时间时，旋转水平“POSITION”旋钮，光标左右移动。

2）追踪方式

(1) 光标追踪方式是在被测波形上显示十字光标，通过移动光标的水平位置，十字光标自动在波形上定位，测量并显示当前定位点的水平坐标、垂直坐标以及两个光标间的水平增量和垂直增量。其中，水平坐标以时间值显示，垂直坐标以电压值显示。

（2）光标追踪测量方式的操作步骤，有以下4步。

① 在MENU控制区按“CURSOR”按钮，弹出光标测量设置菜单，在“光标模式”项目中选择“追踪”，见表2-11。

**表2-11　光标追踪测量方式设置说明**

<table>
<tr><th>功能菜单</th><th>设　定</th><th colspan="2">说　明</th></tr>
<tr><td>光标模式</td><td>追踪</td><td colspan="2">设定追踪方式，定位和调整十字光标在被测波形上的位置</td></tr>
<tr><td>光标A</td><td>CH1<br>CH2<br>无光标</td><td colspan="2">设定测量通道1的信号<br>设定测量通道2的信号<br>不显示光标A</td></tr>
<tr><td>光标B</td><td>CH1<br>CH2<br>无光标</td><td colspan="2">设定测量通道1的信号<br>设定测量通道2的信号<br>不显示光标B</td></tr>
<tr><td rowspan="2">坐标</td><td>Cur-Ax<br>Cur-Ay</td><td>光标A的水平坐标<br>光标A的垂直坐标</td><td rowspan="2">可通过按4号菜单操作键切换</td></tr>
<tr><td>Cur-Bx<br>Cur-By</td><td>光标B的水平坐标<br>光标B的垂直坐标</td></tr>
<tr><td rowspan="2">增量</td><td>ΔX<br>1/ΔX</td><td>两光标间的水平增量<br>两光标间的水平增量的倒数</td><td rowspan="2">可通过按5号菜单操作键切换</td></tr>
<tr><td>ΔY</td><td>两光标间的垂直增量</td></tr>
</table>

② 在设置菜单的“光标A”项目中，选择被测信号的输入通道为CH1或CH2，若不显示光标A时则选择“无光标”；在设置菜单的“光标B”项目中，选择被测信号的输入通道为CH1或CH2，若不显示光标B时则选择“无光标”。

③ 旋转垂直“POSITION”旋钮，使光标A在波形上水平移动；旋转水平“POSITION”旋钮，使光标B在波形上水平移动。

④ 获得测量值：显示光标A的位置(时间以屏幕水平中心位置为基准，电压以通道接地点为基准)；显示光标B的位置(时间以屏幕水平中心位置为基准，电压以通道接地点为基准)；显示光标A和光标B的水平间距(ΔX)，即光标间的时间值(以S为单位)；显示光标A和光标B的水平间距的倒数(1/ΔX)(以Hz为单位)；显示光标A和光标B的垂直间距(ΔY)，即光标间的电压值(以V为单位)。

3）自动测量方式

光标自动测量方式将显示当前自动测量参数所应用的光标的电压坐标或时间光标。系统根据信号的变化，自动调整光标位置，并计算相应的参考值。在MENU控制区按"CURSOR"按钮，弹出光标测量设置菜单，在"光标模式"项目中选择"自动测量"。注意，此种方式在未选择任何自动测量参数(在MENU控制区按"MEASURE"按钮，弹出自动测量设置菜单进行相关参数设置)时无效。

**12. 运行控制键**

运行控制键有"AUTO"(自动设置)和"RUN/STOP"(运行/停止)两个按钮。

1) 自动设置仪器各项控制值

按运行控制区的"AUTO" 按钮(自动设置)，进行快速设置和测量信号，并调出自动设置菜单，见表2-12。

**表2-12　自动设置菜单选项说明**

| 功能菜单 | 设　定 | 说　明 |
|---|---|---|
| 多周期 | | 设定屏幕自动显示多个周期信号 |
| 单周期 | | 设定屏幕自动显示单个周期信号 |
| 上升沿 | | 自动设置并显示上升时间 |
| 下降沿 | | 自动设置并显示下降时间 |
| 撤消 | | 撤消自动设置 |

2) 运行和停止波形采样

在停止状态下按"RUN/STOP"(运行/停止)按钮，运行波形采样。在运行状态下按"RUN/STOP"(运行/停止)按钮，停止波形采样。在停止状态下，对波形的垂直档位和水平时基可以在一定的范围内调整。

**13. 测量电信号的方法和步骤**

用示波器可以测量各种电信号的电压、电流(通过一定的电阻将电流转换成电压进行测量)、周期、频率、相位等参数。下面简单介绍数字示波器测量电信号的方法。

(1) 快速显示信号波形。其操作步骤如下：

① 将探头菜单衰减系数设定为10X，并将探头上的开关设定为10X。

② 将通道1的探头连接到电路被测点。

③ 按下AUTO按钮。

示波器将自动设置使波形显示达到最佳。在此基础上，根据前面介绍的设置方法调节，直至波形的显示符合要求。

(2) 进行自动测量。示波器可对大多数显示信号进行自动测量。例如，测量信号的频率和峰-峰值，可按如下步骤操作。

测量峰-峰值的操作步骤如下：

① 按下MEASURE按钮以显示自动测量菜单。

② 按下1号菜单操作键以选择信源CH1。

③ 按下2号菜单操作键选择测量类型——电压测量。

④ 按下2号菜单操作键选择测量参数——峰-峰值。此时，便可在屏幕左下角发现峰-

峰值的显示。

测量频率的操作步骤如下：

① 按下 3 号菜单操作键选择测量类型——时间测量。

② 按下 2 号菜单操作键选择测量参数——频率。此时，便可在屏幕下发现频率的显示。

注意，测量结果在屏幕上的显示会因为被测信号的变化而改变。

DS5102 示波器手册

思考题 1　如何让一个抖动的跳动的波形稳定下来？

答：波形抖动，人们往往会认为是源信号不稳定引起的，而多数情况下，却是触发电平没有调节到位引起的。在示波器 TRIGGER(触发控制)区域，有一个触发电平控制旋钮 LEVEL，顺时针转动会增大触发电平，逆时针转动会减小触发电平。在旋转触发电平旋钮时，会改变触发电平，同时，液晶屏上会实时显示当前的触发电平电压值。如果想快速让触发电平恢复至零点，可以按一下触发电平旋钮。一般情况下，让触发电平的值处在波形的有效电压范围之内即可。例如：示波器的补偿信号是 0～3 V 的方波，所以，让触发电平处于 0～3 V，即可让抖动的波形稳定下来。

思考题 2　如何使用示波器的触发功能？

答：我们经常会碰到使用示波器测量不连续波形的情况，比如，串口通信、$I^2C$ 通信、SPI 通信等，只有在通信的时候才会产生波形，不通信的时候是没有波形的。这些通信往往是一瞬间完成的，比如，用串口发送一个字节，一瞬间就完成了。如果没有正确地选择触发模式，示波器界面上只会有一个波形一闪而过，或者根本就看不到波形，更不用说去观察它。为了捕捉到这些一瞬间的波形，让它显示到示波器界面上，就需要正确配置触发功能。按下 MENU 键打开触发操作菜单，按下 MODE 键选择触发方式，示波器上有 3 种触发模式，它们分别是 Auto(自动触发)、Normal(正常触发)和 Single(单次触发)。数字示波器在工作时，总是在不断地采集波形，但是，只有稳定的触发，才有稳定的波形。触发模块保证每次时基扫描或者采集都从用户定义的触发条件开始，触发设置应该根据输入信号的特征进行，所以，只有当用户对被测波形有一定的了解，才能够快速地捕捉到波形。比如，我们熟悉 SPI 通信，当 CS 引脚拉低时才会有波形，所以我们就可以把连接到 CS 引脚的那个示波器通道设置为触发通道，设置下降沿触发，就可以快速的捕捉到 SPI 波形了。

思考题 3　如何应用示波器探头上的调节旋钮来校准探头？

答：当新买一个示波器，或者新买一个探头，或者需要测试一下现有的探头是否可以正常使用时，都需要进行探头校准。首先，把探头连接到示波器的自身基准信号输出端，通常示波器自身都会输出一个频率为 1 kHz、幅度为 3 V 的方波基准信号。接好线之后，接着就观察示波器上的显示波形，如果出现波形失真现象，则说明这个示波器探头需要用这个旋钮来调节校准。探头补偿信号波形调节方式很简单，只需要用非金属改锥顺时针或者逆时针转动这个旋钮即可，需要边转动旋钮，边观察波形，直到显示的波形为无失真方波为止。

# 2.2 电子产品检修方法

## 2.2.1 电子产品的故障类型及规律

电子产品的故障种类很多，若按故障现象分类，有无电源、无图像、无声音等故障；若按已损坏的元器件分类，有电阻器故障、电容器故障、集成电路故障；若按已损坏的电路分类，有放大电路故障、电源电路故障、振荡电路故障等；若按维修级别分类，有板级故障、芯片级故障等；若按故障性质分类，有软故障与硬故障。

研究电子产品故障出现的客观规律，分析电子产品发生故障的原因，可进一步提高电子产品的可靠性和可维修性。每一种产品出现故障虽然是个随机事件，是偶然发生的，但是大量产品的故障却呈现出一定的规律性。电子产品的故障率随时间的发展变化可分为三个阶段。

**1. 早期故障期**

早期故障出现在产品开始工作的初期，这一阶段发生故障称为早期故障期。在此阶段，故障率较高，主要是因为设计、制造工艺上的缺陷，或者是由于选用元件和材料结构上的缺陷所致，但随着产品的改进和工作时间的增加故障率会迅速下降。所以建议用户购买相对成熟的电子产品，可以减少早期故障概率。

**2. 偶然故障期**

偶然故障期出现在早期故障之后，此阶段是电子设备的正常工作期，其特点是故障率比早期故障率小得多，而且稳定，故障率几乎与时间无关，近似为一常数。通常所指的产品寿命就是指这一个时期。这个时期的故障是由于偶然不确定因素所引起的，如雷击引起的故障，故障发生的时间也是随机的，一般很难预防，但是如果养成良好的使用习惯，例如雷雨期间不使用电视机并将电源插头、天线插头从插座中拔出，可以避免不必要的故障损失。

**3. 损耗故障期**

损耗故障出现在产品的后期。此阶段特点刚好与早期故障期相反，故障率随着工作时间增加而迅速上升。损耗故障是由于产品长期使用而产生的损耗、磨损、老化、疲劳等所引起的，也是产品寿命所限。但是，只要注意日常维护和合理使用，可以适当延长产品的使用寿命。

## 2.2.2 电子产品的维修方法

谈到电子产品的维修，对于大多数初学者来说，都会有无从下手的经历。维修除了要有比较丰富的实践经验外，还应具备很扎实的理论知识，以及一定的逻辑推理能力，除此之外，还要有充足的硬件资源，如工作原理图纸、维修辅助工具、零配件、参考资料等等。这些工作都准备好以后，还要使用正确的维修方法，这在维修过程中有着举足轻重的作用。由于电子产品的故障千变万化，我们要根据不同的故障现象，采用不同的维修方法。

**1. 直观检查法**

1）直观检查法简介

直观检查法是通过人的眼睛或其他感觉器官去发现故障、排除故障的一种检修方法。直观检查法是维修判断过程的第一步，也是最基本、最直接、最重要的一种方法，主要是通过看、听、嗅、摸来判断故障可能发生的原因和位置，记录其发生时的故障现象，从而有效地制定解决办法。

2）直观检查法应用

直观检查法是最基本的检查故障的方法之一，实施过程应坚持先简单后复杂、先外面后里面的原则。实际操作时，首先面临的是如何打开机壳的问题，其次是对拆开的电器内的各式各样的电子元器件的形状、名称、代表字母、电路符号和功能都能一一对上号，即能准确地识别电子元器件。作为直观法主要有两个方面的检查内容：其一是对实物的观察，其二是对图像的观察。前者适合于各种检修场合，后者主要用于有图像的视频设备，如电视机等。

3）直观法检修的三个步骤

(1) 打开机壳之前的检查：观察电器的外表，看有无碰伤痕迹，机器上的按键、插口、电器设备的连线有无损坏等。

(2) 打开机壳后的检查：观察线路板及机内各种装置，看保险丝是否熔断；元器件有无相碰、断线；电阻有无烧焦、变色；电解电容器有无漏液、裂胀及变形；印刷电路板上的铜箔和焊点是否良好，有无已被他人修整、焊接的痕迹等；在机内观察时，可用手拨动一些元器件、零部件，以便检查充分。

(3) 通电后的检查：这时眼要看电器内部有无打火、冒烟等现象；耳要听电器内部有无异常声音；鼻要闻电器内部有无焦糊味；手要摸一些管子、集成电路等是否烫手等，如有异常发热现象，应立即关机。

4）直观法几点说明

(1) 直观法的特点是十分简便，不需要其他仪器，对检修电器的一般性故障及损坏型故障很有效果。

(2) 直观法检测的综合性较强，同检修人员的经验、理论知识和专业技能等紧密结合，要想运用自如，需要经过大量的实践，才能熟练地掌握使用。

(3) 直观法检测往往贯穿在整个修理的过程，与其他检测方法配合使用时效果会更好。

**2. 电阻法**

1）简介

电阻法是利用万用表欧姆档测量电子产品的集成电路、晶体管等引脚和各单元电路的对地电阻值，以及各元器件引脚之间的电阻值来判断故障的一种检修方法。电阻法是检修故障的最基本的方法之一。一般而言，电阻法有“在线”电阻测量和“脱焊”电阻测量两种方法。

(1)“在线”电阻测量。由于被测元器件接在整个电路中，所以万用表所测得的阻值会受到其他并联支路的影响，在分析测试结果时应给予考虑，以免误判。正常所测的阻值与元器件的实际标注阻值相等或小一些，不可能存在大于实际标注阻值的情况，如果出现这种情况，则说明所测量的元器件存在故障。

(2)“脱焊”电阻测量。“脱焊”电阻测量是由于被测元器件一端或将整个元器件从印刷电路板上脱焊下来，再用万用表测量电阻的一种方法，这种方法操作起来比较麻烦，但测量的结果却准确、可靠。

2) 应用

(1) 开关件检测。

各种电器中的开关组件很多，测量它们的接触电阻和断开电阻是判断开关组件质量好坏最常用的手段。在线电阻法测量开关的接触电阻应小于0.5 Ω，否则为接触不良。开关断开时测得的两极电阻一般应大于几千欧，否则应仔细检查开关的绝缘性能或与之并联的支路。

(2) 元器件质量检测。

电阻法可以判断电阻、电容、电感线圈、晶体管的质量好坏。使用电阻法操作时，一般是先测试在线电阻的阻值。先测量一次各元器件的阻值后，把万用表的红、黑表笔互换一次，再测试一次阻值，两次测试阻值的结果要为故障分析提供参考，同时还可以排除外电路网络对测量结果的干扰。对重点怀疑的元器件，可进行脱焊后进一步检测。

(3) 接插件的通断检测。

电器内部的接插件很多，如耳机插座、电源转换插座、线路板上的各式各样的接插组件等，均可用电阻法测试其好坏。如对圆孔型插座可通过插头插入与拔出来检测接触电阻。对其他接插组件检测时，可通过摆动接插件来测其接触电阻，若阻值大小不定，说明有接触不良故障。

3) 几点说明

(1) 电阻法对检修开路或短路性故障十分有效。检测中，往往先采用在线检测方式，在发现问题后，可将元器件拆下后再检测。

(2) 在线测试一定要在断电情况下进行，否则测得的结果不准确，还会损伤、损坏万用表。

(3) 在检测一些低电压(如5 V、3 V)供电的集成电路时，不要用万用表的R×10 k档，以免损坏集成电路。

(4) 用电阻法在线测试元器件质量好坏时，万用表的红、黑表笔要互换测试，尽量避免外电路对测量结果的影响。

**3. 电压法**

1) 简介

电压法是通过测量待修电子产品的电源电压、集成电路各引脚电压、晶体管各引脚电压、电路中各关键点的电压，与正常工作时的电压值进行对比，通过分析，找出故障所在部位的一种检测方法。电子产品的电路中若有元器件损坏，必然以电压不正常的形式反映出来，因此，电压测量法也是普遍、简捷、有效、迅速的检修方法。

2) 应用

电压法检测是所有检测手段中最基本、最常用的方法。经常测试的是各级电源电压、晶体管的各极电压以及集成块各脚电压等。一般而言，测得电压的结果是反映电器工作状态是否正常的重要依据。电压偏离正常值较大的地方，往往是故障所在的部位。

(1) 电压法的直流电压检测。对直流电压的检测，首先从整流电路、稳压电路的输出电压入手，根据测得的输出端电压高低来进一步判断哪一部分电路或某个元器件有故障。

对于每一级放大器直流电压的测量，首先应从该级电源及元器件着手，通常测出的电压过高或过低均说明电路有故障。

通过检测集成电路各引脚的直流工作电压，再根据维修资料提供的数据与实测值进行比较来确定集成电路的好坏。

在维修资料方面，平时的经验积累是很重要的。如：按下收录机放音键时，空载的直流工作电压比加载时要高出几伏。NPN 型晶体管工作在放大状态时，硅管的 $U_{be}$ 为 0.7 V，锗管的 $U_{be}$ 为 0.3 V 左右，这是判断三极管是否工作在放大状态的重要依据。这些经验为检测及判断带来方便。

(2) 电压法的交流电压检测。一般电器的电路中，因市电交流回路较少，相对而言电路不复杂，测量时较简单。一般可用万用表的交流 500 V 电压档测量电源变压器的初级电压，这时应有 220 V 电压，若没有，则故障可能是保险丝熔断、电源线或插头有损坏。若交流电压正常，可测量电源变压器次级电压，看看是否有低压，若无低压，则可能是初级线圈开路性故障，而次级线圈开路性故障的可能性较小，因为次级电压低，线圈烧断的可能性不大。电压法检测中，要养成单手操作的习惯，避免双手同时触电。测量高电压时，还要注意人身安全。

3) 几点说明

(1) 通常检测交流电压和直流电压可直接用万用表测量，但要注意万用表的量程和档位的选择。

(2) 电压测量是并联测量，要养成单手操作习惯，测量过程中必须精力集中，以免万用表笔将两个焊点短路。

(3) 在电器内有多于 1 根地线时，要注意找对地线后再测量。

**4. 电流法**

1) 简介

电流法是通过检测晶体管、集成电路的工作电流，各局部的电流和电源的负载电流来判断电器故障的一种检修方法。电流法往往比电阻法、电压法更能定量反映各电路的工作正常与否。

电流法检测时，常需要断开电路，把万用表串入电路，这一步实现起来较麻烦，但遇到电路烧保险丝或局部电路有短路时，采用电流法测试结果比较说明问题。

2) 应用

使用电流法检测电子线路，可以迅速找出晶体管发热、电源变压器等元器件发热的原因，也是检测各管子和集成电路工作状态的常用手段。电流法检测可分直接测量法和间接测量法两种。

电流法的间接测量实际上是用测量电阻与电压来换算电流或用特殊的方法来估算电流的大小。如测量晶体管的工作电流时，可以通过测量与集电极或发射极串联电阻上的压降来换算出电流值。这种方法的好处是无需在印刷电路板上制造测量口。另外有些电器在关键电路上设置了温度保险电阻。通过测量这类电阻上的电压降，再应用欧姆定律，可估算出各电路中负载电流的大小。若某路温度保险电阻烧断，可直接用万用表的电流档测量电流大小，来判断故障原因。

3）几点说明

（1）遇到电器烧保险丝或局部电路有短路时，采用电流法检测效果明显。

（2）电流法是串联测量，而电压法是并联测量，实际操作时往往先采用电压法测量，在必要时才进行电流法检测。

**5. 代换试验法**

1）简介

代换试验法就是用规格相同、性能良好的元器件或电路，暂时代替故障电器上某个被怀疑而又不便测量的元器件或电路，从而来判断故障的一种检测方法。如代换后故障现象消失，则说明被替代部分存在问题，然后再进一步检查故障的原因。

2）应用

代换试验法在确定故障原因时准确性为百分之百，但操作时比较麻烦，有时很困难，对线路板有一定的损伤。所以使用代换试验法要根据电器故障具体情况，以及检修者现有的备件和代换的难易程度而定。应该注意，在代换元器件或电路的过程中，连接要正确可靠，不要损坏周围其他元件，这样才能正确地判断故障，提高检修速度，又可避免人为造成故障。

操作中，如怀疑两个引脚的元器件开路时，不必拆下它们，可在这个元器件引脚上再焊上一个同规格的元器件，若焊好后故障消失，则可证明被怀疑的元器件是开路。当怀疑某个电容器的容量减小时，也可以采用上述直接并联电容的方式来试验。

当代换局部电路时，如怀疑某一级放大器有故障，可将此级放大器输出端断开，另找一台同型号或同类工作正常的机器，在同样的部位断开，让好的机器断开点之前的电路工作正常。再将好机器的断开点与所怀疑这级放大器的输出端相连，即进行放大器代换试验，若此时故障消失，则说明怀疑是正确的，否则可排除怀疑对象。以上这种代换检测尤其适合双声道音响的疑难故障的修理，因为双声道电器的左、右声道电路是完全一样的，这为交叉代换带来方便。

3）几点说明

（1）严禁大面积地采用代换试验法，要避免胡乱取代。这不仅不能达到修好电器的目的，甚至会进一步扩大故障的范围。

（2）代换试验法一般是在其他检测方法运用后，对某个元器件有重大怀疑时才采用。

（3）当所要代替的元器件在机器底部时，也要慎重使用代换试验法，若必须采用时，应充分拆卸，使元器件暴露在外，确保足够大的操作空间，便于代换处理。

**6. 示波器法**

1）简介

示波器法是利用示波器跟踪观察信号通路各测试点，根据波形的有无、大小以及是否失真来判断故障的一种检修方法。

2）应用

示波器法的特点在于直观、迅速有效。有些高级示波器还具有测量电子元器件的功能，为检测提供了十分方便的手段。

（1）甲类晶体管放大器的波形测试。为保证甲类放大器无失真输出，其晶体管基极偏置电阻 Rb 和集电极电阻 Rc 必须选择合适的数值，否则输出端会产生波形失真。示波器法可方便地观察出其波形失真与否。

（2）乙类晶体管放大器的波形测试。乙类推挽放大器偏置在截止区，没有信号时静态电流很小。但由于集电极电流的非线性，在信号振幅通过零点并从一个管到另一个管交替时，会产生交叉失真。为了防止集电极电流完全截止，应在推挽晶体管基极加微小的偏压。借助于示波器，通过观察波形来判断电阻参数选择是否合适。

3）几点说明

（1）通过示波器可直接显示信号波形，也可以测量信号的瞬时值。

（2）不能用示波器去测量高压或大幅度脉冲部位，如电视机中显像管的加速极与聚集极的电压。

（3）当示波器接入电路时，注意它的输入阻抗的旁路作用。通常采用高阻抗、小输入电容的探头。

（4）示波器的外壳和接地端必须良好接地。

**7. 信号注入法**

1）简介

信号注入法是将信号逐级注入电器可能存在故障的有关电路中，然后再利用示波器和电压表等观测信号注入后的反应数据或波形，从而判断各级电路是否正常的一种检测方法。

注入的信号应与电路相匹配，若电路是低频电路，则应注入低频信号；若电路是高频电路，则应注入高频信号。如在音频放大电路的故障检修中，将低频信号从后级至前级逐级注入，若电路正常，扬声器中应有低频声，若信号输入至某点时扬声器中没有低频声，则故障在该点后面的电路。

2）应用

信号注入法常用于检测收音机、录音机或电视机的音频通道部分。对灵敏度低、声音失真等较复杂的故障，使用该方法检测十分有效。信号注入法要用到信号发生器，这很不方便，比较实用的是用万用表电阻档作干扰信号的注入方法。具体操作是：将万用表置于 R×1k 档，将黑表笔接地，用红表笔从后级到前级逐级碰触电路的输入端，此时将产生一系列干扰脉冲信号，由于这种干扰脉冲的谐波分量频率范围很宽，故能通过各种电路。

信号注入法检测一般分两种：一种是顺向寻找法。它是把电信号加在电路的输入端，然后再利用示波器或电压表测量各级电路的波形与电压等，从而判断故障出在哪个部位；另一种是逆向检查法，就是把示波器和电压表接在输出端上，然后从后向前逐级加电信号，从而查出问题所在。

测试中需要强调的是：

(1) 在某点加入干扰信号后发现输出端有信号，则故障一般在该加信号点之前的电路，而不是该点之后的电路。

(2) 测试点越靠近扬声器，要求信号幅度也越大，这样才能激励扬声器到足够的音量。因此充分利用设备的性能是很重要的。

(3) 音频放大器每级增益大约为 20～30 dB，即 100～300 倍。若某一级要求输入信号过大，则说明该级增益太低，需作进一步检查。

(4) 如果信号加到某级输入端，发现输出端的示波器波形有严重失真，则说明失真可能发生在该级放大器。

综上所述，采用信号注入法可以把故障孤立到某一部分或某一级，有时甚至能判断出是某一元件，例如某耦合元件。当判断出故障在某一部分时，可进一步通过别的检测方法检查、核实，从而找出故障之所在。

3) 几点说明

(1) 信号注入点不同，所用的测试信号不同。在变频级以前要用高频信号，在变频级到检波级之间应注入 465 千赫的信号，在检波级到扬声器之间应注入低频信号。

(2) 注入的信号不但要注意其频率，还要选择它的电平。所加的信号电平最好与该点正常工作时的信号电平一致。

(3) 因测试点与地之间有直流电位差，故信号发生器的输出端要加隔直电容。

(4) 检测电路无论是高频放大电路，还是低频放大电路，都选择由基极或集电极注入信号。检修多级放大器，信号从前级逐级向后级检查，也可以从后级逐级向前级检查。

**8. 分割法**

1) 简介

分割法就是把故障有牵连的电路从总电路中分割出来(与总电路断开)，通过检测，肯定一部分，否定一部分，一步步地缩小故障范围，最后把故障部位孤立出来的一种检测方法。

2) 应用

对于由多个模块或多个电路板及转插件组合起来的电路，应用分割法来排故较方便，例如：某电器的直流保险丝熔断，说明负载电流过大，同时导致电源输出电压下降。要确定故障原因，可将电流表串在直流保险丝处，然后应用分割法将怀疑的那一部分电路与总电路分割开。这时观看总电流的变化，若分割开某部分电路后电流降到正常值，说明故障就在分割出来的电路中。

分割法依其分割法不同有对分法、特征点分割法、经验分割法及逐点分割法等。所谓对分法，是指把整个电路先一分为二，测出故障在哪一半电路中，然后将有故障一半电路再一分为二，这样一次又一次的一分为二，直到检测出故障为止。经验分割法则是根据人们的经验，估计故障在哪一级，那么将该级的输入、输出端作为分割点。逐点分割法，是指按信号的传输顺序，由前到后或由后到前逐级加以分割。其实，在上面介绍的信号注入法已经采用了分割法。

应用分割法检测电路时要小心谨慎，有些电路不能随便断开(如有反馈的电路)，要给予重视，不然不但故障没排除，还会添加新的故障。

3）几点说明

（1）分割法严格来说不是一种独立的检测方法，而是要与其他的检测方法配合使用，才能提高维修效率，节省工时。

（2）分割法在操作中要小心谨慎，特别是在分割电路时，要防止损坏元器件、集成电路以及印刷电路板。

**9. 短路法**

1）简介

短路法是用一只电容或一根跨接线来短路电路的某一部分或某一元件，使之暂时失去作用，从而判断故障的一种检测方法。此法对于噪声、纹波、自激及干扰等故障的判断比较方便。

2）应用

（1）短路法主要适用于检修故障电器中产生的噪声、交流声或其他干扰信号等，对于判断电路是否有阻断性故障也十分有效。

（2）在应用短路法检测电路的过程中，对于低电位，可直接用短接线直接对地短路。对于高电位、应采用交流短路，即用 20 μF 以上的电解电容对地短接，保证直接高电位不变。对电源电路不能随便使用短路法。

例如：有一台收音机噪声较大，这时可用一只 100 μF 电容器，从检波级开始将其输入、输出端短路接地，这样逐级往后进行。当短路某一级的输入端时，收音机仍有噪声，而短路其输出端即无噪声时，那么该级是噪声源也是故障级。从上述介绍中可看到，短路法实质上是一种特殊的分割法。

3）几点说明

（1）短路法只适用于噪声较大故障的检修，对于交流声和啸叫故障不适用。因为啸叫故障往往发生在环路范围内，在这一环路内任一处进行短接，将破坏自激的幅度条件，使啸叫声消失，导致无法准确搞清楚故障的具体部位。

（2）短路法检测主要适用于放大管基极与发射极之间短接，不可用于集电极对地短接。

（3）对于直接耦式放大器，在短接一只管子时将影响其他晶体管的工作点，有时会引起误判。

**10. 比较法**

1）简介

比较法就是将待修电子产品与同类型完好的电子产品进行比较，比较电路的工作电压、波形、工作电流、对地电阻和关键点参数的差别，进而找出故障所在部位的一种检修方法。这种方法特别适用于缺少正常工作电压数据和波形参数等维修资料的电子产品，或适用于检修难于分析故障的复杂电子产品。

2）应用

维修有故障的电子设备时，若有两台电子设备，可以用另一台好的电子设备作比较。分别测量出两台电子设备同一部位的工作电压、工作波形、对地电阻、元器件参数等来相互比较，可方便地判断故障部位。另外，平时多收集一些电子设备的各种数据，以便检修时比较使用。

**11. 隔离法**

1）简介

隔离法是将部分电路与主电路分开使其停止工作的一种检修方法。

2）应用

隔离法主要适用于各部分既能独立工作，又可能相互影响的电路(如多负载并联排列电路、分叉电路)。这时可将某电路各个部分一个一个地断开，一步一步地去缩小故障范围。尤其对电源负载有短路或部分短路的故障，检查起来尤为方便。

**12. 故障恶化法**

1）简介

故障恶化法是通过创造外部条件让故障更加严重的一种维修方法。

2）应用

对间歇性或随机性故障，为了使故障暴露出来，可采用故障恶化法，如振动、边缘校验(施加极限电源电压)、加热(如用电烙铁烘烤集成电路)、冷却(如用酒精棉球擦拭集成电路外壳)，对连接器、电缆、插头、插入式单元等进行扭转、拨动等，但应注意避免造成永久性破坏。

**13. 暗视法**

1）简介

暗视法是指在黑暗环境中通过观察电路中是否有打火现象的一种故障检修方法。

2）应用

暗视法是在相对较暗的环境下，观察因电路接触不良或其他原因造成的微弱电火花，来寻找故障点的方法。此法能够较直观而简捷地发现故障点，对于工作电流比较大的元件虚焊故障比较有效。

**14. 中间插入法**

1）简介

中间插入法是将信号直接从多级电路中间部分输入来判断故障部位的一种检修方法。

2）应用

在串联排列的且级数较多的电路中，可采用从中间一级插入信号，测量其输入与输出情况，来判断故障范围，这种方法比逐级测量法(不论是由后向前或由前往后测量)快捷。

**15. 越级法**

1）简介

越级法是将被怀疑的部分直接跳跃过去的一种维修方法。

2）应用

越级法就是越过被怀疑的那一级(或几级)电路，把信号从被怀疑的前一级(或几级)直接引到被怀疑电路的后面一级。此法适用于同类多级串联电路的检修。串联的各级电路要具有相同的频率特性与足够的放大倍数，且对应点的电位相同。若对应点的电位不同，在越级时必须采用电容跨接。

**16. 串联灯泡法**

1）简介

串联灯泡法是将灯泡串入电源与负载之间的一种维修方法。

2）应用

所谓串联灯炮法，就是取掉输入回路的保险丝，用一个 60～100 W/220 V 的灯泡跨接在保险丝两端。由于灯泡有一定的阻值，如 100 W/220 V 的灯泡，其阻值约为 480 Ω(指热阻)，所以能起到一定的限流作用。这样，一方面能直观地通过灯泡的明亮度来大致判断电路的故障；另一方面，由于灯泡的限流作用，不会使存在短路故障的电路烧坏元件。当排除短路故障后，灯泡的亮度自然会变暗，最后再取掉灯泡，换上保险丝。

**17. 假负载法**

1）简介

假负载法就是利用其他电阻代替电路作为电源部分的负载的一种维修方法。

2）应用

当开关电源无输出或输出电压异常时，可以采用假负载法来判断故障是出在电源本身还是出在负载电路中。方法是在电源输出端接一个与负载功率、阻抗大致等效的电阻作为假负载，若接上假负载后电源工作正常，则说明故障出在负载电路中，反之，则说明电源有问题。假负载的大小可根据输出电压及负载能力来定，比如电源的输出电压是 12 V，负载电流在 1.5 A 以上，则可选 10 Ω/10 W 左右的电阻；如电源的输出电压是 110 V，负载电流在 2 A 以上，则可用一个 60～100 W/220 V 的灯泡作假负载。大多数开关电源都可采用此法，但也有少数开关电源不宜用此法，比如对于在多频显示器中采用行逆程脉冲激励的自激式开关电源，就不宜采用假负载法。

**18. 拆除法**

1）简介

拆除法是指拆除对电路正常工作影响不大的元件来处理故障的一种检修方法。

2）应用

电路中的元器件，有些是起辅助性作用的，如滤波电容器、旁路电容器、保护二极管、压敏电阻等，当这些起辅助性作用的元器件损坏后，有可能影响整个电路的正常工作。为此，在缺少代换元器件的情况下，可以将这些元器件进行应急拆除，暂留空位，电路就能基本恢复正常工作。

**19. 拆次补主法**

1）简介

拆次补主法是指用次要部位的元器件代替主要部位的元器件进行故障处理的一种维修方法。在维修电子设备时，如果缺少某个元器件，有时可以采用“弃车保帅”的方法，将次要地位的元器件拆下来，用以代换主要电路上损坏的元器件，使电子设备恢复正常工作，这种应急维修方法就是拆次补主法。

2）应用

采用“拆次补主”法不影响设备的主要性能，也不会缩短设备寿命。但是应该注意：一些次要电路在某种条件下代替主要电路进行应急维修，可能作用不大，但在另一些条件下作用却很大。因此，要根据各类电子设备的故障类型，来进行综合考虑维修方法。

虽然电器设备的种类繁多，可能出现的毛病也千奇百怪，但就检测技术本身而言，还是有很强的规律性的，人们只要掌握了这些规律，又在实践中不断积累经验，就能迅速地判断出故障原因，进而有效地排除故障。

### 2.2.3 电子产品的维修程序

电子产品维修是一项理论与实践紧密结合的技术工作，既要熟悉电子产品的工作原理，又要熟悉单元电路的工作过程以及调试技能。另外，维修经验的积累也十分重要，要做好电子产品的维修工作，必须遵循一套科学的维修程序。电子产品维修程序通常包括以下7个方面。

**1. 客户询问**

检修前，向客户了解电子产品发生故障的过程及其出现的故障现象，这对于故障诊断很有帮助。需要了解的情况主要有以下几个方面：

(1) 故障发生时间。了解故障是发生在运行一段时间之后还是一开机就有故障等。如果一开机就有故障，一般是电源部分故障或者其他故障引起电源保护动作。如果运行一段时间之后才发生故障，一般是元器件性能变坏所致。

(2) 故障发生现象。主要是了解故障现象是突然产生还是逐渐形成的，面板上指示灯的工作状态或者显示屏的图像有何变化或提示，机内有无打火或不正常声响，有无焦糊味、发光或冒烟等故障现象。

(3) 故障发生后操作人员的动作行为。主要了解故障发生后，是否动过什么旋钮，按过什么开关，是否进行过开箱检查及修理，操作步骤是否有误等。

(4) 故障史及维修史。主要了解以往的故障发生情况，将对本次故障类型的确定有帮助，尤其是一些曾经发生过相类似的故障，可以借鉴以前的故障检修方法，以提高维修效率。以往的维修史，对现在故障的检修很有启发与帮助，主要是了解以前发生故障是如何检修的，并对此次故障的检修提供参考。

**2. 查阅资料，熟悉工作原理**

对于复杂电子产品，查阅电子产品的档案资料是维修的前提。电子产品的档案资料一点包括产品使用说明书、电路原理图、电路结构框图、装配图等图样资料，还有产品检验书、维修手册、运行维修记录、合格证等。通过相关资料的阅读，熟悉电子产品的工作原理，可以为故障分析提供理论基础。

**3. 不通电观察**

为尽快查出故障原理，通常先初步检查电子产品面板上的开关、按键、旋钮、接口、接线柱等有无松脱、滑位、断线、卡阻和接触不良等问题，然后打开外壳，检查内部电路的电阻、电容、电感、晶体管、集成电路、电源变压器、石英晶体、熔断器和电源线等是否存在烧焦、漏液、霉烂、松脱、虚焊、断路、接触不良和印刷电路板插接是否牢靠等问题。这些明显的表面故障一经发现，应立即予以修复，这样就有可能修好电子产品。

**4. 通电观察与操作**

不通电观察结束后，接着应进行通电观察与操作，以确定被测产品的主要功能和面板装置是否良好，对进一步观察故障部位和分析故障性质很有帮助。但是一旦出现烧熔断器、有火花、冒烟和焦味等故障现象时，应立即终止通电观察。

**5. 故障检测诊断**

根据故障现象以及对电子产品工作原理的研究，只能初步分析可能产生故障的部位和原因，要确定故障发生的确切部位，必须进行检测，通过检测—分析、再检测—再分析，才能查出损坏的元器件或故障电路。在进行故障检测诊断时应遵循：先思考后动手、先外部后内部，先直流后交流、先电源后其他，先粗后细、先易后难，先一般后特殊，先大部位后小部位的原则。

**6. 故障处理**

电子产品的故障，大都是由个别元件松脱、损坏、变值、虚焊，或者个别接点短路、断开、虚焊和接触不良等原因引起的。通过检测查出故障部位后，就可以对故障部位进行处理，即进行必要的选配、更新、清洗、重焊、调整和软件复制等修整工作，使电子产品恢复正常的功能。

**7. 试机检验**

电子产品故障修复后，要进行通电试机检验，如果通电检查无异常，可试机几小时，当确保电子产品正常工作后，再移交给用户使用。

### 2.2.4　电子产品的维修注意事项

电子产品的维修工作一定要注意科学性和技术性以及维修工作中的安全性：一是维修人员的人身安全，二是电子产品和维修仪表的财产安全。要养成一个大胆细心，随时注意安全的好习惯。避免因操作不当而损坏电子产品或检测仪表，扩大电子产品的故障范围或发生触电事故。在维修过程中，应注意以下几个事项。

**1. 维修前的准备事项**

(1) 维修前要向用户了解清楚电子产品的损坏经过，准备好电子产品的相关图纸，掌握该机器的信号流程、各个关键点的工作电压和信号波形，使维修过程中有正确的依据。

(2) 在开始检修之前，应仔细阅读电子产品的使用说明书、用户手册，以及检修手册中关于“产品安全性能注意事项”和“安全预防措施”等内容。

(3) 在检修已经使用较长时间的电子产品或机内积满灰尘的电子产品时，可先除去灰尘并将相关插件和可调元件清洗一下，这样通常能起到很好的效果，有些故障也会因此而自然排除。

(4) 维修场所的环境应确保安全、整洁、通风。在地面和工作台面上，都要铺上绝缘的橡皮垫，以进一步保证人身的安全。工作台上的橡皮垫，还可以防止电子产品外壳产生磨损和划痕。

**2. 维修安全注意事项**

目前国内外生产的大多数电子产品(如计算机、电视机等)，一般均采用开关电源电路，其特点之一就是对 220 V/50 Hz 交流电直接进行桥式整流和电容滤波，这使得电路底板(接地点)成为热底板，即底板通过整流二极管与 220 V 交流电的火线相连。人身触及电路底板就可能造成触电事故。另外，由于测量仪器(如示波器)外壳与底板的参考电位不相等会造成电源短路，从而造成机内元器件的损坏。所以，在检修热底板的电子产品时，应使用 220 V/220 V 的隔离变压器来给电子产品供电。

对于维修内部有高压的电子产品如彩色 CRT 电视机，其显像管高压极一般有 25～33 kV 直流高压，这容易产生放电和电击事故。由于显像管高压极与接地极之间的电容量较大，即使关机也要等较长的放电时间(一般大于 5 分钟)，所以要检查显像管阳极高压，必须进行放电。放电时，用万用表的直流电压档，将红表笔接显像管高压极，黑表笔接地，持续放电时间约 30 秒，万用表电压读数才降为零，说明放电结束。

**3. 维修过程注意事项**

(1) 工作台上的电烙铁要妥善安置，防止高温烫坏电子产品的外壳或其他零部件。拆卸下来的螺钉、螺母、旋钮、后盖、晶体管等零部件和元器件要妥善放置，防止无意中丢失或损坏。

(2) 在拆卸元器件前，原来的安装位置和引出线要做好标记，可采用挂牌、画图、文字标记等方法。拆开的线头要采取安全措施，防止浮动线头和元件相碰，造成短路或接地等故障。

(3) 不小心掉入机内的螺钉、螺母、导线、焊锡、剪下的引脚等物体，一定要及时清除，以免造成人为故障或者留下安全隐患。

(4) 在带电测量时，一定要防止测试探头与相邻的焊点或元件相碰，否则有可能引起短路而造成新的故障，检测集成电路引脚时尤为重要。

(5) 当拆下或拉出电子产品的底盘进行检修，并将其放置在工作台上时，要保证桌面清洁与绝缘，特别注意不要把金属工具放在电子产品下面，防止发生人为的短路故障。

(6) 在未搞清楚故障原因之前，不要随意调整机内的各种连线及位置，特别是中高压部分的连线，以免出现干扰而造成电路工作不稳定。

(7) 修理电视机遇到水平或垂直一条亮线或者中心一个亮点故障时，要把亮度调至最小，避免较长时间维修而损坏屏幕的局部地方。如果遇到亮度失控的故障，应尽量缩短开机时间，防止损坏屏幕或大功率晶体管等。

(8) 对于一些不了解或不能随便调整的元件，如中频变压器、高频谐振线圈等，在没有仪器测量配合调整的情况下，不要随便调整，否则一旦调乱，没有仪器是很难恢复正常的。

**4. 更换元件注意事项**

(1) 在更换元件前，要认真仔细检查代用件与电路的连接是否正确，特别要注意接地线的连接。有的电子产品某部分印制电路地线的连通，是靠某个元件的外壳实现的。所以，在更换这种元件后一定要将这两部分地线连接起来，以免造成人为故障。

(2) 遇到熔断器烧断或者其他保护电路发生动作的情况，不要轻易恢复供电。要查明烧熔断器或保护电路发生动作的原因，再进行相应处理，不允许换用大容量的保险管或用导线代替熔丝，以免扩大故障，损坏其他元器件。

(3) 在更换显像管等真空器件时，双手应抓住屏幕边缘两侧，切不可只抓管颈搬运显像管，以免造成损坏。

## 实训 1　常用测量工具的使用

**【实训目的】**

(1) 学习并掌握常用焊接工具的使用。

(2) 学习并掌握数字万用表的正确使用方法。

(3) 学习并掌握数字示波器的正确使用方法。

**【实训仪器和材料】**

(1) 焊接工具与材料。

(2) 数字万用表。

(3) 数字示波器。

(4) 电容器、二极管、三极管、MOS 管各 2 只。

**【实训内容】**

(1) 焊接工具的操作练习，主要包括电烙铁和热风枪的操作与使用，以及贴片元件的拆焊练习。

(2) 数字万用表的操作与使用练习，主要进行电容器、二极管、三极管、MOS 管的测量练习。

(3) 数字示波器的操作与使用练习，主要进行探头校准与补偿、晶振两端信号波形的测试。

**【实训报告要求】**

(1) 简述实训步骤与注意事项。

(2) 记录测量结果并对加以简要分析。

**【思考题】**

1. 在数字万用表的使用过程中如何避免错误？
2. 在示波器的使用过程中如何避免错误？

## 复习思考题 2

1. 如何正确选用和使用电烙铁？
2. 焊料有哪些种类，其分类方法是怎样的？
3. 使用助焊剂应注意哪些方面呢？
4. 在焊接过程中，为什么有时要使用助焊剂？
5. 防静电的调温烙铁和热风枪在使用时应注意哪些事项？

6. 什么是硬故障？什么是软故障？

7. 试分析电子产品的三个故障阶段，并阐述每个阶段的故障发生原因。

8. 在万用表的使用中，经常会犯哪些错误？今后怎样避免？

9. 在示波器的使用中，经常会犯哪些错误？今后怎样避免？

10. 电子产品故障检修常用方法有哪些？这些方法各适合用于什么场合？

11. 电子产品维修一般要经过哪些程序？

# 第 3 章　常用电子元器件

- 电阻、电容、电感
- 晶体管、场效应管、晶振
- 集成电路

## 导入语

电子元器件是组成电子整机的基本元素，每一个单元电路，如振荡电路、放大电路、比较电路等都是由许多电子元器件构成的。电子产品中常用的元器件包括：电阻、电容、电感、晶体管、场效应管、晶振、集成电路等。

电子元器件分为有源元器件和无源元器件。有源元器件的特点是：必须有电源才能支持其工作，且输出取决于输入信号的变化，如晶体管、场效应管、集成电路等均为有源元器件。无源元器件的特点是：无论电源，信号如何变化，它们都有各自独立、不变的性能特性，如电阻、电容、电感、开关件、熔断器等都属于无源元器件。通常，把有源元器件称为器件，无源元器件称为元件。随着电子技术的发展，电子元器件品种规格也日趋繁多，并逐渐向小型化、集成化发展。就装配焊接的方式来说，已经从传统的通孔插装(THT)方式全面转向表面安装(SMT)方式。本章主要介绍电阻、电容、电感、晶体管、场效应管、晶振、集成电路的主要特点、性能指标和表示方法，并且对 SMT 电子元器件作重点介绍。熟悉和掌握各类元器件的性能和特点等，对电子产品的设计、制造、维修等起着十分重要的作用。

## 学习目标

- 了解常用元器件的分类和主要参数；
- 能正确识别或测量常用元器件的主要参数；
- 能识别判断常用电子元器件的性能好坏。

## 3.1　电　阻　器

电阻器是电子整机中使用最多的基本元件之一，简称电阻。统计表明，电阻在一般电子产品中要占到全部元器件总数的 50%以上。它在电路中用于稳定、调节、控制电压或电流的大小，起限流、降压、偏置、取样、调节时间常数、抑制寄生振荡等作用。

### 3.1.1　电阻器的分类

电阻器的种类繁多，如图 3-1 所示。按阻值特性可分为固定电阻、可调电阻、特种电阻(敏感电阻)。阻值不能调节的称为固定电阻，而可以调节的电阻称为可调电阻。电阻对温度、光照度、湿度、压力等非电物理量敏感，电参数会随之而变化的则为敏感电阻。按制造材料可分为碳膜电阻、金属膜电阻、线绕电阻等。碳膜电阻由碳沉积在瓷质基体上制成，通过改变碳膜的厚度或长度，可以得到不同的电阻值。其主要特点是高频特性比较好、价格低，但精度差。碳膜电阻是最早、最广泛使用的电阻，在一般电子产品中大量使用。金属膜电阻是在真空条件下，在瓷质基体上沉积一层合金粉制成的。通过改变金属膜的厚度或长度可得到不同的阻值，其主要特点是耐高温。当环境温度升高后其阻值变化与碳膜电阻相比，变化很小。另外其高频特性好，精度高，常在精密仪表等高档设备中使用。线绕电阻是用康铜丝或锰铜丝缠绕在绝缘骨架上制成的。它有很多优点：耐高温、噪声小、精度高、功率大。但其高频特性差，这主要是由于其分布电感较大，在低频的精密仪表中被广泛应用。按安装方式可分为插件电阻、贴片电阻。插件电阻的引脚是针脚式的，贴片电阻又称为无引线电阻，焊点位于电阻的两端。贴片电阻具有体积小、重量轻、安装密度高、抗震性能好、易于实现自动化等特点，广泛应用于计算机、手机、iPad 及医疗电子等产品中。由于一般贴片电阻功率最大只能做到 1W，所以贴片电阻也无法完全取代插件电阻。

图 3-1　种类繁多的电阻

### 3.1.2　电阻器的主要参数

**1. 标称阻值**

阻值是电阻器的主要参数之一，不同类型的电阻，阻值范围不同，不同精度等级的电阻，其数值系列也不相同。电阻的标称阻值分为 E6、E12、E24、E48、E96、E192 6 大系列，其中，常用的有 E48、E24、E12 和 E6，各标称值系列阻值如表 3-1 所示。

**表 3-1　常用电阻标称值系列**

| 标称值系列 | 精度(误差) | 标称阻值 |
| --- | --- | --- |
| E48 | ±2% | 100，105，110，115，121，127，133，140，147，154，162，169，178，187，196，205，215，226，237，249，261，274，287，301，316，332，348，365，383，402，422，442，464，487，511，536，562，590，619，649，681，715，750，787，825，866，909，953 |
| E24 | ±5% | 1.0，1.1，1.2，1.3，1.5，1.6，1.8，2.0，2.2，2.4，2.7，3.0，3.3，3.6，3.9，4.3，4.7，5.1，5.6，6.2，6.8，7.5，8.2，9.1 |
| E12 | ±10% | 1.0，1.2，1.5，1.8，2.2，2.7，3.3，3.9，4.7，5.6，6.8，8.2 |
| E6 | ±20% | 1.0，1.5，2.2，3.3，4.7，6.8 |

备注：表中电阻值可乘以 $10^n$，其中 n 为整数。

在选择电阻的阻值时，可能系列中没有，此时就要选择系列中相近值的电阻，或在精度要求较高的电路中通过精密电阻的串并联来实现。比如电路中需要一个 4.8 kΩ 的电阻，可以选择 4.7 kΩ 的电阻，或者采用 4.7 kΩ 和 0.1 kΩ 电阻的串联来实现。

### 2. 允许偏差

电阻的标称阻值分为 E6、E12、E24、E48、E96、E192 6 大系列，分别适用于允许偏差为±20%、±10%、±5%、±2%、±1%和±0.5%的电阻器。其中，E96 系列电阻有 96 种数字系列，对应允许偏差为±1%，此种规格常用于精度要求较高的场合。E192 系列电阻有 192 种数字系列，且有±0.5%、±0.2%、±0.1% 3 种精度，此种规格精度高，成本也不会低，多用于对精度有较高要求的场合。

电阻的实际阻值往往与标称阻值之间有偏差，偏差与标称阻值的百分比称为误差。允许相对误差的范围称为允许偏差，也称为精度等级。常用电阻允许的偏差有 14 个等级，如表 3-2 所示。通用电阻的允许偏差为+5%、+10%、+20% 3 种，在一般场合下已能满足使用要求。高于+2%精度等级的为精密电阻。在产品设计中，对于一般电路，选用误差+5%的电阻即可满足要求，对于精密仪器则应根据需要选用相应精度的电阻。

**表 3-2　常用电阻允许的偏差等级**

| 允许误差(%) | ±0.001 | ±0.002 | ±0.005 | ±0.01 | ±0.02 | ±0.05 | ±0.1 |
| --- | --- | --- | --- | --- | --- | --- | --- |
| 等级符号 | E | X | Y | H | U | W | B |
| 允许误差(%) | ±0.2 | ±0.5 | ±1 | ±2 | ±5 | ±10 | ±20 |
| 等级符号 | C | D | F | G | J(Ⅰ) | K(Ⅱ) | M(Ⅲ) |

### 3. 额定功率

电阻器在电路中长时间连续工作不损坏，或不显著改变其性能参数所允许消耗的最大功率，称为电阻器的额定功率。电阻器的额定功率并不是电阻器在电路中工作时一定要消耗的功率，而是电阻器在电路中工作时，允许消耗的功率限额。选择电阻的额定功率，应该判断它在电路中的实际功率，一般选择电阻额定功率是实际功率的 2～3 倍及以上。根据部频标准，不同类型的电阻有不同的额定功率系列，常用的额定功率有 1/8 W，1/4 W，1/2 W，1 W，2 W，5 W，10 W，25 W 等

额定功率在 2 W 以下的小型电阻，其额定功率值通常不在电阻体上标出，观察外形尺寸即可确定；额定功率在 2 W 以上的电阻，由于体积较大，其额定功率值通常在电阻体上用数字标出。一般来说，额定功率大的电阻器，其体积也比较大。

除了上述 3 个最重要的技术指标外，电阻器还有温度系数、非线性度、噪声、最高工作电压等技术指标。

### 3.1.3 电阻器主要参数的识别方法

电阻器的主要参数(标称值与允许误差)会标注在电阻体上，以供识别，有些体积较大的电阻，还会标出额定功率等其他参数信息。

电阻器的参数表示方法有直标法、文字符号法、数码表示法和色环法 4 种。

顾名思义，直标法就是在电阻体上直接将标称阻值、允许偏差、功率等参数标在电阻器表面，例如某水泥电阻上印有 5 W0.25 ΩJ，代表额定功率 5 W，标称阻值 0.25 Ω，J 代表允许偏差为±5%。直标法的优点是直观，易于识读，缺点是文字符号信息较多，只适用于体积较大的电阻器，且小数点不易识别。

文字符号法是用数字和文字符号或两者有规律的组合来表示电阻器的阻值。文字符号法规定：文字符号 Ω(R)、k、M、G 前面的数字表示阻值的整数部分，文字符号后面的数字表示阻值的小数部分。例如，1R2 表示其阻值为 1.2 Ω；2k7 表示其阻值为 2.7 kΩ；1G2 表示 1.2 GΩ(G 表示 $10^9$)。

数码表示法是用三位数码表示电阻阻值的方法，常用于贴片电阻中。数码按从左到右的顺序，第一、第二位为电阻的有效值，第三位为乘数(即零的个数)，电阻的单位是 Ω。例如，152 表示在 15 的后面加 2 个“0”，即 1500 Ω＝1.5 kΩ。

色环法就是用不同颜色的色环表示电阻的阻值和误差。常见的色环电阻有四环和五环两种，普通电阻采用四环，精密电阻采用五环。四环和五环电阻色环颜色与数值对照如表 3-3和表 3-4 所示。

**表 3-3 四环电阻器色环颜色与数值对照表**

| 色环颜色 | 第一色环 | 第二色环 | 第三色环 | 第四色环 |
|---|---|---|---|---|
| | 第一位数 | 第二位数 | 倍率 | 误差 |
| 棕 | 1 | 1 | $\times10^1$ | ±1% |
| 红 | 2 | 2 | $\times10^2$ | ±2% |
| 橙 | 3 | 3 | $\times10^3$ | |
| 黄 | 4 | 4 | $\times10^4$ | |
| 绿 | 5 | 5 | $\times10^5$ | ±0.5% |
| 蓝 | 6 | 6 | $\times10^6$ | ±0.25% |

续表

| 色环颜色 | 第一色环 | 第二色环 | 第三色环 | 第四色环 |
|---|---|---|---|---|
| | 第一位数 | 第二位数 | 倍率 | 误差 |
| 紫 | 7 | 7 | $\times10^7$ | ±0.1% |
| 灰 | 8 | 8 | $\times10^8$ | ±0.05% |
| 白 | 9 | 9 | $\times10^9$ | |
| 黑 | | 0 | $\times10^0$ | |
| 金 | | | $\times10^{-1}$ | ±5% |
| 银 | | | $\times10^{-2}$ | ±10% |

**表3－4　五环电阻器色环颜色与数值对照表**

| 色环颜色 | 第一色环 | 第二色环 | 第三色环 | 第四色环 | 第五色环 |
|---|---|---|---|---|---|
| | 第一位数 | 第二位数 | 第三位数 | 倍率 | 误差 |
| 棕 | 1 | 1 | 1 | $\times10^1$ | ±1% |
| 红 | 2 | 2 | 2 | $\times10^2$ | ±2% |
| 橙 | 3 | 3 | 3 | $\times10^3$ | |
| 黄 | 4 | 4 | 4 | $\times10^4$ | |
| 绿 | 5 | 5 | 5 | $\times10^5$ | ±0.5% |
| 蓝 | 6 | 6 | 6 | $\times10^6$ | ±0.25% |
| 紫 | 7 | 7 | 7 | $\times10^7$ | ±0.1% |
| 灰 | 8 | 8 | 8 | $\times10^8$ | ±0.05% |
| 白 | 9 | 9 | 9 | $\times10^9$ | |
| 黑 | | 0 | 0 | $\times10^0$ | |
| 金 | | | | $\times10^{-1}$ | ±5% |
| 银 | | | | $\times10^{-2}$ | ±10% |

色环电阻的识读举例如图3－2所示。第一个是四环电阻：绿色——5，棕色——1，红色——2，金色——±5%，电阻值为5100 Ω±5%；第二个是五环电阻：橙色——3，白色——9，黑色——0，红色——2，棕色——±1%，电阻值为39 000 Ω±1%。

在实际中，读取色环电阻器的阻值时应注意以下几点：

(1) 熟记颜色、数字对应关系。

(2) 正确找出色环电阻的第一环，其方法有：

① 色环靠近引出端较近的一环为第一环。

② 四环电阻多以金色作为误差环，五环电阻多以棕色作为误差环。

(3) 若读出的阻值不在常用的标称值系列中，则说明读数有误，需分析原因，重新读数。

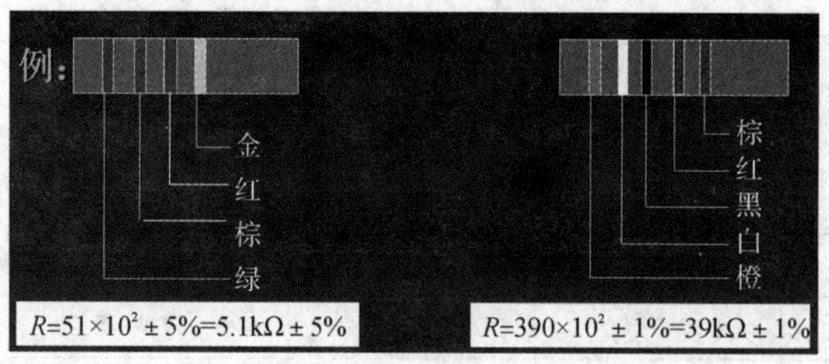


图 3-2　色环电阻的识读

### 3.1.4　表面安装电阻器

**1. 表面安装电阻器的种类**

表面安装电阻器按封装外形，可分为片状和圆柱状两种。按制造工艺可分为厚膜型(RN 型)和薄膜型(RK 型)两大类。

(1) 片状贴片电阻。片状电阻俗称贴片电阻，一般是用厚膜工艺制作，如图 3-3 所示。贴片电阻可靠性高，易于实现自动化，体积又只有插件电阻的 1/10 左右，因此其应用越来越普遍。

(2) 圆柱状贴片电阻。圆柱状电阻用薄膜工艺来制作，结构如图 3-4 所示。圆柱状贴片电阻主要有碳膜、金属膜及跨接用的 0 Ω 电阻器。

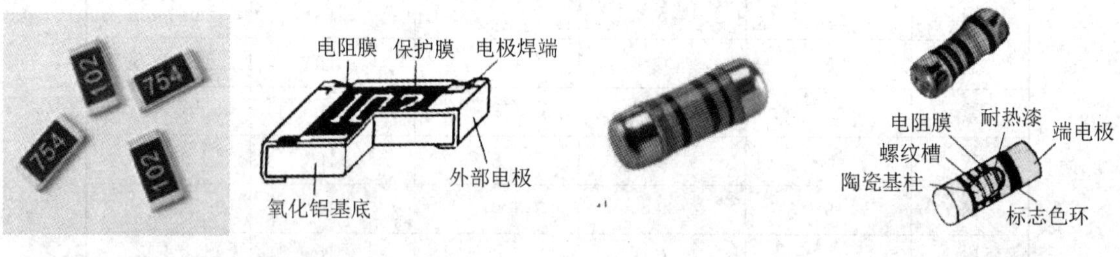


图 3-3　片状贴片电阻结构示意图　　　　图 3-4　圆柱状贴片结构示意图

**2. 标称数值的标注**

(1) 色环法。圆柱状电阻器的阻值标注一般采用色环法，阻值的识别与针脚式色环电阻一样。

(2) 数码表示法。片式电阻器的标称数值系列有 E6，E12，E24，精密元件还有 E48，E96，E192 等系列。贴片电阻器常采用数码表示法来表示标称值。当精度为±5%时常用三位数字表示，从左到右，前二位表示有效数字，第三位为倍率乘数(有效数字后所加“0”的个数)，单位是 Ω。若阻值在 10 Ω 以下，在两个数字之间补加“R”表示。例如 4.7 Ω 记为 4R7，0 Ω(跨接线)记为 000，100 Ω 记为 101；1 MΩ 记为 105。当电阻阻值精度为±1%时，采用四个数字表示，前面三个数字为有效数，第四位表示为倍率乘数(有效数字后所加“0”的个数)，单位是 Ω。阻值小于 10 Ω 的，仍在第二位补加 R，阻值为 100 Ω 则在第四位补 0。例如，4.7 Ω 记为 4R70，100 Ω 记为 1000，1 MΩ 记为 1004，20 MΩ 记为 2005。贴片电阻数码表示法的各位含义如图 3-5 所示。

(3) 文字符号法。贴片电阻器的阻值也有用文字符号法表示的，在电阻上面有三位文字符号，前两位数字表示电阻值的数值，可由表 3-5 查询；第三位用英文字母表示数值后面应该乘以 10 的多少次方，可由表 3-6 查询，单位是 Ω。比如 47E 的“47”由表 3-5 查得代表 301，“E”由表 3-6 查得代表 $10^4$，因此 47E 表示 $301\times10^4$ Ω，同理，02C 为 $102\times10^2=10.2$ kΩ，27E 为 $187\times10^4=1.87$ Ω。

图 3-5　贴片电阻数码表示法

**表 3-5　贴片电阻阻值的数字代码对照表**

| 代码 | 阻值 | 代码 | 阻值 | 代码 | 阻值 | 代码 | 阻值 | 代码 | 阻值 |
|---|---|---|---|---|---|---|---|---|---|
| 1 | 101 | 21 | 162 | 41 | 261 | 61 | 422 | 81 | 681 |
| 2 | 102 | 22 | 165 | 42 | 267 | 62 | 432 | 82 | 698 |
| 3 | 105 | 23 | 169 | 43 | 274 | 63 | 442 | 83 | 715 |
| 4 | 107 | 24 | 174 | 44 | 280 | 64 | 453 | 84 | 732 |
| 5 | 110 | 25 | 178 | 45 | 287 | 65 | 464 | 85 | 750 |
| 6 | 113 | 26 | 182 | 46 | 294 | 66 | 475 | 86 | 768 |
| 7 | 115 | 27 | 187 | 47 | 301 | 67 | 487 | 87 | 787 |
| 8 | 118 | 28 | 191 | 48 | 309 | 68 | 499 | 88 | 806 |
| 9 | 121 | 29 | 196 | 49 | 316 | 69 | 511 | 89 | 825 |
| 10 | 124 | 30 | 200 | 50 | 324 | 70 | 523 | 90 | 845 |
| 11 | 127 | 31 | 205 | 51 | 332 | 71 | 536 | 91 | 866 |
| 12 | 130 | 32 | 210 | 52 | 340 | 72 | 549 | 92 | 887 |
| 13 | 133 | 33 | 215 | 53 | 348 | 73 | 562 | 93 | 909 |
| 14 | 137 | 34 | 221 | 54 | 357 | 74 | 576 | 94 | 931 |
| 15 | 140 | 35 | 226 | 55 | 365 | 75 | 590 | 95 | 953 |
| 16 | 143 | 36 | 232 | 56 | 374 | 76 | 604 | 96 | 976 |
| 17 | 147 | 37 | 237 | 57 | 383 | 77 | 619 | | |
| 18 | 150 | 38 | 243 | 58 | 392 | 78 | 634 | | |
| 19 | 154 | 39 | 249 | 59 | 402 | 79 | 649 | | |
| 20 | 158 | 40 | 255 | 60 | 412 | 80 | 665 | | |

**表 3-6 贴片电阻阻值的字母代码对照表**

| 字母代码 | 含义 | 字母代码 | 含义 | 字母代码 | 含义 | 字母代码 | 含义 |
|---|---|---|---|---|---|---|---|
| A | $10^0$ | D | $10^3$ | G | $10^6$ | Y | $10^{-2}$ |
| B | $10^1$ | E | $10^4$ | H | $10^7$ | Z | $10^{-3}$ |
| C | $10^2$ | F | $10^5$ | X | $10^{-1}$ | | |

### 3. 贴片电阻的封装尺寸

贴片电阻外形体积大小有统一规格，其封装尺寸用4位整数表示(前两位表示长度，后两位表示宽度，单位是英寸)。常规封装代号有01005和0201这两种超小型贴片电阻封装，以及0402、0603、0805、1206、1210、1812、2010、2512等8种，相关参数见表3-7。例如，0603电阻是英制表示法，前两位表示长度为0.06英寸(约1.6毫米)，后两位表示宽度为0.03英寸(约0.8毫米)，如图3-6所示。又如1005公制表示法，前两位表示长度为1.0毫米(约0.04英寸)，前两位表示宽度为0.5毫米(约0.02英寸)。欧美国家大多采用英制表示，日本产品大多采用公制表示，我国这两种系列都有使用。不同的封装尺寸，其额定功率也不一样，参考表3-7。

**表 3-7 贴片电阻常见封装及对应参数**

| 封装 | | 额定功率/W @70℃ | | 最大工作电压/V |
|---|---|---|---|---|
| 英制/mil | 公制/mm | 常规功率系列 | 提升功率系列 | |
| 01005 | 0402 | 1/32W | / | 15 |
| 0201 | 0603 | 1/20W | / | 25 |
| 0402 | 1005 | 1/16W | / | 50 |
| 0603 | 1608 | 1/16W | 1/10W | 50 |
| 0805 | 2012 | 1/10W | 1/8W | 150 |
| 1206 | 3216 | 1/8W | 1/4W | 200 |
| 1210 | 3225 | 1/4W | 1/3W | 200 |
| 1812 | 4532 | 1/2W | / | 200 |
| 2010 | 5025 | 1/2W | 3/4W | 200 |
| 2512 | 6432 | 1W | / | 200 |

注：1英寸=25.4毫米。

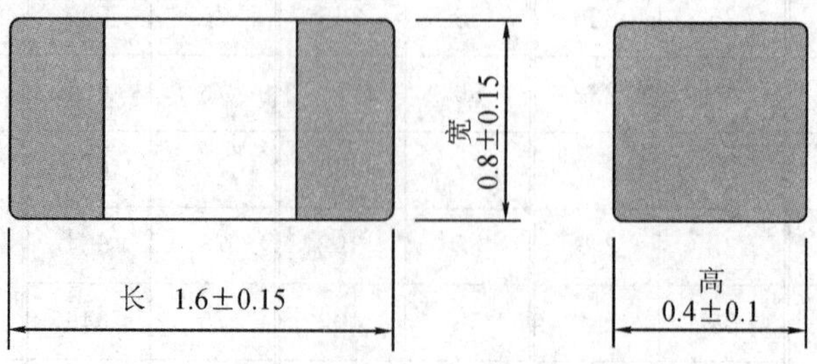


图3-6 0603封装尺寸示意图(单位mm)

## 3.1.5　排阻

排阻也称电阻网络或集成电阻，它是将多个参数与性能一致的电阻，按预先的配置要求连接后置于一个组装体内的电阻网络。排阻根据封装形式有直插式和贴片式两种。图 3-7是 A 型直插式排阻实物及内部等效电路图。例如，标识 A102J 代表该排阻为 A 型排阻，阻值为 $10\times10^2=1.0$ kΩ，J 代表允许偏差为±5%。标识中的第一个字母代表内部电路结构，不同字母代表不同结构。A 型直插排阻的所有电阻有一个引脚都连到一起，作为公共引脚，其余引脚正常引出。所以如果一个直插排阻是由 $n$ 个电阻构成的，那么它就有 $n+1$ 只引脚，一般来说，最左边的那个引脚是公共引脚。它在直插式排阻上一般用一个色点标出来。图 3-8 是 B 型直插式排阻实物及内部等效电路图，标识 B221G 代表该排阻为 B 型排阻，阻值为 $22\times10^1=220$ Ω，G 代表允许偏差为±2%。

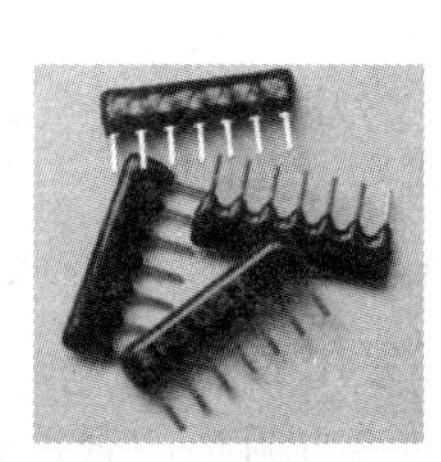

(a) A型直插排阻

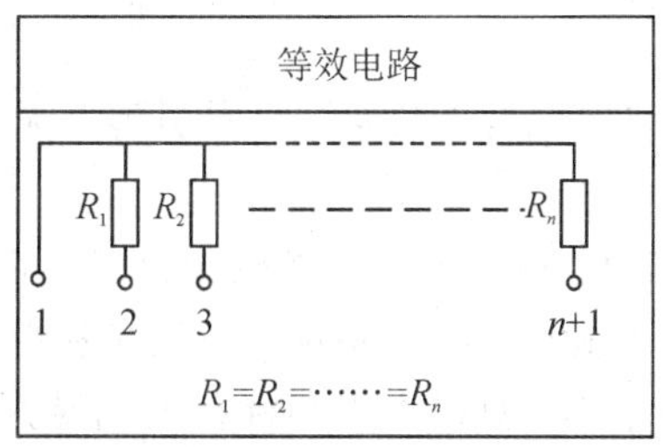


(b) 内部电路图

图 3-7　A 型直插排阻实物及内部等效电路图

(a) 实物图

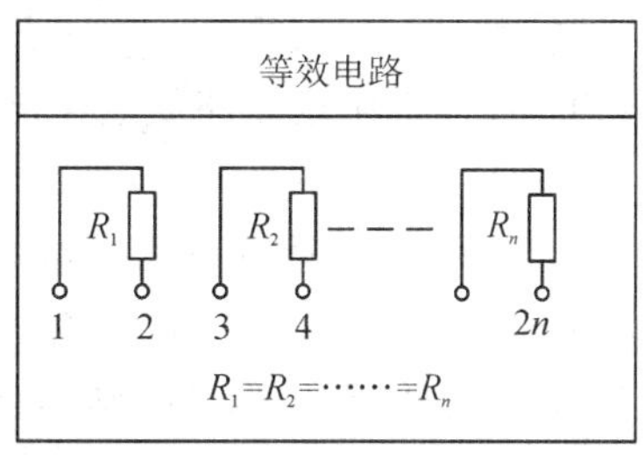


(b) 内部电路图

图 3-8　B 型直插排阻实物及内部等效电路图

常见贴片排阻如图 3-9、图 3-10 所示。图 3-9 所示为 8P4R 型贴片排阻，其中，“8P”表示 8 个引脚，“4R”表示 4 个电阻的排阻，排阻上的标识 100 表示阻值为 $10\times10^0=10$ Ω，是 4 个 10 Ω 电阻的排阻。如图 3-10 所示为 10P5R 型贴片排阻，标识 223 表示阻值为 $22\times10^3=22$ kΩ，有白点标识的第 5、第 10 脚代表为公共引脚，共有 8 个 22 kΩ 电阻所组成的排阻。

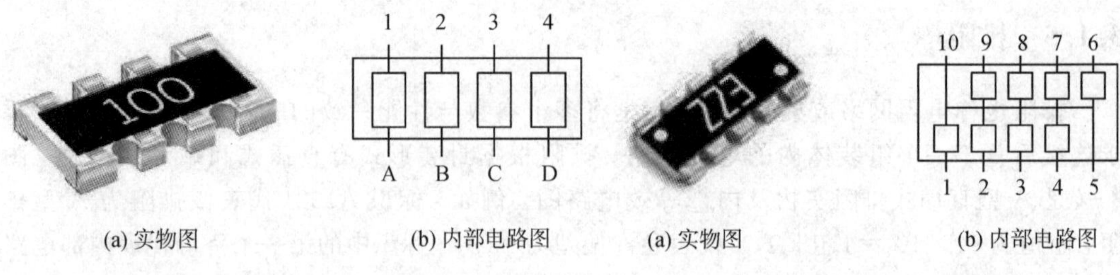


(a) 实物图　(b) 内部电路图

图 3-9　8P4R 型贴片排阻

(a) 实物图　(b) 内部电路图

图 3-10　10P5R 型贴片排阻

### 3.1.6 电阻器的检测方法

电阻器的测量方法主要利用万用表的欧姆档来测量电阻的阻值，将实测值与标称值进行比较，从而判断电阻是否能够正常工作，是否出现短路、断路及老化现象。

检测步骤：

(1) 外观检查。看电阻有无烧焦、电阻引脚有无脱落及松动的现象，从外表排除电路的断路情况。

(2) 断电测量。若电阻没有从电路板中拆除，仍在回路中，一定要将电路中的电源断开，严禁带电测量，否则不但测量不准，而且容易损坏万用表。

(3) 选择合适的量程。根据电阻的标称值选择万用表电阻档的合适量程。

(4) 在路检测。电阻没有从电路板中拆除，若在路测量测得阻值大于标称值，则可判断该电阻出现断路或严重老化现象。

(5) 断路检测。在路检测时，若测量值小于标称值，则应将电阻从电路中断开检测。此时，若测量值基本等于标称值，代表电阻正常。若测量值约等于 0，代表电阻已内部短路。若测量值远大于标称值，代表电阻已断路或老化严重。

**★ 即问即答**

贴片电阻上写着字符 1502，则代表该电阻参数为(　)。

A. 标称值 1502 Ω，误差±1%　　B. 标称值 15 kΩ，误差±1%

C. 标称值 1.5 kΩ，误差±1%　　D. 标称值 1.5 kΩ，误差±5%

图 3-11　即问即答电阻测试题

## 3.2 电　容　器

电容器是由两块金属电极之间夹一层绝缘材料(介质)构成的。当在两金属电极间加上电压时，电极上就会存储电荷，所以电容器是储能元件。电容器是电子设备中大量使用的电子元件之一，在电路中具有隔直通交、耦合、旁路、滤波、调谐回路、能量转换、控制等作用。

### 3.2.1　电容器的分类

电容器的种类繁多，如图 3-12 所示。电容器按照结构可以分为固定电容器、可变电容器和微调电容器 3 大类。按介质可以分为空气介质电容器、固体介质电容器(云母、陶瓷、涤纶等)电容器及电解电容器等；按用途可以分为旁路电容、滤波电容、调谐电容、耦合电容、去耦电容等；按有无极性还可以分为有极性电容和无极性电容。

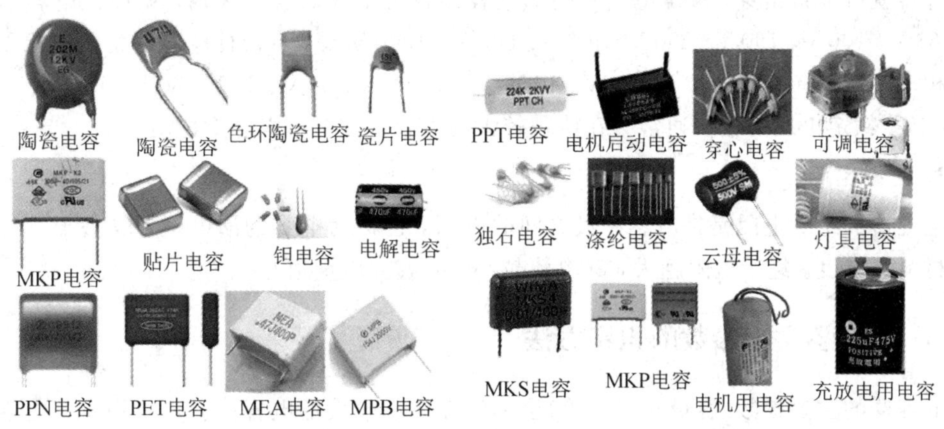


图 3-12　常见电容器的外形

### 3.2.2　电容器的主要参数

#### 1. 标称容量及允许偏差

电容器的容量是指电容器加上电压后储存电荷能力的大小，用 $C$ 表示，其基本单位是法拉(F)。常用的单位是微法(μF)、纳法(nF)和皮法(pF)。其中 1 μF=$10^{-6}$F，1 nF=$10^{-9}$F，1 pF=$10^{-12}$F。电容器的容量是电容最基本的参数之一。与电阻一样，电容器的标称容量是指标注在电容体上的容量。电容器的标称容量与电阻类似，也符合国家标准规定，可参照表 3-1 取值。

电容器的标称容量与其实际容量之差，再除以标称容量所得的百分数，就是电容器的允许偏差，常用电容的精度等级表示方法与电阻的表示方法相同，见表 3-8 所示。除了表 3-8 所示外，还有其他偏差范围及偏差标识符号，见表 3-9。

**表 3-8　常用电容精度等级**

| 级别 | 005 | 01 | 02 | Ⅰ | Ⅱ | Ⅲ | | Ⅳ | Ⅴ | Ⅵ |
|---|---|---|---|---|---|---|---|---|---|---|
| 字母 | D | F | G | J | K | M | N | | | |
| 允许误差/% | ±0.5 | ±1 | ±2 | ±5 | ±10 | ±20 | ±30 | +20−10 | +50−20 | +50−30 |

表 3-9 电容偏差标识符号

| 字母 | Q | S | T | R | H | Z |
|---|---|---|---|---|---|---|
| 偏差范围/% | +30-10 | +50-20 | +50-10 | +100-10 | +100-0 | +80-20 |

**2. 额定电压与击穿电压**

当电容两极板之间所加的电压达到某一数值时，电容就会被击穿，该电压称为电容的击穿电压。额定工作电压又称为耐压，它是指电容长期安全工作所允许施加的最大直流电压，其值通常为击穿电压的一半，使用时绝不允许电路的工作电压超过电容器的耐压，否则电容器就可能被击穿。额定电压系列随电容器种类不同而有所区别，无极性电容的耐压值有 63 V、100 V、160 V、250 V、400 V、600 V、1000 V 等，有极性电容的耐压值比无极性电容相比要低，有 4 V、6.3 V、10 V、16 V、25 V、35 V、50 V、63 V、80 V、100 V、220 V、400 V 等。额定电压的数值通常会在体积较大的电容器或电解电容上标出。

**3. 绝缘电阻**

电容器的绝缘电阻是指电容两极之间的电阻，也称为电容的漏电阻，取决于电容器介质的材料及厚度。绝缘电阻越大，漏电流越小，电容的质量越好。

## 3.2.3 电容器主要参数的识别方法

电容器的主要参数(容量与耐压等)会标注在体积较大的电容体上以供识别。电容器的参数表示方法和电阻一样，有直标法、文字符号法、数码表示法和色环法 4 种。

**1. 直标法**

直标法是将电容器的容量、耐压及误差等信息直接标注在电容器的外壳上，其中误差一般用字母来表示。常见表示误差的字母有 F(±1%)、G(±2%)、J(±5%)、K(±10%)等。当电容的体积很小时，有时仅标注标称容量一项。例如：电容体上标注着 47nJ100，表示标称容量为 47 nF，误差为±5%，耐压为 100 V。标注着 100，表示标称容量为 100 pF。标注着 0.56(或 R56)，表示标称容量为 0.56 μF。

当电容器所标容量没有单位时，在读其容量时可参考如下原则：数值在 $1\sim10^4$ 之间时，容量单位为 pF；数值小于 1 时，容量单位为 μF。

**2. 文字符号法**

文字符号法是用阿拉伯数字和文字符号或两者有规律的组合，在电容体上标出主要参数。该方法具体表现为：用文字符号表示电容的单位(n 表示 nF，p 表示 pF，u 表示 μF)，电容容量的整数部分写在容量单位的前面，容量的小数部分写在容量单位的后面。比如标注着 1p2，表示标称容量为 1.2 pF，8n2 表示 8.2 nF 或 8200 pF，2u2 表示 2.2 μF，p33 表示 0.33 pF。

**3. 数码法**

数码法是用三位数字表示标称容量的大小，单位为 pF。前两位表示容量的有效数字，第三位数字表示有效数字后面加 0 的个数，即乘以 $10^i$，当第三位数字是 9 时，则乘以

$10^{-1}$。比如标注着103，表示容量为10 000 pF(或0.01 μF)，229表示2.2 pF。

**4. 色标法**

色标法是在电容器上标注色环或色点来表示容量及允许偏差，单位为pF。这种方法在小型电容器上用得比较多。色标法的具体含义和电阻类似，不再赘述。

## 3.2.4 片状电容器

片状电容器大多为多层陶瓷电容器，其次为钽电解电容器和固态铝质电解电容(简称固态电容)。

**1. 多层陶瓷电容器**

多层陶瓷电容器是由印好电极(内电极)的陶瓷介质膜片以错位的方式叠合起来，经过一次性高温烧结形成陶瓷芯片，再在芯片的两端封上金属层(外电极)，从而形成一个类似独石的结构体，故也叫独石电容或贴片电容。其结构主要包括3大部分：陶瓷介质，内部电极和外电极，如图3-13所示。多层陶瓷电容器其实是一个多层叠合结构，简单地说就是由多个简单平行板电容器的并联体。

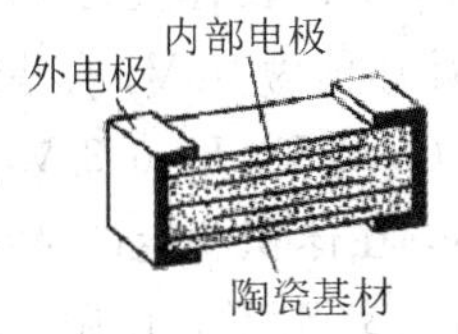

图3-13　多层陶瓷电容器结构及外形

多层陶瓷电容器又称MLCC(Multi-Layer Ceramic Capacitor)，按照介质材料MLCC可以分成NPO、COG、Y5V、Z5U、X7R、X5R等几种，它们有不同的容量范围及温度稳定性。一般而言，NPO、COG温度特性平稳、容值小、价格高；Y5V、Z5U温度特性大、容值大、价格低；X7R、X5R则介于以上两种之间。

多层陶瓷电容器的外形标准与贴片电阻大致相同，仍然采用长×宽表示，常见的有0201、0402、0603、0805、1206、1210等，颜色一般为黄色、咖啡色、灰白色，贴片电阻多为黑色，这是区分两者比较直观的一个方法。另外，贴片电容由于制作工艺中需要再高温中烧制，因此无法在电容本体上打上标示，而贴片电阻本体上一般都会有标示。厂家往往将贴片电容的封装、容量、介质种类等基本信息标示在出厂的卷盘上，如图3-14所示，标示该卷电容封装为0603，介质种类为X7R，容量为104，即0.1 μF。从单个贴片电容外观上是不能得到贴片电容容量标称值的，只有借助LCR电桥等设备才能测得其容量。

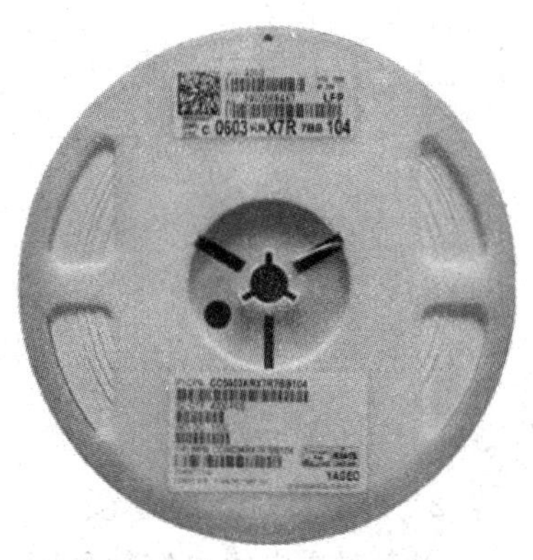


图3-14　贴片电容卷盘

MLCC具有容量大、体积小、容易片式化等特点，是当今通讯器材、计算机板卡及家电遥控器等产品中使用最多的元件之一。随着SMT的迅速发展，其用量越来越大。

**2. 电解电容**

常见的表面安装电解电容器有钽电解电容器和铝电解电容器。

1）钽电解电容器

钽电解电容简称钽电容，属于电解电容的一种。由于使用金属钽做介质，不需要像普通电解电容那样使用电解液，另外，钽电容不像普通电解电容那样使用镀了铝膜的电容纸绕制，所以本身几乎没有电感，但同时也限制了它的容量。贴片钽电容由于内部没有电解液，很适合在高温下工作。目前生产的钽电解电容器主要有烧结型固体、箔形卷绕固体、烧结型液体等3种，其中烧结型固体约占目前生产总量的95%以上，而又以非金属密封型的树脂封装式为主体。小型化、片式化在配合SMT技术下方兴未艾，片式烧结钽电容器已逐渐成主流，如图3-15所示。贴片钽电容有标记的一端是正极，另外一端是负极。一般使用数码法(3位数字)表示电容容量，前2位数字直接读数，第3位数字表示0的个数，单位为pF。图中钽电容上标示107，代表容量为100000000pF=100 μF。钽电容上面标着227C，227表示容量为220 μF，C是耐压值为16 V。有些钽电容耐压会用不同的字母标注出来，每个字符含义说明如下：F— 2.5 V，G—4 V，J—6.3 V，A— 10 V，C—16 V，D—20 V，E—25 V，V—35 V，T—50 V。一般而言，在体积一定的情况下，容值越大，耐压值越小。特别要注意的是：钽电容不能接反，接反后轻则不起作用，重则钽电容烧焦甚至爆炸。在焊接电容时，千万不能将钽电容的正负极接反。

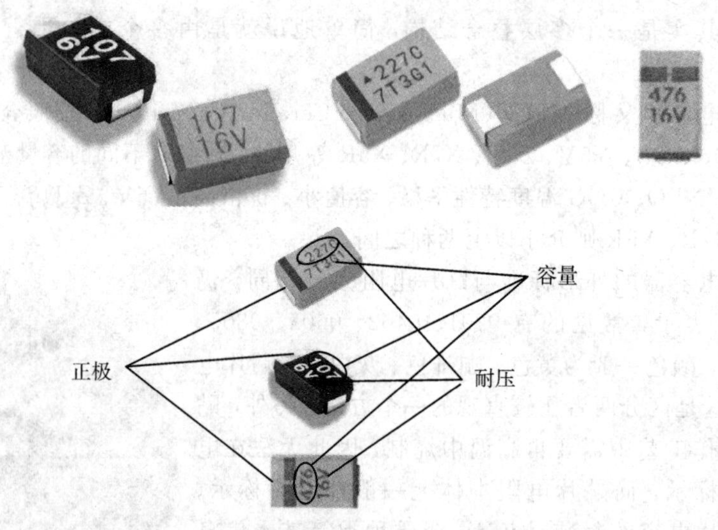


图3-15 贴片钽电容

2）固态铝质电解电容

固态铝质电解电容简称固态电容，它与普通电容(即液态铝质电解电容)的最大差别在于其采用了不同的介电材料，液态铝电容介电材料为电解液，而固态电容的介电材料则为导电高分子材料。导电高分子材料的导电能力通常要比电解液高2～3个数量级，应用于铝电解电容可以大大降低ESR(等效串联电阻)、改善温度频率特性。高分子材料的可加工性能良好、易于包封、又极大地促进了铝电解电容的片式化发展。

固态电容在高温环境中仍然能正常工作，保持各种电气性能，其电容量在全温度范围变化不超过15%，明显优于液态电解电容。在高热环境下不会像液态电解质那样蒸发膨胀，甚至燃烧。即使电容的温度超过其耐受极限，固态电解质仅仅是熔化，这样不会引发电容金属外壳爆裂，因而十分安全。工作温度直接影响到电解电容的寿命，固态电容与液态电解电容相比，在不同温度环境下寿命明显较长。

贴片固态电容外形以圆柱形为主，外壳上的深色标记代表负极，常见的深颜色有红色、蓝色和紫色等，如图 3-16所示。不同厂家会固定选择某个颜色，比如对于三洋来说，其固态电容标识呈现紫色，日本化工标识呈现蓝色，富士通标识则呈现红色。电容上的标识识读方法：一般数字最大且无单位的是容量，默认单位为 μF，带 V 的或是特定数字的如 2.5/5.5/6.3/10/16/25/32 等则是耐压。图中三个元件参数依次是：330 μF，耐压 6.3 V；470 μF，耐压 16 V；270 μF，耐压 16 V。左侧深色标识对应电容的负极。

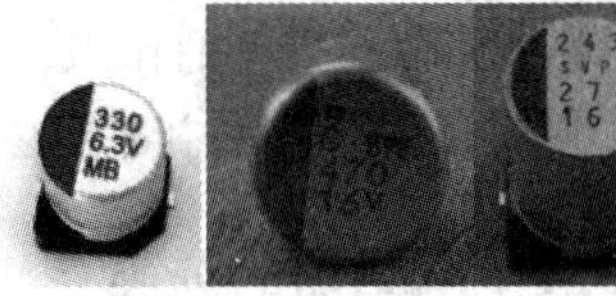

图 3-16　固态铝质电解电容

## 3.2.5　电容器的检测方法及使用注意事项

### 1. 标称容量的检测

目前常用的数字万用表有测量一定容量范围内的电容器容量的功能。测量时，将万用表置于电容档的适当量程，两表笔分别接在电容器的两个引脚上，然后读出电容量。如果测量结果等于或十分接近标称容量，则说明该电容正常；如果测量结果与标称容量相差过大，则查看其标称容量是否在万用表的测试范围之内；如果超出万用表的测量范围，可用 LCR 数字电桥进行测量；若还是相差过大，则说明待测电容已变质，不能再使用；如果待测电容显示的数值远小于标称容量，则说明待测电容已损坏。

### 2. 使用电容器的注意事项

有极性电容在使用时必须注意极性，正极接高电位端，负极接低电位端。从电路中拆下的电容器(尤其是大容量和高压电容器)，应对电容器先充分放电后，再用万用表进行测量，否则会造成仪表损坏。

此外，在选购电容器时可能买不到所需的型号或所需容量的电容器，或在维修时手边有的与所需不相符时，可以考虑代用。代用的原则是：电容器的容量基本相同；电容器的耐压不低于原电容器的耐压值；对于旁路电容、耦合电容，可选用比原容量大的电容器代用；在高频电路中的电容，代换时一定要考虑频率特性，应满足电路的频率要求。

图 3-17　即问即答电容测试题

### ★ 即问即答

图 3-17 所示器件为(　)，左侧红色线代表该侧为(　)，其容量为(　)，A 表示的耐压值为(　)。

# 3.3 电 感 器

电感器又称电感线圈，简称电感，它是利用电磁感应原理制成的元件，在电路里起阻流、变压、传递信号的作用。电感的应用范围很广，它在调谐、振荡、匹配、耦合、滤波、陷波、偏转聚焦等电路中都是必不可少的。

## 3.3.1 电感器的分类

电感器的种类繁多，如图 3-18 所示。它通常分为两类，一类是利用自感作用的电感线圈，另一类是利用互感作用的变压器。本章主要介绍电感线圈。电感器按工作特征分为电感量固定的和电感量可变的两种类型；按磁导体性质分成空心电感、磁芯电感和铜芯电感；按绕制方式及其结构分成单层、多层、蜂房式、有骨架式或无骨架式电感。

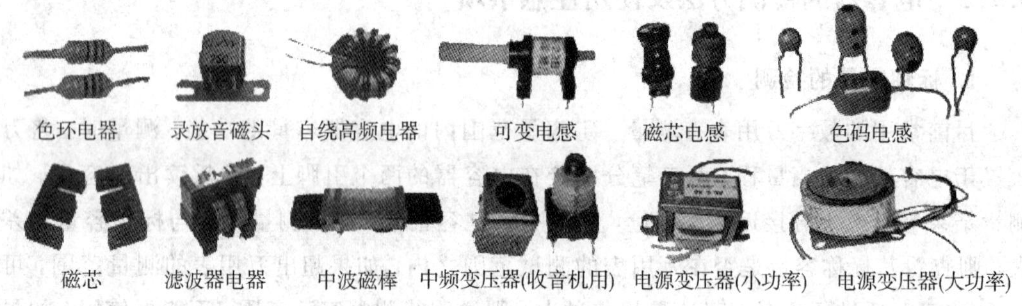


图 3-18 常见电感

## 3.3.2 电感器的主要参数

### 1. 电感量

电感线圈自感作用的大小称为电感量(简称电感)，用 $L$ 表示，其基本单位是亨利，简称亨(H)。实际常用单位有 mH(毫亨)、$\mu$H(微亨)、nH(纳亨)。电感量的大小与电感线圈的匝数(圈数)、线圈的横截面积(圈的大小)、线圈内有无铁芯或磁芯等有关。

### 2. 允许偏差

电感允许偏差是指电感量实际值与标称值之差除以标称值所得的百分数。电感量允许偏差用Ⅰ、Ⅱ、Ⅲ表示，分别为±5%、±10%、±20%。

### 3. 品质因数

品质因数 $Q$ 是表示线圈质量的一个物理量，其定义为：$Q=2\pi fL/r$。式中 $f$ 是工作频率；$L$ 是线圈的电感量；$r$ 是线圈的损耗电阻。

### 4. 额定电流

额定电流是指电感器正常工作时，允许通过的最大工作电流。若工作电流大于额定电流时，电感会因发热而改变参数，严重时将被烧毁。小型固定电感的额定电流通常用字母A、B、C、D、E 表示，标称电流值分别为 50 mA、150 mA、300 mA、700 mA、1600 mA 等。此外，电感参数还有分布电容、稳定性等参数。

## 3.3.3　电感器主要参数的识别方法

电感量标注方法主要有直标法、色标法和数码法。

直标法是将标称电感量用数字直接标注在电感线圈的外壳上，用字母表示电感线圈的额定电流，用Ⅰ、Ⅱ、Ⅲ表示允许偏差。比如固定电感线圈外壳上标有 150 μH、A、Ⅱ的标志，代表该线圈电感量为 150 μH，最大工作电流 50 mA(A 的含义)，允许偏差为±10%(Ⅱ的含义)。

色标法是在电感线圈的外壳上，使用色环或色点表示其参数。其识别方法与电阻相同。其中最靠近某一端的第 1 条色环表示电感量的第 1 位有效数字；第 2 条色环表示第 2 位有效数字；第 3 条色环表示有效数字后有几个零，第 4 条色环表示误差，第 4 环一般是金色或银色，而且与前三环的距离稍远一点。如图 3 - 19 所示色环电感的电感量为 $10\times10^2=1000$ μH±10%。

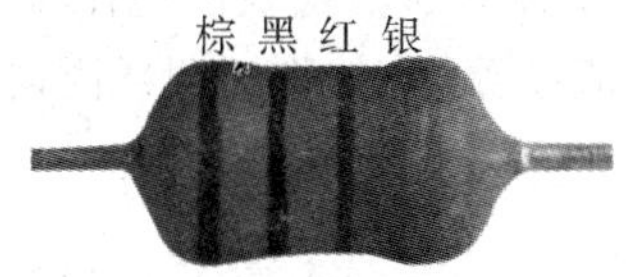


图 3 - 19　色环电感

图 3 - 20　数码表示的电感

数码法由 3 位数字构成，前面 2 位为有效数字，第 3 位为 10 的倍乘，单位为 μH。如图 3 - 20 所示电感上标示 470，表示电感量为 $47\times10^0=47$ μH。

文字符号法是将电感器的标称值和允许偏差值用数字和文字符号按一定的规律组合标志在电感体上。比如某电感上标示着 560 μHK，表示标称电感量为 560 μH，K 表示允许偏差为±10%。采用这种标示方法的通常是一些小功率电感器，其单位通常为 nH 或 μH，分别用 N 或 R 代表小数点。例如：4N7 表示电感量为 4.7 nH，4R7 则代表电感量为 4.7 μH；47N 表示电感量为 47 nH，6R8 表示电感量为 6.8 μH。

## 3.3.4　片状电感器

片式电感器主要有 4 种类型，即绕线型、叠层型、编织型和薄膜片式电感器。常用的是绕线式和叠层式两种类型。前者是传统绕线电感器小型化的产物，后者则采用多层印刷技术和叠层生产工艺制作，体积比绕线型片式电感器还要小，是电感元件领域重点开发的产品。

### 1. 绕线型电感

线绕型电感器实际上是把传统的卧式绕线电感器稍加改进而成的。制造时将导线(线圈)缠绕在磁芯上。低电感时用陶瓷作磁芯，大电感时用铁氧体作磁芯，绕组可以垂直也可以水平。一般垂直绕组的尺寸最小，水平绕组的电性能要稍好一些，绕线后需加上端电极。

端电极也称外部端子，它取代了传统的插装式电感器的引线，以便表面组装。它的特点是电感量范围广、电感量精度高、损耗小、容许电流大、制作工艺简单、成本低等，但不足之处是在进一步小型化方面受到限制。陶瓷为芯的绕线型电感器在较高频率下仍能够保持稳定的电感量和相当高的 $Q$ 值，因而在高频回路中占据一席之地。

**2. 叠层型电感器**

叠层型电感器也称多层型片式电感器(简称 MLCI)，它的结构和多层型陶瓷电容器相似，制造时由铁氧体浆料和导电浆料交替印刷叠层后，经高温烧结形成具有闭合磁路的整体，如图 3-21 所示。它具有良好的磁屏蔽性、烧结密度高、机械强度好。不足之处是合格率低、成本高、电感量较小、$Q$ 值低。

图 3-21　叠层型电感器

## 3.3.5　电感参数的检测方法

测量电感的参数比较复杂，一般都是通过电感测量仪或电桥等专用仪器进行。若不具备以上仪器，可通过万用表测量线圈的直流电阻来判断好坏。一般线圈的直流电阻很小，在零点几欧到几欧之间，电源变压器绕组可达几十欧。当测得线圈电阻无穷大时，则说明线圈内部已断路。若测得直流电阻值远小于预估值或等于 0，则说明线圈内部已经短路，不能使用。

**★ 即问即答**

图 3-22 中所示器件为贴片电感，其电感量为(　)。

图 3-22　贴片电感实例

# 3.4　半导体分立器件

半导体器件是导电性介于导体与绝缘体之间，利用半导体材料特殊电特性来完成特定功能的电子器件，可用来产生、控制、接收、变换、放大信号和进行能量转换。半导体器件具有体积小、功能多、质量小、耗电低、成本低等诸多优点，在电子电路中得到广泛应用。按照习惯，通常把半导体分立元件分为半导体二极管、半导体三极管、场效应管和晶闸管 4 类，本章主要介绍前面 3 种。

## 3.4.1　半导体二极管

半导体二极管是一种具有单向导电性的半导体器件。它是一个 PN 结加上相应的电极引线和密封壳构成的，广泛应用于电子产品中，如在整流、检波、稳压等电路中应用。

**1. 二极管的分类**

二极管的种类很多，按照材料可以分为锗二极管、硅二极管、砷化镓二极管；按照结构可以分为点接触型二极管、面接触型二极管和平面型二极管；按照用途可以分为稳压二极管、变容二极管、发光二极管、光敏二极管等；按照组装方式可以分为插装二极管和贴片二极管。

**2. 二极管的符号和形状**

二极管的电路符号如图 3-23 所示。常见实物如图 3-24 所示。

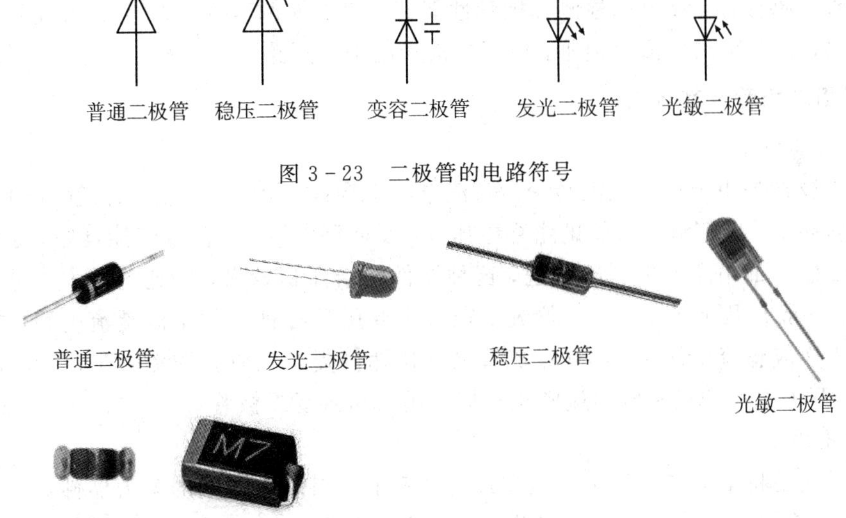


图 3-23　二极管的电路符号

普通二极管　发光二极管　稳压二极管　光敏二极管

M7

贴片三极管

图 3-24　二极管实物举例

**3. 二极管的主要参数**

1) 最大整流电流 $I_F$

最大整流电流 $I_F$ 是指二极管长期正常工作条件下，允许通过的最大正向平均电流。使用时要特别注意最大电流不得超过 $I_F$ 值。大电流整流二极管应用时要加散热片。

2) 最大反向工作电压 $U_{RM}$

最大反向工作电压 $U_{RM}$ 是指二极管正常工作时所能承受的反向电压最大值，通常规定为击穿电压的一半。使用时应选用 $U_{RM}$ 大于实际工作电压 2 倍以上的二极管。

3) 反向电流 $I_{CO}$

反向电流 $I_{CO}$ 是指二极管上加上规定的反向电压时，通过二极管的电流。反向电流越小，二极管单向导电性能越好。

4) 最高工作频率 $f_M$

最高工作频率 $f_M$ 是指保证二极管良好工作特性的最高工作频率。在选用二极管时，其 $f_M$ 至少要大于 2 倍电路实际工作频率。当工作频率超过 $f_M$ 时，二极管的单向导电性能就会变差，甚至失去单向导电特性。

**4. 二极管的极性判别及检测方法**

二极管的极性常用元件一侧的色环来表示，带色环的引出端为负极，不带色环的一侧为正极。图 3 - 24 所示的普通二极管、稳压二极管和贴片二极管的外壳上均有一侧印有色环标记，表示该端为负极。对于发光二极管和光敏二极管，则是长引脚为正极，短引脚为负极。

若色环标记已脱落无法识别或引脚被剪无法判断长短时，可以用数字万用表的二极管档来检测判断。当红笔接二极管正极，黑笔接二极管负极时，将测量显示 PN 结的导通电压，硅二极管的正向导通压降约为 0.5～0.8 V，锗二极管的正向导通压降约为 0.1～0.3 V。功率大一些的二极管正向压降要稍微小一些。交换表笔再次测量，则无数字显示。由此不仅可以判断二极管引脚极性，还可以检测二极管性能好坏。如果两次测量均无显示说明二极管内部已经断路，若两次测量值都很小，说明二极管已击穿短路。

**5. 常用二极管及其特点**

1）整流二极管

整流二极管是用于将交流电转变为直流电的半导体二极管。整流二极管可用半导体锗或硅等材料制造。硅整流二极管的击穿电压高，反向漏电流小，高温性能良好。通常高压大功率整流二极管都用高纯单晶硅制造。这种器件的结面积较大，能通过较大电流，但工作频率不高，一般在几十千赫以下。整流二极管主要用于各种低频半波整流电路，如需达到全波整流需连成整流桥使用。高频整流管又称快速恢复二极管，主要用在频率较高的电路中，例如，开关电源的高频输出端整流管均采用快速恢复二极管。

2）整流桥

整流桥就是将整流二极管按一定方式连接起来并封装在一起的整流器件，分全桥和半桥两种。全桥整流需要使用 4 只二极管，每一只均是桥式整流电桥的一个臂，如图 3 - 25 所示。半桥整流需要使用中心抽头型变压器和两只二极管，将二极管的阴极相连作为输出端，二极管的阳极作为输入端分别连在变压器的两端，来构成全波整流电路。整流桥具有体积小、使用方便等优点，在整流电路中得到广泛应用。

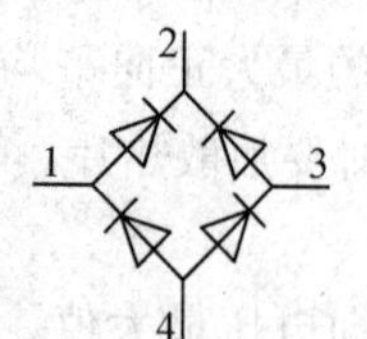

图 3 - 25　全桥内部电路及实物

3）稳压二极管

稳压二极管实质上是一种特殊二极管，因为它具有稳定电压的作用，所以称为稳压二极管。它是利用 PN 结反向击穿后，其端电压在一定范围内基本保持不变的原理工作的。稳压二极管的主要参数有稳压值 $V_Z$、稳定电流 $I_Z$、最大稳定电流 $I_M$ 和最大允许耗散功率 $P_M$。

4）发光二极管

发光二极管简称为 LED，它是半导体二极管的一种，可以把电能转化成光能。它与普通二极管一样，也是由一个 PN 结组成，具有单向导电性。当正向导通时发光，反向截止则不发光。发光二极管的管压降比普通二极管要大。单色发光二极管的材料不同，可产生不同颜色的光，如红光、绿光、黄光、红外光等。

5）光敏二极管

光敏二极管也称光电二极管，其结构与普通二极管基本相同，只是它内部的 PN 结处可以通过管壳上的一个玻璃窗口接收外部的光照，并且可以根据光照强弱来改变电路中的电流。光敏二极管在反向偏置状态下工作，没有光照时，其反向电流很小(一般小于 0.1 μA)，称为暗电流。当有光照时，光子进入 PN 结后，把能量传给共价键上的束缚电子，从而产生电子和空穴对，这些载流子在反向电压下漂移，使反向电流增加。因此可以利用光照强弱来改变电路中的电流，常见的有 2CU、2DU 等系列光敏二极管。

6）贴片二极管

贴片二极管有无引线柱型玻璃封装和片状塑料封装两种。无引线柱型玻璃封装二极管是将管芯封装在细玻璃管内，两端以金属帽为电极，其中红色一端为正极，黑色一端为负极，如图 3－24 所示。贴片二极管的常见外形尺寸有 $\phi$1.5 mm×3.5 mm 和 $\phi$2.7 mm×5.2 mm。塑料封装二极管一般做成矩形片状，其中有白色横线一端为负极，常见的封装有 DO-214、SOD-123、SOD-323 等。

7）贴片发光二极管

贴片发光二极管在我们生活中很常用，常见的贴片发光二极管如图 3－26 所示。贴片 LED 基本上是一块很小的晶片被封装在环氧树脂里面，非常小、轻，且功耗超低。很多贴片型的 LED 上标有相应的标识，一般是绿色，例如类似于英文字母“T”或三角形符号丝印，那么“T”一横的一边是正极，另一边则是负极。三角形底边靠近的是正极，顶角靠近的是负极。也有些贴片 LED 没有字符标识，但是有一个缺口，整个贴片 LED 呈现正方形，4 个直角中有一个角带个小缺角，那么带小缺角的那端就是负极，另一端是正极。

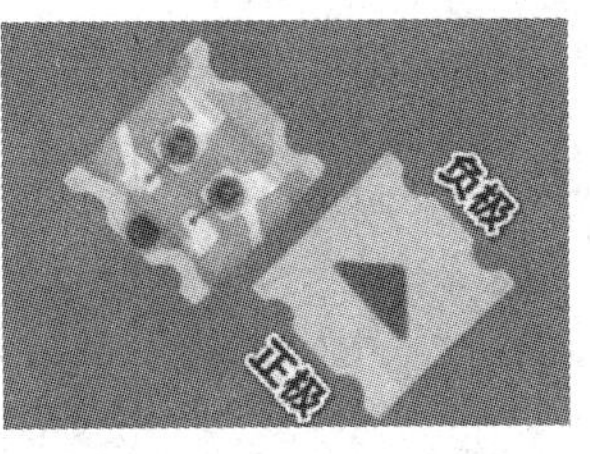

图 3－26　贴片发光二极管

8）双二极管封装

为减少引脚数量，可将两个二极管封装在一起使用，并有共阳或共阴两种接法的公共端，称双二极管。例如，双肖基特二极管 BAT54C，采用 SOT－23 封装，中间是公共阴极、两边是阳极，如图 3－27 所示。而双肖基特二极管 BAT54A，其内部是两个共阳极的肖特基二极管。当通过的电流比较大而超过一个二极管的电流容量时，或者将两路输入信号合并成一路信号输出时，可以使用内部并联的双二极管。

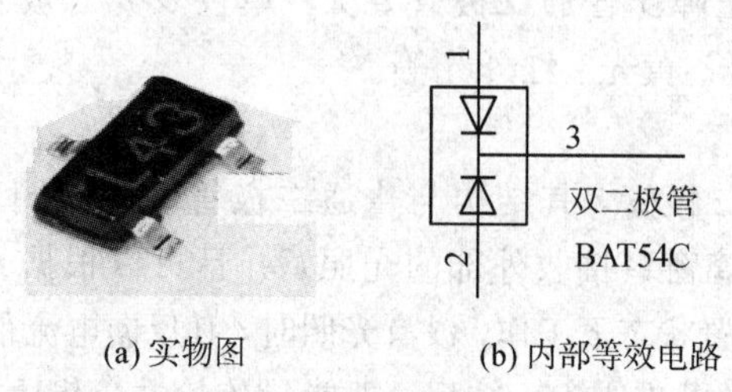


(a) 实物图　　(b) 内部等效电路

图 3－27　双肖基特二极管

**★ 即问即答**

图 3－28 中所示器件为贴片二极管，左侧引脚为(　 )极。

图 3－28　即问即答二极管测试题

## 3.4.2　半导体三极管

半导体三极管又叫双极型三极管，简称三极管，是各种电子设备的核心器件。它在电路中能起放大、振荡、开关等多种作用。

### 1. 三极管的结构和种类

晶体三极管是由半导体材料制成两个 PN 结，它的 3 个电极与管子内部 3 个区——发射区、基区、集电区相连接，有 PNP 型和 NPN 型两种类型，如图 3－29 所示。

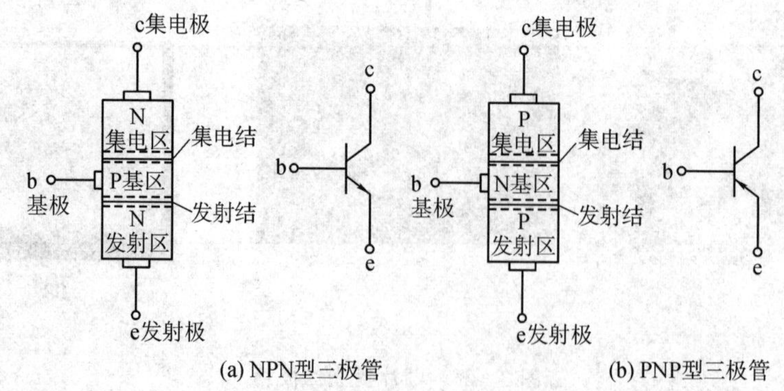


(a) NPN型三极管　　(b) PNP型三极管

图 3－29　三极管结构与电路符号

三极管的种类很多，按照材料不同可以分为硅三极管、锗三极管等；按照极性不同可以分为 NPN 三极管和 PNP 三极管；按用途不同，可以分为普通三极管、带阻三极管、带阻尼三极管、达林顿三极管、光敏三极管等；按照封装材料的不同，可分为金属封装三极管、塑料封装三极管、玻璃壳封装(简称玻封)晶体管、表面封装(SMT)晶体管和陶瓷封装三极管等。常见三极管外形如图 3-30 所示。

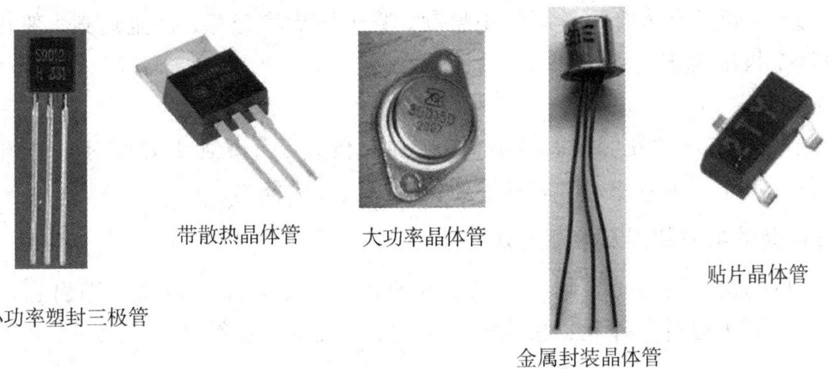


图 3-30　常见三极管外形

**2. 三极管的主要参数**

1) 共发射极电流放大倍数 $\beta$

共发射极电流放大倍数 $\beta$ 是表示晶体三极管放大能力的重要指标。通常在晶体三极管外壳顶部用色点表示 $\beta$ 值的大小，如表 3-10 所示是国产小功率晶体管常见色点与 $\beta$ 值的对应关系。

**表 3-10　用色点表示 $\beta$ 值的大小**

| 色点 | 棕 | 红 | 橙 | 黄 | 绿 | 蓝 | 紫 | 灰 | 白 | 黑 |
|---|---|---|---|---|---|---|---|---|---|---|
| $\beta$ | 0～15 | 15～25 | 25～40 | 40～55 | 55～80 | 80～120 | 120～180 | 180～270 | 270～400 | >400 |

2) 集电极反向电流 $I_{CBO}$

集电极反向电流 $I_{CBO}$ 是指发射极开路时，集电结的反向电流。$I_{CBO}$ 的大小标志着集电结的质量，良好的三极管 $I_{CBO}$ 应该是很小的。室温下，小功率锗管的 $I_{CBO}$ 约为 10 $\mu$A，小功率硅管的 $I_{CBO}$ 则小于 1 $\mu$A。

3) 穿透电流 $I_{CEO}$

穿透电流 $I_{CEO}$ 是指基极开路，集电极与发射极之间加上规定的反向电压时，流过集电极的电流。穿透电流也是衡量管子质量的一个重要指标。室温下，小功率管的 $I_{CEO}$ 为几十微安，锗管为几百微安。$I_{CEO}$ 大的晶体管，热稳定性能较差。

4) 集电极最大允许电流 $I_{CM}$

集电极最大允许电流 $I_{CM}$ 是指 $\beta$ 下降到额定值的 2/3 时所允许的最大集电极电流。使用三极管时，集电极电流不能超过 $I_{CM}$，否则会引起三极管性能变差甚至损坏。

5）集电极—发射极间的击穿电压 $U_{(BR)CEO}$

$U_{(BR)CEO}$是指基极开路时，允许加在集电极与发射极间之间的最大工作电压。如果集电极电压超过 $U_{(BR)CEO}$，会使三极管击穿。

6）集电极最大耗散功率 $P_{CM}$

集电极最大耗散功率 $P_{CM}$是指三极管正常工作时最大允许消耗的功率。这个参数决定了管子的温升。超过晶体管的最高使用温度，管子性能将变坏，甚至烧毁。使用三极管时，不能超过这个极限值 $P_{CM}$。

7）特征频率 $f_T$

特征频率 $f_T$表示共发射极电路中，电流放大倍数 $\beta$ 下降到 1 时所对应的频率。当三极管的工作频率大于特征频率时，三极管便失去电流放大能力。

**3. 三极管的电极判别及检测方法**

三极管的引脚排列多种多样，要想正确使用三极管，首先必须识别出它的三个电极。对于有些晶体管可通过其外观直接判断出它的三个电极，如图 3-31 所示。

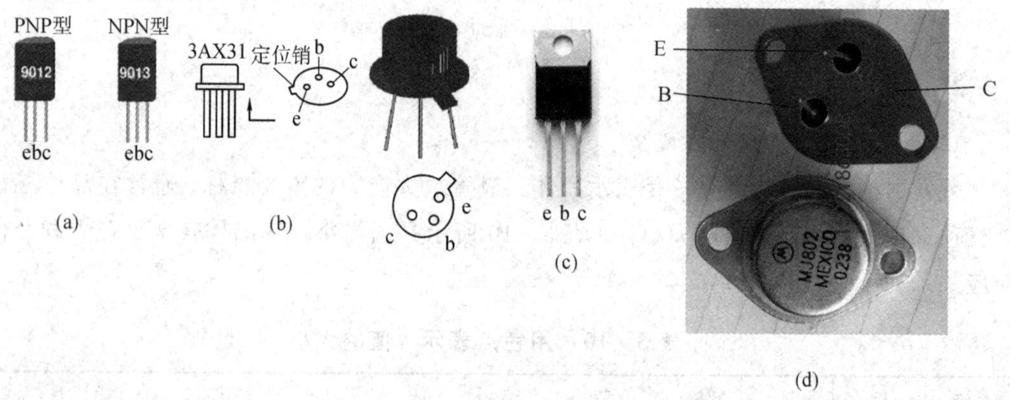


图 3-31　三极管引脚识别

实际应用中，许多晶体管只能通过万用表或相应的仪器才能找出它的三个电极。根据三极管的内部等效电路可以判断三极管的管型。PNP 管的基极是两个二极管阴极的共用点，NPN 管的基极是两个二极管阳极的共用点。可以用数字万用表的二极管档去测基极，对于 PNP 管，当黑表笔(连表内电池负极)在基极上，红表笔去测另两个极时，一般为相差不大的较小读数(一般锗管 0.5～0.8 V)，如表笔反过来接则无数字显示。对于 NPN 管来说，则是红表笔(连表内电池正极)连在基极上。由此，可以判断晶体管的管型及基极引脚。找到基极并知道是什么管型后，就可以判断发射极和集电极了。

很多数字万用表(图 3-32)有专门测量晶体管 hFE 值的功能，hFE 即三极管直流放大倍数，约等于 $\beta$。将万用表打到 hFE 档，将三极管三个电极插到对应管型的三个小孔中，可测得 hFE 值。管型错误或引脚判断错误测得的值均小于实际 hFE 值，因此可根据最大测量值情况判断晶体管的管型及引脚。

图 3－32　带测量 hFE 功能的万用表实物图及局部放大图

**4. 贴片三极管**

贴片晶体三极管一般采用 SOT 封装。SOT 的英文全名是 Small Outline Transistor(小外形晶体管)，它是一种表面贴装的封装形式，其引脚从封装两侧引出呈海鸥翼状(L 字形)，材料有塑料和陶瓷两种。最常见的贴片三极管封装是 SOT－23，如图 3－33 所示。

在贴片晶体管上往往标有字符，如图 3－30 的贴片晶体管上标示着 2TY，它代表着晶体管型号是 S8550(PNP 管)。常用三极管的标注方法见表 3－11。

SOT-23

1. 基极
2. 发射极
3. 集电极

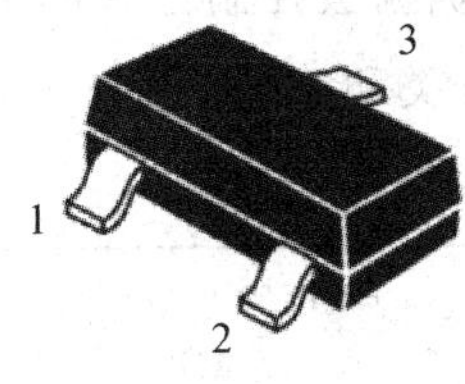


图 3－33　晶体管 SOT－23 封装

**表 3－11　常用贴片三极管的标注**

| 型号 | 标注 | 型号 | 标注 | 型号 | 标注 |
|---|---|---|---|---|---|
| 9011 | 1T | 9012 | 2T | 9013 | J3 |
| 9014 | J6 | 9015 | M6 | 9016 | Y6 |
| 9018 | J8 | S8050 | J3Y | S8550 | 2TY |
| 8050 | Y1 | 8550 | Y2 | | |

较高功率的贴片三极管往往用 SOT-89 封装，与 SOT-23 相比，它具有体积较大且带有散热片等特点，如图 3－34 所示。它的 E、B、C 3 个电极是从管子的一侧引出，管子底面有金属散热片与集电极相连，晶体管芯片粘结在较大的铜片上，以利于散热。大多数的贴片三极管 SOT-89 封装引脚都按“左基右射中间集”的规律排列，但也有例外的，比如 1、2、3 引脚依次是发射极、基极、集电极的，要确切知道引脚名称必须查器件的数据手册。如果不知道器件型号，那就只能用万用表测了。

SOT-89

1. 基极
2. 集电极
3. 发射极

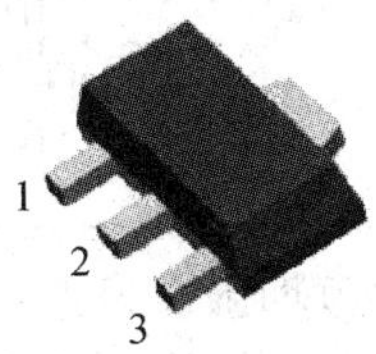


图 3－34　SOT-89 封装的三极管

**★同步训练**

图 3 - 35 所示器件为贴片三极管，请指出该三极管的型号，并确定各引脚的电极。

图 3 - 35　J3Y 型三极管

### 3.4.3　场效应管

场效应管与三极管不同，它是一种电压控制器件，且只有一种载流子(多数载流子)参与导电，因而场效应管又称为单极性晶体管。它具有输入阻抗高($10^6$～$10^{15}$ Ω)、热稳定性好、噪声低、成本低和易于集成等特点，因此被广泛用于数字电路、通信设备及大规模集成电路中。

**1. 场效应管的种类与符号**

场效应管按照其栅极与另两个电极之间是否有绝缘材料隔开，可分为结型场效应管(J-FET)和绝缘栅场效应管(又称金属氧化物半导体场效应管 MOSFET，简称 MOS 管)。与三极管相比，结型场效应管的输入电阻一般较大，通常在几十千欧到几百千欧之间，有些可达几兆欧。而绝缘栅型场效应管由于使用了绝缘材料，它的输入电阻就更大，一般在数十兆欧以上，并且具有噪声小、热稳定性好、功耗低、抗辐射能力强等优点，在放大电路、开关电路、电流源、压控电阻等电路中得到了广泛应用。根据其结构的不同，J-FET 与 MOS 管中又可分为 N 沟道和 P 沟道两种。MOS 管根据栅极控制方式的不同，又分为增强型与耗尽型两种，所以场效应管共分为 6 种类型，其分类和符号见表 3 - 12。

**表 3 - 12　场效应管的种类和符号**

| | |
|---|---|
| 结型场效应管 | N沟结构：漏极 D，G 栅极，S 源极；P沟结构：漏极 D，G 栅极，S 源极 |
| MOS 场效应管 | N沟耗尽型：D，G，S，衬底；P沟耗尽型：D，G，S，衬底 |
| | N沟增强型：D，G，S，衬底；P沟增强型：D，G，S，衬底 |

规定流进漏极(D 极)的电流方向为正方向，则 P 沟道场效应管的漏极电流为负值，即实际漏极电流是从漏极流出的。各类场效应管的输出特性和移转特性曲线见表 3 - 13。

**表 3－13 各类场效应管的特性曲线**

| 特性曲性 | N 沟道 | | P 沟道 | |
|---|---|---|---|---|
| | 输出特性曲线 | 转移特性曲线 | 输出特性曲线 | 转移特性曲线 |
| 结型 | 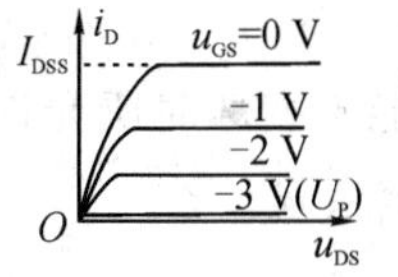 $i_D$ $I_{DSS}$ $u_{GS}$=0 V −1 V −2 V −3 V($U_P$) O $u_{DS}$ | 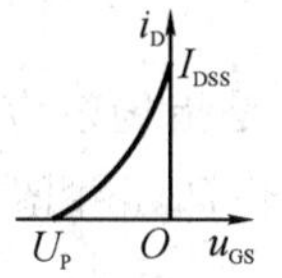 $i_D$ $I_{DSS}$ $U_P$ O $u_{GS}$ | 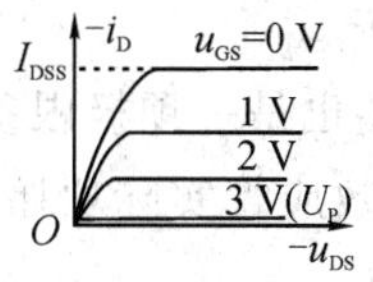 $-i_D$ $I_{DSS}$ $u_{GS}$=0 V 1 V 2 V 3 V($U_P$) O $-u_{DS}$ | 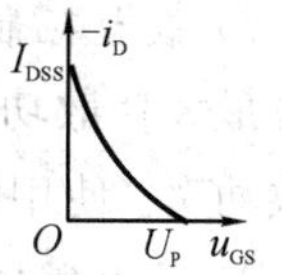 $-i_D$ $I_{DSS}$ O $U_P$ $u_{GS}$ |
| 增强型 | 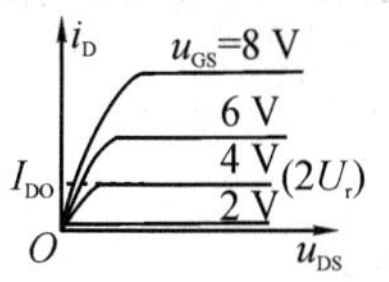 $i_D$ $u_{GS}$=8 V 6 V 4 V(2$U_r$) 2 V $I_{DO}$ O $u_{DS}$ | 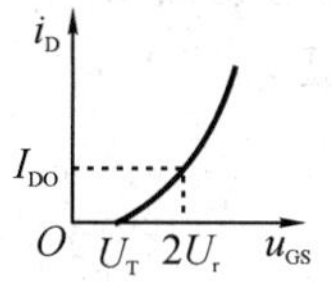 $i_D$ $I_{DO}$ O $U_T$ 2$U_r$ $u_{GS}$ | 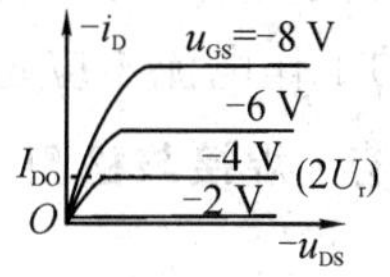 $-i_D$ $u_{GS}$=−8 V −6 V −4 V (2$U_r$) −2 V $I_{DO}$ O $-u_{DS}$ | 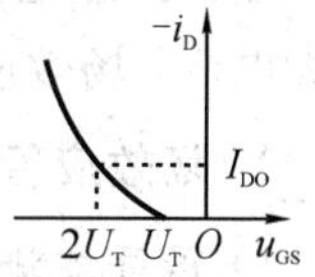 $-i_D$ $I_{DO}$ 2$U_T$ $U_T$ O $u_{GS}$ |
| 耗尽型 | 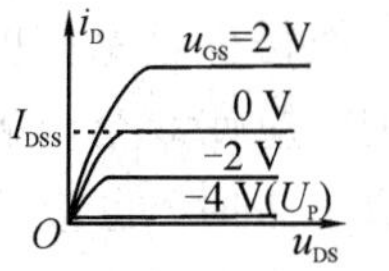 $i_D$ $u_{GS}$=2 V 0 V −2 V −4 V($U_P$) $I_{DSS}$ O $u_{DS}$ | 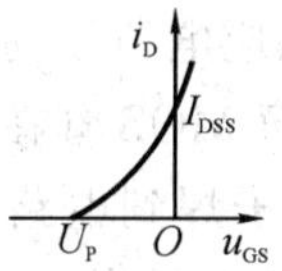 $i_D$ $I_{DSS}$ $U_P$ O $u_{GS}$ | 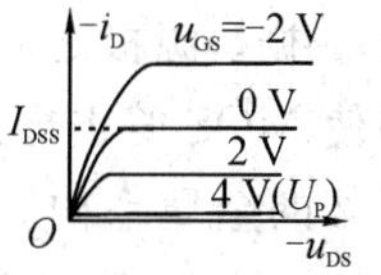 $-i_D$ $u_{GS}$=−2 V 0 V 2 V 4 V($U_P$) $I_{DSS}$ O $-u_{DS}$ | 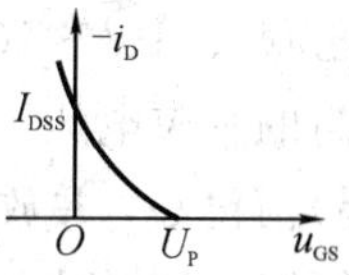 $-i_D$ $I_{DSS}$ O $U_P$ $u_{GS}$ |

以 N 沟道增强型 MOS 管为例，从表 3－13 的特性曲线中可看出，当 $u_{GS}<U_T$时，$i_D=0$，此时 MOS 管工作在截止区，相当于断开的开关；当 $u_{GS}>U_T$而 $u_{DS}>0$ 时，MOS 管工作进入可变电阻区，此时漏极电流 $i_D$将随着 $u_{DS}$上升迅速增大，然后进入恒流区；如果 $u_{DS}$继续增加到过大时，会使场效效管进入击穿区而损坏。由于使场效应管进入恒流区的 $u_{DS}$数值很小，所以场效应管经常被用作电子开关。

**2．场效应管的主要参数**

场效应管的参数很多，包括直流参数、交流参数和极限参数，但一般使用时主要关注以下几个主要参数：

1）饱和漏源电流 $I_{DSS}$

饱和漏源电流 $I_{DSS}$是指结型或耗尽型绝缘栅场效应管中，栅极电压 $u_{GS}=0$ 时的漏源电流。

2）夹断电压 $U_P$

夹断电压 $U_P$是指结型或耗尽型绝缘栅场效应管中，使漏源间刚截止时的栅极电压。

3）开启电压 $U_T$

开启电压 $U_T$是指增强型绝缘栅场效管中，使漏源间刚导通时的栅极电压。

4）跨导 $g_M$

跨导 $g_M$是表示栅源电压 $u_{GS}$对漏极电流 $I_D$的控制能力，即漏极电流 $I_D$的变化量与栅源电压 $u_{GS}$的变化量的比值。$g_M$是衡量场效应晶体管放大能力的重要参数。

5）漏源击穿电压 $U_{(BR)DS}$

漏源击穿电压 $U_{(BR)DS}$是指栅源电压 $u_{GS}$一定时，场效应管正常工作所能承受的最大漏源电压。这是一项极限参数，加在场效应管上的漏源电压必须小于$U_{(BR)DS}$。

6）栅源击穿电压$U_{(BR)GS}$

栅源击穿电压$U_{(BR)GS}$是指栅源极间所能承受的最大电压。当栅源电压超过此值时，栅源间发生击穿。

7）最大耗散功率$P_{DSM}$

最大耗散功率$P_{DSM}$也是一项极限参数，是指场效应管性能不变坏时所允许的最大漏源耗散功率。使用时，场效应管实际功耗应小于$P_{DSM}$并留有一定余量。

9）最大漏源电流$I_{DSM}$

最大漏源电流$I_{DSM}$是一项极限参数，是指场效应管正常工作时，漏源间所允许通过的最大电流。场效应管的工作电流不应超过$I_{DSM}$。

**3. 场效应管的保存、焊接与检测**

1）保存方法

对于结型场效应管，可以在开路状态下保存。对于绝缘栅场效应管来说，由于其输入电阻很大（$10^9$～$10^{16}$ Ω），栅、源极之间的感应电荷不易泄放，使得少量感应电荷就会产生很高的感应电压，极易使MOS管击穿，因而MOS管在保存时，应使3个电极短路或用铝（锡）箔包好，并放在屏蔽的金属盒内。把管子焊到电路上或取下来时，也应该先将各个电极短路。取用时，不要拿它的引脚，而要拿它的外壳。

2）焊接方法

安装测试时所用的烙铁仪器等要有良好的接地，最好拔掉电烙铁的电源再进行焊接。现在很多厂家生产的MOS场效应管会在漏源与栅源之间加上保护二极管，如图3-36所示，这给MOS管的焊接使用带来方便。

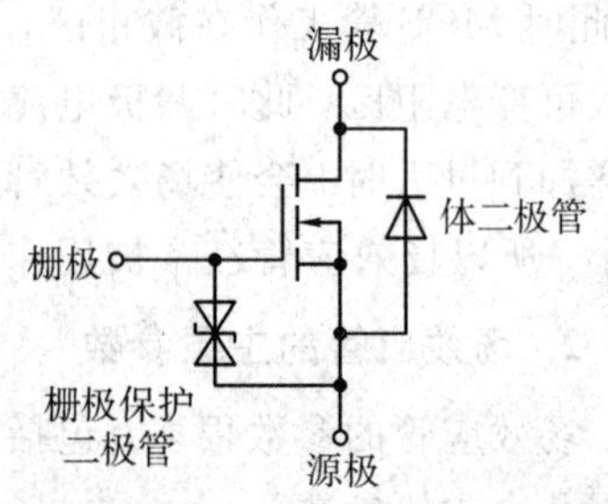


图3-36　带保护二极管的MOS管

3）检测方法

对于结型场效应管（J-FET），可用指针式万用表的欧姆挡（R×1k挡）进行检测。J-FET管的电阻值通常在$10^6$～$10^9$ Ω之间，所测电阻太大，说明J-FET管已断路；所测电阻太小，说明J-FET管已击穿。对于绝缘栅场效应管（MOS管）的检测，在测量之前，先把人体对地短路后，才能摸触MOSFET的管脚。最好在手腕上接一条导线与大地连通，使人体与大地保持等电位，再把管脚分开，然后拆掉导线。将指针式万用表拨于R×100挡，首先确定栅极。若某脚与其他脚的电阻都是无穷大，证明此脚就是栅极G。交换表笔重测量，S-D之间的电阻值应为几百欧至几千欧，其中测得阻值较小的那一次，黑表笔接的为D极，红表笔接的是S极。

**4. 场效应管的使用方法**

(1) 选用场效应管时，不能超过其极限参数。

(2) 使用时通常是在栅源之间接一个电阻（100 kΩ以内），使累积电荷不致过多，或者接一个稳压管，使电压不致超过某一数值。

(3) 对于结型场效应管，由于其内部结构对称，其源极和漏极可以互换使用。当耗尽型

MOS 管有 3 个引脚时，表明内部衬底已经与源极连在一起，漏极和源极不能互换使用；当有 4 个引脚时，且衬底与源极不相连，此时源极和漏极可以互换使用。对于增强型 MOS 管，其内部的源极和漏极在工艺上不对称，所以不能互换使用。

(4) MOS 管的输入电阻高，容易造成因感应电荷泄放不掉而使栅极击穿永久失效。因此在存放 MOS 管时，要将 3 个电极引线短接。焊接时，电烙铁的外壳要良好接地，并按漏极、源极、栅极的顺序进行焊接，而拆卸时则按相反顺序进行。测试时，测量仪器和电路本身都要良好接地，要先接好电路，再去除电极之间的短接。测试结束后，要先短接电极再撤除仪器。

(5) 当没有关闭电源时，绝对不能把场效应管直接插入到电路板中或从电路板中拔出来。

(6) 对于相同沟道的结型场效应管和耗尽型 MOS 管，在相同电路中可以通用互换。

**5. 贴片场效应管**

贴片场效应管因其价格低、体积小、驱动电流大，现已广泛应用于各种开关电源和逆变器等电路中。下面以电脑主板等产品中常见的 AOD452、AOD472、APM2014N、AO3400 和 AO3401 为例介绍贴片场效应管。

AOD452 是 N 沟道增强型 MOS 管，采用 T-252(D-PAK)封装，如图 3－37 所示。AO 表示该器件为美国 AOS 公司产品，D452 是产品型号，其主要参数为：

(1) 导通电阻 $R_{DS(ON)} < 8.5\ m\Omega(U_{GS}=10\ V)$，$R_{DS(ON)} < 14\ m\Omega(U_{GS}=4.5\ V)$；

(2) 最大漏源电压 $U_{DS}=25\ V$；

(3) 最大栅源电压 $U_{GS}=\pm 20\ V$；

(4) 最大漏极电流 $I_{DS}=55\ A$；

(5) 最大耗散功率 $P_{DSM}=3\ W$。

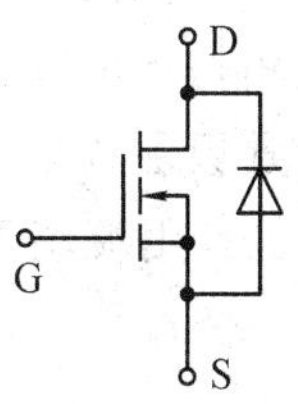


图 3－37　AOD452 型场效应管

AOD472 是 N 沟道增强型 MOS 管，采用 T-252(D-PAK)封装，外形和 D452 相似，其主要特征参数为：最大漏源电压 $U_{DS}=25V$，最大栅源电压 $U_{GS}=\pm 20V$，最大漏极电流 $I_D=55A$，导通电阻 $R_{DS(ON)} < 6\ m\Omega$，最大耗散功率 $P_{DSM}=2.5\ W$。由此可见，两个器件的性能特点基本相同，主要的区别是 AOD472 的 $R_{DS(ON)}$ 比 AOD472 更小。

APM2014N 是由台湾茂达公司(APM)生产的 N 通道 MOSFET，它和 AOD472、AOD452 相同，采用 TO-252 封装，引脚分布图相同，芯片内部同样集成了一个续流二极管。其主要特征参数为：最大漏源电压 $U_{DS}=20\ V$，最大栅源电压 $U_{GS}=\pm 16\ V$，最大漏极电流 $I_D=40\ A$，导通电阻 $R_{DS(ON)} < 12\ m\Omega$，最大耗散功率 $P_{DSM}=2.5\ W$。

AO3400 和 AO3401 都是美国 AOS 公司的产品，器件引脚图和元件符号如图 3 - 38 所示。其中，AO3400 是 N 沟道增强 MOSFET，其主要特征参数为：最大漏源电压 $U_{DS}=30$ V，最大栅源电压 $U_{GS}=\pm12$ V，最大漏极电流 $I_D=5.7$ A，导通电阻 $R_{DS(ON)}<26.5$ mΩ，最大耗散功率 $P_D=1.4$ W。AO3401 是 P 沟道增强型 MOSFET，其主要特征参数为：最大漏源电压 $U_{DS}=-30$ V，最大栅源电压 $U_{GS}=\pm12$ V，最大漏极电流 $I_D=-4.2$ A，导通电阻 $R_{DS(ON)}<50$ mΩ，最大耗散功率 $P_{DSM}=1.4$ W。

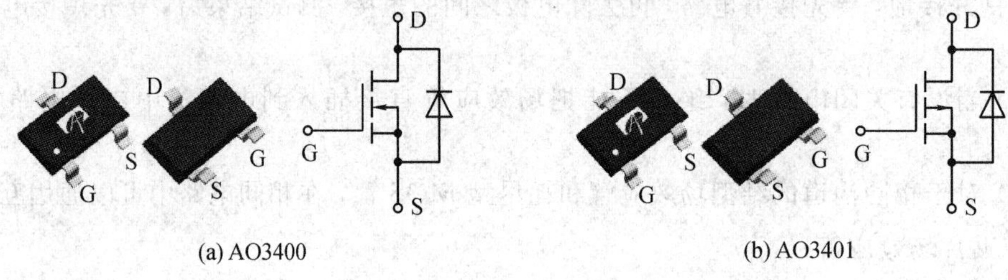


图 3 - 38　AO3400 和 AO3401 引脚图、元件符号图

# 3.5　石英晶体振荡器

石英晶体振荡器又称石英谐振器，简称晶振，是利用具有压电效应的石英晶体片制成的。石英谐振器具有体积小、重量轻、可靠性高、频率稳定度高等优点，被广泛应用于通信系统、钟表、数字电路中的时钟信号发生器、标准频率发生器等精密设备中。

## 3.5.1　石英晶体振荡器的符号和等效电路

石英晶体是一种各向异性的结晶体，它是硅石的一种，其化学成分是二氧化硅。从一块晶体上按一定的方位角切下的薄片称为晶片(可以是正方形、矩形或圆形等)，然后在晶片的两个对应表面上涂敷银层并装上一对金属板，就构成石英晶体产品，如图 3 - 39 所示。一般用金属外壳密封，也有用玻璃壳封装的。

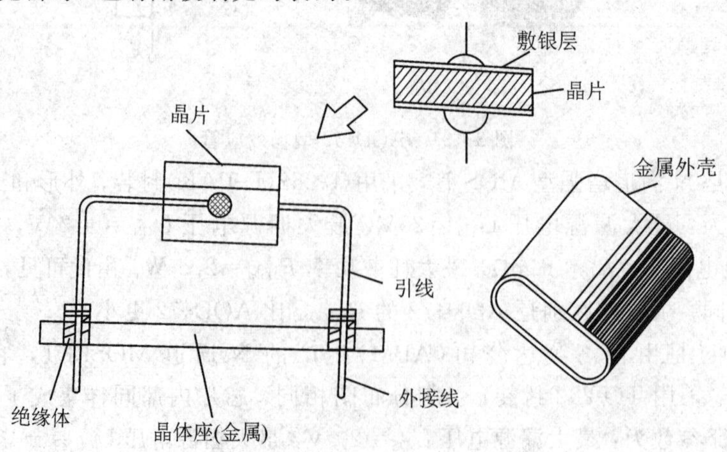


图 3 - 39　石英晶体的一般结构

石英晶体的特点在于它的品质因数 $Q$ 的范围高达 10 000～500 000，其等效电路如图 3－40所示。等效电路中元件的典型参数为：静态电容 $C_0$，一般为几皮法～几十皮法；动态电感 $L$ 一般为几十毫亨～几百毫亨；动态电容 $C$ 一般为 0.0002 pF～0.1 pF；损耗电阻 $R$ 一般较小。由等效电路可知，石英晶体有两个谐振频率，即串联谐振频率 $f_s$ 与并联谐振频率 $f_p$，并且这两个值很接近。

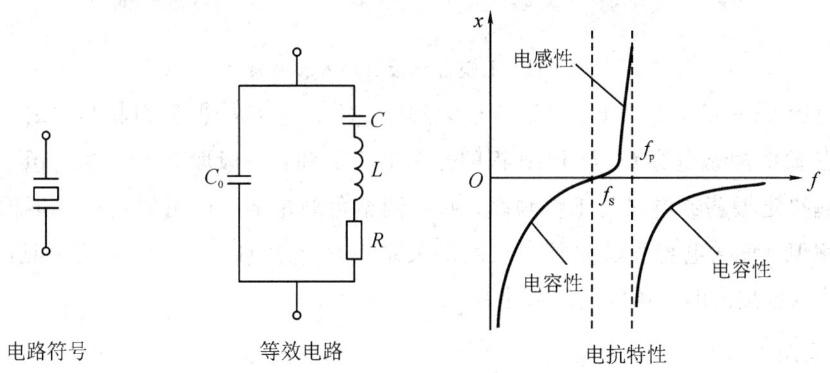


图 3－40　石英晶体的符号、等效电路和电抗特性

（1）当 $R$、$L$、$C$ 支路发生串联谐振时，其串联谐振频率为

$$f_s = \frac{1}{2\pi\sqrt{LC}}$$

（2）当频率高于 $f_s$ 时，$R$、$L$、$C$ 支路呈现感性，当与 $C_0$ 发生并联谐振时，其联谐振频率为

$$f_p = \frac{1}{2\pi\sqrt{L\dfrac{C_0 C}{C_0 + C}}} = f_s\sqrt{1+\frac{C}{C_0}}$$

由于 $C_0 \gg C$，因此，串联谐振频率 $f_s$ 与并联谐振频率 $f_p$ 非常接近。

## 3.5.2　石英晶体振荡器的主要参数

### 1. 标称频率

通常石英晶体产品外壳上所标注的标称频率，既不是串联谐振频率 $f_s$，也不是并联谐振频率 $f_p$，而是外接一个小电容时校正(用于补偿生产过程中晶片的频率误差)振荡频率，其数值介于串联谐振频率和并联谐振频率之间。例如，标称频率分别为 32.768 kHz，2.000 MHz、11.0592 MHz 的晶振，如图 3－41 所示。

### 2. 负载电容

负载电容 $C_L$是指用于补偿生产过程中晶片的频率误差，以达到标称频率要求的外界总电容。电路设计时，要选择负载电容等于或接近晶振数据手册给出的数值，才能使晶振按标称频率工作。常见的负载电容值有 12 pF、16 pF、20 pF、30 pF 等。

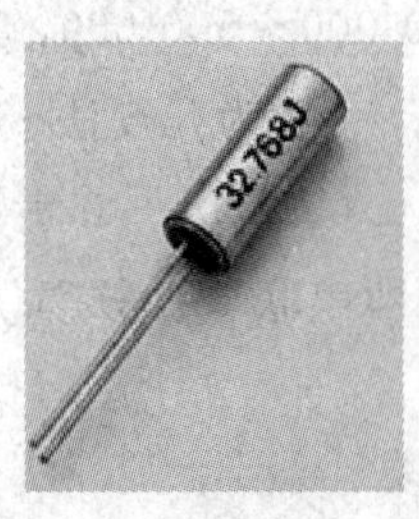

图 3-41　石英晶体及其标称频率标注

负载电容 $C_L = C_1 \cdot C_2/(C_1+C_2)+C_3$，其中，$C_1$、$C_2$ 是晶振各引脚与地之间的连接电容；$C_3$ 是晶振的静态电容 $C_0$ 与 PCB 板的分布电容之和，一般取 3.5～13.5 pF。负载电容与晶体一起决定振荡器电路的工作频率，通过调整负载电容，就可以将振荡器的工作频率微调到标称值。负载电容和谐振频率之间的关系不是线性的，负载电容变小时，频率偏差变大；负载电容提高时，频率偏差减小。

**3. 频率偏差**

频率偏差是指工作频率相对于标称频率的变化量，用 ppm(百万分之一)来表示，此值越小表示精度越高。比如，12 MHz 晶振的频率偏差为±20 ppm，表示它的频率偏差为 12×20 Hz=±240 Hz，即工作频率范围是 11 999 760～12 000 240 Hz。

**4. 温度频差**

温度频差表示在特定温度范围内，工作频率相对于基准温度时的工作频率的允许偏离，它的单位也是 ppm。

### 3.5.3　石英晶体振荡器的检测

对于晶振频率的检测，通常是用示波器或频率计来测量的，前提是先给晶振电路供电，再调节好仪器，然后用仪器一端鳄鱼夹接“地”，再用探头接晶振一端，如果能看到振荡波形或有频率读数，说明晶振工作正常。在断电时，如果用万用表测量晶振两脚之间的阻值在 450～700 Ω 之间，可以初步判断晶振是良好的。当电路板通电后，如果晶振的两脚各有 1 V 左右的电压，且两脚之间电压差在 0.1～0.2 V 左右，一般认为晶振良好且已在电路中起振。

## 3.6　集成电路

集成电路(IC)是利用半导体工艺和薄膜工艺将一些晶体管、电阻、电容、电感以及连线等制作在同一个硅片上，成为具有特定功能的电路，并封装在特定的管壳中。集成电路具有体积小、重量轻、引出线和焊接点少、成本低、便于大规模生产、寿命长、可靠性高、性能好等优点，不仅在工业、民用电子设备方面得到广泛应用，而且在军事、通讯、遥控等方面也得到了广泛应用。

### 3.6.1　集成电路的分类

集成电路分类方法有很多种。按照结构和工艺方法分类，可以分为半导体集成电路、薄膜集成电路、厚膜集成电路和混合集成电路。按照基本单元核心器件分类，可以分为双极型集成电路、MOS 型集成电路和双极－MOS 型(BLMOS)集成电路。按照芯片集成度分类，可以分为小规模、中规模、大规模、超大规模集成电路。按照应用环境条件分类，可以分为军用级、工业级和商业(民用)级集成电路。按照电气功能分类，可以分为数字集成电路和模拟集成电路两大类。其中，模拟集成电路种类繁多，有运算放大器、宽频带放大器、功率放大器、模拟乘法器、模拟锁相环、模数和数模转换器等等。下面介绍两种常用的模拟集成电路——集成运算放大器和集成稳压器。

### 3.6.2　集成运算放大器

集成运算放大器简称集成运放，是由多级直接耦合放大电路组成的高增益模拟集成电路。采用集成运算放大器接入适当的负反馈就可以构成各种线性应用电路，它们广泛应用于各种信号的运算、放大、处理、测量等电路中。集成运放的非线性应用主要在单门限电压比较器、滞回电压比较器等电路中得到应用。下面将介绍常见的集成运算放大器 LM358、LM324 和比较器 LM339，其中 LM 代表该芯片由美国国家半导体公司生产。

**1. 双运算放大器 LM358**

LM358 由两个独立的高增益运算放大器组成。可以是单电源(＋3～＋32 V)工作，也可以双电源(±1.5～±16 V)工作，电源的电流消耗与电源电压大小无关。应用范围包括变频放大器、DC 增益部件和所有常规放大电路。采用 SOP－8 或 DIP－8 封装，如图 3－42 所示。

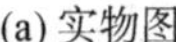
(a) 实物图

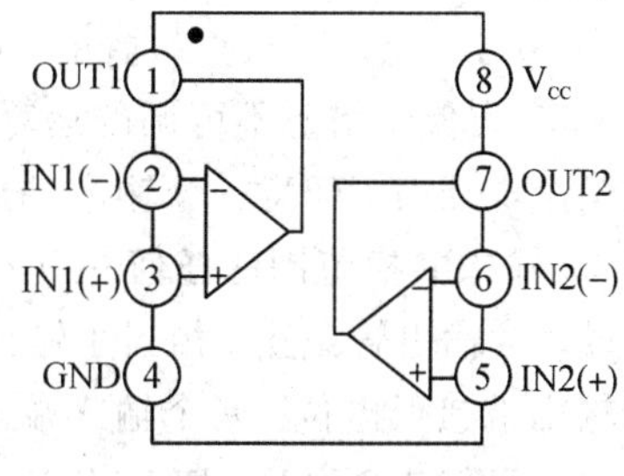


(b) 引脚图

图 3－42　LM358 实物图及引脚图

### 2. 四运算放大器 LM324DG

LM324DG 芯片是低功耗四运算放大器，工作频率为 1 MHz，电源电压范围为＋3～＋32 V（额定电源电压为＋5 V），采用 SOP14 封装，输入偏移电压最大为 9 mV。具有短路保护输出、真正的差分输入级、内部补偿、共模范围扩展到负电源等特点。LM324DG 的实物图和引脚图如图 3－43 所示。

(a) 实物图　　(b) 引脚图

图 3－43　LM324DG 实物图及引脚图

### 3. 四路差动比较器 LM339

LM339 是四路差动比较器，其内部装有四个独立的电压比较器。该电压比较器的特点是：失调电压小，典型值为 2 mV；电源电压范围宽，单电源为 2～36 V，双电源电压为±1 V～±18 V；差动输入电压范围较大，大到可以等于电源电压；输出端电位可灵活方便地选用。LM339 的实物图和引脚图如图 3－44 所示。

(a) 实物图　　(b) 引脚图

图 3－44　LM339 实物图及引脚图

LM339 类似于增益不可调的运算放大器。每个比较器有两个输入端和一个输出端。用作比较两个电压时，任意一个输入端加一个固定电压做参考电压(也称为门限电平，它可选择 LM339 输入共模范围的任何一点)，另一端加一个待比较的信号电压。当“＋”端电压高于“－”端时，输出管截止，相当于输出端开路。当“－”端电压高于“＋”端时，输出管饱和，相当于输出端接低电位。两个输入端电压差大于 10 mV 就能确保输出能从一种状态可靠地转换到另一种状态，因此，把 LM339 用在弱信号检测等场合是比较理想的。LM339 的输出端相当于一只不接集电极电阻的晶体三极管，在使用时输出端到正电源一般须接一只电阻(称为上拉电阻，选 3～15 kΩ)。选不同阻值的上拉电阻会影响输出端高电位的值。因为当输出晶体三极管截止时，它的集电极电压基本上取决于上拉电阻与负载的值。另外，各比较器的输出端允许连接在一起使用。

## 3.6.3 集成稳压器

集成稳压器是将不稳定的直流电压转换成稳定直流电压的集成电路。用分立元件组成的串联调整式稳压电源，具有组装麻烦、可靠性差、体积较大等缺点，使其应用范围受到限制。将稳压用的功率调整三极管、取样电阻以及基准电压、误差放大、启动和保护(过热、过流保护)等电路全部集成在单个芯片上制成的三端集成稳压器，具有体积小、性能稳定可靠、使用方便、价格低廉等优点，所以得到广泛应用。下面将介绍常见的集成稳压器 TL431、ASM1117、L1085DG 的使用方法。

**1. 电压基准源 TL431**

TL431 是可控精密稳压源。其最大输入电压为 37 V，可编程输出电压为 2.495～36 V，电压参考误差为±0.4% (25℃典型值)，低动态输出阻抗为 0.22 Ω(典型值)，阴极电流能力为 0.1～100 mA，内部基准电压为 2.495 V(25℃)，全温度范围内温度特性平坦，典型值为 50 ppm/℃，ESD 电压为 2000 V。因其性能好、价格低，因此在数字电压表、运放电路、可调压电源、开关电源等器件中得到广泛应用。其封装形式主要有 SOT23 和 TO-92，如图 3-45所示。

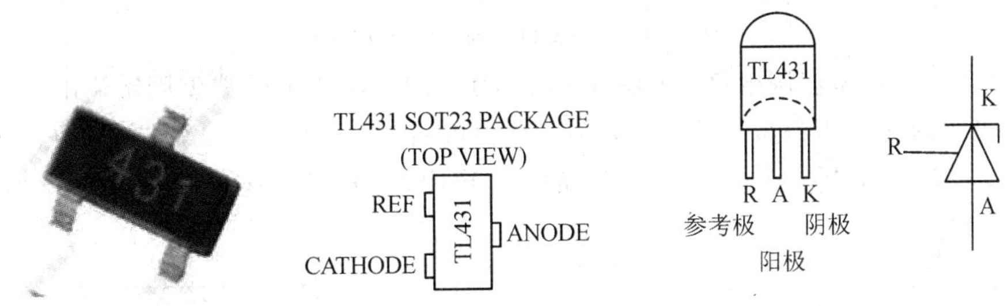


图 3-45　TL431 实物、引脚图及元件符号

TL431 可等效为一只稳压二极管，其基本连接方法如图 3-46 所示。在图 3-46(a)中，TL431 作为 2.5V 基准源使用，在图 3-46(b)中，TL431 作为可调基准源使用，电阻 $R_2$ 和 $R_3$ 与输出电压的关系为 $U_o=2.5\ (1+R_2/R_3)$ V，通过改变 $R_2$ 和 $R_3$ 的参数就可以任意的设置输出电压从 $V_{REF}$(2.5 V)到 36 V 范围内的任何值。

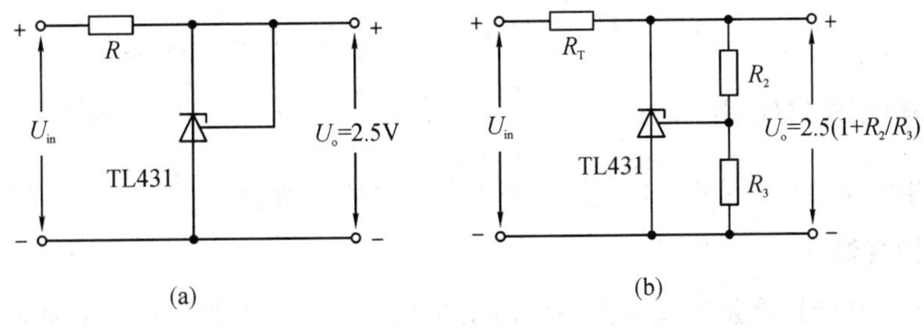


图 3-46　TL431 的基本应用电路

**2. 低压差稳压器 ASM1117**

AMS1117 系列低压差稳压器有可调版(ADJ)与多种固定电压版(1.2，1.5，1.8，2.5，2.85，3.0，3.3，5.0)，用于提供 1 A 输出电流且工作压差可低至 1 V。在最大输出电流时，AMS1117 器件的最小压差保证不超过 1.3 V，并随负载电流的减小而逐渐降低。

AMS1117 器件引脚上兼容其他三端 SCSI 稳压器，提供适用贴片安装的 SOT-223、SOT-89-3、8 引脚 SOIC 和 TO-252(DPAK)塑料封装。固定输出电压为 1.5 V、1.8 V、2.5 V、2.85 V、3.0 V、3.3 V、5.0 V 时的电压精度为 1%，固定输出电压为 1.2 V 时的电压精度为 2%。内部集成过热保护和限流电路，适用于各类电子产品。其实物图及引脚图如图 3-47所示。

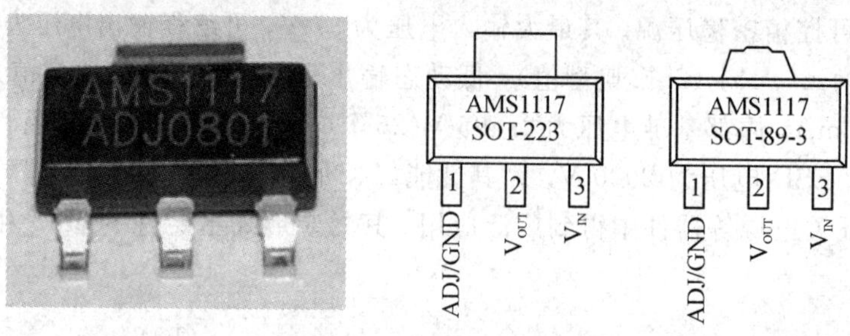


图 3-47　ASM1117 实物图及引脚图

ASM1117 的典型应用电路，如图 3-48 所示。图 3-48(a)是典型固定输出电压源，由具体芯片型号决定输出电压；图 3-48(b)是典型可调输出电压源，可调脚电流 $I_{ADJ}$ 为 60 μA(典型值)，基准电压 $V_{REF}$ 为 1.250 V(典型值)，电阻 $R_1$ 和 $R_2$ 与输出电压的关系为 $V_{OUT} \approx V_{REF} \times (1 + R_2/R_1)$。

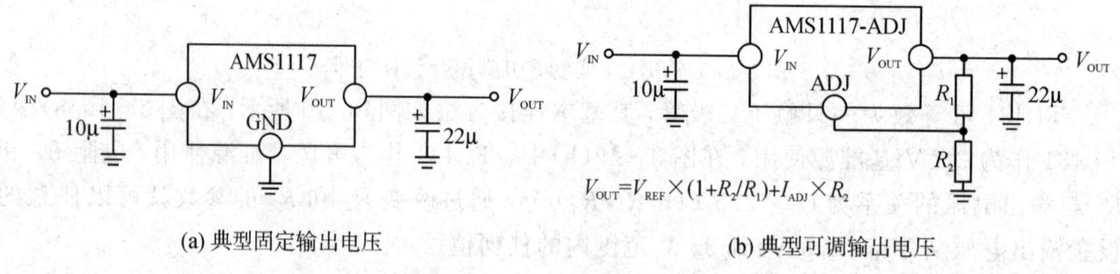


图 3-48　ASM1117 的典型应用电路图

## 3.6.4　集成电路的检测方法

集成电路的检测方法很多，这里仅介绍几种最基本的方法。

**1. 电阻检测法**

用万用表的欧姆挡测量集成电路各引脚对地的正、反向电阻，并与参考资料或与另一块同类型的、好的集成电路比较，从而判断该集成电路的好坏。

**2. 电压检测法**

对测试的集成电路通电，使用万用表的直流电压挡，测量集成电路各引脚对地的电压并将测出的结果与该集成电路参考资料所提供的标准电压值进行比较，从而判断该集成电路是否有问题，还是集成电路的外围电路元器件有问题。

**3. 波形检测法**

用示波器测量集成电路各引脚的波形，并与标准波形进行比较，从而发现问题所在。

**4. 替代法**

用一块好的同类型的集成电路进行替代测试。这种方法往往是在前几种方法初步检测之后，基本认为集成电路有问题时所采用的方法。该方法的特点是直接、见效快，但拆焊麻烦，且易损坏集成电路和线路板。

## 实训 2　常用元器件的识读与焊接

**【实训目的】**

(1) 认识常用元器件，并能通过标注信息识别常用元器件的主要参数。

(2) 能检测与判断元器件性能好坏。

(3) 熟练掌握焊接技术，能将元器件牢固可靠的焊接在电路板上。

(4) 掌握拆焊技术。

**【实训仪器和材料】**

(1) 电子技能专用贴片元件焊接练习板及其套件。

(2) 万用电表。

(3) 焊接工具与材料。

(4) 热风枪。

(5) LC 电桥。

**【实训内容】**

(1) 取出电子技能专用贴片元件焊接练习包中的电阻和排阻，根据标识读取电阻阻值，再用万用表测量验证读数正确与否。

(2) 取出电子技能专用贴片元件焊接练习包中的二极管，判断引脚极性，并用万用表二极管测量管压降。

(3) 取出电子技能专用贴片元件焊接练习包中的三极管和场效应管，通过查询器件的数据手册，识别各引脚，并了解器件的主要技术参数。

(4) 取出电子技能专用贴片元件焊接练习包中的集成芯片，通过查询器件的数据手册，识别各引脚，并了解器件的主要技术参数。

(5) 将所有器件焊接到练习板上，并取各类器件中至少两个进行拆焊和重新焊接练习。

**【实训报告要求】**

(1) 简述实训步骤与注意事项。

(2) 记录测量结果并对加以简要分析。

【思考题】

1. 如何识别色环电阻与色环电感？

2. LC 电桥有什么用途？

# 复习思考题 3

1. 根据色环读出下列电阻器的阻值及误差：

棕红黑金，黄紫橙银，绿蓝黑银棕，棕灰黑黄绿

2. 写出以下贴片电阻的阻值及误差：

习题图 3-1 贴片电阻的识别

3. 写出以下电容的类别名称、容量和耐压，有极性的标出正极引脚。

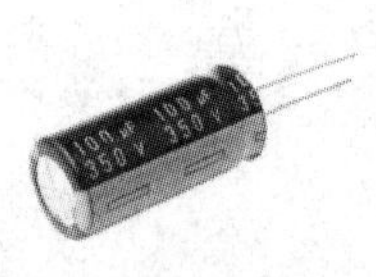

习题图 3-2 电容的识别

4. 写出以下电感的电感量。

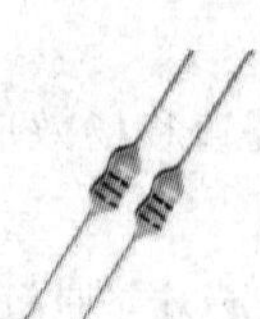

习题图 3-3 电感的识别

5. 常用二极管有哪几种？各有什么特点？如何判断二极管的极性及性能好坏？

6. 写出以下贴片三极管的型号并标上各引脚名称。

习题图 3-4　晶体三极管的识别

7. 电源管理贴片 MOS 管 AO3401 是美国 AOS 公司产品。通过查询 AO3401 的数据手册，了解它是哪类 MOS 管，其主要技术参数有哪些，参数值分别是多少？

8. 写出以下晶振的标称频率。

习题图 3-5　晶振的识别

9. 如图所示是 PCI-E 显卡供电电路，稳压管 1117-ADJ 提供 1.25 V 基准电压，试写出 PCI-E 显卡供电电压的表达式。

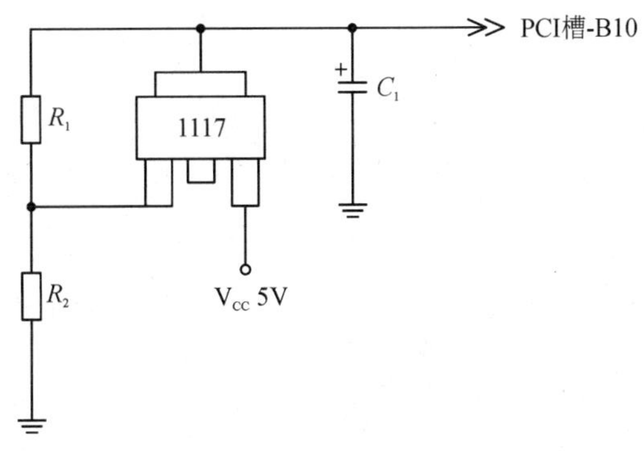


习题图 3-6　PCI-E 显卡供电电路

10. 如图所示是DDR内存电源供电电路，由集成运放LM324和稳压芯片TL431等构成，试分析电路工作原理，并求出A、B、C各点对地电压。

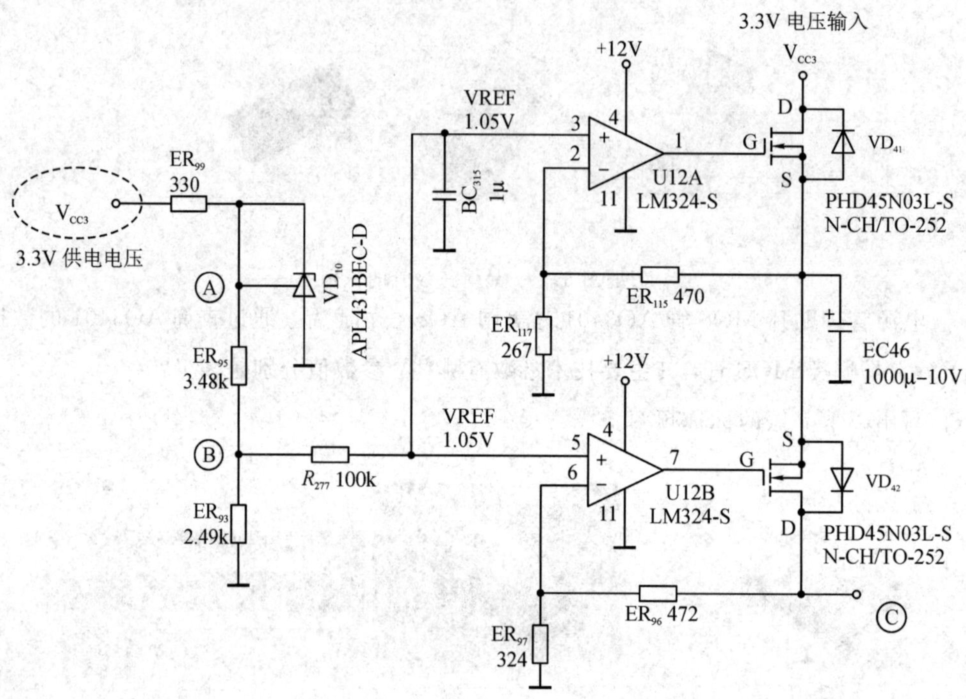


习题图 3-7　DDR内存电源供电电路

# 第 4 章　LED 应急照明灯具

- LED 照明基础知识
- LED 应急照明灯
- LED 应急标志灯

## 导入语

光是人类眼睛可以看见的一种电磁波，也称可见光谱。一般人的眼睛所能接收的光的波长在 380～780 nm 之间。光可以在真空、空气、水等透明的物质中传播。我们把自己能发光且正在发光的物体叫做光源，如太阳、恒星、打开的电灯以及燃烧着的物质等。但像月亮表面、桌面等依靠反射外来光才能使人们看到它们，这样的反射物体不能称为光源。根据发光原理不同，光源可以大致分为辐射发光、气体放电发光、电致发光三大类。与之对应，在照明设计中使用三类光源。第一类为热辐射光源，是电流流经导电物体，使之在高温下辐射光能的光源，包括白炽灯和卤钨灯两种。第二类为气体放电光源，是电流流经气体或金属蒸气，使之产生气体放电而发光的光源。气体放电有弧光放电和辉光放电两种，放电电压有低气压、高气压和超高气压 3 种。弧光放电光源包括荧光灯、低压钠灯等低气压气体放电灯，高压汞灯、高压钠灯、金属卤化物灯等高压气体放电灯，超高压汞灯等超高压气体放电灯，以及碳弧灯、氙灯、某些光谱光源等放电气压跨度较大的气体放电灯。辉光放电光源包括利用负辉区辉光放电的辉光指示光源和利用正柱区辉光放电的霓虹灯，二者均为低气压放电灯。第三类为电致发光光源，是在电场作用下，使固体物质发光的光源。它将电能直接转变为光能，包括场致发光光源(EL、FED)和发光二极管(LED)两种。LED 灯是一种电致发光的固体光源，具有环保、节能、光照效率高、使用寿命长、色彩丰富、反应速度快、易控制等优点，已经广泛应用在各照明领域中。

本章将介绍 LED 发光和应急照明知识，包括 LED 发光原理、照明 LED 主要参数和 LED 照明驱动电路的组成及应用、LED 应急照明灯的组成及工作原理、LED 应急标志灯的组成及工作原理等。

## 学习目标

- 了解 LED 的基本结构与发光原理；
- 了解消防应急灯具的分类、功能及主要技术指标；
- 能正确分析与设计 LED 照明驱动电路；
- 能正确分析、测量与检修 LED 应急照明灯的控制电路；
- 能正确分析、测量与检修 LED 应急标志灯的控制电路。

# 4.1 LED照明基础知识

## 4.1.1 常用照明光源的技术指标

日常生活中常见的照明光源有白炽灯、钨丝灯、普通荧光灯(日光灯)、荧光节能灯(节能灯)、高压汞灯、金属卤化物灯、高压钠灯、低压钠灯、高频无极灯、LED灯等。衡量照明灯具的主要技术指标有光效、显色指数、色温和平均寿命。其中，光效等于光源所发出的光通量(每秒钟的发光量)与其耗电量之比。显色指数是指光源照射在物体上所呈现物体自然原色的程度。色温是表示光线中包含颜色成分的一个计量单位，如果光源发出的光与某一温度下黑体发出的光所含的光谱成分相同，则该黑体温度称为光源的色温。平均寿命是指一批相同灯具从点亮至50%的灯具损坏不亮时的小时数。典型照明光源的主要技术指标见表4-1。

**表4-1 典型照明光源的主要技术指标**

| 光源种类 | 光效/lm/W | 显色指数/Ra | 色温/K | 平均寿命/h |
|---|---|---|---|---|
| 白炽灯 | 15 | 100 | 2800 | 1000 |
| 卤钨灯 | 25 | 100 | 3000 | 2000～5000 |
| HID疝气灯 | 85 | 90 | 4300～12 000 | 3500～12 000 |
| 普通荧光灯 | 70 | 70 | 全系列 | 10 000 |
| 三基色荧光灯 | 93 | 80～98 | 全系列 | 12000 |
| 紧奏型荧光灯 | 60 | 85 | 全系列 | 8000 |
| 高压汞灯 | 50 | 45 | 3300-4300 | 6000 |
| 金属卤化物灯 | 75～95 | 65～92 | 3000/4500/5600 | 6000～20 000 |
| 高压钠灯 | 70～130 | 30/60/85 | 1950/2200/2500 | 24 000 |
| 低压钠灯 | 100～200 | 44 | 1700 | 28 000 |
| 高频无极灯 | 50～70 | 85 | 3000～4000 | 40 000～80 000 |
| LED灯 | 50～200 | 50～85 | 2600～5500 | 60 000 |

## 4.1.2 LED照明原理及特点

### 1. LED发光原理

LED(Lighting Emitting Diode)即发光二极管，是一种半导体固体发光器件。当给发光二极管加上正向电压后，从P区注入到N区的空穴和由N区注入到P区的电子，在PN结附近数微米内进行复合，复合放出过剩的能量而引起光子发射，直接发出红、黄、蓝、绿色的光，在此基础上，利用三基色原理，添加荧光粉，就可以发出任意颜色的光。利用LED作为光源制造出来的照明器具就是LED灯具。

**2. LED 灯具的特点**

(1) 节约能源。LED 的光谱几乎全部集中于可见光频段，其发光效率可达 80%～90%。例如，普通白炽灯的光效为 12 lm/W，寿命小于 2000 小时，螺旋节能灯的光效为 60 lm/W，寿命小于 8000 小时，T5 荧光灯的光效则为 96 lm/W，寿命大约为 10 000 小时，而直径为 5 mm 的白光 LED 的光效可以超过 150 lm/W，寿命可大于 100 000 小时。白光 LED 的能耗仅为白炽灯的 1/10，节能灯的 1/4。

(2) 安全环保。LED 的工作电压低，普通小功率 LED 正向工作电压为 1.4～3 V，工作电流仅为 5～20 mA，白光 LED 的正向工作电压为 3.0～4.2 V，工作电流可以达到 750 mA，甚至 1 A 以上。LED 在生产过程中不需要添加“汞”，也不需要充气，不需要玻璃外壳、抗冲击性、抗震性好，不易破碎，便于运输，非常环保，被称为“绿色光源”。

(3) 使用寿命长。LED 体积小、重量轻，外壳为环氧树脂封装，不仅可以保护内部芯片，还具有透光聚光的能力。LED 的使用寿命普遍在 5 万～10 万小时之间。因为 LED 是半导体器件，即使是频繁地开关，也不会影响到使用寿命。

(4) 响应速度快。照明 LED 响应时间最低的已达 1 $\mu$s，一般的多为几个毫秒，约为普通光源响应时间的 1/100，因此可用于很多高频环境，如汽车刹车灯或状态灯，可以缩短车后车辆的刹车反应时间，从而提高安全性。不同材料制成的 LED 响应时间各不相同，如 GaAs 材料制成的 LED，其响应时间一般在 1～10 ns 范围内，即响应频率约为 16～160 MHz，这样高的响应频率对于显示 6.5 MHz 的视频信号来说已经足够了，这也是实现视频 LED 大屏幕的关键因素之一。

(5) 发光效率高。白炽灯、卤钨灯的光效为 12～24 lm/W，荧光灯的光效为 50～70 lm/W，钠灯的光效为 90～140 lm/W，而 LED 的光效可达到 50～200 lm/W，且光的单色性好、光谱窄，无需过滤就可直接发出有色可见光。

(6) LED 元件的体积小。采用贴片封装使其体积更小，更加便于各种设备的布置和设计，而且能够更好地实现夜景照明中“只见灯光不见光源”的效果。

(7) LED 光线能量集中度高。LED 发出的光谱集中在较小的波长窗口(几十纳米的带宽)内，纯度高，峰值波长位于可见光或近红外区域。

(8) LED 发光指向性强。LED 发光具备很强的指向性，亮度随距离衰减比传统光源低很多。

(9) LED 使用低压直流电驱动。LED 使用低压直流电驱动，具有负载小、干扰弱的优点，对使用环境要求较低。

(10) 可较好控制 LED 发光的光谱(颜色)。LED 发光的峰值波长 $\lambda$(nm)与发光区域半导体材料的禁带宽度 Eg(eV)有关，即 $\lambda \approx 1240/Eg$(nm)。通过半导体材料掺入其他元素可以改变 Eg 值，从而控制 LED 发出光线的颜色。若要让 LED 产生可见光(波长在 380 nm 紫光～780 nm 红光)，制作半导体材料的 Eg 应在 3.26～1.63 eV 之间。现在已有红外、红、黄、绿及蓝光 LED，但其中蓝光 LED 成本价格很高，使用不普遍。

LED 以其固有的特点，广泛应用于指示灯、信号灯、显示屏、照明等领域，在我们的日常生活中处处可见，如照明灯具、家用电器、手机电话、仪器仪表、汽车防雾灯、交通信号灯等。LED 照明灯具可以分为室内照明和室外照明两个部分。市面上常见的 LED 照明灯具主要有以下几种产品类型：LED 大功率模组模块路灯、LED 射灯、LED 灯杯、LED 灯座、LED 灯带、LED 灯管、LED 灯泡、LED 筒灯、LED 蜡烛灯、LED 星星灯、LED 流星雨灯、LED 防爆灯、LED 管屏、LED 防爆防腐防尘灯、LED 防爆投光灯、LED 背光灯、LED 车灯、LED 强光手电筒、LED 埋地灯、LED 隧道灯等。

**★ 即问即答**

在白炽灯、日光灯、节能灯、LED 灯中，在相同照明亮度下消耗电能最小的是(　)，使用寿命最长的是(　)。

A. 白炽灯　B. 日光灯　C. 节能灯　D. LED 灯

## 4.1.3　LED 照明灯驱动电路

### 1. LED 的电学特性

1）LED 的伏安特性曲线

LED 的伏安特性是指流过芯片 PN 结的电流与施加在 PN 结两端电压之间的关系，具有普通二极管类似的单向导电性和非线性特性，如图 4-1 所示。

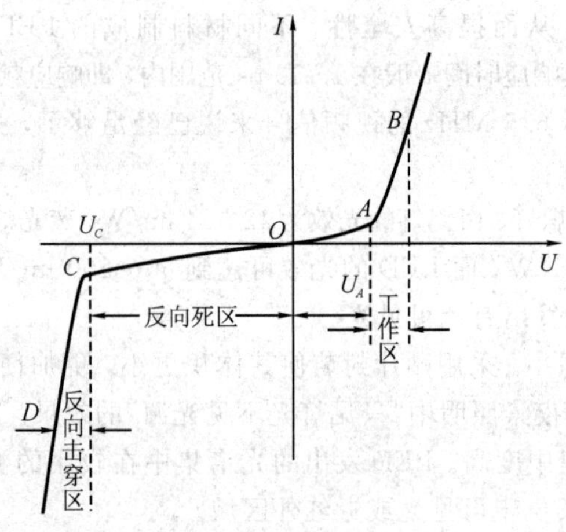


图 4-1　LED 的 V-I 特性

*OA* 段：正向死区。$U_A$($U_{ON}$)为 LED 发光的开启电压。红色、黄色 LED 的开启电压一般为 2～2.5V，白色、绿色、蓝色 LED 的开启电压一般为 3～3.5 V。

*AB* 段：工作区。在这一区段，一般是随着电压的增加电流也跟着增加，发光亮度也跟着增大。如果没有保护电路，会因正向电流增加过大而超过 LED 允许功耗，使 LED 烧坏。

*OC* 段：反向死区。LED 加反向电压是不发光的(不工作)，但有反向电流。这个反向电流通常很小，一般在几微安之内，目前一般是在 3 μA 以下。

*CD* 段：反向击穿区。LED 的反向电压一般不要超过 10 V，最大不得超过 15 V，超过这个电压，就会出现反向击穿，导致 LED 报废。

2）LED 的电学指标

(1) 正向电压 $U_F$：常见小功率 LED 一般是在正向电流为 20 mA 时测得的 LED 两端的

电压降。当然不同的 LED，测试条件和测试结果也会不一样。不同颜色的 LED，有不同的正向电压。红光 LED 正向电压一般为 1.8～2.2 V，黄光 LED 正向电压一般为 2.0～2.4 V，普通绿光 LED 正向电压一般为 2.2～2.8 V，蓝光和白光 LED 正向电压一般为 2.8～3.5 V。当外界温度升高时，LED 正向电压将下降。

(2) 正向电流 $I_F$：LED 正常发光时的正向电流值。不同额定功率和不同颜色的 LED，其正向工作电流是不一样的。对于小功率 LED，一般正向电流为 20 mA；"食人鱼"LED 的正向电流在 40 mA 左右；1 W 白光 LED 的正向电流在 350 mA 左右；3 W 白光 LED 的正向电流在 550 mA 左右。最大正向电流 $I_{FM}$是指允许通过 LED 芯片的最大正向直流电流，如果超过此值可损坏 LED，所以在实际使用中应根据需要选择设计 $I_F$在 $0.6I_{FM}$以下。为保证寿命，一般还会采用脉冲形式来驱动 LED，通常 LED 规格书中给出的正向脉冲电流值 $I_{FP}$是以脉冲宽度为 0.1 ms，占空比为 1/10 的脉冲电流来计算的。

(3) 反向漏电流 $I_R$：按照 LED 的常规规定，反向漏电流是指反向电压在 5 V 时的反向电流。LED 反向漏电流一般在 5～100 μA 范围。

(4) 最大反向电压 $U_{RM}$：LED 所能承受的最大反向电压，超过此反向电压，可能会损坏 LED。在使用交流脉冲驱动 LED 时，要特别注意不要超过最大反向电压。LED 最大反向电压一般不超过 20 V。

(5) 允许功耗 $P_M$：LED 所能承受的最大功耗值，它等于最大正向电流乘以正向电压。超过此功耗，可能会损坏 LED。使用手册规定的允许功耗，一般是在环境 25℃时的额定功率，当环境高于 25℃时，LED 的允许功耗将下降。

3) LED 电参数的测量

CHL-1 LED 电参数测量仪主要用于 LED 电参数测量，仪器内置恒流源，正向电流数控输出，可准确、方便、快捷、高效地测量 LED 的正向电压 $U_F$(0.01～20.00 V)、反向漏电流 $I_R$(0.01～200.0 μA)；正向电流 $I_F$设定范围为(0.1～400.0 mA)，反向电压 $U_R$设定范围为(0.01～20.0 V)；正向电压、反向电流上下限可设定声光报警。

**2. LED 的分类**

1) 按发光颜色分

按发光管发光颜色分，可分成红色、橙色、绿色(又细分为黄绿、标准绿和纯绿)、蓝光和白光等 LED。作为特殊用途的 LED 发光管，有的含有两种或三种颜色的芯片，可以按时序分别发出两种或三种颜色的光。

根据发光二极管出光处添加或不添加散射剂、是有色还是无色，各种颜色的发光二极管还可分成有色透明、无色透明、有色散射和无色散射四种类型。

2) 按出光面特征分

按发光管出光面特征分，有圆形灯、方形灯、矩形灯、面发光管、侧向管、表面安装用微型管等。圆形灯按直径分为 ϕ2 mm、ϕ4.4 mm、ϕ5 mm、ϕ8 mm、ϕ10 mm 及 ϕ20 mm 等类型。国外通常将 ϕ3 mm 的发光二极管记作 T-1，将 ϕ5 mm 的记作 T-1(3/4)，将 ϕ4.4 mm 的记作 T-1(1/4)。

3) 按结构分

按发光二极管的结构分，有全环氧封装、金属底座环氧封装、陶瓷底座环氧封装及玻璃封装等类型。

4）按发光强度角度分布图来分

应用半值角大小估计圆形发光强度角分布情况，将 LED 分为高指向型、标准型和散射型三类。

(1) 高指向型：一般为尖头环氧封装，或是带金属反射腔封装，且不加散射剂。这种 LED 的半值角为 5°～20°或更小，具有很高的指向性，可作局部照明光源用，或与光检出器联用以组成自动检测系统。

(2) 标准型：通常作为指示灯用，其半值角为 20°～45°。

(3) 散射型：一般作为视角较大的指示灯，其半值角为 45°～90°或更大，其特点是添加散射剂的量较大。

5）按 LED 芯片功率来分

按输入功率来分，有小功率 LED(输入功率≤60mW)、中功率 LED(100 mW≤输入功率<1W)和大功率 LED(输入功率≥1W)。例如，小功率红光 LED(比如常见的 ϕ5 mm 直插)，正向电压为 2 V，正向电流为 15 mA；大功率白光 LED(比如 CREE 的 XML-T6)单颗功率已经达到 10 W，正向电压为 3.3 V，正向电流为 3 A。贴片封装 0805、1206 为小功率管，工作电流一般为 10 mA；贴片封装 3014、3528、3535 为小功率管，工作电流一般为 20～50 mA；贴片封装 5050、5060、5630 为中功率管，工作电流一般为 50～150 mA；大功率 LED 全是贴片封装，标称 1 W 的 LED 工作电流一般为 350 mA。

6）按大功率白光 LED 来分

照明用大功率白光 LED 分为单芯片封装和多芯片封装两种形式，功率有 1 W、3 W、5 W、7 W、10 W、15 W、20 W、100 W 等。一颗大功率 3 W 白光 LED 的工作电流为 0.75～0.9 A，工作电压为 3～3.6 V。多核心大功率产品是采用多个单核心的发光体，排成发光体阵列，封装在同一个散热基板上。多核心的优点是功率很容易超过 10 W，缺点是由于发光体面积大，不容易实现聚焦，而且功率越大，驱动需求也越高，很多多芯片的 LED 产品都要求 10～20 V 的驱动电压和 1 A 左右的驱动电流。大功率白光 LED 的正向压降为 3.0～4.0 V，在额定状态下，1 W 白光 LED 的驱动电流是 350 mA，3W 的工作电流是 700 mA～1 A，而 5 W 的工作电流是 800 mA，正向压降为 7 V(2 个芯片)，以满足功率要求。10 W 的 LED 的工作电流是 800 mA，正向压降为 17 V(4 个芯片)；15 W 的 LED 的工作电流是 700 mA，正向压降为 25 V(6 个芯片)；20 W 的 LED 的工作电流是 700 mA，正向压降为 34 V(8 个芯片)；100 W 的 LED 的工作电流是 3 A，正向压降为 36 V(10 个芯片)。

**3. LED 正常工作条件**

要点亮 LED 照明必须向 LED 提供足够大的正向直流电压和工作电流。由于功率不同或者发光的颜色不同，它们的导通电压和工作电流是不一样的。LED 正常工作条件如下：

(1) 输入电压必须大于 LED 导通电压，工作电流必须足够大才能点亮 LED。

对于小功率(0.06～0.1W)LED：红光、黄光 LED 的电压为 1.75～1.83 V，工作电流大于20 mA；橙光 LED 的电压为2.0～2.13 V，工作电流大于 20 mA；普通绿光 LED 的电压为 2.0～2.13 V，工作电流大于 20 mA；蓝光、白光、超亮绿光 LED 的电压为 3.35～3.45 V，工作电流大于 20 mA。

对于中功率(0.2～0.5 W)LED，如红光、黄光 LED 的导通电压为 2.0 V，绿光、蓝光、白光 LED 导通电压为 3.2 V。点亮 LED 的工作电流为 50～150 mA。如贴片封装的 5050 白光 LED(3.3V、60 mA、0.2 W)、5630 白光 LED(3.3V、60 mA、0.2 W)等。

对于大功率(1 W 及以上)LED，如 1W 红光、黄光 LED 的导通电压为 2.2～2.6 V，电流为 350 mA；1 W 绿光 LED 的导通电压为 2.2～2.8 V，电流为 350 mA；1 W 蓝光的导通电压为 3.0～3.7 V，电流为 350 mA；1 W 白光 LED 的导通电压为 2.8～4.0 V，电流为 350 mA。3 W 白光 LED 的导通电压为 3.05～4.47 V，电流为 700 mA。5W 白光 LED 的导通电压为 3.16～4.47 V，电流为 1 A。10W 白光 LED(如 CREE 公司的 XML-T6)的导通电压为 3.3 V、电流为 3 A。

(2) 工作电流采用恒流控制或脉冲驱动。LED 所允许的额定电流随环境温度的升高而减小，例如在 25℃时额定电流为 30 mA，当环境温度升至 50℃时，额定电流降至 20 mA，在此情况下，为防止 LED 烧毁，驱动电流必须限制在 20 mA 之内。为避免 LED 的驱动电流超过最大额定值，影响其可靠性，同时为获得预期的亮度要求，保证各个 LED 亮度和色度的一致性，应采用恒定电流驱动方式，而不是恒压方式。

(3) 采用最佳光效控制的电流工作并考虑 LED 芯片的散热问题。LED 的光衰或其寿命直接和其结温有关，散热不好结温就高，寿命就短。依照阿雷纽斯法则，温度每降低 10℃寿命会延长 2 倍。Cree 公司发布的 LED 光衰和结温关系指出，结温假如能够控制在 65℃，那么其光通量从 100%衰减至 70%的时间可以高达 10 万小时。基于综合因素考虑，制造 LED 灯具时通常使用的都是单个额定工作电流为 350 mA、功率为 1 W 的 LED。通过多芯片大型化，改善 LED 发光效率、采取高光效封装以及大电流化，可实现高亮度目标。改用高热传导率陶瓷或金属树脂封装结构，可以解决 LED 的散热问题。

**4. LED 驱动电路**

1) LED 需要电流源驱动

白炽灯表现为具备自稳定特性的纯电阻负载，可以直接用 AC 220V 电源供电。而 LED 是一个单向导通的非线性器件，其正向开启电压($V_F$)与发光颜色(半导体材料)有关，如红光 LED 为 2 V，蓝光 LED 为 3.5 V，如图 4-2 所示。不同生产批次的同一规格 LED 的开启电压 $V_F$ 值可以相差很大，并随着工作电流的增加而增加。在输入电流恒定的情况下，

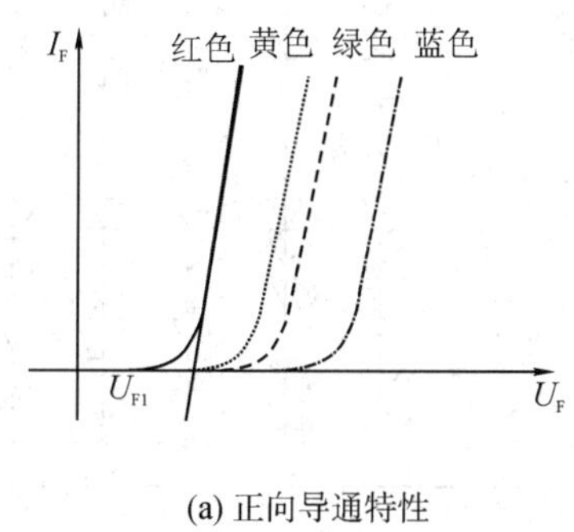


(a) 正向导通特性

实验数据
拟合曲线
$K$=-1.36 mV/℃
$U_F$/V
$T$/℃

(b) 紫色超高亮LED开启电压温度特性

图 4-2　不同颜色 LED 正向导通特性及电压温度特性

LED 开启电压随着温度的上升而线性降低，如紫色超高亮 LED 的电压温度系数 $K=-1.36$ mV/℃，蓝色超高亮 LED 的电压温度系数 $K=-2.9$ mV/℃。LED 产生的光通量近似正比于流经该器件的工作电流，所以 LED 需要一个电流源来驱动。

2）多个 LED 驱动连接方式

目前，在大多数 LED 光源中，需要连接多个 LED 芯片到驱动器上，因为单个 LED 不能产生足够的光通量。多个 LED 连接使用时可以采用串联连接、并联连接或者混合连接。如果多个 LED 采用串联连接，则 LED 链上的总电压等于各个 LED 正向电压总和(所有 LED 的工作电流均相等)。如果连接的 LED 数量较多，则需要一个很高的驱动电压，会增加驱动电路的难度。如果多个 LED 采用并联连接，则总驱动电流将分配到各支路中。由于 LED 的开启电压会随着温度上升而下降，电流较大的支路会使 LED 温度上升更快，其结果是正向电压较低的支路电流将会越来越大，这些支路上的 LED 将变得更亮，容易过载而损坏，而那些具有较高正向电压的支路将变得更暗，因此这种连接方式本质上是不稳定的。不过，多只 LED 采用并联配置(或者串并联组合)的优点是：它允许大量 LED 用一个合适的电源电压来驱动，通过在支路中串联一个合适的限流小阻值电阻来限制 LED 的工作电流，可以提高 LED 工作的可靠性。

3）限流电阻驱动方案

采用限流电阻驱动 LED 工作的方案，如图 4-3 所示。限流电阻 $R$ 与单只或多只 LED 串联，LED 工作电流可以按公式 $I=(U-U_F)/R$ 来计算，其中，$U$ 为支路两端电压，$U_F$ 为 LED 正向电压(如果是多只 LED 串联而成，则 $U_F$ 为多只 LED 正向电压之和)，$R$ 是支路串联电阻。只要选择合适大小的电阻，就能保证 LED 按正常工作电流运行。直流稳压电源的输出电压应根据实际驱动 LED 的数量以及各个大组串联电路电压之和来确定。这种驱动方案的优点是电路简单、成本较低；其缺点是电流稳定度较低，电阻消耗功率，导致用电效率较低，一般为 20%～50%。为提高使用可靠性，宜采用小组内串联、小组间并联然后再串联的方案(见图 4-3 的左边电路)，而不采用分大组并联方案(见图 4-3 的右边电路)，

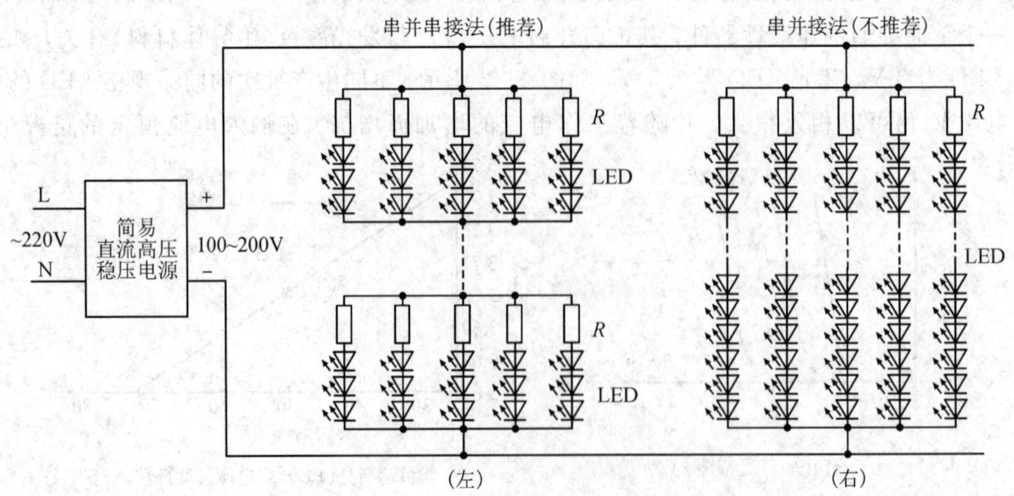


图 4-3　限流电阻驱动 LED 工作方案

这是因为如果某一只 LED 损坏开路，就会导致该大组内 LED 均不亮，进而使整个灯具的照明亮度明显下降。

4）电容降压驱动方案

最简单的电容降压驱动 LED 工作的方案，是利用两只反并联的 LED 对电容降压后的交流电进行整流，同时提供 LED 工作电流，如图 4-4 所示。该电路广泛应用在夜光灯、按钮指示灯及一些要求不高的信息指示灯等场合。如果 LED 的正向电压为 3 V、工作电流为 20 mA，则电容量应取

$$C=\frac{1}{2\pi fX_C}=\frac{I_C}{2\pi fU_C}=\frac{0.02}{2\times 3.14\times 50\times(220-3)}$$
$$=2.9\times 10^{-7}\,\mathrm{F}=0.29\ \mu\mathrm{F}$$

电容耐压为 400 V，与电容并联的电阻一般取 1 MΩ，用于断电时给电容提供放电通路。这种驱动电路的优点是电路简单、体积小、成本低廉；缺点是输出电压不稳定，非隔离不安全，电流稳定度低，用电效率低，一般为 50%～70%，仅适用于小功率 LED 灯（电流≤60 mA）。

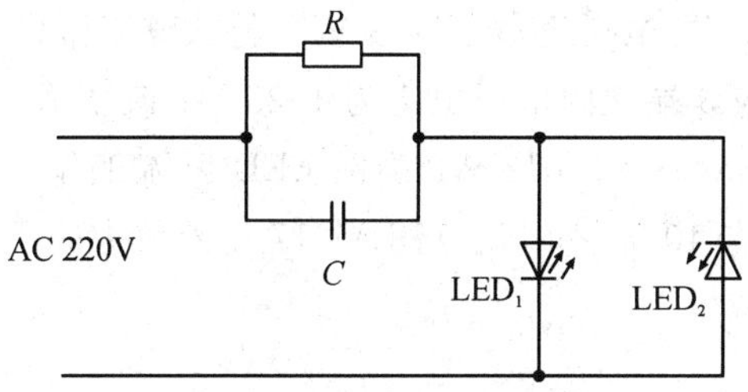


图 4-4　电容降压驱动 LED 工作方案

由电容 $C_1$（降压）、光敏电阻 $R_2$、电阻 $R_3$、三极管 $V_1$ 等组成光控路灯电路如图 4-5所示。

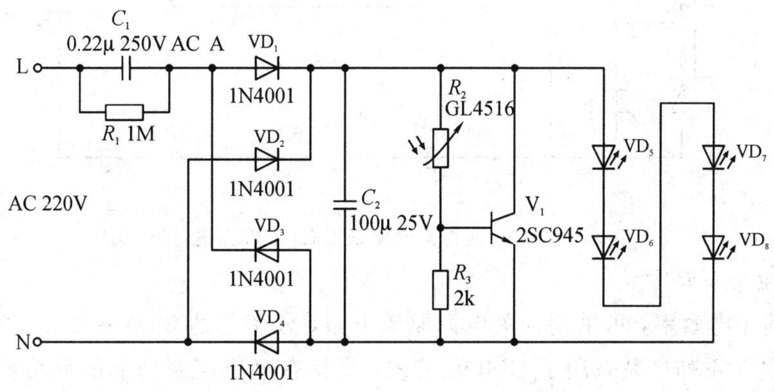


图 4-5　电容降压的光控路灯电路

电容 $C_1$ 的容抗为

$$X_{C_1}=\frac{1}{2\pi fC_1}=\frac{1}{2\times 3.14\times 50\times 0.22}=14.476\ \mathrm{k\Omega}$$

假定白光 LED 正向导通电压为 3 V，则 $C_2$ 两端直流电压为 12 V，整流管 $VD_1$～$VD_4$ 的交流输入电压为 10 V，所以流过 $C_1$ 的电流为

$$I_{C_1}=\frac{220-10}{14476}=0.0145\ \text{A}$$

在夜晚或者光线较暗时，光敏电阻 $R_2$ 的阻值可达到 100 kΩ 以上，这时 $C_2$ 两端的电压经 $R_2$、$R_3$ 分压后提供给 $V_1$ 基极的直流偏置电压很小，$V_1$ 截止，点亮 LED 工作。在白天光线较亮时，在光线作用下光敏电阻 $R_2$ 的阻值减小到 10 kΩ 以下，这时 $V_1$ 导通，由于通过 $C_1$ 的电流最大只能达到 15 mA，加上 $V_1$ 的分流，$C_2$ 上的电压可下降到 4 V 以下，使 LED 处于不亮状态。由于电容 $C_1$ 不消耗有功功率，泄放电阻 $R_1$ 消耗的功率可忽略不计，因此整个电路的功耗约为 10×0.015≈0.15 W。

5）线性恒流驱动方案

由于 LED 的正向电流随着正向电压的微小增加而呈现较大幅度的线性增长，而正向电流的较大增长容易引起 LED 结温升高而损坏，为此可以利用集成稳压器输出电压稳定的特点，将其输出电压通过一只电阻再与 LED 电路串联，从而实现 LED 工作电流的稳定，这就是线性恒流驱动方案。图 4－6 所示是一个应用三端稳压器 LM317 构成恒流驱动 92 只白光 LED 的电路。AC 220 V 电压经过 $VD_1$～$VD_4$ 桥式整流和 $C_1$ 滤波后可以得到 DC 311 V 电压，在 LM317 的 1 端与 3 端之间电压恒定为 1.25 V，改变 $R_1$ 可改变 LED 的工作电流，其电流＝1.25 V/$R_1$＝1.25/68＝0.018 A，确保 LED 恒流工作。该电路简单，稳流精度较高，但效率不高，一般只有 40%～60%。当 LM317 压差较大时需要加散热器。此电路适用于驱动中小功率 LED 灯。

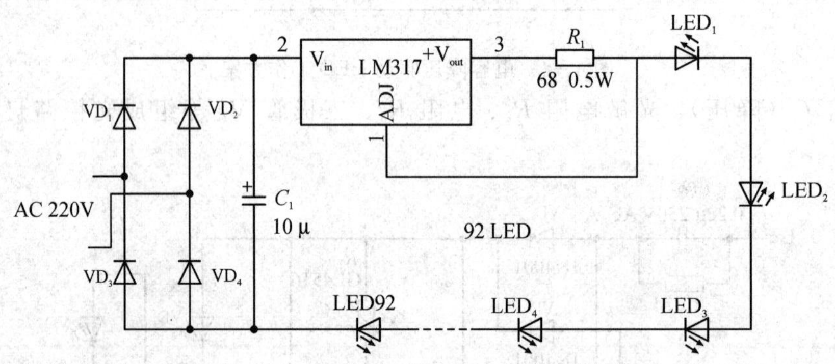


图 4－6　线性恒流驱动 LED 工作方案

6）开关电源驱动方案

为了提高用电效率，可采用开关电源驱动电路，效率可达 80%～90%。例如，理光公司生产的 R1211 系列产品采用了 CMOS 工艺，是具有电流控制功能的低功耗开关式升压变换器，具有 1.4 MHz 的固定开关频率，因而可采用小巧的外部组件，并可最大限度地减小输入和输出纹波，尤其适合要求输入和输出噪声低的 LED 驱动应用场合。R1211 系列产品共有两种封装：R1211D(SON-6 封装）和 R1211N(SOT23-6W 封装）。每种封装分别有 4 种规格：A 类（R1211D(N)002A)，工作频率为 700 kHz，要求 AMPOUT 引脚外接相位补偿阻容元件；B 类（R1211D(N)002B)，工作频率为 700 kHz，要求 CE 引脚外接芯片使能控制信号（加 1.5～6 V 高电平时，芯片工作；加低电平时，芯片不工作）；C 类（R1211D(N)

002C)，工作频率为 300 kHz，要求 AMPOUT 引脚外接相位补偿阻容元件；D 类(R1211D(N)002D)，工作频率为 300 kHz，要求 CE 引脚外接芯片使能控制信号(加 1.5～6 V 高电平时，芯片工作；加低电平时，芯片不工作)。R1211 系列产品的封装及引脚排列如图 4－7 所示。R1211 系列产品的引脚功能说明见表 4－2。

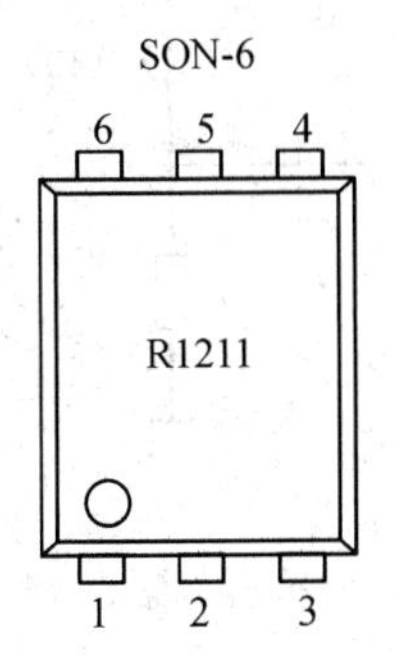


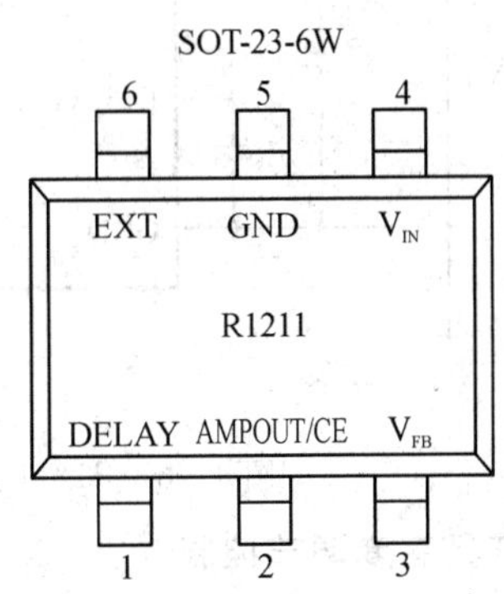


图 4－7　R1211 系列产品的封装及引脚排列

**表 4－2　R1211 系列产品引脚功能说明**

| 引脚编号 | | 符号 | 功能说明 |
|---|---|---|---|
| SON-6 封装 | SOT23-6W 封装 | | |
| 1 | 1 | DELAY | 外接电容(用于设定输出延时) |
| 2 | 5 | GND | 接地 |
| 3 | 6 | EXT | 外部 FET 驱动(通过 CMOS 管输出) |
| 4 | 4 | $V_{IN}$ | 电源输入引脚 |
| 5 | 3 | $V_{FB}$ | 监视输出电压的反馈引脚(反馈电压为 1V) |
| 6 | 2 | AMPOUT 或 CE | 放大器输出脚(对于 A 类和 C 类产品)或者芯片使能端(对于 B 类和 D 类产品，高电平有效) |

R1211 是专门为驱动 2～4 只白光 LED 的驱动芯片，适用于单节锂离子电池或普通干电池组供电 2.5～5.5 V 的场合，具有电路尺寸小、高效率和匹配亮度 LED 的特点，其应用电路如图 4－8 所示。芯片内部采用 PWM 方式，最大占空比是 90%，由 EXT 引脚输出脉冲信号，控制 N-MOS 场效应管 $V_1$(型号为 IRF7601)的导通与截止。在 $V_1$ 导通时，电源电压 $V_{IN}$使电感 $L_1$ 中的电流逐步增大而储能；当 $V_1$ 由导通变为截止时，电感 $L_1$ 中的储能通过开关二极管 $VD_1$(型号为 CRS02)，再经 $C_3$ 滤波后可以产生高达＋15 V 的输出电压，驱动 LED 工作。芯片内建有软启动延时功能，可以通过外接电容 $C_2$ 来调节延迟时间，当 $C_2$ 取 0.22 $\mu$F 时，延迟时间为 10 ms。芯片内部的控制电路会根据引脚 $V_{FB}$的电压来控制外部场效应管 $V_1$ 的导通与截止，所以会让电路稳定在设定的输出电压值上。LED 的工作电流由反馈引脚 $V_{FB}$上的电阻 $R_1$ 决定，根据 $I_{LED}=V_{FB}/R_1$(其中 $V_{FB}=1.0$ V)设置。图 4－8 中，$C_1$ 为退耦电容，值为 4.7$\mu$F；$C_3$ 为滤波电容，值为 10 $\mu$F；CE 引脚为外加芯片使能控制信号，接高电平(1.5～6 V)时允许芯片正常工作，接低电平时停止工作(进入待机状态)。

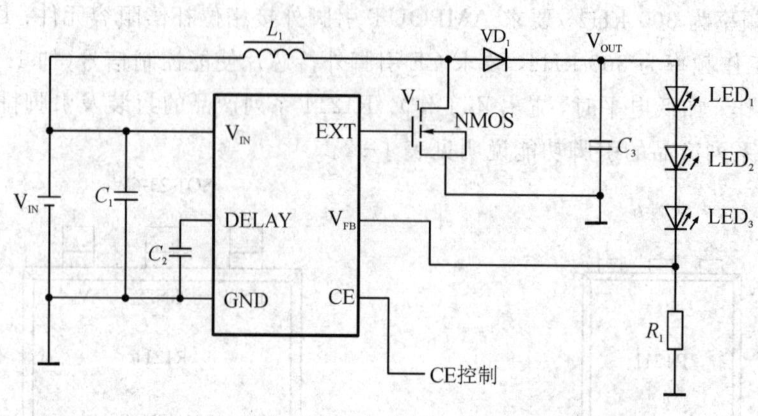


图 4－8　R1211 系列产品驱动 LED 应用电路

**5. LED 灯具亮度调节控制**

1）改变正向电流或采用 PWM 来调节 LED 亮度

这里以 1 W 白光 LED(额定电流为 350 mA)的驱动电流与发光强度的关系为例。当电流为 350 mA 时，光强为 1 倍，当电流降至 175 mA 时，光强变为 0.5 倍，说明 LED 在低于额定电流时，光强与电流之间基本保持线性关系。因此，通过调节电流的大小可以很好地控制 LED 的发光强度。如果要把一个 20 mA 的 LED 灯的亮度调节到 25%，可以把电流直接调到 5 mA，也可以让 LED 以 20 mA 的电流亮 25%的时间，灭 75%的时间，如此循环，当这个循环足够快(大于 100 Hz)，快到人眼无法感到闪烁时，灯的亮度也可调到 25%。这种调节工作时间(调节脉冲宽度)的方式就是 PWM。PWM 调光的优点是系统简单，特别是需要做多路调光的时候。另外由于工作时的电流一直都是额定电流，所以不存在调节电流的光强线性度与光谱偏移的问题。

通过改变驱动电流或改变驱动脉冲宽度或频率，就可调节 LED 的亮度。在 LED 的 PWM 调光控制下，LED 的发光亮度正比于 PWM 的脉冲占空比，用这种方法调光，可以实现调光比范围 3000∶1，且保持 LED 的发光颜色不变，远大于电流调光 10∶1 的控制范围。

2）改变正向电流来调节 LED 亮度所存在的问题

(1) 正向电流的持续下降会引起红移现象。随着正向电流的减小，LED 的光谱波长会变长，即发生红移现象(白光灯珠则表现为色温变暖)。虽然人对色温的偏差并不是太敏感，但对色彩的差异还是非常敏感的，所以在采用 RGB 构成的 LED 照明系统中，就会引起彩色的偏移，因此也是不能允许的。

(2) 引起电源电压和负载电压之间的失配问题。从 LED 的伏安特性可知，正向电流的变化会引起正向电压的相应变化，确切地说，正向电流的减小也会引起正向电压的减小。所以在把正向电流调低的时候，LED 的正向电压也就跟着降低，即负载电压会降低，这就会改变电源电压和负载电压之间的匹配关系，会使 LED 产生闪烁现象。

LED 背光源驱动电路的设计

(3) 引起降压型恒流源温升增高而过热保护。当降低正向电流时所引起的正向电压降低，会使降压型恒流源的降压比增大，而降压比越大，降压型恒流源的效率就越低，损耗在芯片上的功耗就越大，长时间工作于低亮度有可能会使降压型恒流源效率降低，温升增高而无法工作。

（4）调节正向电流无法得到精确调光。因为正向电流和光输出并不是完全的正比关系，而且不同的 LED 会有不同的正向电流和光输出关系曲线，所以用调节正向电流的方法很难实现精确的光输出控制。

3）LED 调光驱动电路

PT4107 是一种高压降压型 LED 调光驱动芯片，可以在 25～300 kHz 频率范围内控制外部 MOSFET 管的通断，能适用于 DC18～450 V 的输入电压范围，支持从毫安级至安培级(最大电流由 GATE 端的外接场效应管确定)输出电流的 LED 驱动应用，支持线性调光(改变外接电阻大小，就能改变 MOSFET 管的通断频率)和 PMW 调光(改变外加数字脉冲信号的占空比)。PT4107 芯片采用 SOP8 封装，如图 4-9 所示。

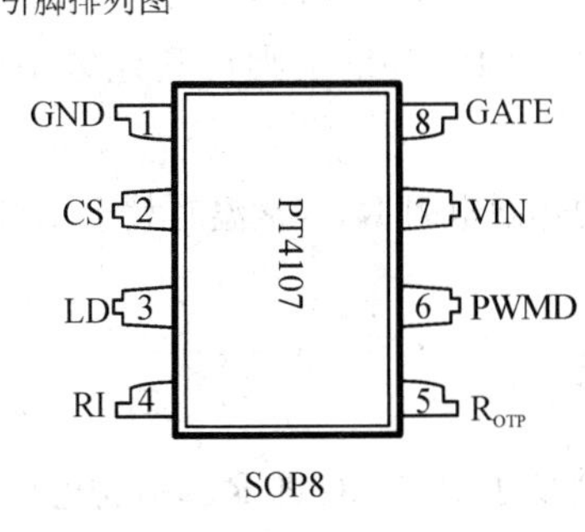


引脚说明

| 序号 | 引脚名称 | 描　述 |
|---|---|---|
| 1 | GND | 芯片地 |
| 2 | CS | LED电流采样输入端 |
| 3 | LD | 线性调光输入端 |
| 4 | RI | 振荡电阻输入端 |
| 5 | $R_{OTP}$ | 过温保护设定端 |
| 6 | PWMD | PWM调光输入端，兼做使能端。芯片内部有100 kΩ上拉电阻 |
| 7 | VIN | 芯片电源 |
| 8 | GATE | 驱动外部MOSFET栅极 |

图 4-9　PT4107 引脚排列及说明

由 PT4107 和外围元件构成的高压降压型 LED 调光驱动电路如图 4-10 所示。交流电压经 $VD_1$ 桥式整流和 $C_1$、$C_2$ 滤波后，得到直流输入电压(允许 18～450 V 直流电压)，经 $R_1$ 向 PT4107 提供电源电压(芯片内部嵌位在 20 V)。$C_3$ 为退耦电容。该直流输入电压经

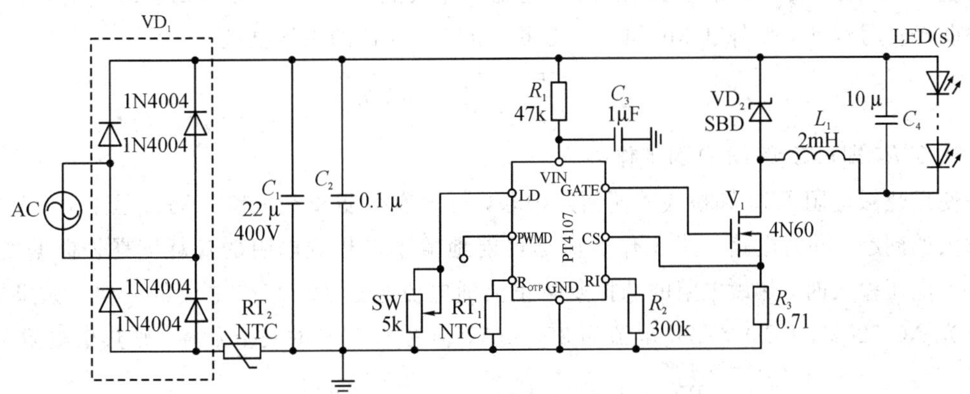


图 4-10　由 PT4107 构成高压降压型 LED 调光驱动电路

$C_4$ 退耦后向 LED 提供工作电压。LED 的工作电流由 $V_1$（增强型 N-MOSFET 管 4N60）控制，电感 $L_1$ 起到稳定 LED 工作电流的作用，肖特基二极管 $VD_2$ 主要作用是在 $V_1$ 由导通变为截止时为电感 $L_1$ 提供能量释放通道。

LED 亮度调节电路设计

大功率 LED 照明驱动及调光电路

多路照明 LED 驱动及调光电路

PT4107 的 LD 引脚外接电位器 SW，用于线性调节 LED 亮度，改变 SW 的大小即可调整 PT4107 的 GATE 端输出脉冲的频率（在 25～300 kHz 范围内变化），实现线性调节 LED 亮度的功能。从 PT4107 的 PWMD 脚外加低频可变占空比的数字脉冲，可实现 LED 亮度的调节。同时，PWMD 引脚兼有片选使能（EN）功能，当把 PWMD 引脚拉到地电平时，该芯片将工作。

当 PT4107 的 $R_{OTP}$ 引脚外接一个负温度系数（NTC）的热敏电阻 $RT_1$（常温时大于 12.5 kΩ），内部从 $R_{OTP}$ 引脚流出的电流为

$$I_{R_{OTP}}=\frac{2400}{R_2}=\frac{2400}{300}=80\ \mu A$$

此电流流过 $RT_1$ 产生电压，当温度升高使 $RT_1$ 电阻值低于 12.5 kΩ 即 $R_{OTP}$ 引脚电压低于 1 V 时，芯片内的控制器将立即关闭整个系统，实现对 LED 的过热保护。直到过热的环境消失后，$RT_1$ 电阻值恢复到大于 12.5 kΩ，系统将通过滞回电路自动恢复正常的工作模式。

PT4107 的 RI 引脚外接电阻 $R_2$，除了控制过热保护的参考电流 $I_{R_{OTP}}$ 外，还控制振荡器的工作频率 $f=30\ 000/R_2$。当 $R_2=300$ kΩ 时，工作频率为 100 kHz。如果输出驱动少于 5 个 LED串联时，推荐使用更低的工作频率。

PT4107 的 CS 引脚外接电阻 $R_3$，对 LED 工作电流进行取样，该电阻上的取样电压直接传递到 CS 端，当 CS 端电压超过内部电流采样阈值电压（典型值为 275 mV）时，GATE 端的驱动信号终止，使外部 MOSFET 关闭。所以，LED 的平均电流

$$I_{LED}=\frac{275}{R_3}=\frac{275}{0.71}=387\ mA$$

改变 $R_3$ 即可改变 LED 的工作电流。

使用热敏电阻 $RT_2$ 和桥式整流回路串联，可以有效防止在电路启动过程中 $C_1$ 充电电流过大的问题，同时电路正常工作后应尽可能地减小该热敏电阻的功耗问题。根据经验，在最大电压输入时，热敏电阻的选择要防止浪涌电流超过正常工作电流的 5 倍。如果输入电压为 AC 220V，LED 的平均电流为 350 mA，再考虑 50％的安全余量，则热敏电阻

$$RT_2=1.5\times1.414\times\frac{220}{5\times0.35}=266\ \Omega$$

可以选择阻值为 300 Ω、工作电流大于 0.35A 的热敏电阻。

**6. LED 灯具的可靠性**

LED 驱动电源寿命偏低的一个重要原因是驱动电源所需的铝电解电容的寿命较短，首要原因是长时间作业时 LED 灯内部的环境温度很高，致使普通铝电解电容的电解液很快被耗干，寿命大为缩短，通常只能作业 5000 小时左右。而 LED 光源的寿命是 50 000 小时，因而普通铝电解电容的作业寿命就成为 LED 驱动电源寿命的短肋。能否用其他电容来代替铝电解电容呢？薄膜电容要到达同样的电容量(通常为 100～220 μF)，体积就会很大，并且成本也太高。陶瓷电容通常容量太小，如用多个陶瓷电容完成这么大的容量，占用 PCB 面积和成本都太大。钽电容若要具有这么大容量，一是太贵，二是耐压太低达不到需求。如果换成容量较小的电容，消除纹波的作用就没有那么好，许多出口产品所需的严格认证目标(如 EMI 测验和无闪烁测验)就无法通过，因而当前高质量的 LED 驱动电源仍是普遍选用铝电解电容。

一家公司推出了一款 TRIAC 集成市电调光驱动的 13W LED 灯泡，它选择了 NXP 公司的 SSL2102 开关电源控制器以及铝电解电容器。通常来说，最接近 LED 光源部位的温度最高，可达 100～200℃，散热金属外壳的温度居第二位，通常在 100℃左右，灯尾的温度最低，通常在 70℃左右，只要把铝电解电容安装在灯尾，其寿命就不会衰减得太快，它的寿命可达到 1 万小时，大约相当于 10 年。例如，以明纬 LED 驱动电源 HLG-150H-24 机型为例，其设计输出电容采用 1 万小时、105℃最高等级电解电容，因其效率高达 93%，在环境温度 60℃下测试时，电解电容的温升低且不会超过 80℃，经实测后计算产品寿命可高达 7 万多小时。因此，设计上采用电解电容的 LED 驱动电源对灯具寿命是否造成影响，取决于灯具所用电源与搭配。如果采用高效率的电路设计，且零件设计使用高品质电解电容的 LED 驱动电源，才是提升灯具寿命的根本解决之道。

**★ 即问即答**

LED 工作电压一般在(　)V 之间。

A. 2.0～2.4　B. 2.4～3.0　C. 3.0～3.6　D. 2.0～3.6

**★同步训练**

LED 常规电光参数有哪些？

# 4.2 LED 应急照明灯

## 4.2.1 消防应急照明灯具的认知

根据《消防应急灯具》国家标准(GB17945—2010)，消防应急灯具是指在火灾发生时，为人员疏散、消防作业提供标志和/或照明的各类灯具。其中，消防应急照明灯是指为人员疏散和/或消防作业提供照明的消防应急灯具。消防应急标志灯是指用图形和/或文字指示安全出口及其方向，楼层、避难层及其他安全场所，灭火器具存放位置及其方向，禁止入内的通道、场所及危险品存放处的消防应急灯具。消防应急照明标志灯是指同时具备消防应急照明灯和消防应急标志灯功能的消防应急灯具。消防应急灯具平时利用外接电源供电，在外接电源断电时自动切换到内部电源供电的使用状态。一般高层建筑/教学楼/商场/娱乐场所等人员密集的地方都会配置消防应急灯。图 4-11 给出了消防应急灯具的一些应用例子。

(a) 应急照明灯

(b) 应急标志灯

(c) 应急照明标志灯

图 4-11　消防应急灯应用例子

**1. 消防应急灯具的分类**

消防应急灯具按应急供电形式可以分为自带电源型(电池装在灯具内部或附近)、集中电源型(灯具内无独立的电池而由集中供电装置供电)、子母电源型(子应急灯由母应急灯供电)3 种；按用途可以分为标志灯、照明灯以及照明标志灯 3 种；按工作方式可以分为持续型(交直流均可点亮灯具，交流充电)、非持续型(交流充电、直流灯亮)2 种；按应急实现方式可以分为独立型(独立完成由主电状态转入应急状态)、集中控制型(工作状态由控制器控制)、子母控制型(由母应急灯控制子应急灯的应急状态)3 种。

**2. 消防应急灯具的主要功能**

消防应急灯是一种十分重要的照明装置，它可以在电源停电时自动切换供电，在电源正常供电时自动对后备蓄电池充电，并有充电保护功能。由于它涉及建筑物发生火灾时人员的安全疏散、消防应急照明和指示等功能，因此在消防救援中扮演着十分重要的角色，甚至被人们称作“生命之灯”。

消防应急灯电路采用了先进的电子控制电路，其主要功能有：

(1) 自动切换功能。断电发生时，内置的控制电路在 5 s 内(高危险区域在 0.25 s 内)自动切换内部电源，进入应急状态。当市电恢复供电时，自动切换回充电状态。

(2) 恒流充电功能。充电时，充电指示的红色指示灯和绿色指示灯均点亮，充满时，红色指示灯熄灭，此时转入涓流充电状态；绿色指示灯显示主电状态，市电正常接入即点亮。

(3) 故障检测功能。如与电池串联的熔断器熔断或者接触不良，或者充电回路不正常，内置的自检电路将自动点亮黄色指示灯。

(4) 过放电保护功能。当电池电压放电到额定电压的 80%时，电子开关立即切断放电回路，可确保电池的长寿命。

(5) 模拟停电试验功能。在主电正常供电的条件下，按下试验按钮等同于切断外部电源，用于模拟停电状态的试验。

**3. 消防应急灯具的主要技术指标**

国家标准(GB17945—2010)对消防应急灯具提出了具体要求，其主要技术指标如下：

(1) 主电源应采用 220 V (应急照明集中电源可采用 380 V)，50 Hz 交流电源，主电源降压装置不应采用阻容降压方式，安装在地面的灯具主电源应采用安全电压，因为有接触触电的危险。

(2) 系统的应急转换时间不应大于 5 s；高危险区域使用的系统的应急转换时间不应大于 0.25 s。

(3) 系统的应急工作时间不应小于 90 min，且不小于灯具本身标称的应急工作时间。

(4) 消防应急标志灯的表面亮度应满足：仅用绿色或红色图形构成的标志灯，其标志表面最小亮度不应小于 50 $cd/m^2$，最大亮度不应大于 300 $cd/m^2$；用白色与绿色组合或白色与红色组合构成的图形作为标志的标志灯表面最小亮度不应小于 5 $cd/m^2$，最大亮度不应大于 300 $cd/m^2$。

(5) 消防应急照明灯具应急状态光通量不应低于其标称的光通量，且不小于 50 lm。

(6) 消防应急灯具应设主电、充电、故障状态指示灯。指示灯的颜色：主电状态用绿色，充电状态用红色，故障状态用黄色。

(7) 灯具应有过充电保护和充电回路开路、短路保护，充电回路开路或短路时灯具应点亮故障状态指示灯，其内部元器件表面温度不应超过 90℃。重新安装电池后，灯具应能正常工作。灯具的充电时间不应大于 24 h，最大连续过充电电流不应超过 0.05$C_5$A(如果电池容量为 1000 mA·h，则 0.05$C_5$A 表示 0.05 倍电池容量电流，即 50 mA；$C_5$表示 5 h 连续放电的电池)。使用免维护铅酸电池时，最大过充电电流不应大于 0.05 $C_{20}$A。

(8) 灯具应有过放电保护。镍氢电池放电终止电压不应小于额定电压的 80%(使用铅酸电池时，电池终止电压不应小于额定电压的 85%)，放电终止后，在未重新充电条件下，消防应急灯具不应重新启动，且静态泄放电流应不大于 $10^{-5}$ $C_5$A(铅酸电池静态泄放电流应不大于 $10^{-5}$ $C_{20}$A)。

(9) 系统在主电电压的 85%～110%范围内(187～242 V)，不应转入应急状态。

(10) 系统由主电状态转入应急状态时的主电电压应在 60%～85%额定范围内(132～187 V)。由应急状态恢复到主电状态时的主电电压不应小于主电额定电压的 85%(187 V)。

(11) 系统应有下列自检功能：

① 系统持续工作 48 h 后每隔(30±2)d 应能自动由主电工作状态转入应急工作状态并持续 30～180 s，然后自动恢复到主电工作状态；

② 系统持续主电工作每隔一年应能自动由主电工作状态转入应急工作状态并持续至放电终止，然后自动恢复到主电工作状态，持续应急工作时间不应少于 30 min；

③ 系统应有手动自检(模拟应急切换)功能，手动自检不应影响自动自检计时，如系统断电且应急工作至放电终止，应在接通电源后重新开始计时；

④ 系统在不能完成自检功能时，应在 10 s 内发出故障声、光信号，并保持至故障排除。

(12) 消防应急灯具的主电源输入端与壳体之间的绝缘电阻应不小于 50 MΩ，有绝缘要求的外部带电端子与壳体间的绝缘电阻应不小于 20 MΩ。

(13) 消防应急灯具的主电源输入端与壳体间应能耐受频率为 50 Hz±1%，电压为 1500 V±10%，历时 60 s±5 s 的试验。消防应急灯具的外部带电端子(额定电压≤50V DC)与壳体间应能耐受频率为 50 Hz±1%、电压 500 V±10%，历时 60 s±5 s 的试验。试验期间，消防应急灯具不应发生表面飞弧和击穿现象；试验后，消防应急灯具应能正常工作。

★ 即问即答

• 消防应急灯具应该具备(　)功能。

A. 过压保护　B. 过载保护　C. 过流保护　D. 过放电保护

### 4.2.2 LED 应急照明灯的结构

LED 应急照明灯具一般由 LED 光源、驱动电路、电池组、切换控制电路、整流滤波电路、状态指示电路、灯壳等几部分组成。平时，市电 220 V 通过光源驱动电路驱动光源正常照明，同时通过整流滤波电路对电池组进行电能补充，即使在下班后关断照明的情况下，整流滤波电路仍然工作在充电状态，以便使电池组始终处于饱满的战备状态。当遇到紧急情况，市电突然停止时，切换控制电路将自动启动电池组供电，驱动 LED 继续照明。

这里以 RH-311L 型 LED 应急照明灯为例来介绍，其内部结构如图 4－12 所示。它是由灯座、充电电池组、LED 显示板 1 和显示板 2、接线端子、控制主板、状态指示板等组成的。其中，灯座用于安装 AC 220V 白炽灯泡，在主电供电的情况下，通过外接开关控制白炽灯的亮/灭；充电电池组(镍氢电池组)(3.6 V，300 mA · h)在主电断电的情况下，提供应急灯照明电源；LED 显示板 1 和显示板 2 在主电断电时，提供应急照明光源；接线端子用于 AC 220 V 电源输入、外接照明开关、灯座电源转接等；控制主板用于电源电压的降压、整流、滤波、充电与应急控制等；工作状态指示板用于主电、充电、故障等状态指示。

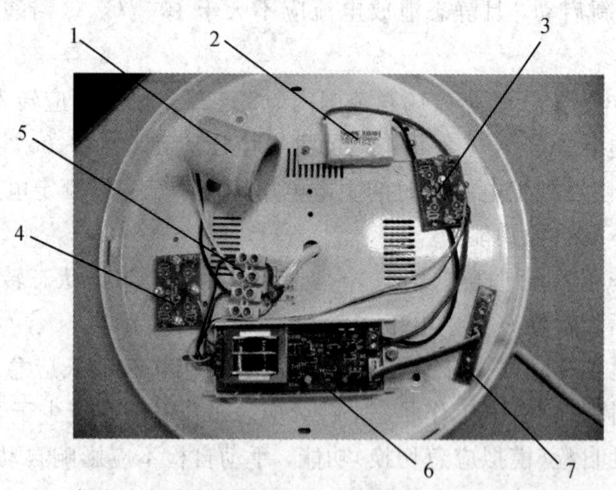


1—灯座；2—充电电池组；3—LED显示板1；4—LED显示板2；
5—接线端子；6—控制主板；7—状态指示板

图 4－12　RH-311L 型应急照明灯的内部结构

### 4.2.3 LED 应急照明灯的功能分析

RH-311L 型应急照明灯是一种集正常照明、应急照明功能于一体的照明灯具，其主要功能如下：

(1) 正常照明功能。当灯座上安装白炽(或节能)灯泡后，在主电供电的情况下闭合外接开关，由主电供电实现灯泡正常照明功能。

(2) 应急照明功能。当主电突然断电时，自动切换为备用电池供电，进入应急状态，由 LED 提供照明。当市电恢复正常供电后，自动切换充电状态以及恢复正常照明功能。

(3) 主电指示与充电控制功能。绿色指示灯显示主电状态，市电正常接入即点亮，市电断电就熄灭。红色指示灯用于指示正常充电状态。正常充电时，红色指示灯点亮；电池充满后，红色指示灯熄灭。

(4) 故障检测功能。如与电池串联的保险丝熔断或者接触不良，或电池充电回路不正常，内置的自检电路将自动点亮黄色指示灯。

(5) 过放电保护功能。当镍氢电池电压放电到额定电压的 80%时，电子电路能自动切断电池的放电回路，可确保电池的长寿命。

(6) 模拟试验功能。在主电正常供电的条件下，如果压牢试验按钮，等同于切断外部电源的作用，用于模拟主电停电状态。

## 4.2.4　RH-311L 型应急照明灯电路分析

RH-311L 型应急照明灯的控制电路是由变压、整流与滤波电路，状态指示电路，应急控制电路，LED 照明电路等组成的，如图 4－13 所示。

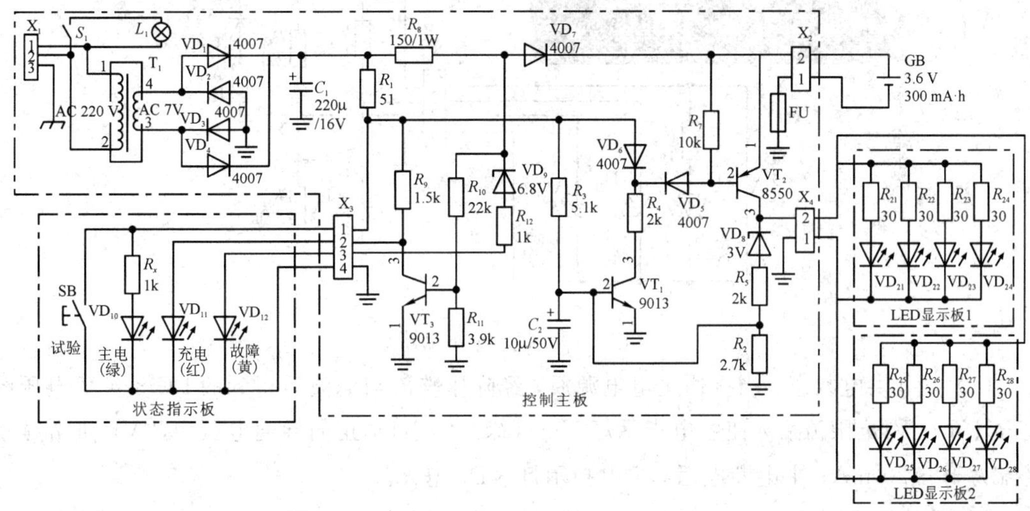


图 4－13　RH-311L 型应急照明灯的控制电路

### 1. 变压、整流与滤波电路

RH-311L 型应急照明灯的变压、整流、滤波电路如图 4－14 所示。AC 220V 经变压器 $T_1$ 降压为 AC 7V 电压，经 $VD_1$～$VD_4$ 桥式整流和 $C_1$ 滤波后，得到 DC 8.4 V 电压(电池正常充电)，供充电电路和其他电路使用。

LED 应急照明灯的工作原理

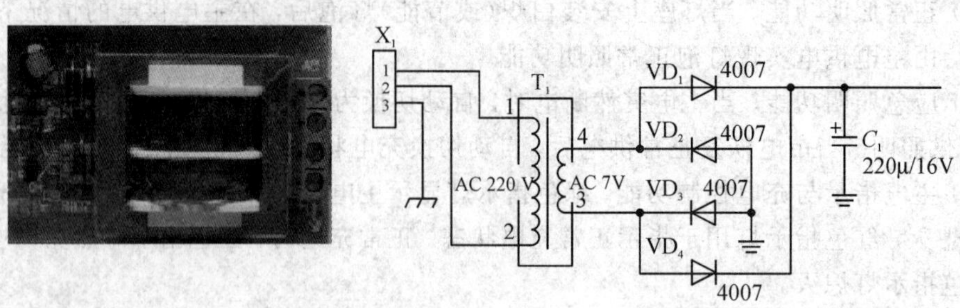


图 4－14　变压、整流与滤波电路

**2. 状态指示电路**

RH-311L 型应急照明灯主要有主电供电状态、充电工作状态和电路故障状态三种工作状态，相应有主电、充电、电路故障三盏指示灯，分别采用标准的绿光 LED、红光 LED 和黄光 LED 来实现。根据控制要求，设计的工作状态检测与指示电路如图 4－15 所示。

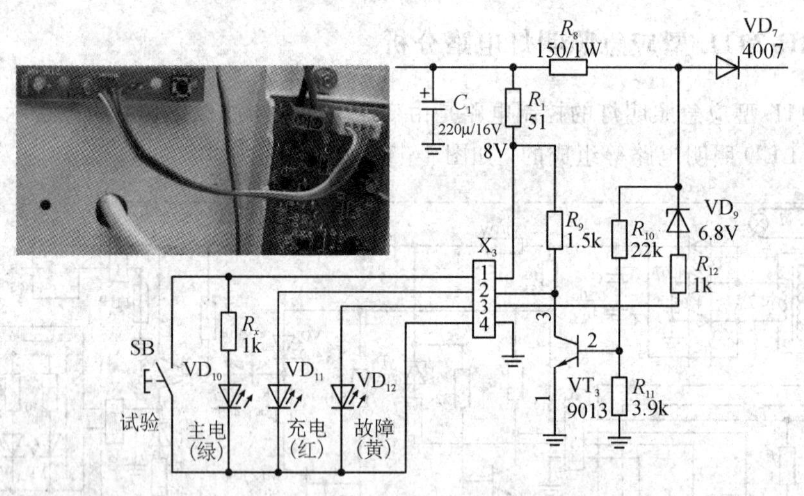


图 4－15　状态指示电路

(1) 主电供电状态。当接通主电电源后，经降压整流与滤波后得到的 DC 8.4 V 电压经过 $R_1$、$R_x$、$VD_{10}$ 限流后，使主电指示灯 $VD_{10}$(绿)亮，$VD_{10}$ 正向导通电压为 2 V，正常显示电流为 10～20 mA；主电断电后，主电指示灯 $VD_{10}$ 熄灭。

(2) 充电工作状态。刚开始充电时，充电电池电压较低，$VT_3$ 截止，DC 8.4V 电压经 $R_1$、$R_9$、$VD_{11}$ 限流后，使充电指示灯 $VD_{11}$(红)亮，$VD_{11}$ 正向导通电压为 1.8 V，正常显示电流为 10～20 mA；当电池电压升高到一定值时，即 $VD_7$ 左端达到 4.6 V 电压时，该电压经 $R_{10}$→$R_{11}$→$VT_3$(9013)通路，使 $VT_3$ 导通，从而使红灯 $VD_{11}$ 熄灭，正常充电结束，进入涓流充电状态。

(3) 电路故障状态。在主电供电的情况下，当电池失效或者与之串联的保险管熔断后，施加的直流电压高于 8 V，使稳压管 $VD_9$ 工作，再经过 $R_{12}$ 使故障灯 $VD_{12}$(黄)亮。$VD_{12}$ 正向导通电压为 2 V，正常显示电流为 10～20 mA。当主电断电后，故障灯 $VD_{12}$ 熄灭。

### 3. 应急控制电路

RH-311L 型应急照明灯的应急控制电路如图 4－16 所示。当主电正常供电时，DC 8.4 V 电压经 $R_8$、$VD_7$ 限流后，给电池 GB 充电。同时，DC 8.4 V 电压经 $R_1$、$R_3$，对 $C_2$ 充电，为应急转换做好准备，并使 $VT_1$ 导通，但由于 C 点电位高于 A 点电位，而使 $VD_5$ 和 $VT_2$ 均截止，切断电池供电回路。

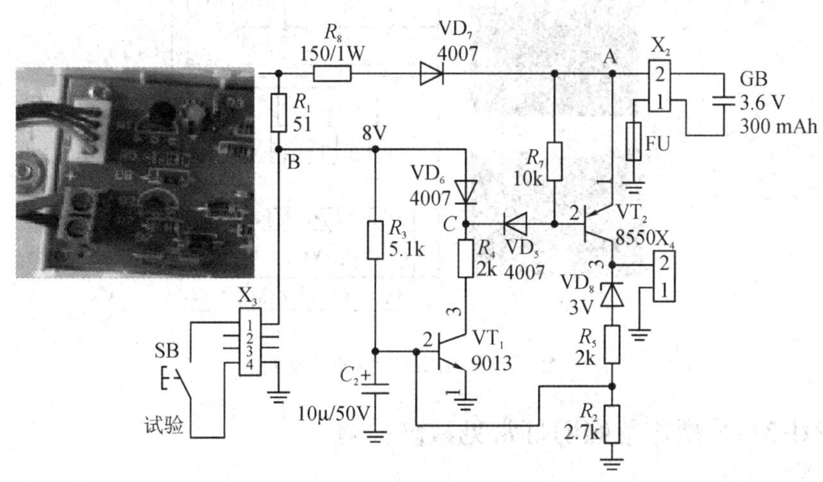


图 4－16　应急控制电路

当主电由供电转为断电时，$C_2$ 上的充电压使 $VT_1$ 继续保持导通状态，C 点由高电位转为低电位，此时 A 点电位高于 C 点电位，使 $VD_5$ 和 $VT_2$ 均导通，由备用电池向 LED 应急照明电路供电。选择蓄电池容量为 3.6 V/300 mA·h，在 LED 照明电路电流小于等于 200 mA 的情况下，确保 LED 应急照明工作时间不小于 90 min，符合国家标准要求。当电池电压放电到额定电压的 80％时，由于供电电压低于 LED 的导通电压而自动切断电池的放电回路，可确保电池的长寿命。

LED 应急照明灯的结构与测量

在主电正常供电的情况下，如果压牢试验按钮 SB，则模拟主电断电而进入应急照明状态，松开试验按钮恢复主电供电状态。

### 4. LED 应急照明电路

RH-311L 型应急照明灯的应急照明功能是由白光 LED 来实现的，其照明控制电路如图 4－17 所示。

为了照明光线的均匀性，将应急照明电路做成两块板，分布在底座的两边，每块应急照明板上均安装了 4 只白光 LED，其正向导通电压为 3 V，正向工作电流范围为 10～30 mA。同时，为了避免 LED 正向导通电压的离散性而导致功率消耗不均衡的问题，每只 LED 串联一只电阻后再并联使用。在本设计中，因为蓄电池容量为 3.6 V/300 mA·h，共使用了 8 路白光 LED 电路，总的工作电流不能超过 200 mA，即每个 LED 回路的工作电流不能超过 25 mA，考虑到白光 LED 的正向导通电压为 3 V 左右，故选取限流电阻为 30 Ω，以保证应急工作时间不小于 90 min。

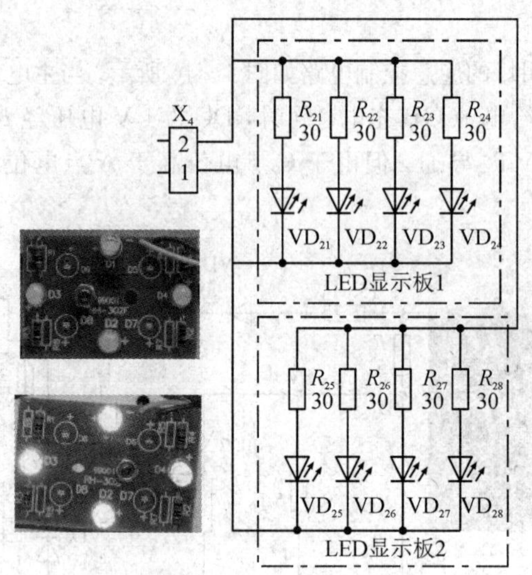


图 4－17 LED应急照明电路

## 4.2.5 RH-311L 型应急照明灯常见故障检修

RH-311L 型应急照明灯是一种功能和电路比较简单的电子产品，其发生故障时的检修方法遵循一般电子产品的维修方法。要做好应急照明灯的维修工作，既要熟悉应急照明灯的工作原理，又要熟悉单元电路的工作过程及其调试技能，并且严格按照科学的维修程序进行维修，慢慢积累经验。

**1. 维修前的准备**

维修工作是一项理论与实践紧密结合的技术工作，要做好该项工作，必须事先做好准备工作。维修前的准备工作主要有以下几个方面：

(1) 必要的技术资料。主要包括 RH-311L 型应急照明灯的使用说明书、电路原理图、印刷电路板布置图、电路关键点的工作电压说明等。

(2) 必要的备件。根据 RH-311L 型应急照明灯的元器件清单，包括焊接材料和连接导线等，做好备件工作。

(3) 必需的检修工具。主要包括一字形螺钉旋具、十字形螺钉旋具、螺帽旋具、尖嘴钳、斜口钳、剪刀、剥线钳、镊子、电烙铁等。

(4) 必要的检测仪器。在应急照明灯的检修过程中，主要涉及交直流工作电压的测量、电阻测量、工作电流的测量等，普通的万用表就能满足测量要求。电路调试需要外加直流电压，所以还需要一台可调的直流稳压电源。

(5) 熟悉检修安全知识。在检修应急灯之前，应该熟悉检修安全知识。这里所说的安全，包括两个方面：一是维修人员的人身安全，二是检修产品和检测仪器的安全。要养成大胆细心、随时注意安全的好习惯，避免操作不当而损坏检修产品、扩大故障范围或发生人身触电事故等。

**2. 维修步骤**

(1) 不通电观察。打开外壳，检查内部电路的电阻、电容、晶体管、LED、电源变压器、充电电池、熔丝、导线等是否有烧焦、漏液、松脱、断路、接触不良、连接器插接是否牢靠等问题。这些明显的表面故障一经发现，应立即予以修复。

(2) 通电观察。不通电观察结束后，接着应进行通电观察。给 RH-311L 型应急照明灯加上 AC 220 V 电压，观察主电指示灯(绿)、充电指示灯(红)、故障指示灯(黄)是否正常发光。如果主电指示灯和充电指示灯正常发光，则应按下试验按钮，观察 LED 应急照明是否正常，以便进一步观察故障部位。但是，如果在接通电源时就出现烧熔丝、打火、冒烟、有焦味等现象时，则应立即断开电源，等查明故障原因并进行适当处理后才能重新进行通电观察。

(3) 故障检测与诊断。根据故障现象的观察以及应急照明灯工作原理的分析，只能初步得出可能产生故障的部位和原因，要确定发生故障的确切部位，还必须用仪表进行测量，通过测量—分析—再测量—再分析，才能查出损坏的元器件或者电路故障点。

(4) 故障处理。根据查出的损坏元器件或者电路故障点，进行元件更换、重焊、整修等操作，使电路功能恢复正常。

(5) 试机检验。电路故障修复后，还要进行通电试机检验，以确保维修后的应急灯各项功能全部恢复正常为止。

**3. 维修过程注意事项**

(1) 电烙铁妥善安置。在维修过程中，工作台上的电烙铁要妥善安置，防止烫伤维修人员或者烫坏应急灯的外壳或其他部件。

(2) 拆下来的紧固件、前后盖、元器件、零部件等要妥善放置，防止无意中丢失或损坏。

(3) 拆下元器件时，原来的安装位置和引出线要有明显标志，并做好记录，以确保元件更换或重装位置正确。拆开的线头要采取安全措施，防止浮动线头和元件相碰，造成短路或接地等故障。

(4) 掉入电路板上的螺钉、螺母、导线、焊锡等，一定要及时清除，以免造成人为故障或留下隐患。

(5) 在带电测量时，一定要防止测试探头与相邻的焊点或元件相碰，以免造成新的故障。

(6) 在更换元器件时，要认真仔细地检查代用件与电路的连接是否正确，特别要注意接地线的连接。

**4. 常见故障检修**

RH-113 型应急照明灯不亮故障检修

(1) 接通 AC 220 V 电源后，主电指示灯、充电指示灯、故障指示灯均不亮故障的检修。对于这类故障，一般先检查直流供电电路是否正常，可以用万用表测量整流滤波后的直流电压是否正常(正常值为 DC 8～10 V)。如果该直流电压不正常，则应进一步检查变压器 $T_1$ 的次级输出电压是否正常(正常值为 AC 7 V 左右)。如果 AC 7 V 电压不正常，则应检查变压器 $T_1$ 的输入电压(AC 220 V)是否正常，若输入电压正常，则说明变压器 $T_1$ 已损坏，需要更换。如果 $T_1$ 的输入电压不正常，则应检查电源插座和连接导线。如果 $T_1$ 输出的 AC 7 V 电压正常，而整流滤波后的直流电压不正常，则应检查整流二极管、滤波电容以及输出电路是否对地短路。

如果整流滤波后的直流电压正常，则应检查 $R_1$ 是否正常。如果 $R_1$ 正常，则应检查连接器 $X_3$ 与连接导线、$R_x$、$R_9$、$VD_{10}$、$VD_{11}$是否正常。

(2) 接通 AC 220 V 电源后，主电指示灯、充电指示灯、故障指示灯均亮故障的检修。主电指示灯和充电指示灯均亮，说明整流滤波电路正常，而故障指示灯亮，有可能 $VD_9$ 短路或者 $VD_7$ 开路或者电池充电回路开路，应检查 $VD_9$、$VD_7$、连接器 $X_2$、电池 GB、熔断器 FU 等。

(3) 接通 AC 220 V 电源后，主电指示灯和充电指示灯发光正常，但不能实现应急转换故障的检修。对于这类故障现象，往往是应急转换控制电路发生了故障。首先用万用表测量连接器 $X_4$ 是否有正常的输出电压(正常电压为 DC 3.5 V 左右)，如果没有输出正常电压，则应检查 $C_2$ 能否正常充电，只有 $C_2$ 正常充电后，才能使 $VT_1$ 导通；如果 $C_2$ 不能正常充电，则应检查 $R_3$、$C_2$ 是否正常，若不正常，则应更换；如果 $C_2$ 能正常充电，则应检查 $R_4$、$VD_5$ 是否正常，若不正常，则应更换；如果 $R_4$、$VD_5$ 均正常，则应检查 $VT_1$ 是否正常，若不正常，则应更换；然后再检查 $VT_2$、$VD_8$、$R_5$、$R_2$ 是否正常，若有不正常的元件，则需更换。

如果连接器 $X_4$ 有正常的输出电压，则应检查连接线、LED 显示板上的限流电阻和 LED 发光管。

## 实训 3　LED 应急照明灯电路的测量与检修

**【实训目的】**

(1) 能识读 LED 应急照明灯的内部结构与主要部件。

(2) 能分析与测量 LED 应急照明灯的电路。

(3) 能对 LED 应急照明灯的常见故障进行检修。

**【实训仪器和材料】**

(1) LED 应急照明灯。

(2) 万用电表。

(3) 备品备件。

(4) 焊接工具与材料。

(5) 螺帽旋具。

**【实训内容】**

(1) 在断电情况下，识读 RH-311L 型应急照明灯的内部结构，分析元器件和电路图的对应关系。

(2) 在断电条件下，测量变压器 $T_1$ 的初级绕组、次级绕组的电阻值；测量电容 $C_1$、$C_2$ 的电容量；测量 $R_1$、$R_8$ 的电阻值；测量整流二极管 $VD_1$、指示二极管 $VD_{10}$、照明二极管

$VD_{21}$的正反向电阻值。

(3) 接通 AC 220V 电源，测量 $T_1$ 的初级电压和次级电压；测量 $C_1$ 两端的直流电压，电池两端电压；测量 $R_8$ 两端电压，并计算充电电流；测量 $VD_7$、$VD_{10}$、$VD_{21}$的导通电压。

(4) AC 220V 电源由接通变为断开后(处于应急状态)，测量 $VT_1$、$VT_2$、$VT_3$ 各个集电极的对地电压，测量稳压管 $VD_8$、$VD_9$ 的两端正常工作电压。

(5) 在 LED 照明的情况下，通过测量 $R_{21}$两端的电阻与电压，计算通过 $VD_{21}$照明时的工作电流。

**【实训报告要求】**

(1) 简述实训步骤与注意事项。

(2) 记录测量结果并加以简要分析。

**【思考题】**

如何判断 RH-311L 型应急照明灯工作是否正常？

# 4.3　LED 应急标志灯

## 4.3.1　LED 应急标志灯的结构

这里以 RH-201A 型应急标志灯为例进行介绍，其内部结构如图 4-18 所示。它是由充电电池组、LED 应急标志显示板、接线端子、控制主板、状态指示板等组成的。其中，充电电池组(3.6 V/300 mA·h)在主电断电的情况下，提供应急标志灯电源；LED 应急标志显示板提供照明，显示安全出口标识和出口方向；接线端子用于 AC 220V 电源输入等；控制主板用于输入交流电源的整流、滤波、逆变控制、电池充放电控制等；工作状态指示板用于主电、充电、故障等状态指示。

LED 应急标志灯的结构

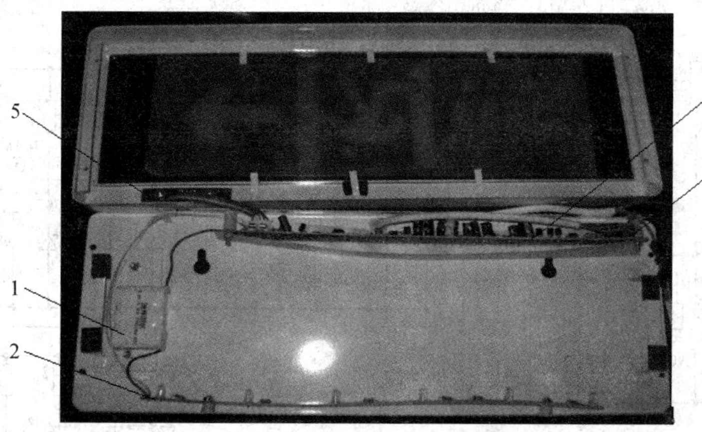


1—充电电池组；2—LED显示板；3—接线端子；4—控制主板；5—状态指示板

图 4-18　RH-201A 型应急标志灯的内部结构

## 4.3.2 LED应急标志灯的功能分析

RH-201A型应急标志灯的主要功能如下：

(1) 主电正常时的应急标志指示功能。在主电正常供电的情况下，由主电点亮内部LED，即可实现"安全出口EXIT和出口方向箭头"指示功能。

(2) 主电断电后的应急标志指示功能。当主电突然断电时，自动切换为备用电池供电，由电池点亮内部LED，实现"安全出口EXIT和出口方向箭头"指示功能。当市电恢复正常供电后，自动切换充电状态以及恢复主电正常时的应急标志指示功能。

(3) 主电指示与充电控制功能。绿色指示灯显示主电状态，市电正常接入即点亮，市电断电就熄灭。红色指示灯显示正常充电状态，充电时，红色指示灯和绿色指示灯均亮；电池充满后，红色指示灯熄灭，此时转入涓流充电状态。

(4) 故障检测功能。如果与电池串联的熔断器熔断或者接触不良，或电池充电回路不正常，内置的自检电路将自动点亮黄色指示灯。

(5) 过放电保护功能。当电池电压放电到额定电压的80%时，电子电路能自动切断放电回路，可确保电池的长寿命。

(6) 模拟试验功能。在主电正常供电条件下，按牢试验按钮，类似于切断外部电源，用于模拟停电状态试验。

## 4.3.3 RH-201A型应急标志灯电路分析

RH-201A型应急标志灯的控制电路是由整流滤波及逆变电路、电池充放电控制电路和应急标志指示电路组成的，如图4-19所示。

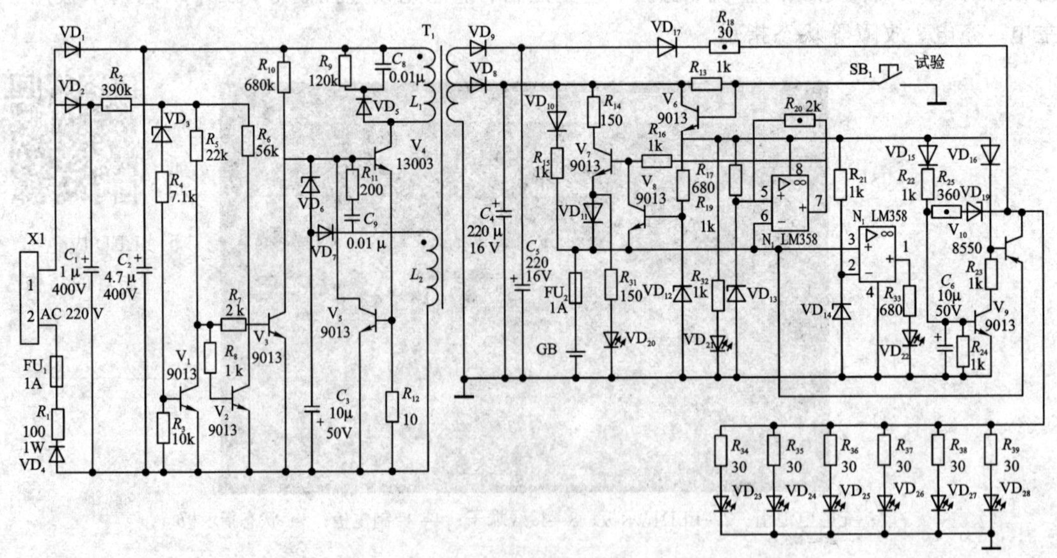

图4-19 RH-201A型应急标志灯的控制电路

### 1. 整流滤波与逆变电路

LED 应急标志灯的工作原理

整流是把交流电变换为直流电，而逆变是将直流电变换为交流电，为什么要进行这样的变换呢？主要是为了系统能实现欠压保护和过流保护功能，即当主电电压低于 187 V 时，欠压保护电路自动切断 AC 220 V 电压。当负载电流超出额定值时，过流保护电路动作，自动切断 AC 220 V 电源。

RH-201A 型应急标志灯的整流滤波与逆变电路如图 4－20 所示。AC 220V 经 $VD_1$、$VD_2$ 半波整流和 $C_1$、$C_2$ 滤波后，得到相应的直流电压，分别供给欠压处理电路和逆变电路使用。当主电电压正常时，$V_1$ 饱和导通，$V_2$ 和 $V_3$ 截止，逆变电路工作正常，由逆变电路为电池充电和点亮 LED 提供电源，电路进入逆变和充电状态。当主电电压低于 187 V 时，欠压处理电路的 $V_1$ 截止，$V_2$ 导通，为 $VD_2$ 半波整流电路提供负载电流。$V_3$ 饱和导通，使 $V_4$ 基极电位下降，进而使逆变电路停止工作，切断 AC 220V 输入电源。

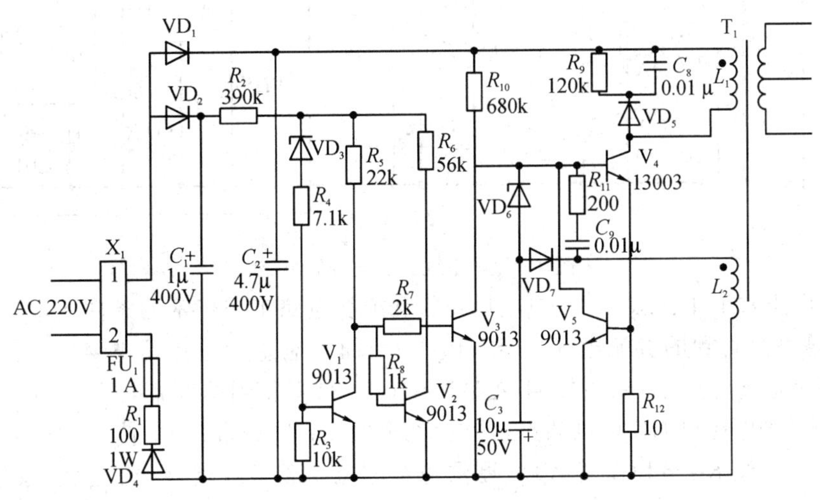


图 4－20　整流滤波与逆变电路

在主电正常供电的条件下，$V_3$ 截止，由开关变压器 $T_1$、开关管 $V_4$、启动电阻 $R_{10}$ 等组成振荡电路。由启动电阻 $R_{10}$ 给 $V_4$ 提供微小的启动电流，变压器绕组 $L_2$ 和 $R_{11}$、$C_9$ 构成的正反馈电路使 $V_4$ 由导通进入饱和区。随着 $C_9$ 充电电流的不断减小，产生的正反馈使 $V_4$ 进入截止区，然后电源通过 $R_{10}$、$R_{11}$、$L_2$ 对 $C_9$ 充电，使 $V_4$ 的基极电位逐步提高，提高到一定程度再次使 $V_4$ 导通；由 $R_{11}$、$C_9$ 和 $L_2$ 所组成的谐振，使 $V_4$ 进入循环振荡工作状态，并在开关变压器 $T_1$ 的次级输出脉动电压。其中，$R_{12}$ 和 $V_5$ 组成过流保护电路，当负载电流过大时，在 $R_{12}$ 上产生的电压降使 $V_5$ 饱和导通，吸收一部分 $V_4$ 的基极电流或者使 $V_4$ 基极电位降低而截止，实现输出过流保护功能。稳压管 $VD_6$ 和 $C_3$ 组成过压保护电路，当负载电压过高时，反馈绕组 $L_2$ 的感应电动势也过大，并通过 $VD_7$ 对 $C_3$ 充电到比较高的电压，此电压通过 $L_2$、$C_9$、$R_{11}$ 使 $VD_6$ 导通，并对 $C_9$ 进行反向充电，使 $V_4$ 的基极电压降低，缩短 $V_4$ 的导通时间，实现输出过压保护功能。

**2. 电池充放电控制电路**

RH-201A 型应急标志灯的电池充放电控制电路如图 4-21 所示。

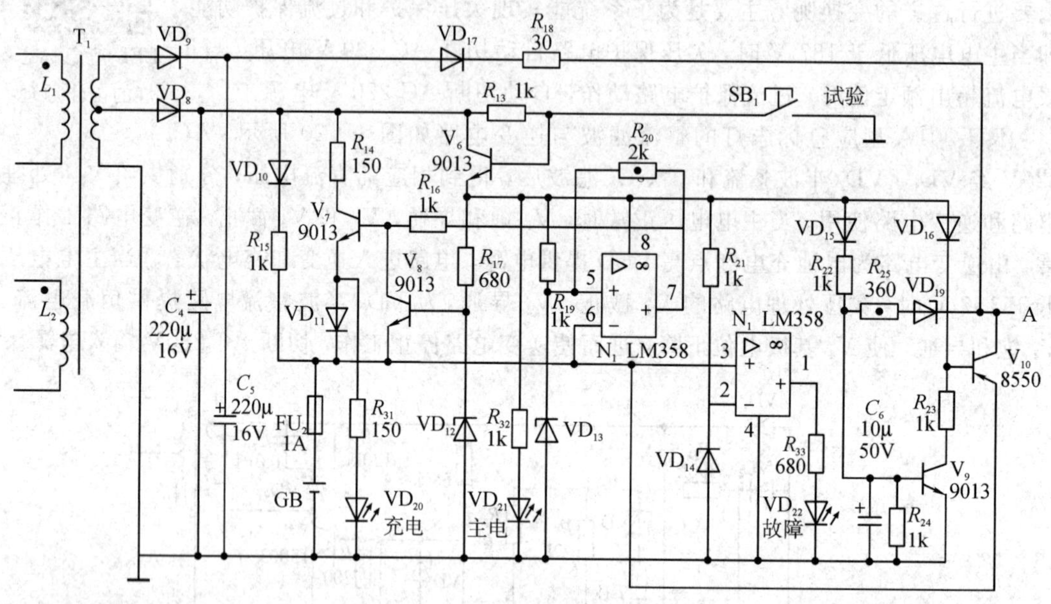

图 4-21 电池充放电控制电路

(1) 主电正常工作状态。在主电电压正常和逆变电路工作正常的条件下，由 $VD_9$ 半波整流和 $C_5$ 滤波后得到的直流电压，经 $VD_{17}$、$R_{18}$ 加到应急标志指示电路，点亮 6 只白光 LED，照亮应急方向标志。由 $VD_8$ 半波整流和 $C_4$ 滤波后得到的直流电压，分成两路：一路经 $VD_{10}$ 和 $R_{15}$ 给电池组 GB 提供微小(涓流)充电电流；另一路经 $R_{13}$ 使 $V_6$ 导通，再分成 7 路输出。第 1 路经 $R_{17}$ 给稳压管 $VD_{12}$ 提供稳定电流，第 2 路经 $R_{32}$ 给主电(绿色)指示灯 $VD_{21}$ 提供工作电流，第 3 路经 $R_{19}$ 给稳压管 $VD_{13}$ 提供稳定电流，第 4 路给集成运放 LM358 提供工作电压，第 5 路经 $R_{21}$ 给稳压管 $VD_{14}$ 提供稳定电流，第 6 路经 $VD_{15}$、$R_{22}$ 给 $V_9$ 的基极提供偏置电压，第 7 路经 $VD_{16}$、$R_{23}$ 给 $V_9$ 的集电极提供电压，结果 $V_9$ 导通，$V_{10}$ 的基极因为处于高电位而截止。

电池充电控制过程分析如下：

当 $VD_8$ 整流滤波后的直流电压正常时，$N_1$(LM358)的第 5 脚电压高于第 6 脚电压，其第 7 脚输出高电平，经 $R_{16}$ 使 $V_7$ 导通，再经 $VD_{11}$ 为电池组 GB 提供正常充电电流，同时经过 $R_{31}$ 使充电(红色)指示灯 $VD_{20}$ 点亮。当电池电压很低或者两端短路时，此时由于 $V_8$ 的基极电压比发射极电压高而导通，为电池提供较小的充电电流，同时使 $V_7$ 截止，从而起到短路保护或者保护电池作用。当电池两端开路或 $FU_2$ 熔断时，使 $N_1$ 的第 3 脚电压比第 2 脚电压高，其第 1 脚输出高电平，经 $R_{20}$ 点亮故障(黄色)指示灯 $VD_{22}$。当充电电源对电池进行正常充电时，$N_1$ 的第 2 脚电压比第 3 脚电压高，其第 1 脚输出低电平，故障指示灯 $VD_{22}$ 不亮，且 $N_1$ 的第 5 脚电压比第 6 脚电压高，其第 7 脚输出高电平，使 $V_7$ 导通为电池提供正常充电电流，而 $V_8$ 截止。当充电完成后，$N_1$ 的第 5 脚电压比第 6 脚电压低，其第 7 脚输出低电平，使 $V_7$ 截止，同时充电指示灯 $VD_{20}$ 熄灭，正常充电结束，进入由 $VD_{10}$ 和 $R_{15}$ 提供的涓流充电状态。

(2) 应急工作状态。当主电电压由正常变为断电状态时，$C_6$ 上的充电电压使 $V_9$ 继续保持导通状态，此时 $V_{10}$ 的基极处于低电位而导通，进入应急工作状态，由电池 GB 向 LED 应急标志指示电路供电，点亮应急出口方向标志。随着电池放电，输出电压逐步减小，当输出电压小于 $VD_{19}$ 的稳定电压时，$V_9$ 截止，同时 $V_{10}$ 也截止，从而结束电池放电过程，保护电池过放电。

(3) 测试工作状态。在主电正常工作的状态下，如果按牢试验按钮 $SB_1$，则 $V_6$ 截止、$V_7$ 截止，使 $VD_{20}$ 和 $VD_{21}$ 均熄灭，$V_9$ 和 $V_{10}$ 均导通，模拟主电断电的应急控制功能。

**3. 应急标志指示电路**

RH-201A 型应急标志指示电路如图 4-22 所示。在图 4-22 中，考虑到电池容量为 300 mA · h/3.6 V，断电后要维持 90 min，总电流要小于 200 mA，本应急标志灯共使用 6 路白光 LED 电路，总的工作电流不超过 200 mA，即每个 LED 回路的工作电流不超过 30 mA；考虑到白光 LED 的正向导通电压为 3 V，故选取限流电阻为 30 Ω，以保证应急工作时间不小于 90 min。

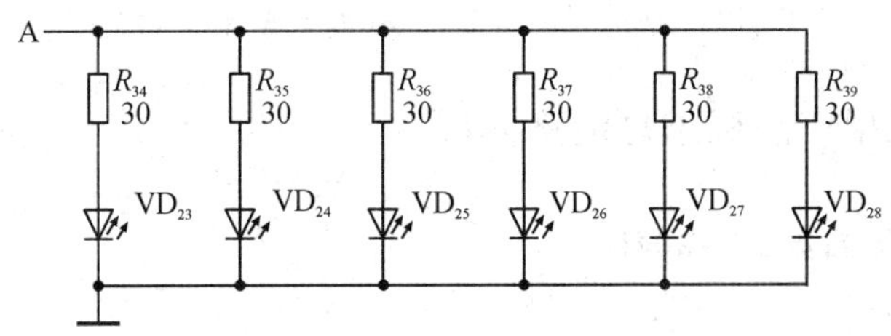

RH-201A 型应急标志灯不亮故障检修

图 4-22　应急标志指示电路

## 4.3.4　RH-201A 型应急标志灯常见故障检修

要检修 RH-201A 型应急标志灯，必须事先准备好 RH-201A 型应急标志灯的使用说明书、电路原理图、有关工具、万用电表及备用元器件及材料等。在维修操作前，既要熟悉应急标志灯的电路组成和工作原理，又要熟悉单元电路的工作过程及其调试技能，并且严格按照科学的维修程序进行维修，慢慢积累经验。

**1. 应急照明灯不亮故障的检修**

故障现象：接通 AC 220 V 电源，主电指示灯、充电指示灯、应急出口指示灯均不亮。

由图 4-19 可知，对于这类故障，一般先检查整流滤波与逆变电路是否正常，可以用万用表测量整流滤波后电容 $C_1$ 和 $C_2$ 上的直流电压是否正常。如果直流电压不正常，则应进一步检查输入交流 220 V 电压、熔断器 $FU_1$ 是否正常。若交流 220 V 电压和 $FU_1$ 均正常，则应检查 $R_1$ 和 $VD_4$ 是否正常，否则应检查 $VD_1$、$C_2$、$VD_2$、$C_1$ 是否正常。

如果 $C_1$ 和 $C_2$ 上的直流电压均正常，则应检查 $C_4$ 和 $C_5$ 上的直流电压是否正常。如果 $C_4$ 和 $C_5$ 上的直流电压不正常，则应先检查 $VD_8$、$C_4$、$VD_9$、$C_5$ 是否正常，再检查逆变电路的 $R_{10}$、$T_1$、$V_4$、$V_5$ 与 $V_1$、$V_2$、$V_3$ 及相关元器件。

如果 $C_4$ 和 $C_5$ 上的直流电压正常，但应急标志灯不亮，则应先检查 $VD_{17}$、$R_{18}$ 是否正常，再检查充放电控制电路到应急标志指示电路的连接是否正常，最后检查 LED 应急指示电路是否正常。如果主电指示灯和充电指示灯均不亮，则应先检查 $V_6$ 发射极的直流电压是否正常。若直流电压不正常，则应检查 $V_6$、$R_{13}$ 是否正常。若直流电压正常，则应检查 $R_{31}$、$VD_{20}$、$R_{32}$ 和 $VD_{21}$ 是否正常。

**2. 不应急故障的检修**

故障现象：接通 AC 220 V 电源，应急指示灯亮，断开 AC 220 V 电源，应急指示灯熄灭，不能实现应急功能。

对于这类故障，由于应急指示灯在接通外部电源时能亮，说明整流逆变电路和应急指示电路均正常，故障原因一般在应急切换电路、电池充放电控制电路，或者电池本身不能充电。在接通 AC 220 V 电源的条件下，先观察主电指示灯 $VD_{20}$、充电指示灯 $VD_{21}$、故障指示灯 $VD_{22}$ 是否亮。如果这三盏灯均不亮，则应检查 $C_4$ 上的直流电压是否正常。如果 $C_4$ 上的直流电压正常，则应检查 $V_6$ 工作是否正常。

如果主电指示灯 $VD_{20}$ 亮，但充电指示灯 $VD_{21}$ 和故障指示灯 $VD_{22}$ 不亮，则应检查 LM358、$V_7$、$V_8$ 工作是否正常。如果主电和充电指示灯均亮，则应检查 $V_9$、$V_{10}$ 工作是否正常。如果故障指示灯 $VD_{22}$ 亮，则应检查 $FU_2$、电池 GB 是否开路。

### 4.3.5 RH-201F 型应急标志灯电路分析

**1. 标准 PWM 控制器 LN5R04D**

1）LN5R04D 概述

LN5R04D 是标准的 PWM 控制器，可非常方便地应用于各种小功率电源适配器中。LN5R04D 为高性能、电流模式 PWM 控制器，内置高压功率开关，可以在 85～265 V 的宽电网电压范围内正常工作。其所需外围器件很少，内部集成了多种保护电路，轻载时主动降低工作频率，减少开关损耗，无输出时功耗可小于 0.2 W。最大输出功率为 5 W，有过压、过载、过流、过温等保护功能。在系统启动期间芯片仅需从 VIN 端输入极小的触发电流即可打开内部高压电流源电路，实现系统快速充电启动。一般在应用中可以使用 1.2～10 MΩ 的电阻作为 VIN 电阻。因为 VIN 电阻长期承受输入直流高压，应用中应确保电阻耐压能力满足要求，一个比较好的做法是将两个电阻串联使用。

2）LN5R04D 封装

LN5R04D 采用 SOP8/SOP8-6 封装，其引脚排列及内部组成框图如图 4-23 所示。其中，VIN 端为高压电流源触发输入端，通过外接一只电阻与高压直流电压端相连；NC 为未使用端(悬空)；$V_{CC}$ 为芯片供电端(5～9 V)，当 $V_{CC}$ 连到 10 V 电压时芯片内部会启动过压保护，限制输出电压上升，可防止光耦或反馈电路损坏引起的输出电压过高；VFB 为反馈端；GND 为接地端；HV 为高压开关输出端。

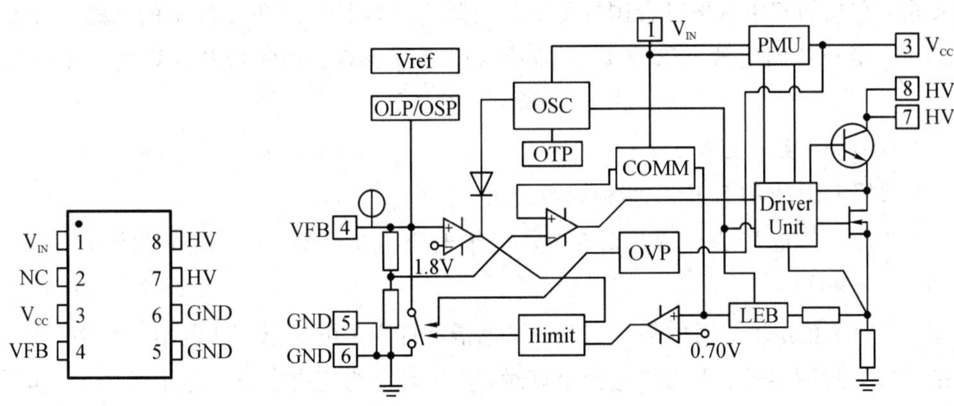


图 4-23　LN5R04D 引脚排列及内部组成框图

3）LN5R04D 应用电路

使用 LN5R04D 为主控制芯片设计的 6 V 直流电源，全电压额定输出功率为 4 W，较适宜作为无线电话的供电器，如图 4-24 所示。该电路额定输出电压为 6 V，通过变压器 $T_1$ 的辅助绕组 $N_3$ 经 $VD_8$ 和 $C_6$ 整流滤波后供电到 $V_{CC}$端，并经过内部 $V_{CC}$反馈环控制使输出电压稳定在一定的范围内。在输出空载时，通过 $R_5$ 和 $VD_7$ 使输出电压被限定在 7 V 左右。当输出负载增加到额定负载时，输出电压将被自动调整到 6 V 额定电压。图中，$R_1$ 起过载保护作用，压敏电阻 $R_6$ 起防雷击保护作用，$L_1$、$C_1$、$C_2$ 起滤波作用，$R_2$、$R_3$ 为芯片提供触发电流，$C_3$、$R_4$、$VD_5$ 为变压器 $T_1$ 的初级提供能量释放通道，高频整流二极管 $VD_6$ 采用低电压、高速度的肖特基二极管 1N5819，整流管 $VD_8$ 采用快恢复整流二极管 FR107，$C_4$、$C_5$、$C_6$、$C_7$ 起滤波作用。

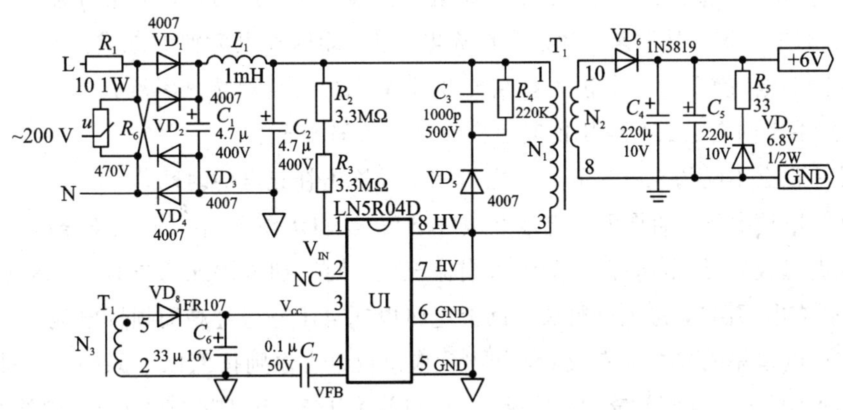


图 4-24　LN5R04D 应用电路

## 2. 消防应急灯专用芯片 XGB1688

1）XGB1688 芯片概述

XGB1688 芯片是依据《消防应急照明和疏散指示系统》(G17945—2010B)国家标准要求研制开发的专用芯片，是在综合原消防应急灯具专用芯片功能，结合新标准对消防应急灯具的要求，在总结多年从事符合国标要求的消防应急灯具生产研究经验的基础上开发设计而成的，适用于备用电池 1.2 V 以上的消防应急标志灯、消防应急照明灯、集中控制型电源。

2）XGB1688 主要技术参数

(1) 采用 DIP14 和 SOP14 两种封装方式。

(2) 芯片工作电压为 2.2～5.5 V，工作电流≤3 mA(LED 输出关闭)，工作温度为－15℃～＋90℃。

(3) 采用单色指示灯时的显示信息：绿色指示灯为主电显示，红色指示灯为充电显示，黄色指示灯为故障显示。采用三色指示灯时，显示红色为充电状态，显示绿色为主电状态，显示黄色为故障状态。当第 9 脚接地时选择三色指示灯，否则选择单色指示灯。

(4) 按键功能：

① 按键时间小于 3 s 为模拟主电停电。

② 持续按键时间大于 3 s 且小于 5 s，绿色指示灯 1 Hz 闪烁时放开按键系统，由主电状态进入手动月检(应急 120 s 回到主电状态)。

③ 持续按键时间大于 5 s 且小于 7 s，绿色指示灯 3 Hz 闪烁时放开按键系统，由主电状态进入手动年检(放电到终止并回到主电，如放电时间不足 30 min 就回主电，则会报警至故障排除)。

④ 在应急状态时按键时间大于 7 s，关断应急工作输出。

⑤ 在自检过程中若发现电池放电时间不足或有光源故障，要求排除故障后按动试验按钮确认一次，才能回到主电状态。

(5) 充电模式：采用定时充电和限压充电两种模式同时控制，对于镍镉电池以定时充电为主，限压充电为辅，对于锂电池以限压充电为主，定时充电为辅的方式。

① 初次上电(包括上次放电终止)：充 20 h 后系统会自动转入涓流充电，充电过程中电池电压达到设定的充电关断电压值时也会自动转入涓流充电。

② 芯片根据不同的充电时间和放电时间来计算出补充电的时间。

③ 在主电情况下，如果更换电池并按一下按钮(确认操作)后，则正常充电 20 h。

④ 充电完成后(红指示灯灭)，转入涓流充电，同时加入限压充电模式(达到限定电压时自动关断充电回路)，避免反复长时间充电将电池电压充得过高而损坏电池。

⑤ 在充电未完成或充电完成后，如出现应急放电现象则按照以下原则进行补充电：应急放电时间小于 5 min 则补充电 5 min，放电时间大于 5 min 且小于 30 min 则补充电 10 h，放电时间大于 30 min 且则补充电 20 h，但累计充电时间不大于 20 h。

(6) 电池判断模式：

① 电池开路电压设计为电池额定电压的 1.7 倍左右，当电压达到设定的电池开路电压及以上时，红指示灯熄灭，黄指示灯 1 Hz 闪烁。

② 放电终止电压设定为电池额定电压的 83%，国标要求放电终止电压不低于电池额

定电压的 80%。

③ 当充电回路电压低于设定的充电回路短路电压时，停止充电，红指示灯熄灭，黄指示灯 1Hz 闪烁，此时仍会打开涓流充电；当电池两端电压大于设定的充电回路短路电压时，转入正常充电模式。

④ 充电部分各状态的关键点电压见表 4-3。该集成电路根据第 10 脚的电压变化来区分电池开路、充电、满电、短路等状态，并根据电池状态来控制充电回路以及电池故障判断。

**表 4-3　充电部分各状态关键点电压**

| 电池电压设定项目参数/V | 充电回路开路 | | 充电回路短路 | | 限压充电关断 | | 放电终止 | |
|---|---|---|---|---|---|---|---|---|
| | 回路端 | IC10 脚 | 回路端 | IC10 脚 | 回路端 | IC10 脚 | 回路端 | IC10 脚 |
| 1.2V 标志灯 | 2.1 | 2.8 | 0.7 | 1.4 | 1.75 | 2.45 | 1 | 1.7 |
| 3.6V 标志灯 | 5.8 | 3.3 | 2 | 1.3 | 5.2 | 2.9 | 3 | 1.85 |

3) XGB1688 引脚功能说明

XGB1688 芯片引脚排列如图 4-25 所示。各引脚功能说明如下：

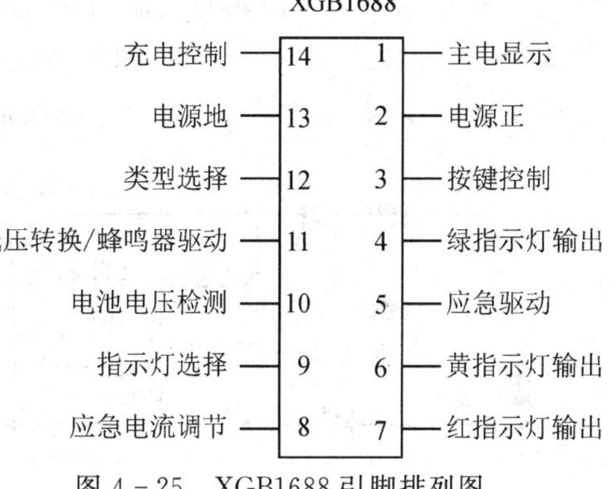

图 4-25　XGB1688 引脚排列图

(1) 第 1 脚为主电显示：有主电时输出低电平，自检及应急状态时输出高电平。

(2) 第 2 脚为电源正极：芯片电源正电压(正常电压为 4.2 V)。

(3) 第 3 脚为按键控制：控制灯具的各种状态(根据按键持续时间长度不同，分别进入模拟主电停电、手动月检、手动年检、关闭应急工作输出等 4 种工作状态)。

(4) 第 4 脚为绿指示灯输出：有主电时长亮，月检时 1 Hz 闪烁，年检时 3 Hz 闪烁。

(5) 第 5 脚为应急驱动：应急时输出频率 25 kHz、峰值 4.2 V 的方波信号触发应急回路。

(6) 第 6 脚为黄指示灯输出：根据不同故障现象输出相应的信号控制黄指示灯(1 Hz 闪烁为充电回路故障，3 Hz 闪烁为光源故障，长亮为自检时放电时间不足)。

(7) 第 7 脚为红指示灯输出：充电时红指示灯亮，充满电或充电回路故障时红指示灯灭。

(8) 第 8 脚为应急电流调节：通过检测光源对地小电阻上的电压，再进行 IC 内部比较计算出灯珠电流，同时也根据小电阻上电压的变化来调节第 5 脚的输出，以达到恒定光源应急功率的效果。

(9) 第 9 脚为指示灯选择：接地时选择三色指示灯，悬空或接高电平时选择单色指示灯。

(10) 第 10 脚为电池电压检测：电池电压的变化将引起第 10 脚电位的变化，从而根据第 10 脚检测到的不同电压值来判断电池及充电回路的状态。

(11) 第 11 脚为低压转换/蜂鸣器驱动：当第 11 脚电压为 1.296 V(对应主电输入电压为 170 V)时转入主电状态，当第 11 脚电压为 1.115 V(对应主电输入电压为 160 V)时转入应急状态。当月检、年检发生故障时，每隔 50 s 输出时长 2 s、频率 2 kHz 的方波驱动蜂鸣器。

(12) 第 12 脚为类型选择：通过两个分压电阻来改变该脚电压，再通过计算该脚电压和芯片电源电压的比值来判断电路类型(该脚接地时选择 1.2 V 电路，该脚接高电平时选择 3.6 V 电路)。

(13) 第 13 脚为电源地。

(14) 第 14 脚为充电控制：充电时输出高电平，转入涓流充电时输出频率为 25 kHz、占空比为 1/4 的矩形波，计时充电完成或限压充电结束后输出低电平。

4) XGB1688 应用电路

由消防应急灯具专用芯片 XGB1688 构成的 RH-201F 型应急标灯电路如图 4-26 所示。交流 220 V 电压经过 $VD_1$ 半波整流和 $C_1$ 滤波后加到开关型 PWM 控制器 LN5R04D 的第 8 脚(HV 端)，半波整流滤波后的直流电压经 $R_1$、$R_4$ 为芯片提供触发电流，启动芯片工作。从芯片第 8 脚输入的电流由 5 脚输出，再经 $L_1$、$C_3$ 构成的回路，在 $L_1$ 两端形成感生电动势。一方面，此电动势经 $VD_4$ 整流和 $C_1$ 滤波后为芯片提供 5～9 V 的供电电压；另一方面，此电动势经 $VD_3$ 整流和 $C_3$ 滤波后提供 VCC 电压。

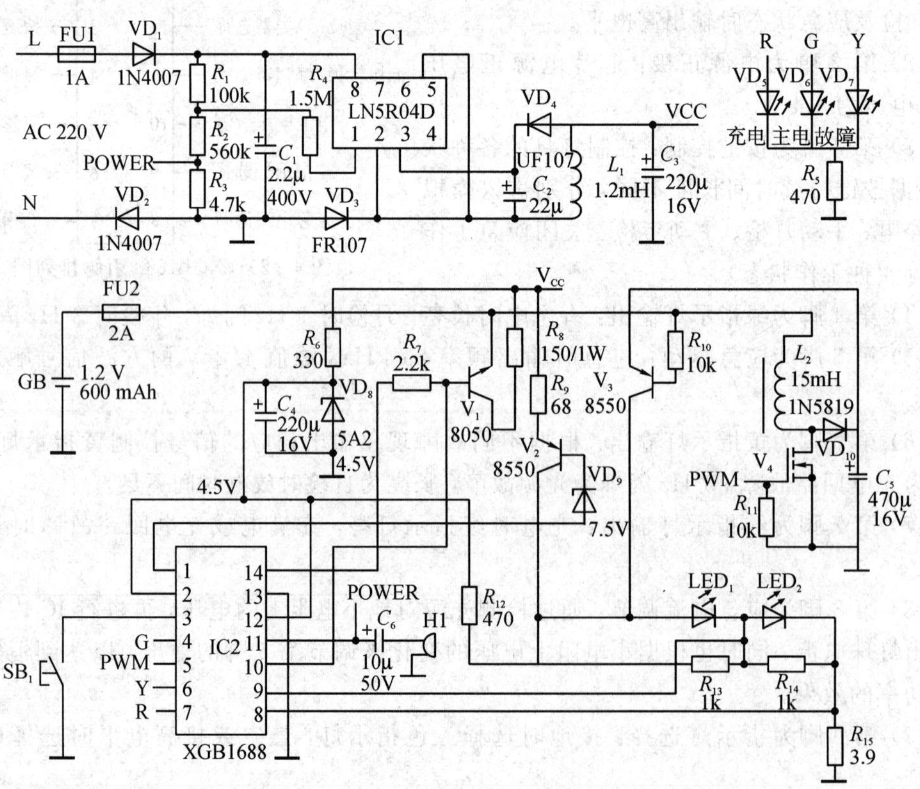


图 4-26　XGB1688 应用电路

$V_{CC}$经 $R_6$ 限流、$VD_8$ 稳压、$C_4$ 滤波得到 4.5 V 电压作为电源加到 XGB1688 第 2 脚。由 $R_1$、$R_2$、$R_3$ 构成输入电压取样电路，当加到 XGB1688 第 11 脚的取样电压大于等于 1.296 V(对应主电输入电压≥170 V)时，芯片工作在主电状态，第 4 脚输出主电指示信号，点亮绿色指示灯 $VD_6$，第 5 脚没有输出脉冲信号，由 4.5 V 电压经 $R_{12}$向照明 $LED_1$、$LED_2$ 供电，并联在 LED 两端的电阻 $R_{13}$ 和 $R_{14}$ 可以保证当某一只 LED 损坏开路时另一只 LED 仍能正常照明。同时，在限时充电和限压充电均未完成的情况，由第 14 脚输出充电控制信号，经 $R_7$ 驱动 $V_1$ 工作，$V_{CC}$经 $R_8$ 和 $V_1$ 向电池充电直至充电完成，并由第 7 脚输出充电指示信号，点亮红色指示灯 $VD_5$。当加到 XGB1688 第 11 脚的取样电压小于等于 1.115 V(对应主电输入电压≤160 V)时，芯片转入应急状态，红色指示灯 $VD_5$ 和绿色指示灯 $VD_6$ 熄灭，第 5 脚输出 25 kHz 方波信号，驱动 N-MOS 场效应管 $V_4$(SI2302，2.3 A/20 V)工作，和 $L_2$ 配合产生较高脉冲电压，经 $VD_{10}$整流和 $C_5$ 滤波后产生比电池电压更高的直流电压，驱动 $V_3$ 工作，向照明 $LED_1$、$LED_2$ 供电。

当由于各原因引起 $V_{CC}$升高至 9 V 时，将使 7.5 V 稳压管 $VD_9$ 和三极管 $V_2$ 导通，$V_2$ 导通会加大工作电流而使 $V_{CC}$下降，达到限压目的。第 3 脚外接按钮开关 $SB_1$，按压 $SB_1$ 持续时间不同，可以实现各种按键控制功能(模拟主电停电、手动月检、手动年检、关闭应急输出等)。$R_{15}$为照明 LED 工作电流取样电阻，$R_{15}$两端的取样电压加到第 8 脚，经过芯片内部处理后去调整第 5 脚的输出脉宽，从而实现恒定光源应急功率的目标。$V_1$ 基极电位加到芯片的第 10 脚进行电池电压测量，并根据测量电压来控制芯片工作或判断工作状态(2.8 V 为充电回路开路，1.4 V 为充电回路短路，2.45 V 为限压充电关断，1.7 V 为放电终止状态)。当发生故障现象时，第 6 脚输出故障信号，点亮黄色指示灯 $VD_7$(1 Hz 闪烁为充电回路开路或短路故障，3 Hz 闪烁为光源无工作电流故障，长亮为自检时放电时间不足)。第 11 脚输出的脉冲信号经 $C_6$ 加到蜂鸣器 $H_1$，当月检、年检发生故障时，每隔 50 s 输出时长 2 s、频率为 2 kHz 的方波,驱动蜂鸣器发出报警声。

# 实训 4　LED 应急标志灯电路的测量与检修

**【实训目的】**

(1) 能识读 LED 应急标志灯的内部结构与主要部件。

(2) 能分析与测量 LED 应急标志灯的电路。

(3) 能对 LED 应急标志灯的常见故障进行检修。

**【实训仪器和材料】**

(1) LED 应急标志灯。

(2) 万用电表。

(3) 备品备件。

(4) 焊接工具与材料。

(5) 螺帽旋具。

**【实训内容】**

(1) 在断电情况下，识读 RH-201A 型应急标志灯的内部结构，分析元器件和电路图的对应关系。

(2) 在断电条件下，测量电容 $C_1$、$C_2$、$C_3$、$C_4$、$C_5$、$C_6$ 的电容量；测量 $R_1$、$R_{10}$、$R_{12}$、$R_{18}$的电阻值；测量 $VD_1$、$VD_2$、$VD_8$、$VD_9$ 的正反向电阻值。

(3) 接通 AC 220V 电源，测量电容 $C_1$、$C_2$、$C_3$、$C_4$、$C_5$、$C_6$ 两端的直流电压；测量稳压管 $VD_3$、$VD_6$、$VD_{12}$、$VD_{13}$、$VD_{14}$、$VD_{19}$的两端电压；测量运算放大器 LM358 各引脚的工作电压。

(4) 在主电正常工作状态下，通过测量电阻 $R_{18}$两端的电压，计算照明 LED 的工作电流；在断电条件下测量 $R_{15}$的电阻值，在主电状态下测量 $R_{15}$两端电压，计算涓流充电电流。

(5) AC 220V 电源由接通变为断开后(处于应急状态)，测量 $V_9$、$V_{10}$各电极的电位。

(6) 在 LED 照明的条件下，测量 $VD_{23}$的导通电压，测量 $R_{34}$两端电压，计算单只照明 LED 的工作电流。

**【实训报告要求】**

(1) 简述实训步骤与注意事项。

(2) 记录测量结果并加以简要分析。

**【思考题】**

如何判断 RH-201A 型应急标志灯工作是否正常?

## 复习思考题 4

1. LED 为何能发光? LED 为何能产生不同颜色的光?

2. LED 有哪些极限参数和电参数? 在实际使用时主要关心哪几类参数?

3. LED 如何分类? 常见 LED 器件(组装)形式有哪些?

4. 白光 LED 有哪些实现方法? 白光 LED 有哪两种基本的构成方式?

5. 照明用 W 级功率型白光 LED 的主要参数有哪些?

6. 消防应急灯具的主要作用有哪些?

7. 消防应急灯具有哪些主要类型及主要功能?

8. 消防应急灯的主要技术指标有哪些?

9. 简述 RH-311L 型应急照明灯由正常供电到应急照明的转换过程。

10. 在 RH-311L 型应急照明灯的控制电路中，如果与电池串联的熔断器发生熔断，则会发生什么现象? 试分析原因。

11. 当 RH-311L 型应急照明灯加上 AC 220V 市电后，发现所有指示灯均不亮，请写出故障的检修步骤与方法。

12. 简述 RH-201A 型应急标志灯的工作原理。

13. 加上 AC 220V 市电后，发现 RH-201A 型应急标志灯的主电指示灯、故障指示灯和安全出口指示灯均亮，请写出故障的原因及检修步骤。

14. 加上 AC 220V 市电后，发现 RH-201A 型应急标志灯的所有指示灯均不亮，请写出故障的检修步骤与方法。

15. HA220XXPB 系列 IC 是众多 LED 恒流驱动电源 IC 中的佼佼者，它在输入电压 AC 160～265 V（取 $R_2$＝110 kΩ)或者 AC 85～160 V(取 $R_2$＝56 kΩ)范围内，最佳输出电压范围为 150～180 V，可以用于驱动各种 LED 照明灯。对于 HA22002PB 芯片，输出电流为 20 mA(整定电阻 $R_1$＝100 Ω/0.5 W)，最低输出电压为 30 V；对于 HA22004PB 芯片，输出电流为 40 mA(整定电阻 $R_1$＝51Ω/1 W)，最低输出电压为 90 V；对于 HA22006PB 芯片，输出电流为 60 mA(整定电阻 $R_1$＝33 Ω/1 W)，最低输出电压为 90 V。注：最低输出电压实质就是 $\sum V_F$，即各个 LED 的正向工作电压之和。根据习题图 4－1 所示，要求设计一盏 3 W 白光 LED 照明灯电路并选择相关元器件。

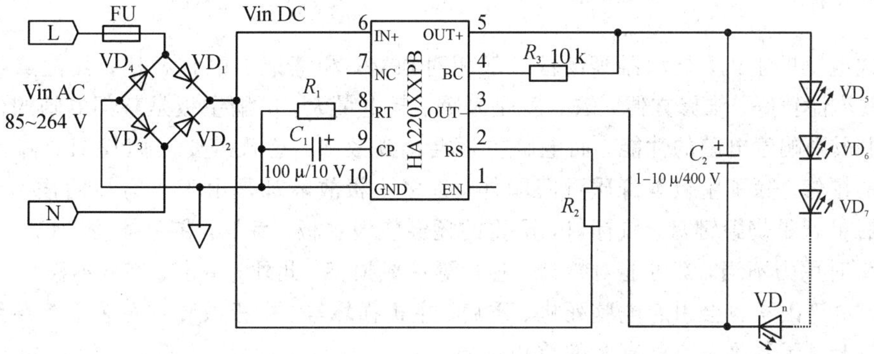


习题图 4－1　HA220XXPB 应用电路

# 第5章 台式电脑主板电路及维修

- 计算机系统的组成
- 主板架构
- 主板插槽与电脑接口
- PC机电源
- 主板电路

## 导入语

台式电脑的主机、显示器等设备一般相对独立，和笔记本电脑相比，其优点就是价格实惠、散热性较好、维修方便，缺点就是笨重、耗电量大。电脑主板是整部电脑的核心部件之一，主板影响着电脑的性能，而电脑主板会出现故障，这就需要我们找到故障原因并进行相应的维修。除了主板本身质量问题外，许多主板故障都是由于人为热插拔引起的，最常见的后果就是烧毁键盘、鼠标口，严重的还会烧毁主板。例如，带电插拨I/O卡，在装板卡及插头时用力不当，都可能对接口、芯片等造成损害。此外，雷击、市电不稳、环境温度、湿度、灰尘等因素也会引起电脑死机、重启、主板损坏等。主板故障往往表现为系统启动失败、屏幕无显示等难以直观判断的故障现象。

电脑是集软件和硬件于一体的智能产品，要准确判断电脑故障并进行检修，需要熟悉其工作原理并掌握检修方法。电脑问题一般分为两大类，系统软件问题和硬件问题。系统软件问题一般通过重装系统来解决，当BIOS软件有故障时，一般采取刷新和更新BIOS程序的方法来排除故障。而硬件问题，首先要找到什么硬件坏了，然后再进行更换即可。有些故障虽然一看就能知道原因，但是，造成大多数故障的原因会有很多方面，我们必须根据具体的故障现象进行逐步排查，先从最可能的原因开始，一直到找到故障部位为止。如CPU风扇出了问题或者安装不到位导致CPU温度过高问题，CPU温度过高的时候会出现电脑频繁重启的现象，而且是每次开机还未进入系统就重启了，每次重启的时间也越来越短。根据电脑故障的复杂性，一般采取的维修原则是：先调查后熟悉，先机外后机内，先机械后电气，先软件后硬件，先清洁后检修，先电源后机器，先通病后特殊，先外围后内部。

本章将介绍电脑主板电路的组成原理及常见故障的检修，包括主板组成框图与常用元器件，主板开机电路、主板CPU供电电路、主板南北桥供电电路、主板时钟电路、主板复位电路、主板CMOS和BIOS电路、主板接口电路的组成与工作原理，主板电路检测方法与电脑维修技术等。

## 学习目标

- 了解台式电脑的基本结构与工作原理；

- 能识读台式电脑的电路组成与零部件；
- 能正确拆装台式电脑；
- 能更换台式电脑的板卡及芯片；
- 能正确分析、测量与检修台式电脑的基本单元电路。

# 5.1　计算机系统的组成

计算机系统是由硬件(子)系统和软件(子)系统组成，如图 5-1(a)所示。硬件系统是借助电、磁、光、机械等原理构成的各种物理部件的有机组合，是系统赖以工作的实体。台式电脑(PC 机)的硬件主要由 CPU(包括控制器和运算器)、内存(包括 ROM、RAM 和 Cache)、输入设备(包括键盘、鼠标、扫描仪、触摸屏等)、输出设备(包括显示器、打印机、音响、绘图仪等)、外存(包括硬盘、软盘、U 盘、光盘存储器、磁带存储器等)5 部分组成，如图 5-1(b)所示。软件系统是各种程序和文件，用于指挥全系统按指定的要求进行工作。计算机软件一般分为系统软件和应用软件两大类。系统软件是主要负责管理、控制、维护、开发计算机的软硬件资源，给用户提供便利的操作界面和编制应用软件的资源环境(程序)，如 Windows、UNIX、LINUX 等操作系统，JAVA、C、C++、Python、PHP 等程序设计语言，Access、Oracle、Sybase，DB2、Informix 等数据库管理系统，以及诊断程序、编辑程序、调试程序、装备和连接程序等。应用软件是由计算机用户在各自的业务领域内开发和使用的、用于解决各种实际问题的软件，包括管理信息系统、辅助设计软件、图文处理软件、数字计算与统计软件等。

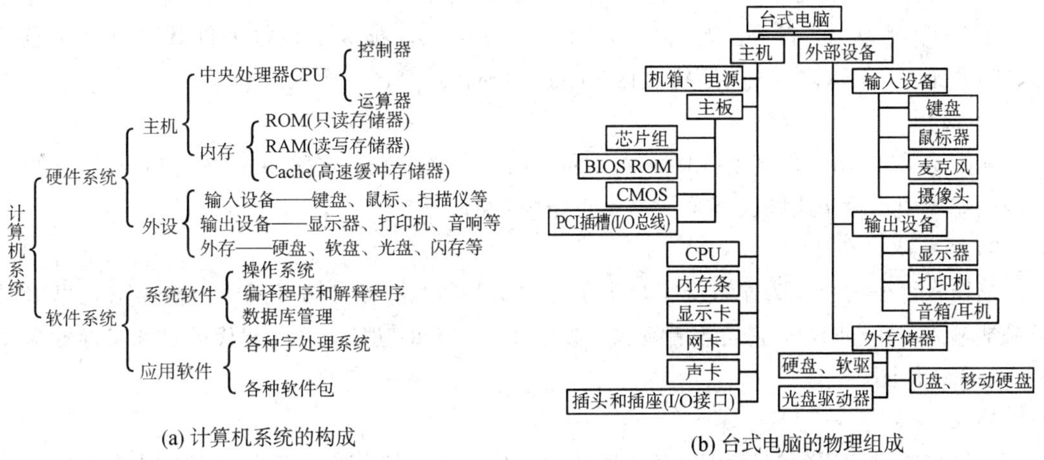


图 5-1　计算机系统的组成

## 5.1.1　主机组成

主机是指计算机除去输入输出设备以外的主要机体部分，也是用于放置主板及其他主要部件的控制箱体(容器 Mainframe)。主机通常包括 CPU、内存、硬盘、软驱、光驱、电源以及其他输入输出控制器和接口，如 USB 控制器、显卡、网卡、声卡等，如图 5-2 所示。

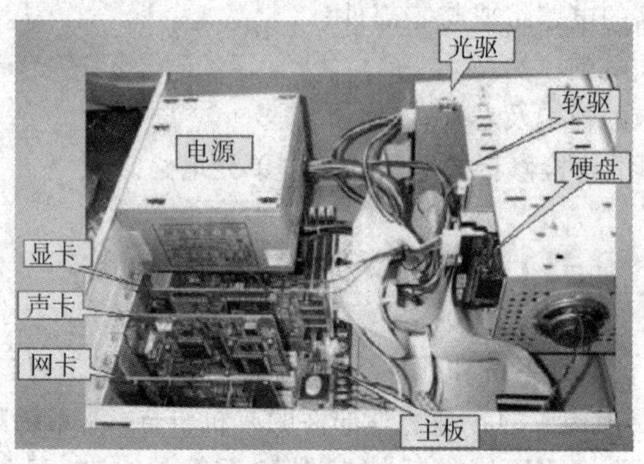


图 5-2 主机内部结构

### 5.1.2 外部设备

外部设备是指连在计算机主机以外的设备，它一般分为输入设备、输出设备和外存储器。外部设备是计算机系统中的重要组成部分，起到信息传输、转入和存储的作用。下面分别对这 3 种设备加以介绍。

**1. 输入设备**

1）键盘

键盘是给计算机输入指令和操作计算机的主要设备之一，中文汉字、英文字母、数字符号以及标点符号就是通过键盘输入计算机的。键盘的款式有很多种，我们通常使用的有 101 键、105 键和 108 键等。无论是哪一种键盘，它的功能和键位排列都基本分为功能键区、打字键区、编辑键区、数字键盘区(小键盘)和指示灯区 5 个区域。

2）鼠标

鼠标是 Windows 的基本控制输入设备，比键盘更易用。这是由于 Windows 具有的图形特性需要用鼠标指定并在屏幕上移动点击决定的。

3）笔输入设备

笔输入设备的出现为输入汉字提供了方便，用户不需要再学习其他的输入法就可以很轻松地输入汉字。同时，它还兼有键盘、鼠标和写字笔的功能，可以替代键盘和鼠标输入文字、命令和作图。

4）扫描仪

扫描仪通过专用的扫描程序将各种图片、图纸、文字输入计算机，并在屏幕上显示出来。然后就可以使用一些图形图像处理软件，对图片等资料进行各种编辑及后期加工处理了。

5）摄像头

摄像头是一种视频输入设备，被广泛运用于视频会议、远程医疗及实时监控等方面。数字摄像头可以直接捕捉影像，然后通过串口、并口或者 USB 接口传到计算机里存储。人们也可以彼此通过摄像头在网络上进行有影像、有声音的交谈和沟通。

6）麦克风

麦克风是将声音信号转换为电信号的转换器件。将麦克风插入声卡的麦克风输入插口（前置面板的红色插口）上，还要进行适当设置后才能正常录音或者放大后驱动扬声器发音。

**2. 输出设备**

1）显示器

显示器是一种将一定的电子文件通过特定的传输设备显示到屏幕上再反射到人眼的显示工具。它通过 15PIN D 型(VGA)接头，接受 R(红)、G(绿)、B(蓝)信号和行同步、场同步信号来达到显示的目的。

2）打印机

使用打印机可以把电脑里做好的文档和图片打印出来。打印机可以分为针式打印机、喷墨打印机和激光打印机。激光打印机具有高质量、高速度、低噪音、易管理等特点，已占据了办公领域的绝大部分市场。与前两者相比，彩色喷墨打印机也是市场上打印彩色图片的主流产品。

3）光盘刻录机

光盘刻录机是一种数据写入设备，它利用激光将数据写到空光盘上从而实现数据的储存。从功能上讲，刻录机主要分为 CD-R 刻录机与 CD-R/W 刻录机。CD-R 刻录机能够刻录 CD-R 盘片，而 CD-R/W 刻录机除了能刻录 CD-R 盘外还能使用 CD-R/W 盘片。CD-R 盘片只能写入一次(支持分段刻录)，而 CD-R/W 盘片可多次擦写。

4）音响/耳机

音响是指发出声音的一套音频系统。耳机是一对转换单元，它接收媒体播放器所发出的电讯号，利用贴近耳朵的扬声器将其转化成可以听到的声音。将音响插头插入机箱后面板绿色的插孔中，将耳机的绿色音频插头插入机箱前面板的绿色插孔中，还需要安装好声卡驱动软件并进行正确设置后，才可以正常使用电脑音响与耳机。

**3. 外存储器**

1）硬盘存储器

硬盘存储器(硬盘)是指记录介质为硬质圆形盘片的磁表面存储设备。在计算机中，硬盘是必备的外存设备，它具有存储容量大、存取速度快等特点。

2）软盘存储器

软磁盘存储器是由软盘驱动器、软盘控制器和软磁盘片 3 大部分组成。软磁盘存储器和硬磁盘存储器的存储原理和记录方式基本相同，但在容量和性能上会差一些，现已逐步淘汰。

3）U 盘存储器

U 盘是采用 USB 接口和闪存(Flash Memory)技术结合的一种移动存储器，也称为闪盘。它具有体积小、重量轻、工作无噪音、无需外接电源，以及支持即插即用和热插拔等优点，成为理想的便携式储存器。

4）移动硬盘

移动硬盘是以硬盘为存储介质，强调便携性的存储器。移动硬盘多采用 USB、IEEE

1394 等传输速度较快的接口，可以较高的速度与系统进行数据传输。

5）存储卡

存储卡以闪存作为存储介质，提供重复读写，无需外部电源。存储卡的类型有很多，如 CF 卡（标准存储卡）、MMC 卡（多媒体卡）、SD 卡（安全数码卡）等。存储卡具有体积小巧、携带方便、使用简单等优点，但需要配置读卡器才能读写存储卡中的信息。

6）固态硬盘

固态硬盘是用固态电子存储芯片阵列制成的硬盘，由控制单元和存储单元（FLASH 芯片、DRAM 芯片）组成。新一代固态硬盘普遍采用 SATA-2 接口、SATA-3 接口、SAS 接口、MSATA 接口、PCI-E 接口、NGFF 接口、CFast 接口和 SFF-8639 接口。固态硬盘具有传统机械硬盘不具备的快速读写、防震抗摔性、低功耗、无噪声、工作温度范围大、轻便等特点。

7）光盘存储器

光盘存储器是利用光学原理读写信息的存储器。它可靠性高、寿命长、存储容量较大、价格较低、可经受住触摸及灰尘干扰、不易被划破，但存取速度和数据传输率比硬盘要低得多。光盘存储器由光盘（光盘片）和光盘驱动器（光驱）组成。光盘用于储存信息，光驱用于读写光盘信息。

**★ 即问即答**

构成计算机物理实体的部件被称为（　）。

A. 计算机系统　B. 计算机硬件　C. 计算机软件　D. 计算机程序

# 5.2 主板架构

## 5.2.1 主板类型

现在市场上主板品种繁多，款式和布局也有很大区别，但基本组成和所用技术大多一致，主要有 ATX 和 BTX 两大类。ATX 可分为标准（大板）ATX、小板 Micro ATX，BTX 是英特尔提出的新型主板架构，是 ATX 结构的替代者，BTX 又可分为标准 BTX、Micro BTX 和 Pico BTX 三种。BTX 主板完全取消了传统的串口、并口以及 PS/2 等接口。

主板是电脑主机中的最大承载体，它是把电脑各个部件连接起来的纽带，CPU、内存、显卡、声卡、网卡等都必须安装在主板上才能运行。主板同时还提供各种外接设备的接口，如 SATA 接口、USB 接口、键盘接口、鼠标接口、网线接口，通过这些接口可以将硬盘、鼠标、键盘、扫描仪、打印机、网络等设备连接进来。主板在整个微机系统中扮演着举足轻重的角色，主板的类型和档次决定着整个微机系统的类型和档次，主板的性能影响着整个微机系统的性能。

ATX 主板是当前的主流主板，它主要由 CPU 插座、内存条插槽、散热器（下面是北桥芯片）、散热器（下面是南桥芯片）、SATA 接口、BIOS 芯片、IDE 接口、COM1 引脚、IEEE1394 口引脚、PCI-E×1 插槽、PCI-E×16 插槽、PCI 插槽、AGP 插槽、网络接口、USB 接口、声卡接口、并行接口、键盘接口、鼠标接口等组成，如图 5-3 所示。

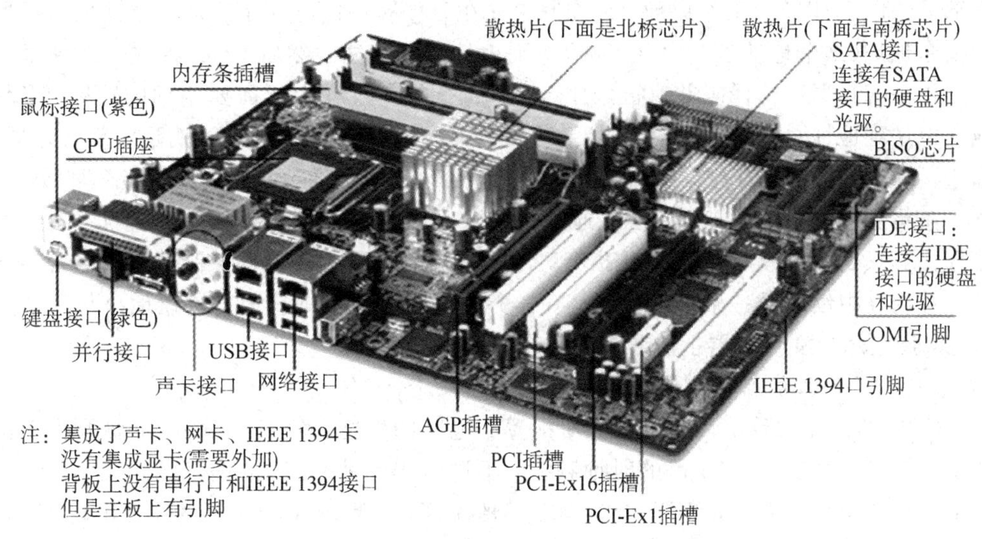


图 5 - 3　ATX 主板

## 5.2.2　主板框图

主板一般为矩形电路板，上面安装了组成计算机的主要电路系统，一般由 CPU 芯片、南北桥芯片、AGP 插槽、PCI 插槽、内存插槽、AC97 声卡插槽、IDE(并行)接口、SATA(串行)接口、1394 接口、网卡、USB 接口、PCI-E 1×接口、BIOS 芯片、I/O 接口等组成，如图 5 - 4 所示。

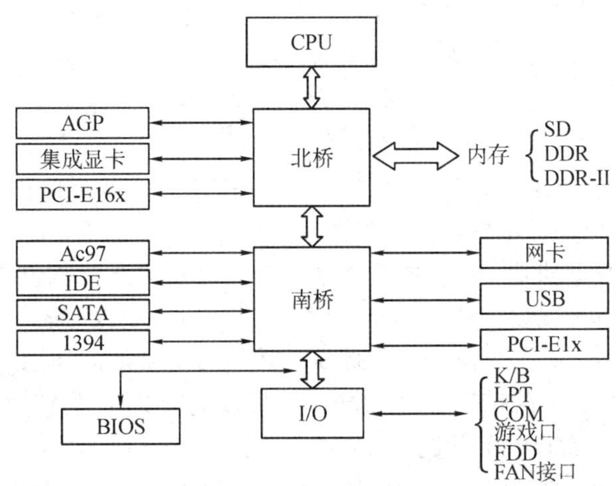


图 5 - 4　主板组成框图

### 1. CPU 芯片

1) CPU 的内部结构与工作原理

CPU(Central Processing Unit / Processor，中央处理器)，是电子计算机的主要设备之一，其内部结构由控制单元、逻辑运算单元和存储单元(包括 CPU 片内缓存和寄存器组)3

大部分组成。CPU的工作原理是：控制单元在时序脉冲的作用下，将指令计数器里所指向的指令地址(这个地址是在内存里的)送到地址总线上去，然后CPU将这个地址里的指令读到指令寄存器进行译码并执行操作。对于执行指令过程中所需要用到的数据，会将数据地址也送到地址总线，然后CPU把数据读到CPU的内部存储单元(就是内部寄存器)暂存起来，命令运算单元对数据进行处理加工(包括运算与存储)。最后，修改指令计数器，决定下一条将要执行指令的地址。但在通常情况下，一条指令可以包含按明确顺序执行的许多操作，CPU的工作就是执行这些指令，完成一条指令后，CPU的控制单元又将告诉指令读取器从内存中读取下一条指令来执行，这个过程不断快速地重复，快速地执行一条又一条指令，产生用户在显示器上所看到的结果。

2) CPU的性能指标

CPU的性能大致上反映出了它所配置的电脑的性能，而CPU性能主要取决于其主频和工作效率。主频是指CPU的时钟频率，不过由于各种CPU的内部结构不尽相同，所以并不能完全用主频来概括CPU的性能。一般说来，主频越高，CPU的速度也越快。内存总线速度或者叫系统总线速度，一般等同于CPU的外频。内存总线的速度对整个系统性能来说很重要，由于内存速度的发展落后于CPU的发展速度，为了缓解内存带来的瓶颈，所以出现了二级缓存，来协调两者之间的差异，而内存总线速度就是指CPU与二级(L2)高速缓存和内存之间的工作频率。CPU的主频和外频之间的关系是：CPU的主频=外频×倍频，倍频是指CPU外频与主频相差的倍数。我们通常说的赛扬433、PIII 550都是就CPU的主频而言的。

3) CPU超频使用

通过人为方式将CPU的工作频率提高，使其在高于其额定频率下稳定工作，就称为CPU超频使用。以Intel P4C 2.4 GHz的CPU为例，它的额定工作频率是2.4 GHz，如果将工作频率提高到2.6 GHz，系统仍然可以稳定运行，那么这次超频就成功了。CPU超频的主要目的是为了提高CPU的工作频率。CPU超频主要有两种方式：一是硬件设置，二是软件设置。其中，硬件设置又分为跳线设置和BIOS设置两种。早期的主板多数采用了跳线或DIP开关设定的方式来进行超频。在这些跳线和DIP开关附近的主板上往往印有一些表格，记载的就是跳线和DIP开关组合定义的功能。在关机状态下，用户就可以按照表格中的频率进行设定，重新开机后，如果电脑正常启动并可稳定运行就说明超频成功了。现在主流主板基本上都放弃了跳线设定和DIP开关的设定方式更改CPU倍频或外频，而是使用更方便的BIOS设置。例如升技(Abit)的SoftMenu III和磐正(EPOX)的PowerBIOS等都属于BIOS超频的方式，在CPU参数设定中就可以进行CPU的倍频、外频的设定。如果遇到超频后电脑无法正常启动的状况，只要关机并按住INS或HOME键，重新开机，电脑会自动恢复为CPU默认的工作状态。最常见的超频软件包括SoftFSB和各主板厂商自己开发的软件。在用软件实现的超频中，只要按主板上采用的时钟发生器型号进行选择后，点击GET FSB获得时钟发生器的控制权，之后就可以通过频率拉杆来进行超频的设定了，选定之后按下保存就可以让CPU按新设定的频率开始工作，就可达到超频的目的。

**2. 北桥芯片**

北桥芯片(North Bridge)是主板芯片组中起主导作用的最重要的组成部分，也称为主桥(Host Bridge)。一般来说，芯片组的名称就是以北桥芯片的名称来命名的，例如英特尔845E芯片组的北桥芯片是82845E，875P芯片组的北桥芯片是82875P等等。由于已经发布的AMD K8核心的CPU将内存控制器集成在了CPU内部，于是北桥芯片负责与CPU的联系并控制内存(仅限于Intel除Core系列以外的CPU，AMD系列CPU在K8系列以后就在CPU中集成了内存控制器，因此AMD平台的北桥芯片不控制内存)、AGP数据在北桥内部传输，提供对CPU的类型和主频、系统的前端总线频率、内存的类型(SDRAM，DDR SDRAM以及RDRAM等等)和最大容量、AGP插槽、ECC纠错等支持，整合型芯片组的北桥芯片还集成了图形处理器。由于已经发布的AMD K8核心的CPU将内存控制器集成在了CPU内部，于是支持K8芯片组的北桥芯片变得简化多了，甚至还能采用单芯片芯片组结构。这也许将是一种大趋势，北桥芯片的功能会逐渐单一化，为了简化主板结构、提高主板的集成度，也许以后主流的芯片组很有可能变成南北桥合一的单芯片形式(事实上SIS很早就发布了不少单芯片芯片组)。如NVidia在其NF3250、NF4等芯片组中，去掉了南桥，而在北桥中则加入千兆网络、串口硬盘控制等功能。

### 3. 南桥芯片

南桥芯片(South Bridge)是主板芯片组的重要组成部分，一般位于主板上离CPU插槽较远的下方，在PCI插槽的附近，这种布局是考虑到它所连接的I/O总线较多，离处理器远一点有利于布线。南桥芯片不与处理器直接相连，而是通过一定的方式与北桥芯片相连(不同厂商各种芯片组有所不同，例如英特尔的Hub Architecture以及SIS的Multi-Threaded)。南桥芯片主要是负责I/O接口等一些外设接口的控制、IDE设备的控制及附加功能等等。南桥芯片的发展方向主要是为了集成更多的功能，例如网卡、RAID、IEEE1394、甚至Wi-Fi无线网络等等。

### 4. I/O芯片

在486以上档次的主板上都有I/O控制芯片，它负责提供串行口、并行口、PS2口、USB口、软盘驱动器控制接口及CPU风扇等的管理工作与支持。在Pentium 4主板的开机电路中，由I/O芯片内部的门电路来控制电源的第14脚或第16脚，所以Pentium 4主板的开机电路控制部分一般在I/O芯片内部。常见的I/O控制芯片有华邦电子(WINBOND)的W83627HF、W83627THF系列等。例如，其最新的W83627THF芯片为I865/I875芯片组提供良好的支持，除可支持键盘、鼠标、软盘、并行端口、摇杆控制等传统功能外，还创新地加入许多新功能，例如，针对英特尔下一代的Prescott内核微处理器，提供符合VRD10.0规格的微处理器过电压保护，如此可避免微处理器因为工作电压过高而造成烧毁的危险。此外，W83627THF内部硬件监控功能也大幅提升，除可监控PC系统及其微处理器的温度、电压和风扇外，在风扇转速的控制上，更提供了线性转速控制以及智能型自动控转系统，与一般的控制方式比较，此系统能使主板完全线性地控制风扇转速，以及选择让风扇是以恒温或是定速的状态运转。这两项新加入的功能，不仅能让使用者更简易地控制风扇，延长风扇的使用寿命，更重要的是还能将风扇运转所造成的噪音减至最低。

**★同步训练**

目标：通过分析图5-4的电路，搞清楚南桥和北桥芯片的主要区别。

### 5.2.3 主板总线

#### 1. 主板总线及分布

总线(Bus)是计算机各种功能部件之间传送信息的公共通信干线，它是由导线组成的传输线束。按总线功能分为数据总线、地址总线和控制总线，分别用来传输数据、数据地址和控制信号。主机的各个部件通过总线相连接，外部设备通过相应的接口电路再与总线相连接，从而形成了计算机硬件系统。在传统主板设计中，CPU 与北桥通过前端总线连接、北桥与内存通过内存总线连接、北桥与显卡通过 AGP/PCI-E 总线连接、北桥与南桥通过桥间总线连接、南桥与扩展卡通过 PCI(并行)/PCI-E(串行)总线连接、南桥与存储设备(如硬盘、光驱)通过 IDE(并行)/SATA(串行)总线连接、南桥与低速外设通过 LPC 总线连接等，如图 5-5 所示。在图 5-5 中，32A 表示 32 位地址线，64A 表示 64 位地址线，64D 表示 64 位数据线；32AD 表示 32 位地址线和 32 位数据线，64AD 表示 64 位地址线和 64 位数据线。

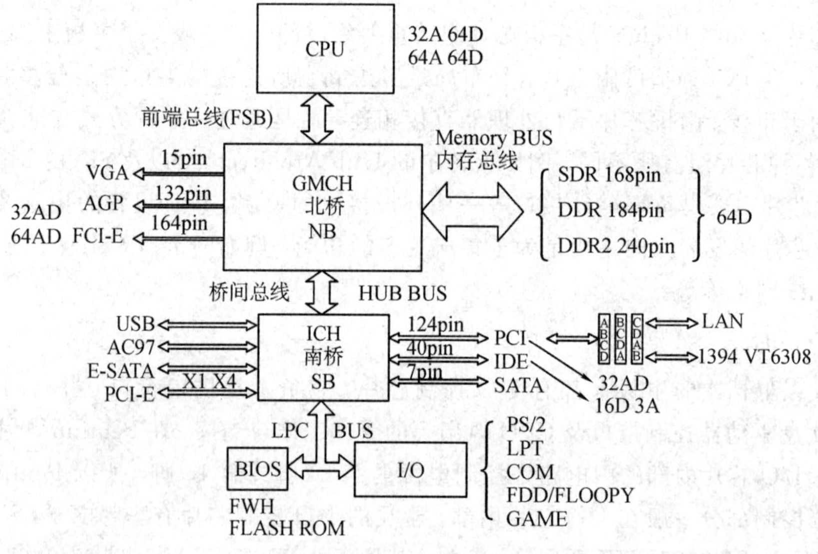


图 5-5　主板总线分布

#### 2. 前端总线

前端总线——Front Side Bus(FSB)，是将 CPU 连接到北桥芯片的总线。选购主板和 CPU 时，要注意两者搭配问题，一般来说，前端总线是由 CPU 决定的，如果主板不支持 CPU 所需要的前端总线，系统就无法工作。前端总线是处理器与北桥芯片或内存控制集线器之间的数据通道，其频率高低直接影响 CPU 访问内存的速度。目前 PC 机上所能达到的前端总线频率有 266 MHz、333 MHz、400 MHz、533 MHz、800 MHz、1066 MHz、1333 MHz 等，前端总线频率越大，代表着 CPU 与内存之间的数据传输量越大，更能充分发挥出 CPU 的功能。

**3. 内存总线**

在传统设计中，CPU 与北桥间采用 FSB 总线，北桥内集成了内存控制器，内存直接挂载到内存控制器上，所以读取内存时，CPU 要经过 FSB 与北桥沟通，这样 FSB 的带宽就会影响整个读取速率。现在，将显卡控制器和内存控制器集成到 CPU 中，可以外挂高达 1600 MHz的 DDR3，CPU 和内存可以直接通信，数据访问延迟只有传统设计的一半，可显著提升 CPU 的指令效能。

**4. PCI/PCI-E 总线**

PCI 总线(Peripheral Component Interconnect,外设部件互连标准)是目前台式机与服务器所普遍使用的局部并行总线标准，其 32 位地址线和数据线是同步复用的，工作频率为 33 MHz，主要用于连接显卡、网卡和声卡。PCI-E(PCI-Express)是一种通用的串行总线标准，不但包括显示接口，还囊括了 CPU、PCI、HDD、Network 等多种应用接口。同时，PCI-E 还有多种不同速度的接口模式，包括了 1X、2X、4X、8X、16X 以及更高速的 32X。PCI-E 1X 模式的传输速率便可以达到 250 Mb/s，接近原有 PCI 接口 133 Mb/s 的 2 倍，大大提升了系统总线的数据传输能力。而其他模式，如 8X、16X 的传输速率便是 1X 的 8 倍和 16 倍。可以看出 PCI-E 不论是系统的基础应用，还是 3D 显卡的高速数据传输，都能够应付自如，这也为厂商的产品设计提供了广阔的空间。

**5. ISA/LPC 总线**

ISA 总线(Industry Standard Architecture，工业标准体系结构)是为 PC/AT 电脑而制定的总线标准，为 16 位体系结构，只能支持 16 位的 I/O 设备，数据传输率大约是 16 Mb/s，现在已经淘汰。LPC 总线(Low pin count Bus，少引脚总线)是一个取代 ISA 总线新的接口规范。LPC 总线通常用于连接南桥和低速设备，如 BIOS、串口、并口，PS/2 的键盘和鼠标、软盘控制器等。

### 5.2.4　主板芯片组

**1. 南北桥型芯片组**

主板芯片组(Chipset)是衡量主板性能的一项不可缺少的指标。到目前为止，能够生产芯片组的厂家有 Intel(美国英特尔)、VIA(台湾威盛)、SiS(台湾矽统)、ALI(台湾扬智)、AMD(美国超微)、NVidia(美国英伟达)等为数不多的几家，其中以 Intel、AMD 以及 NVidia 的芯片组最为常见。如果说 CPU 是整个电脑系统的大脑，那么芯片组将是整个电脑系统的心脏。根据所用的芯片组和总线不同，PC 机主板可分为南北桥(North/South Bridge)型结构和中心控制型结构。

南北桥型结构是历史悠久而且相当流行的主板芯片组架构，它由北桥和南桥两个芯片组成，如图 5－6(a)所示。靠近 CPU 的为北桥芯片，主要负责控制 AGP 显卡、内存与 CPU 之间的数据交换；靠近 PCI 插槽的为南桥芯片，主要负责软驱、硬盘、键盘以及附加卡的数据交换。传统的南北桥芯片之间是通过 PCI 总线来连接的，常用的 PCI 总线是 33.3 MHz 工作频率，32 bit 传输位宽，所以理论最高数据传输率仅为 133 Mb/s。由于 PCI 总线的共享性，当子系统及其他周边设备传输速率不断提高以后，主板南北桥之间偏低的数据传输率就逐渐成为影响系统整体性能发挥的瓶颈。因此，从英特尔 i810 开始，芯片组厂商都开始寻求一种能够提高南北桥连接带宽的解决方案。

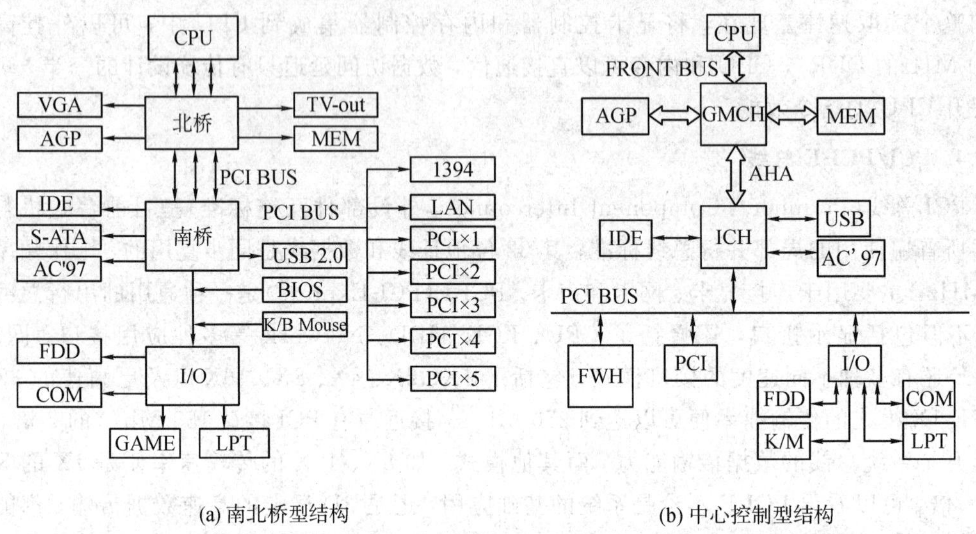


(a) 南北桥型结构　　(b) 中心控制型结构

图 5－6　两种主板体系结构

**2. 中心控制型芯片组**

Intel 继 440BX 之后放弃传统的南北桥架构而首次推出了中心控制型芯片组 I810，这种架构的芯片组和南北桥型芯片组的最大差别是 GMCH 和 ICH 芯片之间改用了数据带宽为 266 Mb/s（比 PCI 总线高了一倍）的新型专用高速总线 AHA（Accelerated Hub Architecture）。这种体系本质上跟南北桥结构相差不大，主要是把传统北桥芯片换成 GMCH（Graphics & Memory Controller Hub，图形/存储器控制中心）芯片，把南桥芯片换成 ICH（I/O Controller Hub，I/O 控制中心）芯片，以及新增的 FWH（Firmware Hub，固件控制器）芯片代替了传统体系结构中的 BIOS 芯片，如图 5－6(b)所示。

**3. 常见主板芯片组**

1) Intel 芯片组

纵观全球芯片市场，Intel 一直都是全球芯片的领先者，代表每个时代芯片组的最新技术。intel815 芯片组是在推出 i810 芯片组后，于 2000 年第二季度上市的。作为 i810E 芯片组的修订版，它同样采用"加速集线器结构"(Accelerated Hub Architecture)技术。同时针对原有芯片组的不足，它正式支持 AGP 4x、PCI33 内存协议及 ATA66/100 技术，还整合了 2D 和 3D 加速芯片 i752 和支持 AC97 的音频芯片。与 i810E 芯片组不同的是，i815 芯片组支持额外的 AGP 接口，可以外接显卡，这就比没有 AGP 接口的 i810 主板在升级性能上要好。GMCH 芯片负责与 CPU 的联系并控制内存、AGP、PCI-E 数据在北桥内部传输，ICH 芯片主要负责 I/O 总线之间的通信。例如，英特尔 i815EP 芯片组主要由 82815EP(GMCH)芯片和 82801BA(ICH2)芯片构成，如图 5－7 所示。目前比较常见的 intel 北桥芯片有：intel G31、intel P31、intel G35、intel G33、intel P43、intel P45 等等；通常搭配的南桥芯片有：intel ICH7、intel ICH8、intel ICH9、intel ICH10 等。

图 5-7　i815EP 芯片组(MCH 和 ICH2)

2) VIA 芯片组

威盛电子股份有限公司(VIA Technologies, Inc.，简称 VIA)成立于 1992 年 9 月，是全球 IC 设计与个人电脑平台解决方案领导厂商。主板芯片组是 VIA 公司的主力产品线。如 Apollo Pro133 芯片组(北桥为 VT82C693A，南桥为 VT82C596A)、Apollo Pro133A 芯片组(北桥为 VT82C694X，南桥为 VT82C596B 或 VT82C686A)，这两款芯片组可以在基本不改变原有架构的情况下把 FSB 提升到 133 MHz，而且可以利用现有的设备生产 PC133 规格的 SDRAM，这样不但有效缩短开发过程，而且也为消费者们提供了一个廉价、高效的升级途径。

3) SiS 芯片组

SiS(矽统)公司一直占据着 PC 市场低端应用的半壁江山，致力于开发一体化主板芯片组，它的芯片组有南北桥结构与单芯片结构。例如，SiS645 是 SiS 的第一颗 P4＋DDR 芯片组，由南桥 SiS 645 和北桥 SiS 961 组成，南北桥间采用了 MuTIOL 技术提供 533 Mb/s 带宽，支持 DDR333(PC2700)或 PC133 SDRAM，这样就提供了 2.7GB 的内存带宽，也是第一款支持 DDR333 的 P4 芯片组。SiS630 系列芯片组整合程度相当高，它将南、北桥芯片合二为一，并且整合了 3D 图形芯片 SiS300/301，是一款真正 128 位的 3D 图形加速引擎，支持许多 3D 特效。SiS730 芯片组是业界第一款支持 AMD Athlon/Duron 处理器的整合型芯片，其功能基本上与 SiS630 芯片组相同。

4) AMD 芯片组

AMD 是两大处理器巨头公司之一，同时也在主板芯片组市场上占据绝对优势。在 K7 时代曾经推出过 AMD700 系列芯片组，随后又推出支持 DDR 内存的 AMD760 芯片组(北桥 AMD 760、南桥 VIA 686B)，AMD690G(代号 RS690)整合型芯片组，AMD 790GX 芯片组(北桥 790GX、南桥 SB750)，AMD980G 芯片组(北桥 AMD980G、南桥 SB950)等。目前比较常见的 AMD 北桥芯片有：AMD 770、AMD 780G、AMD 785G、AMD 790X、AMD 790G、AMD 790GX 等；通常搭配的南桥芯片有：AMD SB700、AMD SB710、AMD SB750 等。

# 5.3　主板插槽与电脑接口

## 5.3.1　主板插槽

### 1. CPU 插槽

除了 BAG 封装主板(BGA 属于一次性贴装，因为其焊点位于芯片腹面且为球形，处理器是无法更换的)以外，所有主板都会采用 CPU 插座(Slocket)和插槽(Slots)来安装 CPU。由于 CPU 接口类型不同，插孔数、体积、形状都有变化，所以不能互相接插，如图 5－8 所示。Intel 公司的 CPU 插槽，插针在主板上，要小心保护主板上的插针，它们很容易被外力损坏；AMD 公司的 CPU 插槽，插针在 CPU 上，要小心保护 CPU 上的插针，它们很容易被外力损坏。

图 5－8　CPU 插槽

Socket 1 是 Intel 开发的最古老的 CPU 插座，用于 486 CPU 芯片。Socket 4 是 Pentium 时代的 CPU 插座。Socket 7 是到目前为止最流行和应用最广泛的 CPU 插座，支持从 75 MHz 开始的所有 Pentium 处理器，包括 Pentium MMX、K5、K6、K6-2、K6-3、6x86、M2 和 M3。从 Pentium II 开始外形不再是四方的了，处理器芯片焊在一块电路板上，然后这块电路板再插到主板的插槽中，这个插槽就是 Slot 1。Slot 1 主要用于 P2、P3 和 Celeron(赛扬)。Slot 2 是 Slot 1 的改进，主要用于 Xeon 系列处理器。在 Intel 找到了把处理器内核和 L2 缓存很便宜地做在一起的方法之后，它的 CPU 插座从 Slot 回到了 Socket 370，供 Celeron、Pentium III 和 Celeron II 使用。Socket 423、478 专为 Pentium 4 的插座设计。Socket 775 专为 LGA775 封装的 CPU 设计。AMD 独立开发了 Slot A，主要用于 Athlon 系列处理器。Slockets 是 Socke t 和 Slot 的结合体，它实质上是一个 Slot 1 到 Socket 370 的转接卡。

### 2. 内存插槽

内存插槽是用来安装内存条的，插槽的线数与内存条的引脚数一一对应。根据插槽的线数不同，内存插槽主要分为单列直插内存模块 SIMM、双列直插内存模块 DIMM 和 Rambus 直插内存模块 RIMM3 类，如图 5－9 所示。其中，DIMM 插槽又根据内存类型(DDR、DDR2、

DDR3)的不同有所区别。选用内存条时应注意，各类内存条之间不能通用互换。

图 5-9　内存插槽

单列直插内存模块 SIMM(Single Inline Memory Module)，是一种两侧金手指都提供相同信号的内存结构，其中 8 bit 和 16 bit SIMM 使用 30pin 接口，32 bit 的则使用 72pin 接口。双列直插内存模块 DIMM(Dual Inline Memory Modules)，金手指两端各自独立传输 DIMM 信号。SDRAM DIMM 为 168Pin DIMM 结构，金手指上有两个卡口。DDR DIMM 则采用 184 Pin DIMM 结构，金手指上只有一个卡口。DDR2、DDR3 DIMM 为 240pin DIMM 结构，金手指上只有一个卡口，但是卡口的位置与 DDR DIMM 稍微有一些不同，要注意避免误插。Rambus 直插内存模块 RIMM(Rambus Inline Memory Module)是 Rambus 公司生产的内存接口类型，目前主要被用于一些高性能个人电脑、图形工作站、服务器和其他一些对带宽和时间延迟要求更高的设备。

**3. PCI 插槽**

PCI 插槽是基于 PCI 局部总线(Peripheral Component Interconnection，周边元件扩展接口)的扩展插槽，位于主板上 AGP 插槽的下方，ISA 插槽的上方，其颜色一般为乳白色，如图 5-10 所示。其位宽为 32 位或 64 位，工作频率为 33 MHz，最大数据传输率为 133 Mb/s(32 位)和 266 Mb/s(64 位)。可插接显卡、声卡、网卡、内置 Modem、内置 ADSL Modem、USB2.0 卡、IEEE1394 卡、IDE 接口卡、RAID 卡、电视卡、视频采集卡以及其他种类繁多的扩展卡。

图 5-10　PCI 插槽

**4. PCI-E 插槽**

PCI Express(简称 PCI-E)插槽是采用 PCI-E 接口的主力扩展插槽，如图 5-11 所示。根据总线位宽不同，PCI-E 接口有多种规格，包括 X1、X2、X4、X8、X16 以及 X32，能满足低速设备和高速设备的需求，其中 X2 规格将用于内部接口而非插槽模式，PCI-E X32 由于体积问题，仅应用在某些特殊场合中。PCI-E X1 插槽主要用来安装独立网卡、独立声卡、USB 3.0/3.1 扩展卡等，用来替代原来的 PCI 设备的插槽。现在有部分高端主板开始提供直连 CPU 的 PCI-E X4 插槽，用于安装 PCI-E SSD 固态硬盘。PCI-E 3.0 X16 能够满足任何高性能显卡的需求，主要用于显卡以及 RAID 阵列卡等，这个插槽拥有优良的兼容性，可以向下兼容 X1/X4/X8 级别的设备。miniPCI-E 插槽可用于安装基于 PCI-E 总线的蓝牙模块、3G 模块、无线网卡模块、带 mini PCI-E 接口的固态硬盘等。

此外，较短的 PCI-E 卡可以插入较长的 PCI-E 插槽中使用，PCI-E 接口还能够支持热拔插。用于取代 AGP 接口的 PCI-E X16 接口能够提供 5GB/s 的带宽，即便有编码上的损耗但仍能够提供约为 4Gb/s 左右的实际带宽，远远超过 AGP 8X 的 2.1GB/s 的带宽。PCI-E X16和 X8 的区别是带宽，其中 X16 模式是 X8 模式的两倍，从插槽针脚的多少就知道这条 PCI-E 插槽是什么规格，PCI-E X16 都是整条插槽有针脚的，而 PCI-E X8 则只有半条插槽有针脚。当前，PCI-E X1 和 PCI-E X16 已成为 PCI-E 主流规格，同时很多芯片组厂商在南桥芯片当中添加对 PCI-E X1 的支持，在北桥芯片当中添加对 PCI-E X16 的支持。

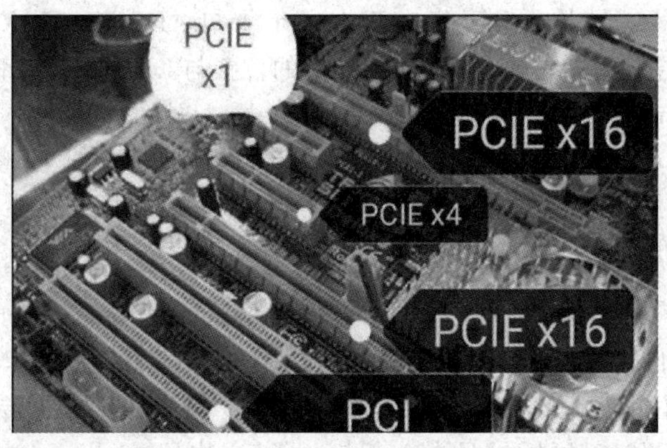


图 5 - 11　PCI-E 插槽

**5. AGP 插槽**

AGP(Accelerated Graphics Port)是在 PCI 总线的基础上发展起来的，主要针对图形显示方面进行优化的专用显卡扩展插槽。AGP 标准也经过了几年的发展，从最初的 AGP 1.0、AGP2.0，发展到现在的 AGP 3.0，如果按倍速来区分的话，主要经历了 AGP 1X、AGP 2X、AGP 4X、AGP PRO，最高版本就是 AGP 3.0，即 AGP 8X。AGP 8X 的传输速率可达到 2.1GB/s，是 AGP 4X 传输速度的两倍。AGP 插槽通常都是棕色(如图 5 - 12 所示)，还有一点需要注意的是它不与 PCI、ISA 插槽处于同一水平位置，而是内进一些，这使得 PCI、ISA 卡不可能插得进去，当然 AGP 插槽结构也与 PCI、ISA 完全不同，根本不可能插错的。随着显卡速度的提高，AGP 插槽已经不能满足显卡传输数据的速度，目前 AGP 显卡已经逐渐淘汰，取代它的是 PCI Express 插槽。

图 5 - 12　AGP 插槽

**6. ISA 插槽**

ISA 插槽是基于 ISA 总线(Industrial Standard Architecture，工业标准结构总线)的扩展插槽，其颜色一般为黑色，比 PCI 接口插槽要长些，位于主板的最下端，如图 5 - 13 所示。

图 5 - 13　ISA 插槽

ISA 为 16 位插槽，工作频率为 8 MHz 左右，最大传输率 8 Mb/s，可插接显卡，声卡，网卡以及多功能接口卡等。其缺点是 CPU 资源占用高，数据传输带宽小，是已经被淘汰的插槽。目前还能在许多老主板上看到 ISA 插槽，现在新出品的主板上已经几乎看不到 ISA 插槽的身影了，但是某些品牌电脑也有例外，估计是为了满足某些特殊用户的需求。

## 5.3.2　电脑接口

主板作为电脑的主体部分，提供着多种接口与各部件进行连接工作，而随着科技的不断发展，主板上的各种接口与规范也在不断升级、不断更新换代。ATX 主板的外部接口都是统一集成在主板后半部的，用不同的颜色表示不同的接口，如图 5 - 14 所示。

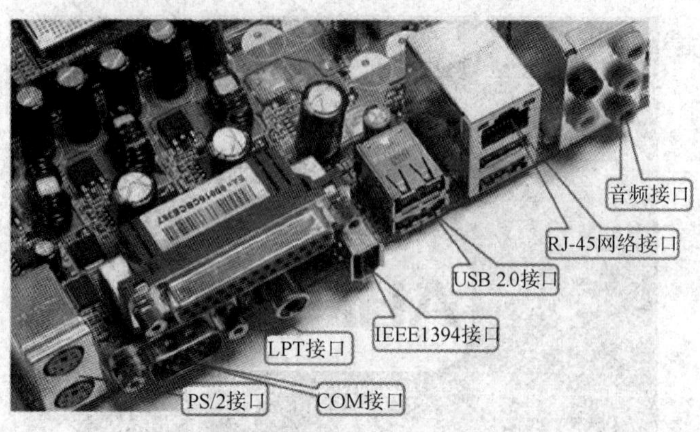


图 5-14　ATX 主板的外部接口

**1. PS/2 接口**

PS/2 接口是目前最常见的鼠标与键盘接口，由 6-pin 的 mini-DIN 连接，在计算机端是母的，在鼠标(绿色)与键盘(紫色)端是公的，如图 5-15 所示。其中，Pin1—数据 Data，Pin3—接地 Ground，Pin4—+5V 电压，Pin5—时钟 Clock，Pin2 和 Pin6 均没有使用(悬空)。

图 5-15　PS/2 鼠标与键盘接口

需要注意的是，PS/2 接口不支持热插拔，在连接 PS/2 接口鼠标时不能错误地插入键盘 PS/2 接口(当然，也不能把 PS/2 键盘插入鼠标 PS/2 接口)。一般情况下，符合 PC99 规范的主板，其鼠标的 PS/2 接口为绿色、键盘的 PS/2 接口为紫色。PS/2 通讯协议是一种双向同步串行通讯协议，通信两端通过 Clock 同步信号，并通过 Data 交换数据。

**2. 音频接口**

主板上有 6 个颜色不同的音频接口，用来连接音箱、麦克风以及其他输入/输出音频设备，如图 5-16 所示。其中，橘色接口用于连接 5.1 或者 7.1 多声道音箱的中置声道和低音声道；黑色接口(后置环绕喇叭接口)用于连接 4.1 声道、5.1 声道、7.1 声道的后置环绕喇叭；灰色接口用于连接 7.1 声道的侧置环绕左右声道；浅蓝色接口(音频线路输入接口)用于连接磁带、CD、DVD 等音频播放设备的输出端；草绿色接口(音频输出接口)用于连接耳机、功放等音频接收设备；粉红色接口(麦克风接口)用于连接麦克风。

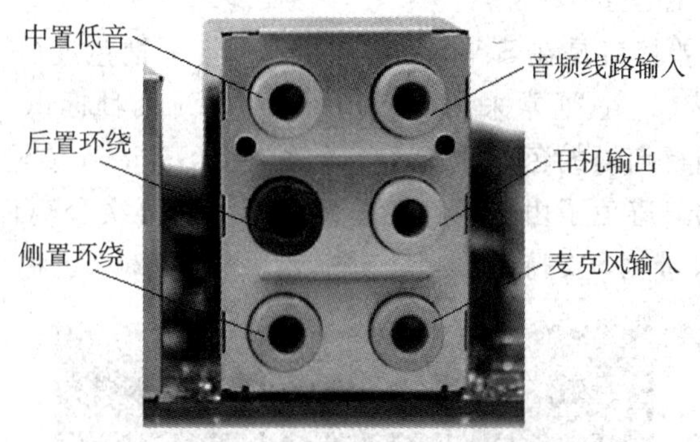


图 5-16　音频接口

### 3. 视频接口

无论是电脑、电视还是投影设备等都离不开视频接口，尤其在显卡上面，通常会出现多种视频接口。视频接口的主要作用是将视频信号输出到外部设备，或者将外部采集的视频信号收集起来。随着视频技术的不断发展，先后采用了各种类型的视频接口。

1）复合视频(AV)接口

复合视频信号(CVBS)接口也叫 AV 接口或者 Video 接口，它是音频、视频分离的视频接口，一般由 3 个独立的 RCA 插头(又叫莲花接口)组成，如图 5-17 所示。其中，V 接口连接混合视频信号，为黄色插口；L 接口连接左声道音频信号，为白色插口；R 接口连接右声道音频信号，为红色插口。混合视频信号是红、绿、蓝三基色信号经过调制后混合的一种模拟视频信号，AV 接口支持的最高分辨率为 340×288。

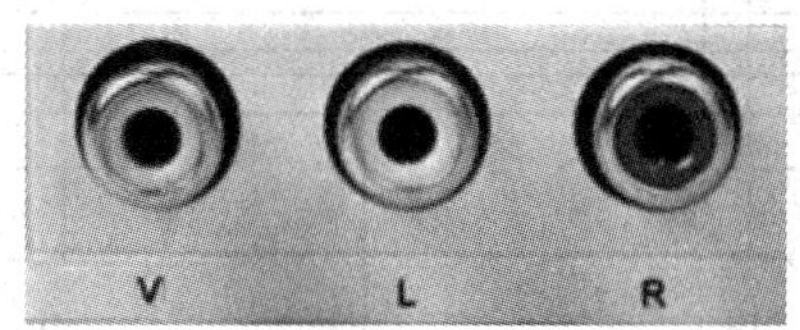


图 5-17　复合视频接口

2）S-Video 接口

S-Video(S-视频)接口是由分离的色度信号 F 和亮度信号 Y 所组成的连接端口，如图 5-18所示。它将亮度和色度分离输出，避免了视频设备内信号串扰而产生的图像失真，极大地提高了图像清晰度，S-Video 接口支持的最高分辨率为 640×480，也称为模拟标清信号接口。

4针S-Video母头

4针S-Video公头

1—亮度信号的地线
2—色度信号的地线
3—亮度信号
4—色度信号

图 5-18　S-视频信号接口

3）YPbPr/YCbCr 色差接口

YPbPr/YCbCr 色差接口是在 S-Video 接口的基础上，把色度（F）信号里的蓝色差、红色差分开发送的视频接口。它通常采用 YPbPr 和 YCbCr 两种标识，前者表示逐行扫描的色差输出，后者表示隔行扫描的色差输出。色差输出将 S-Video 传输的色度信号 F 分解为 Cr 和 Cb 两个色差信号，避免了由于两路色差混合译码并再次分离而带来的图像失真，也保持了色度信道的最大带宽，支持的最高分辨率为 1280×720，也称为模拟高清信号接口。

图 5－19　YPbPr/YCbCr 色差接口

4）VGA 接口

VGA 接口是显卡上应用最为广泛的接口类型，也叫 D-Sub 接口，共有 15 针，分成 3 排，每排 5 个，如图 5－20 所示。VGA 接口是模拟接口，主要用到 R、G、B 三基色信号以及行同步、场同步 5 个信号，VGA 接口支持的最高分辨率为 1920×1080。

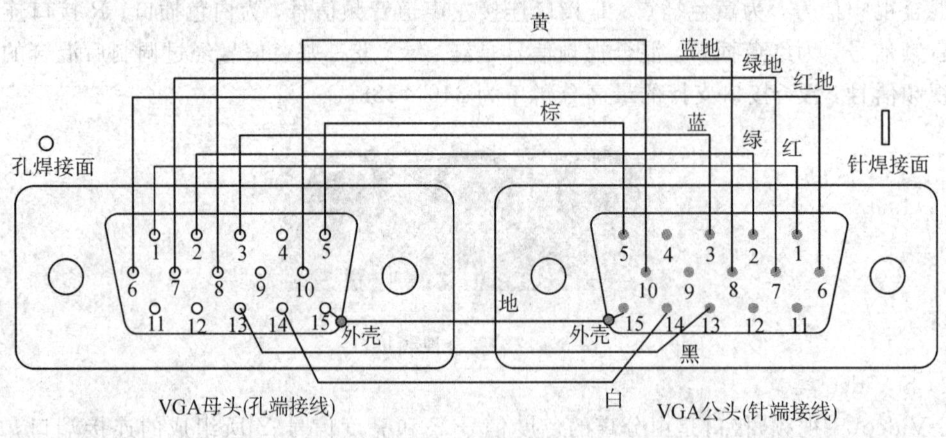


图 5－20　VGA 接口接线图

5）BNC 接口

BNC（Bayonet Nut Connector，同轴电缆连接器）接口有 5 个独立信号，分别是红、绿、蓝三基色信号以及水平同步和垂直同步信号，如图 5－21 所示。

BNC 接头可以隔绝视频输入信号，使信号相互间干扰减少且信号频宽较普通 VGA（D-SUB）接口大，可达到最佳信号响应效果。它还被大量用于通信系统中，如网络设备中的 E1 接口就是用两根 BNC 接头的同轴电缆来连接的，在高档的监视器、音响设备中也经常用来传送音频、视频信号。BNC 特殊的接口设计，使线缆连接非常牢固，不必担心因接口松动而产生接触不良。

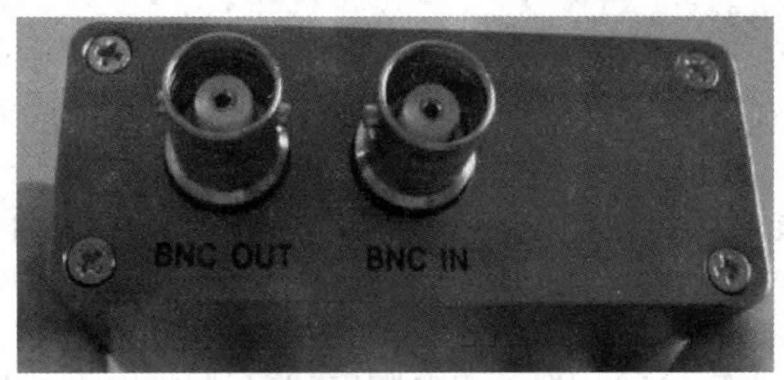


图 5-21　BNC 接口

6) DVI 接口

DVI(Digital Visual Interface)数字视频接口是一种基于 TMDS(Transition Minimized Differential Signaling，转换最小差分信号)技术来传输数字信号的接口，无需进行模拟信号与数字信号的繁琐转换，避免了信号的损失，色彩更纯净、更逼真，图像的清晰度和细节表现力都得到了大大提高，在 PC、DVD、高清晰电视(HDTV)、高清晰投影仪等设备上有广泛的应用。

DVI 接口有 3 种类型 5 种规格，包括 DVI-A(12+5)、单连接 DVI-D(18+1)、双连接 DVI-D(24+1)、单连接 DVI-I(18+5)、双连接 DVI-I(24+5)，如图 5-22 所示。

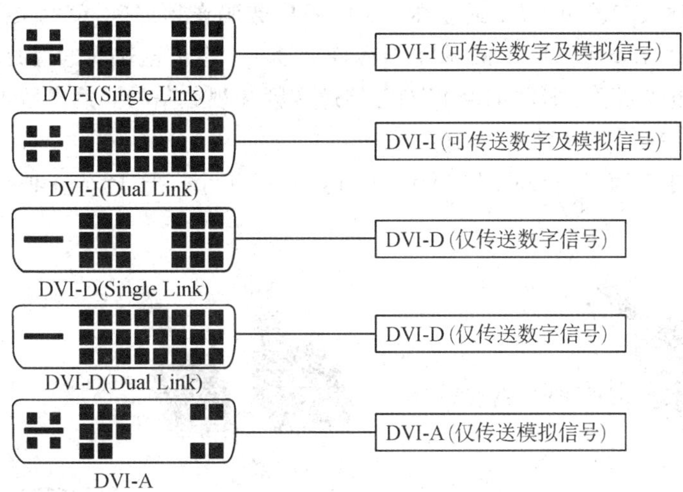


图 5-22　DVI 接口

DVI-Integrated(DVI-I)接口(单连接 18+5 和双连接 24+5)是兼容数字和模拟接口的，所以，DVI-I 的插座就有 18 个或 24 个数字插针的插孔加 5 个模拟插针的插孔(就是旁边那个四针孔和一个十字花)。DVI-I 比 DVI-D 多出来的 4 根线用于兼容传统 VGA 模拟信号。基于这样的结构，DVI-I 插座可以插 DVI-I 和 DVI-D 的插头，而 DVI-D 插座只能插 DVI-D 的插头。DVI-I 兼容模拟接口并不意味着模拟信号的接口 D-Sub 插头可以直接连接在 DVI-I 插座上，它必须通过一个转换接头才能连接使用。一般采用这种接口的显卡都会带有相关的转换接头。考虑到兼容性问题，目前显卡一般会采用 DVI-I 接口，这样可以通过转换接头连接到普通的 VGA 接口。

DVI-Digital(DVI-D)接口(单连接 18＋1 和双连接 24＋1)是纯数字的接口，只能传输数字信号，不兼容模拟信号。所以，DVI-D 的插座有 18 个或 24 个数字插针的插孔加 1 个扁形插孔。带有两个 DVI 接口的显示器一般使用 DVI-D 类型，而带有一个 DVI 接口和一个 VGA 接口的显示器，DVI 接口一般使用带有模拟信号的 DVI-I 接口。

DVI-Analog(DVI-A)接口(12＋5)只传输模拟信号，实质就是 VGA 模拟传输接口规格。当要将模拟信号 D-Sub 接头连接在显卡的 DVI-I 插座时，必须使用转换接头。转换接头连接显卡的插头，就是 DVI-A 接口。早期的大屏幕专业 CRT 中也能看见这种插头，现已淘汰。

DVI 接口在传输数字信号时又分为单连接和双连接两种方式。单连接 DVI 接口的传输速率只有双连接的一半，为 165 MHz/s，最大的分辨率和刷新率只能支持到 1920×1200，60 Hz。至于双连接的 DVI 接口，可以支持到 2560×1600，60 Hz 模式，也可以支持 1920×1080，120 Hz 的模式。液晶显示器要达到 3D 效果必须拥有 120 Hz 的刷新率，所以 3D 方案中，使用 DVI 的话，必须要使用双连接 DVI-D(24＋1)接口。

7) HDMI 接口

HDMI(High Definition Multimedia Interface)高清晰度多媒体接口，是一种全数字化视频和声音发送接口。HDMI 不仅可以满足 1080 P 的分辨率，还能支持 DVD Audio 等数字音频格式，支持八声道 96 kHz 或立体声 192 kHz 数码音频传送，可以传送无压缩的音频信号及视频信号。HDMI 可用于机顶盒、DVD 播放机、个人电脑、电视游乐器、综合扩大机、数字音响与电视机等。HDMI 可以同时传送音频和视频信号，最高数据传输速度为 48 Gb/s(2.1 版)，支持最高分辨率为 3840×2160。

HDMI 接口主要有 A Type、B Type、C Type、D Type、E Type 5 种类型，如图 5－23 所示。

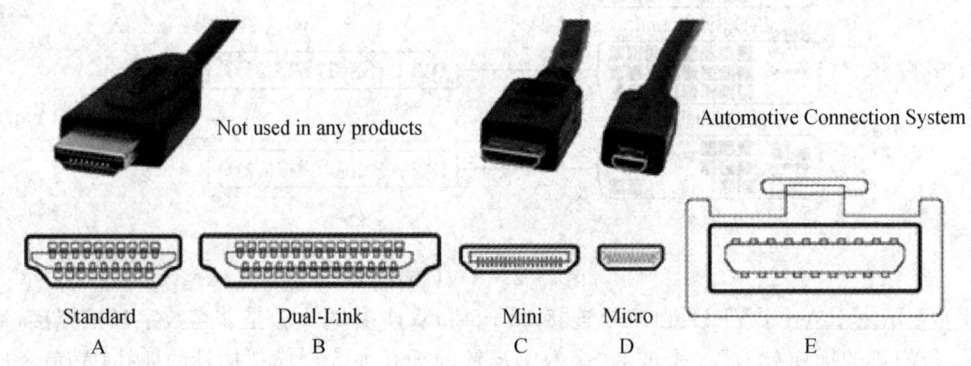


图 5－23　HDMI 接口

(1) HDMI A Type 是使用最广泛的 HDMI 接口。在日常生活使用中的绝大部分影音设备都配备这个接口。比如：蓝光播放器、小米盒子、笔记本电脑、液晶电视、投影机等等。HDMI A Type 应用于 HDMI1.0 版本，总共有 19 pin，规格为 4.45 mm×13.9 mm，最大能传输 165 MHz 的 TMDS 信号，所以最大传输规格只能用于 1600×1200(TMDS 162.0MHz)。

(2) HDMI B Type 是生活中比较少见的 HMDI 接口，它主要用于专业级的场合。HDMI B接口采用 29 pin，宽度 21 毫米，数据传输能力比 HDMI A type 快近两倍，相当于 DVI Dual-Link。由于多数影音设备工作频率均在 165 MHz 以下，而 HDMI B Type 的工作频率在 270 MHz 以上，所以多见于专业应用场景，如其支持 WQXGA 2560×1600 以上的分辨率。

(3) HDMI C Type 常称为 Mini HDMI 接口，它主要为小型设备设计的。HDMI C Type 同样采用 19 pin，但是宽度只有 10.42 毫米，厚度有 2.4 毫米，它主要应用在便携式设备上，比如数码相机、便携式播放机等设备。

(4) HDMI D Type 俗称 Micro HDMI 接口。HDMI D Type 尺寸进一步缩小，同样为 19 pin，宽度只有 6.4 毫米，厚度 2.8 毫米，很像 Mini USB 接口，主要应用于小型的移动设备上面。比如手机、平板电脑等便携设备，支持最高 1080 P 的分辨率及最快 5 GB 的传输速度。

(5) HDMI E Type 主要用于车载娱乐系统的音视频传输接口。由于车内环境的不稳定性，HDMI E Type 在设计上具备抗震性、防潮、耐高强度、温差承受范围大等特性。在物理结构上，采用机械式锁定设计，能保证接触可靠性。

8) DP 接口

DP(DisplayPort)接口是一种高清晰度音视频流的传输接口。DP 外接型接头有标准型和微型版两种，两种接头的最长外接距离都可以达到 15 米，如图 5-24 所示。除实现设备与设备之间的连接外，DisplayPort 还可用作设备内部的接口，甚至是芯片与芯片之间的数据接口。得益于它良好的性能和先进的技术，DP 接口已经逐渐成为高端显示器必不可少的接口。例如，DP 可以作为笔记本电脑内部主机与 LCD 显示器之间的连接，LCD 显示器内部电路之间的连接，台式 PC、机顶盒、DVD、游戏机等任何一台输出影像内容的设备都可以与 LCD 等显示器连接。

图 5-24　DP 接口

DP 接口的设计是为取代传统的 VGA、DVI 和 FPD-Link(LVDS)接口。2016 年 2 月份发布 DP 1.4 通信端口规范，将为笔记本电脑、智能手机及 AIO 一体机带来 8K 级别(7680×4320)的 60 Hz 输出，4K 的话则可以达到 120Hz 输出。DP 兼容性不如 HDMI，HDMI 与 DVI 和 VGA 可以互转，而 DP 只能单向转，仅支持 DP 转其他，不支持其他转 DP，但是，DP 可以兼容 USB 3.0 和 Thunderbolt 接口。比 HDMI 更先进的是，DP 还增加了一条传输带宽为 1 Mb/s，最高延迟仅为 500 μs，可直接作为语音、视频、游戏控制等低带宽数据的辅助传输通道。

DP 接口还有一种衍生的形式——Mini DisplayPort(Mini DP )接口，这是一个微型版本的 DisplayPort 接口，它是由苹果公司于 2008 年 10 月 14 日推出的。现在应用于 MacBook(取代先前的 Mini-DVI)、MacBook Air(取代先前的 Micro-DVI)与 MacBook Pro(取代先前的 DVI)笔记本计算机中，亦应用于 27 吋的 LED Cinema Display 液晶显示器。

**4. LPT(并行)接口**

LPT (Line Print Terminal，打印终端)接口，是一种增强了的双向并行传输接口，如图 5-25 所示。大多数计算机都有一个或两个 LPT，通常称为 LPT1 和 LPT2，LPT1 是默认的 LPT。在 USB 接口出现以前，LPT 接口是打印机、扫描仪等最常用的接口。LPT 端口的设备容易安装及使用，但是速度比较慢，最高传输速度为 1.5 Mb/s，使用 25 孔 D 形(DB-25)连接器，常用于连接打印机，但现在越来越多的打印机采用了 USB 接口，LPT 接口已经逐渐被淘汰。

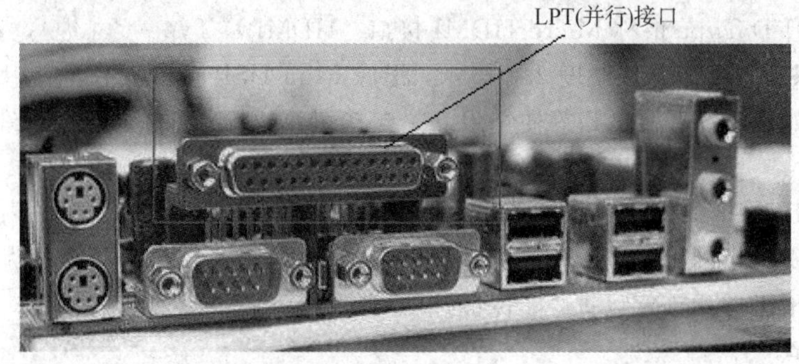


图 5-25　LPT 接口

**5. COM(串行)接口**

COM (Cluster Communication Port ) 接口即串行通讯端口，简称串口(COM 口)，如图 5-26所示。微机上的串口通常是 9 针，也有 25 针的接口，通常用于连接鼠标(串口)及通讯设备(如连接外置式 MODEM 进行数据通讯或一些工厂的 CNC 机接口)等。一般主板外部只有一个串口，机箱后面那个 9 孔输出端(梯形)，就是 COM1 口，COM2 口一般要从主板上插针引出。但目前主流的主板一般都只带 1 个串口，甚至不带，慢慢会被 USB 取代。

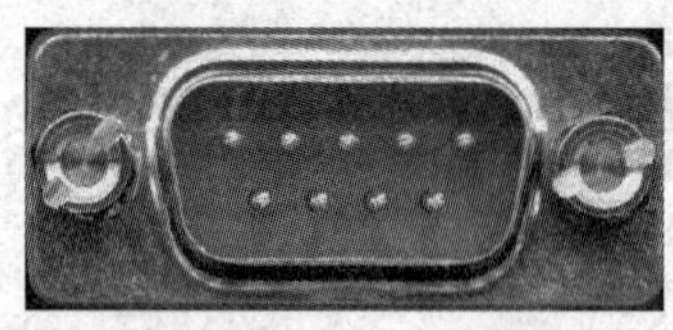

图 5-26　COM 接口

COM 口的接口标准规范是 RS-232，有时候也叫做 RS-232 口。RS-232 接口标准用于数字电视机和电脑设备的连接，它采用负逻辑电平，即逻辑 1 的电平规定为－15～－3V，逻辑 0 的电平规定为 ＋15～＋3V，数据传输速率最大为 19 200 b/s，最大通信距离为 15 m。

**6. USB 接口**

USB(Universal Serial BUS)接口是一种通用串行总线接口，具有即插即用功能，被广泛地应用于个人电脑和移动设备等信息通讯产品，并扩展至摄影器材、数字电视(机顶盒)、游戏机等其他相关领域。USB 2.0 接口分为 A 型、B 型、Mini 型和 Micro 型四种，每种接口都分插头和插座两个部分，Micro 还有比较特殊的 AB 兼容型。USB 3.1 Gen1 就是 USB 3.0，而 USB 3.1 Gen2 才是真正的 USB 3.1。USB 2.0 的最大传输带宽为 480 Mb/s(即 60 Mb/s)，USB 3.0(即 USB 3.1 Gen1)的最大传输带宽为 5.0 Gb/s(500 MB/s)，USB 3.1 Gen2 的最大传输带宽为 10.0 Gb/s(虽然 USB 3.1 标称的接口理论速率是 10.0 Gb/s，但是其还保留了部分带宽用以支持其他功能，因此其实际的有效带宽大约为 7.2 Gb/s)。USB 2.0 为 4 针接口，USB 3.0 和 USB 3.1 为 9 针接口。USB 2.0 提供 5V/0.5A 电源，USB 3.0 提供 5V/0.9A 电源，USB 3.1(SuperSpeed＋)将供电的最高允许标准提高到了 20V/5A。USB 3.1 使用一个更高效的数据编码系统，并提供一倍以上的有效数据吞吐率，它完全向下兼容现有的 USB 连接器与线缆。

1) A 型 USB 接口

标准 A 型 USB 插头(plug)和 A 型 USB 插座(receptacle)如图 5－27 所示。

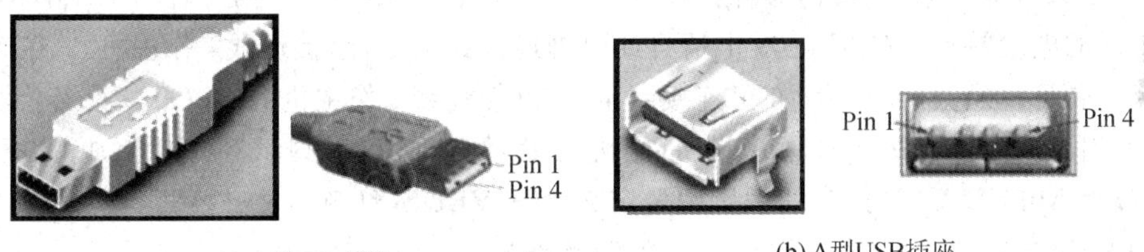


(a) A型USB插头　　(b) A型USB插座

图 5－27　标准 A 型 USB 接口

标准 A 型 USB 是一种常用的 PC 接口，只有 4 根线(两根电源，两根信号)，需要注意的是，千万不要把正负极接反了，否则会烧掉 USB 设备或者电脑主板的南桥芯片。A 型 USB 插头的引脚编号定义：1—VBUS(红色)，2—数据 D－(白色)，3—数据 D＋(绿色)，4—地线(黑线)。

2) B 型 USB 接口

标准 B 型 USB 接口和 A 型 USB 接口的外形是不一样的，电脑主机上的 USB 接口都是标准 USB-A 口，这种口最常见。打印机等设备上使用的 USB 通常是正方形的接口，那个就是标准 USB-B 口。标准 B 型 USB 插头(plug)和 B 型 USB 插座(receptacle)如图5－28 所示。

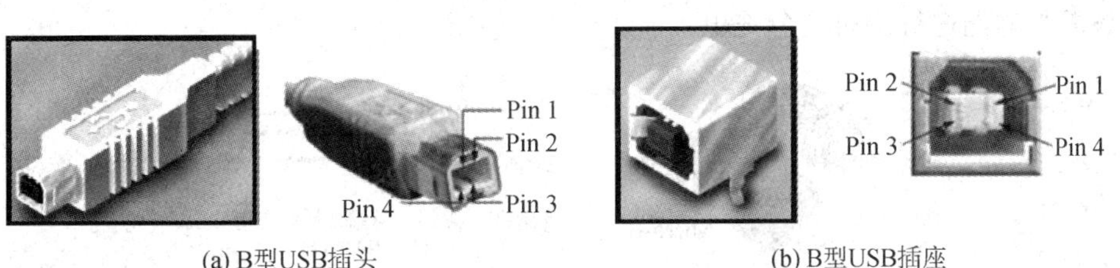


(a) B型USB插头　　(b) B型USB插座

图 5－28　标准 B 型 USB 接口

3) Mini 型 USB 接口

与标准 USB 相比，Mini 型 USB 尺寸更小，广泛应用于笔记本电脑和移动设备等信息通讯产品以及摄影器材、数字电视、机顶盒、游戏机等。Mini 型 USB 分为 A 型、B 型和

AB 型。其中，Mini B 型 USB 接口采用 5Pin 封装，是目前最常见的一种接口，这种接口由于防误插性能出众，体积也比较小巧，所以正在赢得很多的厂商青睐，现在这种接口广泛出现在读卡器、MP3、数码相机以及移动硬盘上。Mini 型 USB 插头(plug)和 Mini 型 USB 插座(receptacle)，如图 5-29 所示。

图 5-29　Mini 型 USB 接口

Mini USB 除了第 4 针外，其他接口功能皆与标准 USB 相同。第 4 针为 ID 引脚，用于识别不同的电缆端点。在 Mini A 上请将此引脚连接到第 5 针(接地线，作主机)，在 Mini B 上将此引脚可以悬空(作外设)亦可连接到第 5 针(接地线，作主机)。当 OTG 设备检测到接地的 ID 引脚时，表示默认的是 A 设备(主机)，而检测到 ID 引脚浮着的设备则认为是 B 设备(外设)。Mini 型 USB 插头的引脚编号定义：1—VBUS(红色)，2—数据 D-(白色)，3—数据 D+(绿色)，4—ID(未连接)，5—地线(黑线)。

4) Micro 型 USB 接口

Micro USB 是 USB 2.0 标准的一个便携版本，也是 Mini USB 的下一代规格。Micro USB 和 Mini USB 一样，也是 5Pin 封装，信号引脚定义也相同，如图 5-30 所示。Micro USB 支持 OTG(On-The-Go)技术，OTG 技术的推出则可实现没有主机时设备与设备之间的数据传输，例如，数码相机可以直接与打印机连接并打印照片，从而拓展了 USB 技术的应用范围。

Micro USB 连接器比标准 USB 和 Mini USB 连接器更小，节省空间，具有高达 10 000 次的插拔寿命和强度，采用盲插结构设计，兼容 USB 1.1 (低速：1.5 Mb/s，全速：12 Mb/s) 和 USB 2.0(高速：480 Mb/s)，同时提供数据传输和充电，特别适用于高速(USB 3.0)或更高速率的数据传输，是连接小型设备(如手机、PDA、数码相机、数码摄像机和便携数字播放器等)的最佳选择。同时也能为车载提供方便，只需要 USB 车载充电器，再加上 Micro USB 数据线就能进行手机应急充电。

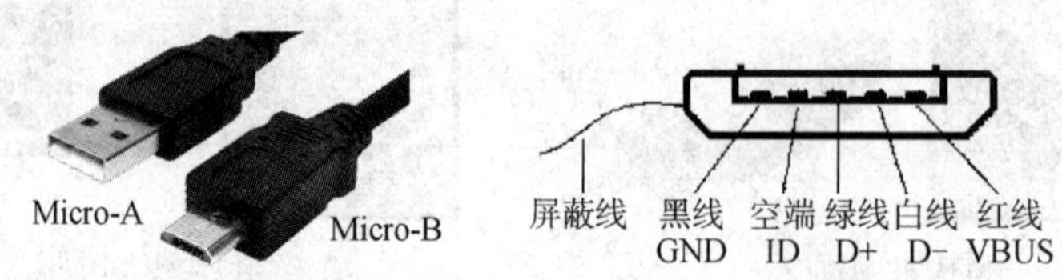


图 5-30　Micro 型 USB 接口

5) USB3.0—3.1 接口

USB3.0 被认为是 SuperSpeed USB，为那些与 PC 或音频/高频设备相连接的各种设备提供了一个标准接口。USB 3.0 在保持与 USB 2.0 兼容性的同时，还提供了下面几项增强功能：① USB3.0 的速率是 5 Gb/s，而 USB2.0 的速率是 480 Mb/s；② 从外观上来看，USB 2.0 通常是白色或黑色，而 USB 3.0 则改观为蓝色接口；③ 从 USB 插口引脚上来看，USB 2.0 采用 4 针脚设计，而 USB 3.0 则采取 9 针脚设计(A 型)，相比而言 USB3.0 功能更强大。

USB 3.1 是最新的 USB 规范，数据传输速度提升至 10 Gb/s，比 USB 3.0 提高一倍以上的有效数据吞吐率，并且完全向下兼容现有的 USB 3.0 软件堆栈和设备协议、5 Gb/s 的集线器与设备、USB 2.0。USB 3.1 有三种连接类型，分别为 Type-A(Standard-A)、Type-B(Micro-B)以及 Type-C，兼容 USB2.0，如图 5-31 所示。使用时应注意，选择 USB3.1 接口，必须 U 盘和主板同时是 USB3.1 接口才能满足高速性能。

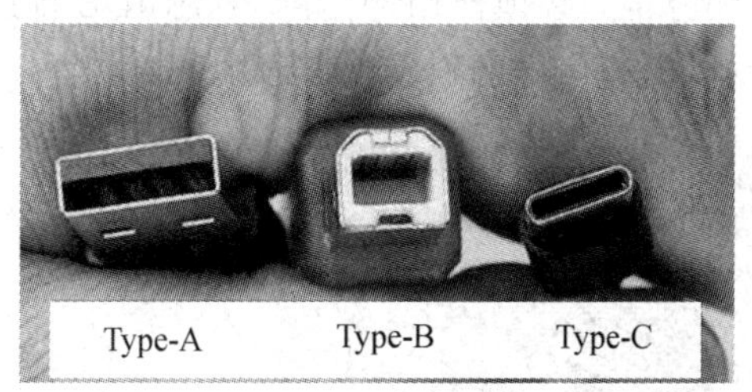


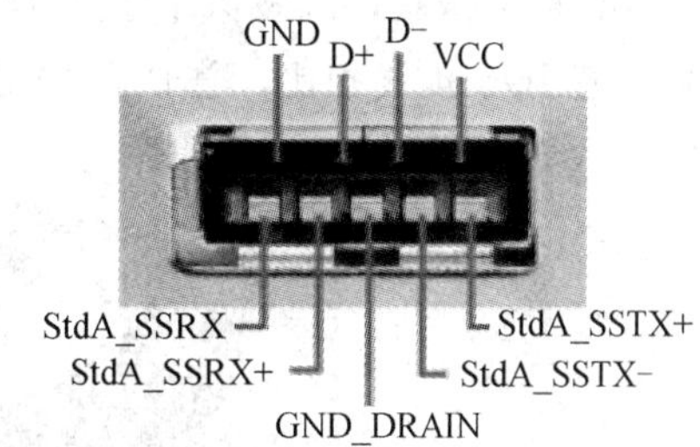


图 5-31　USB 3.1 接口

USB 是一个外部总线标准，具有即插即用和热插拔功能，用于规范电脑与外部设备的连接和通讯。自 1996 年推出 USB 1.0 版本以来，经历了多年的发展，到如今已经发展为 3.1 版本，已成功替代串口和并口，并成为当今电脑与大量智能设备的必配接口。各种版本的 USB 接口的形状，如图 5-32 所示。其中，USB1.0-2.0 版本，主要有标准 A 型、标准 B 型、Mini-A 型、Mini-B 型、Micro-A 型、Micro-B 型；USB3.0-3.1 版本，主要有标准 A 型、标准 B 型、Micro-B 型、Type-C 型。

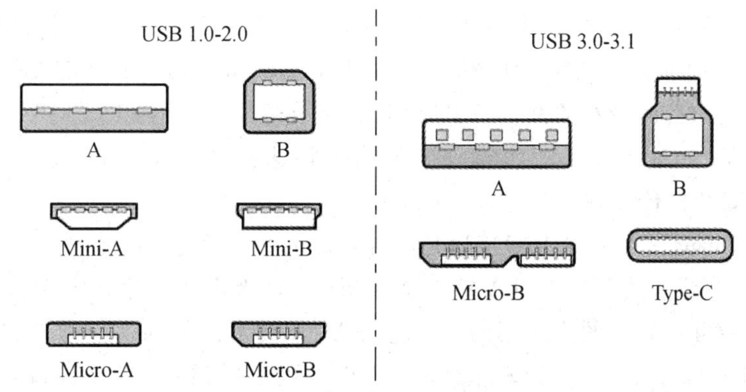


图 5-32　各种版本 USB 接口外形对比

### 7. IDE/EIDE(ATA)接口

IDE(Integrated Drive Electronics，电子集成驱动器)接口，是指把“硬盘控制器”与“盘体”集成在一起的硬盘驱动器接口，每个插口可以支持一个主设备和一个从设备，每个接口均使用 40 针的连接器，采用 16 位数据并行传送方式，每个设备的最大容量为 504 Mb，支持的传输速率只有 3.3 Mb/s。EIDE(Enhanced IDE，增强性 IDE)接口是 Pentium 及以上主板必备的标准接口，不仅将硬盘的最高传输率提高到 16.6 Mb/s，同时引进 LBA 地址转换方式，突破了固有的 504 Mb 限制，可以支持最高达 8.1 Gb 的硬盘。IDE/EIDE 接口还有另一个名称叫做 ATA(Advanced Technology Attachment，高级技术附加装置)接口。ATA 技术是一个关于 IDE 的技术规范族。ATA 接口从诞生至今，共推出了 7 个不同的版本，分别是：ATA-1(IDE)、ATA-2(EIDE，Enhanced IDE/Fast ATA)、ATA-3(FastATA-2)、ATA-4(ATA33)、ATA-5(ATA66)、ATA-6(ATA100)、ATA-7(ATA 133)，每一个新一代接口都建立在前一代标准之上，并保持着向后兼容性，主要用于连接硬盘和光驱，如图 5-33所示。对于 ATA 66 及以上 IDE 接口传输标准，必须使用专门的 80 芯 IDE 排线，其与普通 40 芯 IDE 排线相比，增加了 40 条地线以提高信号的稳定性。

图 5-33 IDE(ATA)接口

**8. SATA/eSATA 接口**

SATA(Serial ATA)接口，即串行 ATA 接口，主要用作主板和大量存储设备(如硬盘及光盘驱动器)之间的数据传输，如图 5-34(a)所示。Serial ATA 1.0 定义的数据传输率可达 150 Mb/s，这比目前最新的并行 ATA(即 ATA/133)所能达到 133 Mb/s 的最高数据传输率还高，而在 Serial ATA 2.0 的数据传输率将达到 300 Mb/s，最终 SATA 将实现 600 Mb/s的最高数据传输率。

eSATA(external Serial ATA)接口是一种扩展的 SATA 接口，如图 5-34(b)所示。在形状方面 eSATA 是平的，而 SATA 接口是 L 形的，两者不能通用。与 SATA 接口只能局限于电脑内部 SATA 硬盘的连接不同，通过 eSATA 技术让外部 I/O 接口使用 SATA2 功能，例如拥有 eSATA 接口，可以轻松地将 SATA2 硬盘插到 eSATA 接口，而不用打开机箱更换 SATA2 硬盘。在信号线方面，SATA 和 eSATA 均采用 7 针数据线，其中，有 4 根数据线(发送和接收各需 2 根数据线)和 3 根接地线。在机箱内使用的 SATA 线缆和接口没有任何保护和锁定装置，在插拔 50 次左右就容易因接触不良而出现问题。

作为外部连接标准，eSATA 设备的接口和线缆都采用了全金属屏蔽，不仅能够降低电磁干扰，还有助于减少在热插拔过程中产生的静电。与此同时，为了防止接口受到外力意外断开，eSATA 标准还要求在线缆接口处加装金属弹片式的锁定装置，根据测试，eSATA 全新设计的接口将保证设备最少可进行 2000 次的热插拔，以满足外部接口的连接要求。

(a) SATA接口

(b) eSATA接口

图 5－34　SATA/eSATA 接口

**9. SCSI 接口**

SCSI(Small Computer System Interface，小型计算机系统接口)接口，如图 5－35 所示。SCSI 是与 IDE(ATA)完全不同的接口，IDE 接口是普通 PC 的标准接口，而 SCSI 并不是专门为硬盘设计的接口，是一种广泛应用于小型机上的高速数据传输技术。SCSI 接口具有应用范围广、多任务、带宽大、CPU 占用率低，以及支持热插拔等优点，但较高的价格使得它很难如 IDE 硬盘般普及，因此 SCSI 硬盘主要应用于中、高端服务器和高档工作站中。

图 5－35　SCSI 接口

**10. IEEE 1394 接口**

IEEE 1394 接口(简称 1394 接口)是美国电气和电子工程师学会(IEEE)制定了的一个串行接口。IEEE 1394 的前身由苹果公司在 1986 年所草拟，苹果公司称之为火线(FireWire)，Sony 公司则称之为 i. Link，Texa Instruments 公司称之为 Lynx。IEEE 1394 作为一个工业标准的高速串行总线，数据传输率一般为 800 Mb/s～1.6 Gb/s(最大)，使用塑料光纤时可以提高到 3.2 Gb/s，支持外设热插拔，其传输距离可以达到 30 m，所以十分适合视频影像的传输。近年来，随着 IEEE 1394 PCI 板卡成本下降以及对大容量数据传输速度要求的增加，IEEE 1394 正快速地在市场上普及开来。作为一种数据传输的开放式技术标准，IEEE 1394 被应用在众多的领域，包括数码摄像机、高速外接硬盘、打印机和扫描仪等。

IEEE1394 有 IEEE1394A 和 IEEE1394B 两种标准，共有 3 种标准的接口形式：9 芯、6 芯与 4 芯(小型)接口，如图 5－36 所示。其中，IEE1394A 有 6 Pin 和 4 Pin 两种形状，传输

速率为 400Mb/s(FireWire 400)。4 Pin 接口中有 2 根发送数据和 2 根接收数据线，6 Pin 接口中有 2 根发送数据和 2 根接收数据线以及 2 根电源线，两根电源线之间的电压一般为 8～40 V，最大电流为 1.5 A。IEE 1394B 接头形状为 9 Pin，其中有 4 根数据线、2 根电源正极线、3 根接地线，传输速率为 800Mb/s(FireWire 800)，它与 IEEE 1394A 向下兼容。如果要添加外置硬盘，6 针/9 针的 1394 端子就非常必要，因为外置硬盘运行时需要供电。

图 5-36　IEEE 1394 系列接口

## 5.3.3　主板与机箱前面板的信号连接

### 1. 主板上机箱前置面板的连接接头

连接接头是主板用来连接机箱前置面板上的电源开关(POWER SW)、电源指示灯(POWER LED)、重启(复位)开关(RESET SW)、硬盘指示灯(HDD LED)以及机箱内蜂鸣器(SPERKER)排线的地方，如图 5-37 所示。

图 5-37　主板上与机箱前面板的连接接头

ATX 主板结构的机箱上有一个总电源开关 (PWR SW) 接线，它和复位(RESET)按钮的接头一样，是一个 2 芯的插头，按下时短路，松开时开路，按一下，电脑总电源就被接通了，再按一下就关闭电源。对于复位按钮，每按一次(两针短路)，系统重起一次。电源指示灯(PLED)一般为 2 芯或 3 芯插头，使用 1、3 针位，1 针位线通常为绿色(为正极)，对应主板上标有“P LED+”，注意正负极不要接反，否则，电源指示灯不会亮。当电脑开机后，电源指示灯就一直亮着，指示电源已经打开了。硬盘指示灯(IDE_LED)是 2 芯接头，连接时要红线对应 1 针位置(为正极)。当电脑在读写硬盘时，机箱上的硬盘指示灯会点亮。

PC 喇叭(SPEAKER)是一只蜂鸣器，通常采用 4 芯插头，但实际上只使用 1、4 号两根针线，1 号针线通常为红色(为正极)，4 号针线为电源负极，必须正确安装，以确保蜂鸣器发声。电源开关的连线不分正负极，RESET 开关的连线也不分正负极；电源指示灯的连线，一般是一绿一白，绿线是正极；硬盘指示灯的连线，一般是一红一白，红线是正极；机箱喇叭的连线，一般是一红一黑，红线是正极。主板和机箱前置板上的电源指示灯(P LED)、硬盘指导示灯(IDE_LED)、电源开关(PWR SW)、复位开关(RESET)以及机箱内的喇叭(SPEAKER)的连接关系，如图 5-38 所示。

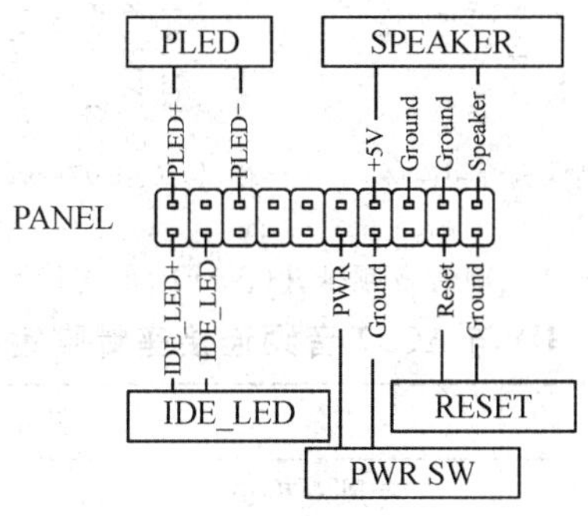


图 5-38　主板与机箱前面板的信号连接图

**2. 前置音频接线方法**

为了方便用户，大部分机箱上都设有前置音频接口，分为音箱和耳机两个插孔。在一些中高端的机箱中，这两个扩展接口的插头被集中在一起，用户只要找准主板上的前置音频插针，按照正确的方向插入即可。由于采用了防呆式的设计，反方向无法插入，因此一般不会出现什么问题。主板上的前置音频插头主要有 AAFP、CD 和 SPDIF_OUT，如图5-39 所示。其中，前置音频连接排针 AAFP 为符合 AC97 规范(传统计算机音频输入输出及处理方案)的前置音频的 9 针接头，CD 是用于连接光驱数字音频的 4 针接头，SPDIF_OUT (Sony/Philips Digital Interfaces)是同轴数字音频的 3 针输出接头，可以传输 LPCM 流和 Dolby Digital、DTS 这类环绕声压缩音频信号。

图 5-39　主板上前置音频插头

为了与 AC97 兼容，高保真音频仍然使用 AC97 的 10 针连接座，如图 5-40 所示。高保真(HD)规范对针脚做了新的定义，对部分针脚赋予新的功能。HD 的针脚定义与 AC97 的针脚定义对比见表 5-1。

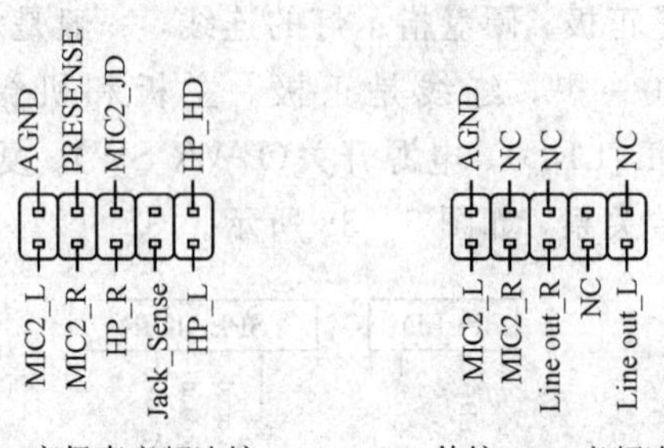


图 5-40　前置音频排针(AAFP)的连接示意图

**表 5-1　HD 与 AC97 音频连接座针脚定义对比表**

| 针脚号 | 规范 | 符号 | 针 脚 定 义 |
|---|---|---|---|
| 1 | HD | MIC2_L | 麦克风左声道 |
| | AC97 | MIC2_L | 麦克风左声道 |
| 2 | HD | AGND | 模拟信号地线 |
| | AC97 | AGND | 模拟信号地线 |
| 3 | HD | MIC2_R | 麦克风右声道 |
| | AC97 | MIC2_R | 麦克风右声道 |
| 4 | HD | PRESENSE# | 当 HD 音频接入时，该信号降为 0，通知 BIOS 有 HD 音频连到前置音频接口 |
| | AC97 | NC | 不连接 |
| 5 | HD | HP_R | 耳机右声道输出 |
| | AC97 | Line out_R | 线路(或耳机)输出右声道 |
| 6 | HD | MIC2_JD | 麦克风插座感应信号线(有麦克风插入时，该信号为高电平) |
| | AC97 | NC | 不连接 |
| 7 | HD | Jack_Sense | 线路插座感应信号线(有线路插座插入时，该信号为高电平) |
| | AC97 | NC | 不连接 |
| 8 | HD | | 防呆(无针) |
| | AC97 | | 防呆(无针) |
| 9 | HD | HP_L | 耳机右声道输出 |
| | AC97 | Line out_L | 线路(或耳机)输出左声道 |
| 10 | HD | HP_HD | 耳机插座感应信号线(有耳机插入时，该信号为高电平) |
| | AC97 | NC | 不连接 |

# 实训 5　主板布局的识读

【实训目的】

(1) 学会拆装电脑主机。

(2) 认识主板上常用元器件。

(3) 认识主板上所有接口，并掌握每种接口的特点。

(4) 认识主板上主要芯片，并掌握每种芯片在主板中的作用。

【实训仪器和材料】

(1) 电脑主机。

(2) 万用电表。

(3) 一字与十字螺丝刀。

【实训内容】

(1) 拆装电脑主机，认识主板上常用元器件，说明电脑主板各种连接线的连接方式，画出主机各部件的连接方式示意图。

(2) 认识主板上所有接口，要求在图纸上画出各种接口的所在位置(示意图)。制作汇报 PPT，主要内容包括主板上各种常用接口的名称、图形、所连接的设备、作用说明及备注等基本信息。

(3) 认识主板上的主要芯片，要求在图纸上画出各芯片所在位置(示意图)。制作汇报 PPT，主要内容包括主板上重要芯片的名称、型号、功能说明、主要应用电路(或下载 PDF 资料进行打包)、发生故障的现象及备注等基本信息。

【实训报告要求】

(1) 简述实训步骤与注意事项。

(2) 记录主板的主要接口和主要芯片的相对位置(给出示意图)。

【思考题】

ATX 主板有哪些主要外部接口？各有什么作用？

## 5.4　PC 机电源

### 5.4.1　PC 机电源类型

#### 1. 电脑电源的作用及类型

PC 机电源是把 220V 交流电转换成直流电，并专门为电脑配件如 CPU、主板、硬盘、内存条、显卡、光盘驱动器等供电的设备，是电脑各部件供电的枢纽，是电脑的重要组成部分。电脑电源发展至今已经过去了接近 40 个年头，一直都遵循着电源的标准来发展，而电源标准也一再更新，主要有 AT 电源、ATX 电源和 BTX 电源标准。

**2. AT 电源**

AT 电源标准由 IBM 制定，是 IBM 在 20 世纪 90 年代以前，推出 PC/AT 机时所提出，是计算机开关电源当之无愧的鼻祖。该类电源的功率一般为 150～220 W，共有 4 路电压输出(＋5V、－5V、＋12V、－12V)，另外向主板提供一个 P. G. 信号，具备硬开关。如今，AT 电源已被淘汰。

**3. ATX 电源**

ATX(AT Extend)电源标准是 Intel 公司在 1995 年制定的主板及电源结构标准。ATX 电源规范经历了 ATX 1.1、ATX 2.0、ATX 2.01、ATX 2.02、ATX 2.03 和 ATX 12V 系列等阶段。Intel 在 2003 年 4 月，发布了新的 ATX 12V 1.3 规范。2005 年，随着 PCI-Express 的出现，带动显卡对供电的需求，因此 Intel 推出了电源 ATX 12V 2.0 规范，连接主板的主电源接口也从原来的 20 针增加到 24 针，分别由 12×2 的主电源和 2×2 的 CPU 专用电源接口组成。这样高版本的 ATX 电源可以将主电源 24 针分成 20＋4 两个部分，兼容使用 20 针主电源接口的旧 ATX 主板。

与 AT 电源相比，ATX 电源增加了“＋3.3V、＋5VSB、PS-ON”三个输出。其中“＋3.3 V”输出主要是供 CPU 使用，而“＋5VSB、PS-ON”的组合用来实现电源的开启和关闭，只要控制“PS-ON”信号电平的变化，就能控制电源的开启和关闭。当控制“PS-ON”小于 1 V(与地线相连)时开启电源，大于 4.5 V(悬空)时关闭电源。关机时 ATX 电源本身并没有彻底断电，＋5VSB 待机电压始终正常工作。通过此功能，用户就可以直接通过操作系统实现软关机，而且还可以实现网络化的电源管理(实现远程开关机)。

**4. BTX 电源**

BTX(Balanced Technology Extended)电源标准是 Intel 定义并引导的桌面计算平台新规范。BTX 架构可支持下一代计算机系统设计的新外形，使行业能够在散热管理、系统尺寸和形状，以及噪音方面实现最佳平衡。BTX 电源是遵从 BTX 标准设计的电脑电源，不过 BTX 电源兼容了 ATX 技术，其工作原理与内部结构基本相同，输出标准与 ATX12V 2.0 规范一样，也是像 ATX12V 2.0 规范一样采用 24 针(pin)接头。BTX 电源主要是在原 ATX 规范的基础之上衍生出 ATX 12V、CFX 12V、LFX 12V 几种电源规格。其中，ATX12V 2.0 版电源可以直接用于标准 BTX 机箱。CFX12V 适用于系统总容量在 10～15 升的机箱。这种电源与以前的电源虽然在技术上没有变化，但为了适应尺寸的要求，采用了不规则的外形，定义了 220 W、240 W、275 W 三种规格，其中 275 W 的电源采用相互独立的双路＋12V 输出。而 LFX12V 则适用于系统容量 6～9 升的机箱，目前有 180 W 和 200 W两种规格。

### 5.4.2 ATX 电源接口

**1. AT 电源的连接接口**

AT 电源只能输出±5 V 和±12 V 四种电压，如 AT-200 电源的性能指标其输入为 110/220 V(5 A/2.5 A) 、60 Hz/50 Hz ，其输出为＋5.0 V(20 A)，＋12 V(8 A)，－5 V

(0.5 A)，−12 V(0.5 A)。AT 电源的接口由两组接口组成，一组叫 P8，一组叫 P9，两个都是 6 脚的电源插口，其引脚功能说明见表 5-2。

**表 5-2　AT 电源 P8 与 P9 接口引脚功能说明**

| 接口 | P8 | | | | | | P9 | | | | | |
|---|---|---|---|---|---|---|---|---|---|---|---|---|
| 脚号 | 1 | 2 | 3 | 4 | 5 | 6 | 1 | 2 | 3 | 4 | 5 | 6 |
| 符号 | PG | +5V | +12V | −12V | GND | GND | GND | GND | −5V | +5V | +5V | +5V |
| 颜色 | 灰 | 红 | 黄 | 蓝 | 黑 | 黑 | 黑 | 黑 | 白 | 红 | 红 | 红 |
| 说明 | 电源正常 | +5V 电压 | +12V 电压 | −12V 电压 | 地线 | 地线 | 地线 | 地线 | −5V 电压 | +5V 电压 | +5V 电压 | +5V 电压 |

**2. ATX 电源的连接接口**

ATX 电源是当前的主流电脑电源，且有多个版本，不同的版本有不同的技术指标。如 ATX-200FD 型电源，其输入为 220 V、50 Hz、3 A，其输出为+5 V(18 A)、+12 V(14 A)、+3.3 V(14 A)、−12 V(0.5 A)、+5 V SB(2 A)以及 PG 信号。ATX-755 型(符合 ATX12V2.31 版规范)电源，其输入为 220 V、50 Hz、5 A，其输出为+5 V(20 A)、+12V1(25 A)、+12V2(25 A)、+3.3 V(16 A)、−12 V(0.5 A)、+5 V SB(2 A)以及 PG 信号。

下面以 ATX-200FD 型电源为例来介绍连接接口。ATX-200FD 型电源有 P1、P2、P3、P4、P5 和 P6 接口，其中，P1 接口(20 孔)给主板供电，P2(4 孔)给 CPU 供电(2 根黄线为+12 V，2 根黑线为地线)，P3(小 4 孔)为 IDE 软驱供电(1 根黄线为+12 V，1 根红线为+5 V，2 根黑线为地线)，P4(大 4 孔)为 IDE 硬盘/光驱供电(1 根黄线为+12 V，1 根红线为+5 V，2 根黑线为地线)，P5 与 P4 并联(相同颜色的 4 根线相连)为 SATA 接口的设备供电，P6 除了具有 P4 功能外还并联一个为 SATA 设备供电的接口(说明：SATA 电源使用 15 针连接器，但是只用 4 根导线连接)。

## 5.4.3　ATX 电源引脚功能

**1. ATX 电源 P1 接口引脚定义**

尽管不同版本的 ATX 电源有不同的接口数量，但是，各个接口的引脚功能是根据导线颜色来规定的，如红色导线表示+5 V，橙色导线表示+3.3 V，黄色导线表示+12 V，灰色导线表示+5VSB，蓝色导线表示−12 V，黑线导线表示地线，灰色导线表示 PG 信号，绿色导线表示 PS-ON 信号。给主板供电的 20 针接口和 24 针接口的引脚功能说明分别见表 5-3 和表 5-4。

**表 5-3 给主板供电的 20 针接口的引脚功能说明**

| 脚号 | 1 | 2 | 3 | 4 | 5 | 6 | 7 | 8 | 9 | 10 |
|---|---|---|---|---|---|---|---|---|---|---|
| 功能 | 3.3V | 3.3V | GND | 5V | GND | 5V | GND | PG | 5VSB | 12V |
| 颜色 | 橙 | 橙 | 黑 | 红 | 黑 | 红 | 黑 | 灰 | 紫 | 黄 |
| 脚号 | 11 | 12 | 13 | 14 | 15 | 16 | 17 | 18 | 19 | 20 |
| 功能 | 3.3V | -12V | GND | PS-ON | GND | GND | GND | NC | 5V | 5V |
| 颜色 | 橙 | 蓝 | 黑 | 绿 | 黑 | 黑 | 黑 | 没有 | 红 | 红 |

**表 5-4 给主板供电的 24 针接口的引脚功能说明**

| 脚号 | 1 | 2 | 3 | 4 | 5 | 6 | 7 | 8 | 9 | 10 | 11 | 12 |
|---|---|---|---|---|---|---|---|---|---|---|---|---|
| 功能 | 3.3V | 3.3V | GND | 5V | GND | 5V | GND | PG | 5VSB | 12V | 12V | 3.3V |
| 颜色 | 橙 | 橙 | 黑 | 红 | 黑 | 红 | 黑 | 灰 | 紫 | 黄 | 黄 | 橙 |
| 脚号 | 13 | 14 | 15 | 16 | 17 | 18 | 19 | 20 | 21 | 22 | 23 | 24 |
| 功能 | 3.3V | -12V | GND | PS-ON | GND | GND | GND | NC | 5V | 5V | 5V | GND |
| 颜色 | 橙 | 蓝 | 黑 | 绿 | 黑 | 黑 | 黑 | 没有 | 红 | 红 | 红 | 黑 |

**2. 20 针接口与 24 针电源接口的关系**

20 针电源接口是 ATX 2.03 电源的标准，而 24 针是在 20 针基础上发展的新一代电源标准，是 ATX 12V 2.0 标准(BTX 是系统架构就基于 ATX 12V 2.0 规范的基础上发展起来的)电源。从表 5-3 和表 5-4 可知，24 针接口和 20 针接口的引脚布置考虑了兼容性，即 20 针电源接口插头可以在 24 针主板电源插座上使用，安装时要注意防脱钩方向与主板电源插座钩槽方向一致，注意观察主板电源插座的编号，电源插头的 1 与 11，应插入主板插座的 1 与 13。同时，一定要先定好位再插，不然容易损坏主板电源插座。

**3. 几个特殊信号**

(1) 5VSB 待机电压(紫色导线)：只要接通交流 220V 电源，不管电脑主机是否运行，5VSB 电压始终正常供电。

(2) PS-ON 开机线(绿色导线)：当该引脚悬空为高电平时，ATX 电源关闭；当该引脚为低电平接地时，ATX 电源开机运行。

(3) PG 电源好信号线(灰色导线)：当 ATX 电源开机运行并且 5V 电压稳定后，该引脚会输出一个 5 V 电压的电源好信号(POWER GOOD)，一般是在开机后延迟 100～500 ms 输出。

**4. ATX 电源引起的电脑故障**

电源必须为所有设备不间断地提供稳定、连续的电流。如果电源过量或不足，所连接的设备就有可能不能正常运作，看起来像坏了一样。比如，可能会出现内存不能刷新，造成数据丢失(导致软件错误)；CPU 可能死锁，或随机地重启动；硬盘可能不转，或更奇怪的是转，但不能正常处理控制信号。PC 中很难发现的问题之一就是电源不足，症状可能是主板"不能用"，经常导致系统崩溃，这些症状可能由主板、CPU 或内存异常表现出来，甚至有时看起来好象是硬盘、CDROM、软盘等问题。有经验的维修人员，在遇到主板、内存、CPU、板卡、硬盘等部件工作异常或损坏故障时，通常要先测量电源电压。正常的工作电压是电脑可靠工作的基本保证，而很多奇怪的故障都是电源惹的祸。例如一台机器出现找不到硬盘的故障，通过对比试验，确信硬盘是好的，起初判断为主板上的 IDE 接口损坏，于是找来多功能卡，将其插在主板的空闲 ISA 插槽，连接硬盘试验，仍然找不到硬盘。测量电源电压，12 V 电压只有 10 V 左右，在这样低的供电电压下，硬盘达不到额定转速，当然不能工作。更换一台 ATX 电源后，故障排除。

**5. ATX 电源好坏的判断**

在断电情况下，将电源 ATX 插头从主板上拔下来，接通电源后，用镊子短接 ATX 插头的绿线和黑线时，如果电源风扇转了说明电源是好的。如果电源风扇不转，在断电情况下，将硬盘、光驱等所有设备的电源插头都拔下来(避免负载短路故障所引起的电源不工作)，再接通电源，用镊子短接 ATX 插头的绿线和黑线时，如果电源风扇转了说明电源是好的，如果电源风扇不转则说明电源坏了，则需要更换电源。

**★ 即问即答**

当 ATX 电源关机后仍然保持正常供电的电压是(　)。

A. ＋5 V　B. ＋3.3 V　C. ＋12 V　D. 5 VSB

## 实训 6　ATX 电源的识读与测量

**【实训目的】**

(1) 熟悉 ATX 电源的作用与工作原理。

(2) 认识 ATX 电源的所有接口以及连接方法。

(3) 能测量与分析 ATX 电源所有接口的技术参数。

(4) 能判断 ATX 电源的好坏。

**【实训仪器和材料】**

(1) ATX 电源。

(2) 万用电表。

(3) 一字与十字螺丝刀。

(4) 连接导线。

**【实训内容】**

(1) 打开电脑机箱，认识 ATX 电源所有接口及连接方法，熟悉 ATX 电源所有接口的作用，画出 ATX 电源所有接口的连接方式示意图。

(2) 认识主板上所有接口，要求在图纸上画出各种接口的所在位置(示意图)。制作汇报 PPT，主要内容包括 ATX 电源的各种常用接口的名称、图形、所连接的设备、作用说明及备注等基本信息。

(3) 在断电情况下，测量ATX电源各种接口引脚的对地电阻。接通电源后，用导线短接ATX插头的绿线和黑线，观察电源风扇的运转情况，测量各引脚的对地电压。

(4) 通过若干只ATX电源的测量与分析，总结ATX电源好坏的判别方法与步骤。

**【实训报告要求】**

(1) 简述实训步骤与注意事项。

(2) 记录ATX电源所有接口和主要芯片的相对位置(给出连接示意图)。

**【思考题】**

ATX电源主要有哪些接口？各有什么作用？

## 5.5 主板电路

### 5.5.1 主板电路的识读方法

**1. 看主板电路图的基本方法**

看懂电路图是维修电子设备的关键。要看懂主板电路必须能看懂主板电路图以及电子元器件与电路图形符号的对应关系。看电路图的目的是为了分析电路图的功能，判断出该电路图中的信号处理方式。要想看懂主板电路图，首先得具备主板上常用电子元器件的基础知识，就是认识这些元器件，如二极管、三极管、MOS管、电阻、电容、电感、芯片等，了解这些元器件的外观、作用和工作原理、常用型号以及这些元器件在电路图中的图形符号。其次，要理解主板的工作原理，主要从两个方面来理解，一是熟悉电路功能方框图，二是熟悉信号流程图，在此基础上了解各组成部分的相互连接线(各个功能单元的电源供电线和信号连接线)。第三，需要逐步熟悉各部分方块图的具体电路，主要元件在电路中的功能与作用，电脑主板一般以CPU、南桥、北桥、IO等芯片为中心，需要逐一掌握。最后利用信号流程图把功能方框图系统地连接在一起，就可以完整地理解整个电路工作原理了。学会看电路图只是维修设备中最基本的常识，真正要利用电路图纸来检测关键点的电压或数据以及修复主板，需要我们努力学习、长期实践、积累经验。

**2. 看主板电路图的步骤**

看懂主板电路图就是要弄清楚主板电路由是哪几部分组成的，以及各组成电路之间的联系和总的性能。分析电路的主要目的就是了解信号的处理方法，并以处理信号流向为主线，顺着主要通路将整个电路图划分成若干单元电路逐个进行分析。具体步骤如下：

(1) 了解用途：了解整个电路的功能与作用，以及各单元电路的作用和它们对整个电路的影响。

(2) 找出通路：找出各电路中信号的通路，一般电路信号流向是从左到右的。

(3) 分析功能：根据已经掌握的知识分析各个单元电路的工作原理和功能。

(4) 通观整体：先画出各单元电路的方框图，然后根据它们之间的关系进行连接，画出整体框图。从整体框图中可以看出各单元电路的联系及各单元电路之间是如何协调工作的。

### 3. 主板电路组成框图

主板发展较快，型号规格较多，电路差别较大，但是基本工作原理相似。以 IPM31 主板为例，它主要由 CPU、北桥、南桥、I/O 芯片、BIOS 芯片、内存插槽、PCI 插槽、PCI-E×16 插槽、PCI-E×1 插槽、ATX 电源接口、IDE 硬盘接口、IDE 软驱接口、并行口、串行口、USB、RJ-45 等组成，电路框图如图 5-41 所示，实物照片如图 5-42 所示。

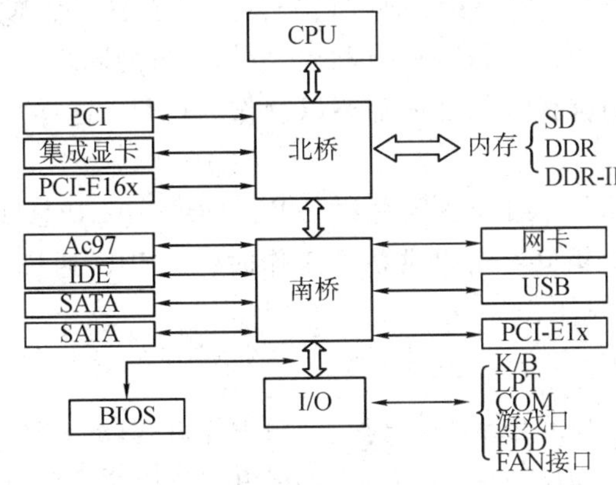


图 5-41　主板电路框图

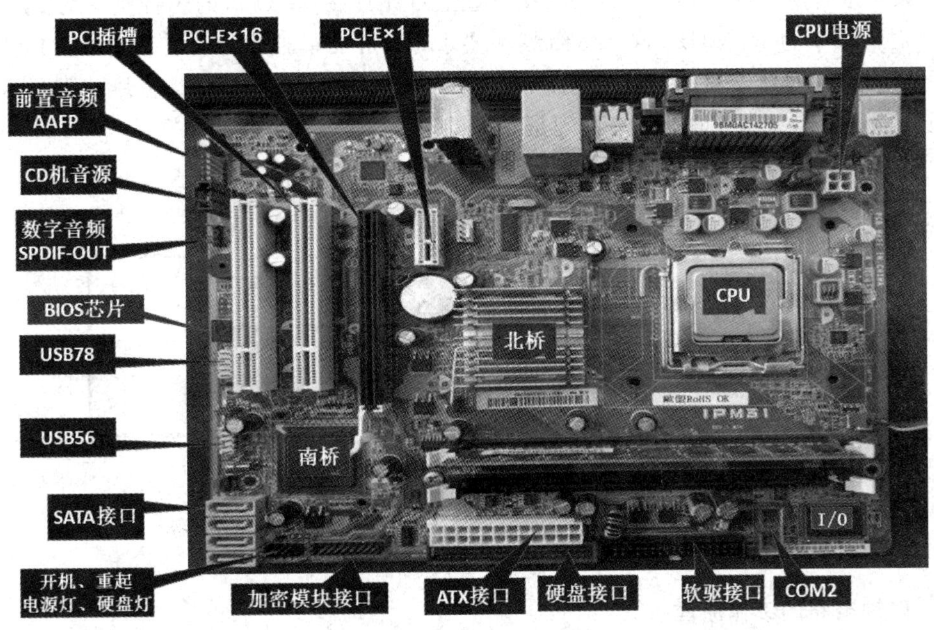


图 5-42　IPM31 主板

按单元电路的作用来划分，主板电路可以分为时钟电路、复位电路、BIOS 与 CMOS 电路、主板开机电路、主板供电电路和主板接口等，下面分别介绍这些电路的组成与工作原理。

## 5.5.2　时钟电路

### 1. 时钟电路的作用

电脑要进行正确的数据传送以及正常的运行，没有时钟信号是不行的，时钟信号在电路中的主要作用就是同步。因为数据在传送过程中，对时序都有着严格的要求，只有这样才能保证数据在传输过程中不出差错。时钟信号首先设定了一个基准，我们可以用它来确定其他信号的宽度，另外时钟信号能够保证收发数据双方的同步。对于 CPU 而言，时钟信号作为基准，CPU 内部的所有信号处理都要以它作为标尺，这样它就确定了 CPU 指令的执行速度。

时钟电路是向 CPU、芯片组和各级总线(CPU 总线，AGP 总线，PCI 总线，PCI-E 总线、ISA 总线等)以及各个接口电路提供各种工作时钟，CPU 通过这些工作时钟控制各个电路及部件，协调完成各项工作。

### 2. 时钟电路的组成

主板的时钟电路是由 14.318 MHz 晶振、2 只谐振电容(56 pF)、9LPRS552AGLF 时钟芯片、限流电阻排等组成，如图 5－43 所示。主板电路是由多个部分组成的，每个部分完成不同的功能，而且各个部分由于存在自己独立的传输协议、规范、标准，因此它们正常工作的时钟频率也有所不同，如 CPU 的 FSB 可达上百兆赫兹，I/O 口的时钟频率为 24 MHz，USB 的时钟频率为 48 MHz。这么多组频率要求，不可能单独设计时钟电路，所以主板上都采用专用的频率发生器芯片来控制产生各种工作频率。频率发生器芯片的型号非常繁多，且性能也各有差异，但是基本原理是相似的。

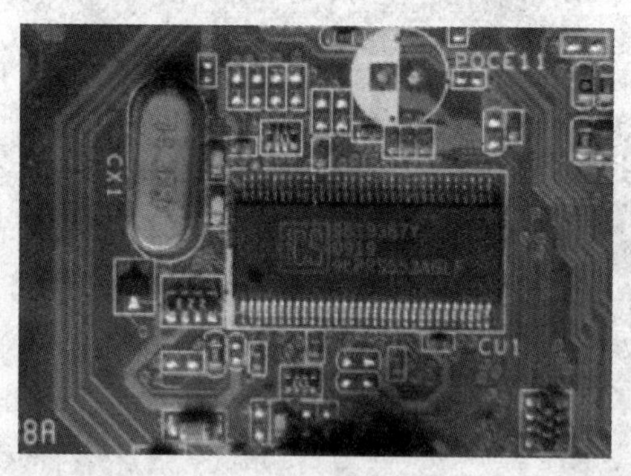


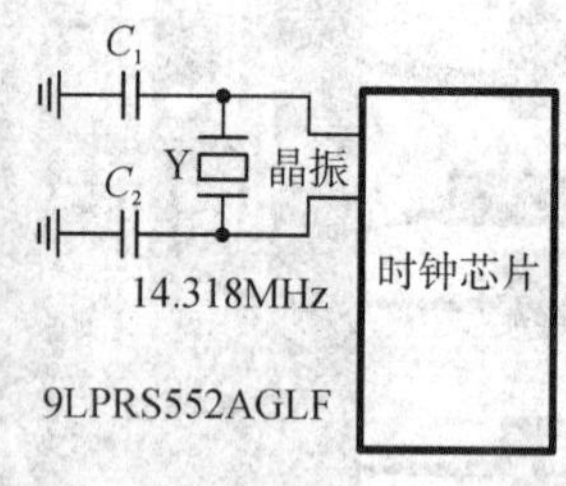


图 5－43　时钟电路

### 3. 时钟电路的工作原理

时钟芯片主要起着放大和缩小频率的作用，其内部由一个振荡器和多个分频器组成。当台式机开机时，ATX 电源的 3.3V 电压经过贴片电感进入时钟芯片(贴片电感在时钟 IC 芯片附近)，同时 CPU 供电正常后的 PG 信号(来自 CPU 电源管理芯片)通过时钟 IC 芯片旁边阻值较大的电阻(10 kΩ、4.7 kΩ)加到时钟 IC 芯片 PG 引脚(PG 信号要高于 1.5 V)。当 3.3V 供电与 PG 信号都正常后，时钟 IC 芯片才能正常工作，它和晶体一起产生 14.318 MHz

的振荡信号。此时时钟芯片内部的分频器开始工作，将晶振产生的 14.318 MHz 频率按照需要进行放大和缩小后，输送给主板的各个电路及部件。其中，AGP 总线为 66 MHz，PCI 总线为 33 MHz，PCI-E 总线需要 100 MHz，ISA 总线为 8 MHz，CPU 为 14.318 MHz 和外频，北桥为 14.318 MHz 和外频，南桥为 14.318 MHz、24 MHz、33 MHz 和 48 MHz，I/O 芯片为 48 MHz 和 24 MHz，音频芯片需要 24.576 MHz 和 14.318 MHz，BIOS 芯片需要 33 MHz，网络芯片需要 33 MHz 或 66 MHz 时钟频率等。主板的主要时钟分布如图 5-44所示，内存总线时钟由北桥供给，部分主板电路设计有独立的内存时钟发生器，如图 5-44中的虚线所示。CPU 的外频是指系统总线的工作频率，具体是指 CPU 到芯片组之间的总线速度。CPU 的主频是 CPU 内核的实际工作频率，倍频即主频与外频之比的倍数，主频＝外频×倍频。通过硬件或软件可以设置外频和倍频的数值，从而决定了 CPU 的实际运行频率。时钟信号频率的提高，会使所有数据传送的速度加快，并且提高了 CPU 处理数据的速度，这就是为什么超频使用可以提高机器的运行速度。

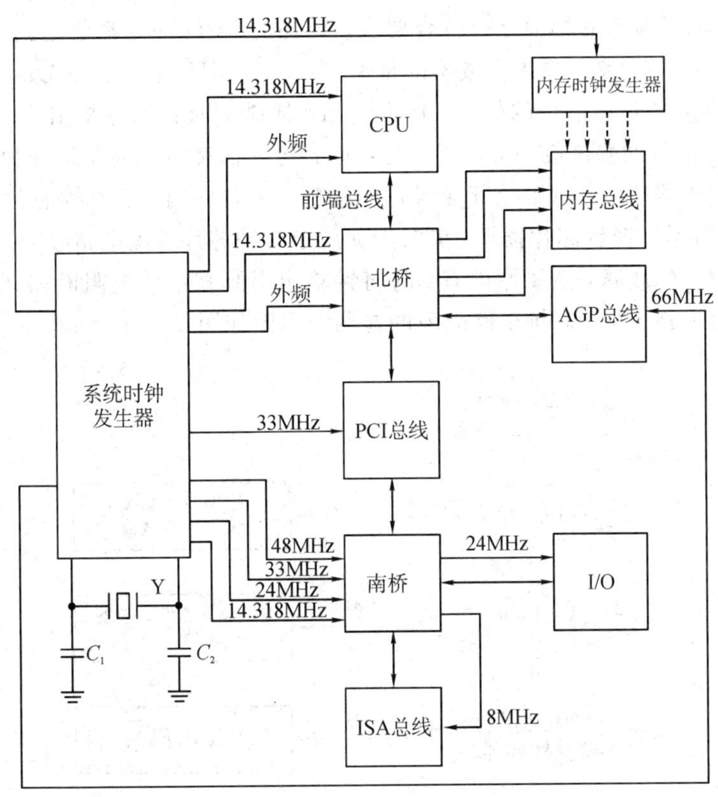


图 5-44　主板主要时钟分布

**4. 台式机时钟电路故障检修思路**

当时钟电路正常工作时，用示波器测量晶振的任一脚均有 14.318 MHz 的振荡波形，用万用表直流电压档测量晶振的任一脚均有 1.1～1.6 V 直流电压，否则可以判定时钟电路不正常。如果晶振两脚之间有 450～700 Ω 的电阻值，通电后各脚均有 1 V 左右的直流电压和振幅大于 2 V 的振荡信号波形(用示波器观察)，则说明晶振工作正常。如果开机数码卡上的 OSC 灯不亮(表示没有时钟信号)，先查晶体引脚上的电压和波形。如果晶振引脚上有正常直流电压和振荡波形，在总频线路正常的情况下，则为分频器损坏；如果晶振引脚上无电压、无波形，在时钟芯片电源正常的情况下，则为时钟芯片损坏；如果晶振引脚上有电压、无波形，则为晶振损坏。在检修时钟电路时，一般先检查时钟芯片的工作电压 3.3 V (有的时钟芯片还有一组 2.5 V 电压)是否正常，再检查晶振和谐振电容是否正常，最后才检查时钟芯片。

**5. 台式机时钟电路故障现象及检修方法**

时钟电路发生的故障类型主要有全部无时钟、部分无时钟和时钟信号幅值(最高点电压)偏低等 3 种情况。时钟电路发生故障的现象是：① 电脑开机后黑屏，CPU 不工作；② 部分没有时钟信号的器件不能正常运行；③ 计算机死机、重启、装不上操作系统等不稳定故障。使用诊断卡只能诊断 PCI 插槽或 ISA 插槽有无时钟信号，并不代表主板其他部分的工作时钟就正常。最好的方法是使用示波器测量各个插槽的时钟输入脚或者时钟芯片的各个时钟输出脚，看其频率和幅值是否符合要求。现在的 CPU 外频都已达到 200 MHz 或更高，所以要测量 CPU 外频，要求示波器的带宽应在 200 MHz 以上。在无示波器的情况下，可以使用万用表来测时钟信号的幅值。PCI、AGP 插槽的时钟信号幅值应该在 1.65 V 以上，CPU 的时钟信号的幅值应在 0.4 V 以上。时钟电路故障可以简单地分为时钟芯片故障和时钟芯片外围电路故障。对于全部无时钟的故障，主要原因有：时钟芯片外围无供电输入、谐振回路不工作、时钟芯片损坏，前二者就属于时钟芯片外围电路故障。对于部分无时钟或时钟幅值偏低的故障，主要原因有：与时钟输出引脚相连的电阻断路或对地短路，时钟芯片内部部分电路损坏。时钟电路故障的检测流程图如图 5-45 所示。

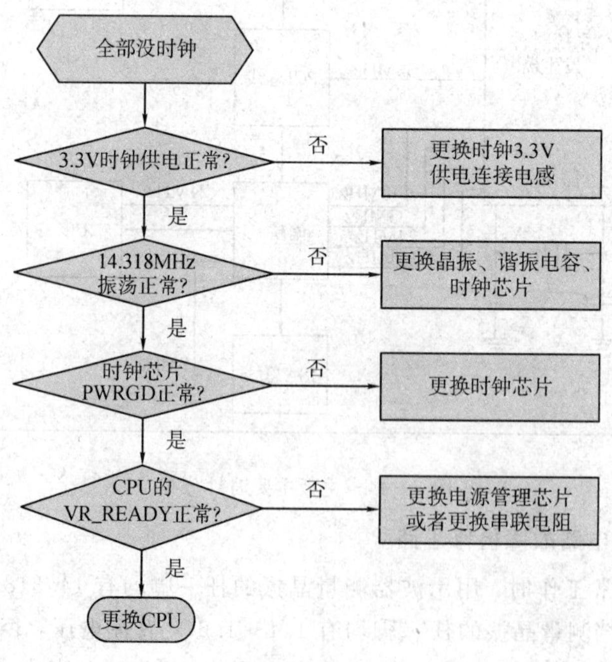


图 5-45　时钟电路故障检修流程图

## 5.5.3　复位电路

### 1. 复位电路的作用

电源、时钟、复位是主板能正常工作的 3 大要素。复位电路的作用就是把各个电路与部件恢复到起始状态(数据全部清零)。主板在电源和时钟信号均正常以后，复位系统才发出复位信号使主板各个部件进入初始化状态，电脑才能正常运行。复位系统的启动手段有 3 种：一是在给电脑通电时马上进行复位操作；二是在必要时可以由手动操作复位；三是根据程序或者电路运行需要自动进行复位(执行复位指令)。手动复位可分为冷启动(按下 RESET 键)和热启动(同时按下 Ctrl＋Alt＋Del 键)。

### 2. 复位电路的组成

复位电路是由复位键、ATX 电源、电源管理芯片、南桥和北桥芯片等组成，如图 5-46 和图 5-47 所示。对于 8XX 系列芯片组的主板，IDE 的复位直接来自于南桥，PCI 总线的复位信号、AGP 总线的复位信号和北桥的复位信号通常是串接在一根线上的，均由南桥提供，常态时为高电平，复位时为低电平。I/O 芯片的复位信号也是由南桥直接供给的。对于 CPU 的复位信号，不同的主板都是由北桥供给。在 8XX 系列芯片组的主板中，固件中心和时钟发生器芯片也有复位信号，且复位信号由南桥直接供给，常态时为 3.3 V，复位时为 0 V。

图 5-46　南桥及复位操作插头

### 3. 南桥输出复位信号的工作条件

由图 5-47 可知，系统复位(RESET)信号是由南桥内部的复位器产生，通过电路放大后去驱动各个设备，使各个设备复位。CPU 的复位信号由北桥产生。南桥输出复位信号的工作条件是：

(1) 全板供电(内存供电、南北桥供电、CPU 供电)均正常。其中，南桥供电有 5 V、

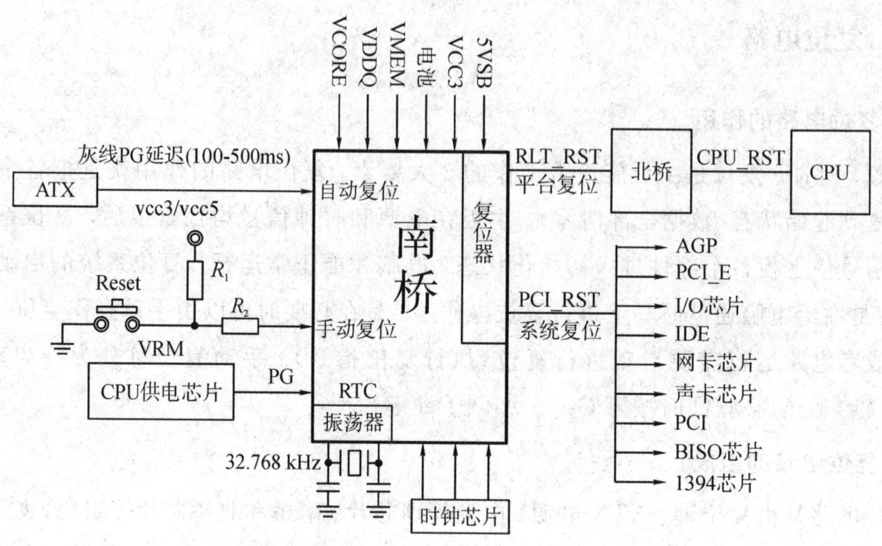


图 5-47　主板复位电路

3.3 V 主供电，1.8 V 的 HUB LINK 供电，0.9 V 的 HUB LINK 参考电压，1.7 V 或1.3 V 的核心电压。

(2) 全板时钟信号均正常。时钟芯片提供给主板所有电路和器件的工作时钟均正常。

(3) CPU 的电源管理芯片(VRM)发出 VRMPWRPG 信号(CPU 供电好信号)。

(4) ATX 电源输出的 POWER GOOD 信号(灰色导线)正常。

**4. 复位电路的工作原理**

上电自动复位，由 ATX 电源发出 PG 信号(灰色导线)，作为复位指令加到南桥芯片。手动复位由 RESET 按键被按下后再松开，产生的上升沿脉冲信号，作为复位指令送到南桥芯片。在主板全板供电和全板时钟信号均正常的情况下，南桥芯片根据所接收的复位指令，使内部的复位发生器开始工作，发出 PCIRST#信号("#"表示上升沿有效)去复位 PCI 设备，发出 IDERST#信号去复位 IDE 设备，发出 PLTRST#信号去复位 I/O、BIOS、网卡、北桥和其他设备。当北桥被复位以后就会产生 CPURST#信号去复位 CPU。当 CPU 复位完成以后，整个主板的供电、时钟、复位都正常了，主板硬启动完成，接下来主板开始执行软启动，也就是自检。

**5. 复位电路的故障检修**

电脑正常时，主板诊断卡的复位灯会在开机瞬间闪一下，或者在反复点击复位开关时会不停闪烁，主板诊断卡复位灯常亮或者不亮都表示复位信号不正常，按照先供电、后时钟、再复位的原则进行检修。复位电路的故障一般分为全板无复位和 CPU 无复位两种情况。

1) 全板无复位信号的检修

当出现全板无复位信号时，系统不能正常初始化，其表现是能开机无显示，PCI 插槽复位信号测量点电压为 0 V，主板诊断卡的复位小灯不亮。具体检修步骤为：

(1) 检查复位开关的一端是否有 3.3 V 左右的高电平，如果没有高电平，查红线或橙线到复位开关的线路。

(2) 短接复位开关的时候测量是否有低电平触发南桥，如果没有，则查复位开关到南桥的线路。如果所有复位测试点在短接复位开关之后，都没有电压跳变，则说明南桥没有工作，查供电及时钟是否正常。

(3) 检查内存供电、南北桥供电、CPU 供电是否正常(正常供电：内存供电 DDR 为 2.5 V、DDR2 为 1.8 V、DDR3 为 1.5 V；南北桥供电为 3.3 V、2.5 V、1.8 V、1.5 V、1.2 V、1.05 V；CPU 供电一般在 0.8 V～1.75 V)，若测到某个电路的供电电压不正常，则按照此电路检修流程进行维修。

(4) 测 PCI B16 和 CPU 时钟信号是否正常。正常时，PCI B16 时钟信号的电压一般为 1.6 V 左右，CPU 时钟信号的电压一般在 0.3～0.7 V 之间。如果无电压，则检测时钟芯片工作条件，如供电、PG 引脚信号和 14.318 MHz 晶振是否起振。条件正常而无电压则更换时钟芯片。

(5) 测 ATX 电源的第 8 脚 PG 信号和 CPU 电源管理芯片的 VRMPWRGD 信号是否正常。正常时，ATX 的 PG 信号(灰色线)为 5 V，VRMPWRGD 信号为 3.3 V，可以在南桥芯片的 PWROK 引脚和 VRMPWRGD 引脚上测到相应的电压。

(6) 如果主板供电与时钟均正常，则为南桥坏，应更换南桥芯片。

2) CPU 无复位信号的检修

CPU 无复位信号是指 CPU 复位测试点电压低于正常值(正常值：478 芯片一般为 1.2 V 或等于 VCORE，755 芯片一般为 1.2 V，754/939 芯片一般为 1.5～2.5 V，AM2 芯片一般为 1.8 V)，而其他复位信号均正常，故障点在北桥及相关电路。以技嘉 G41 主板为例，南桥发出的复位信号 PLTRST＃，经过一个电阻(330kΩ)和滤波电容(33pF)与北桥芯片的 PFMRST 引脚相连，使北桥复位。北桥复位后由其 FSB_CPURSTB 引脚发出的复位信号 CPURST＃经电容(22 pF)滤波后加到 CPU，使 CPU 复位。

CPU 无复位信号的具体检修步骤为：

(1) 测量 CPU 复位测试点对地的电阻值(正常值大于 50 Ω)。如果电阻值为 0 Ω，可能是接地电容击穿或者北桥损坏，应更换；如果电阻值为无穷大，可能是北桥空焊、电阻开路、PCB 连线开路，应进行相应处理。

(2) 检查北桥的工作电压是否正常(正常为：核心电压 1.75 V、2.5 V 、1.5 V、1.2 V)。如果供电不正常，应检查北桥的外围元件。

(3) 检查北桥的工作频率是否正常(正常为：14.318 MHz 和外频)。如果频率不正常，应检查时钟芯片相应引脚和北桥芯片之间的连接线路。

(4) 检查北桥是否收到 PWROK 信号(一般与南桥的 PWROK 引脚相连)。如果北桥的 PWROK 信号不正常，应检查北桥相应引脚和南桥的连接线路。

(5) 检查北桥是否收到正常的复位信号(PLTRST＃信号)。如果北桥没有收到复位信号，应检查南桥发出复位信号引脚至北桥 PFMRST 引脚之间的连线。

(6) 检查北桥发出 CPURST＃信号引脚到 CPU 插座之间的连线。重点检查 CPU 插座有无空焊，PCB 连接是否断线。

### 5.5.4 BIOS 与 CMOS 电路

**1. BIOS 的基本概念**

BIOS(Basic Input/Output System)——基本输入输出系统，通常固化在只读存储器(ROM)中，所以又称为 ROM－BIOS。它直接对计算机系统中的输入输出设备进行设备级、硬件级的控制，是连接应用软件和硬件设备之间的枢纽，是一种固化了硬件设置和控制程序的 ROM 芯片。计算机技术发展到今天，出现了各种各样新技术，许多技术的软件部分是借助于 BIOS 管理来实现的。如 PnP(Plug and Play，即插即用)技术，就是在 BIOS 中加上 PnP 模块实现的。

**2. BIOS 的分类**

常见 BIOS 芯片一般贴有“BIOS”标签，有 DIP、PLCC、TSOP 等封装形式。早期 BIOS 多为可重写 EPROM 芯片，上面的标签起着保护 BIOS 内容的作用，因为紫外线照射会使 EPROM 内容丢失，所以不能随便撕下。现在的 ROM BIOS 多采用 Flash ROM(快闪可擦可编程只读存储器)，通过刷新程序，可以对 Flash ROM 进行重写，方便实现 BIOS 升级。目前市面上较流行的主板 BIOS 主要有 Award BIOS、AMI BIOS、Phoenix BIOS 3 种类型。Award BIOS 是由 Award Software 公司开发的 BIOS 产品，在目前的主板中使用最为广泛。AMI BIOS 是 AMI 公司出品的 BIOS 系统软件，开发于 20 世纪 80 年代中期，它对各种软、硬件的适应性较好，能保证系统性能的稳定。Phoenix BIOS 是 Phoenix 公司产品，多用于高档原装品牌机和笔记本电脑上，其画面简洁，便于操作。现在 Phoenix 已和 Award 公司合并，共同推出具备两者标示的 Phoenix-Award BIOS 产品。

**3. BIOS 的作用**

BIOS 芯片上的系统程序包括自诊断程序、CMOS 设置程序、系统自举装载程序、主要 I/O 设备的驱动程序和中断服务程序。当电脑加电、时钟振荡和复位正常工作之后，CPU 通过前端总线、北桥、PCI 总线、南桥、ISA 总线发出第一条寻址指令，寻到 0FFFF：0000H，这个地址是在 BIOS 芯片里，执行第一条指令，BIOS 取得硬件系统的控制权，就对电脑进行自检。自检完成后，更新扩展系统配置数据，再根据用户指定的启动顺序启动操作系统。

**4. BIOS 芯片 MX25L1605D(SPI 串行)**

目前电脑主板使用的 BIOS 芯片较多采用 SPI Nor Flash(串行非易失闪存技术)存储器芯片。例如 SPI 25X 系列 BIOS 芯片，采用 DIP8 或 SOP8 封装，容量有 1M、2M、4M、8M、16M 字节，只能采用专业的编程器才能进行读写，如使用 SPI 25X 编程器才能读写 SPI 25 系列 BIOS 芯片。下面以 MX25L1605D 芯片为例来介绍串行闪存的引脚功能。MX25L1605D 芯片采用 DIP8 或 SOP-8W 宽体封装，如图 5－48 所示，容量为 16M bits＝2Mbytes，性能兼容 Winbond W25X16、W25Q16、GD25Q16、Cfeon F16、EN25T16 等。

MX25L1605D 芯片引脚定义为：第 1 脚为片选(/CS)信号，低电平选中芯片。第 2 脚为(DOUT)信号输出。第 3 脚为(/WP)写保护，为低电平时禁止 BIOS 写入，高电平时允许写入(刷写 BIOS)。第 4 脚为接地。第 5 脚为(DIN)信号输入。第 6 脚为(CLK)时钟信号。第 7

脚为(/HOLD)锁定信号，为低电平时会暂停通信。第 8 脚为电源 VCC3(3.3VSB 电压)。

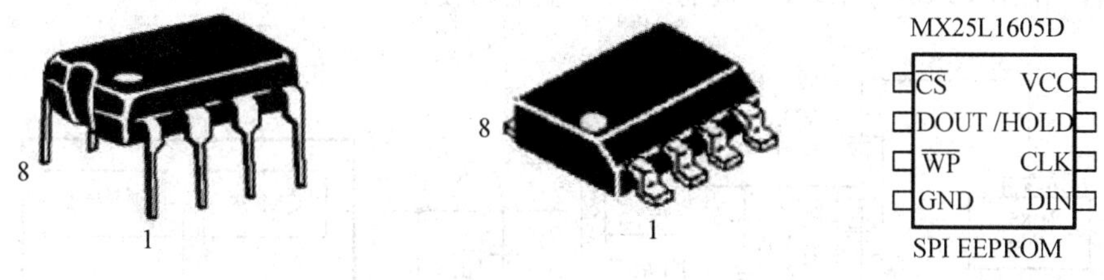


图 5-48　MX25L1605D 芯片

**5. BIOS 芯片常见故障及处理**

在主板供电、时钟、复位均正常的条件下，BIOS 芯片损坏造成的常见故障是开机无显示。如果用主板诊断卡检查，诊断卡一般显示“41”或“14”。例如，开机后机器一切正常，但显示屏显示“F600ROM(Resume＝F1Key)”，按 F1 键后正常工作，但用一段时间后就死机无显示。此现象说明 ROM BIOS 芯处有故障，这种故障初期机器一切都能正常操作使用，但这只是短期的，在使用机器的过程中其这种故障发生频率越来越高，最后死机，致使主机不能工作，屏幕全黑，无任何显示。

BIOS 电路故障维修方法如下：

(1) 检测 BIOS 芯片的供电是否正常，测量 VCC 脚的电压。如果电压不正常(正常电压为 3.3VSB)，应检测主板电源插座到 BIOS 芯片的 VCC 脚之间的电路元器件故障。

(2) 如果供电正常，接着用示波器测量 BIOS 芯片/CS 脚是否有片选信号(正常为跳变信号)。如果没有片选信号，则说明 CPU 没有选中 BIOS 芯片，故障应该出现在 CPU 本身和前端总线，检查 CPU 和前端总线的故障，并排除故障。

(3) 如果可以测到片选信号，接着检测 BIOS 芯片的 HOLD 脚是否为高电平信号。如果没有高电平，应重点检查与此引脚相连的电路(如上拉电阻)。

(4) 如果能测到高电平信号，则可能是 BIOS 内部程序损坏或 BIOS 芯片损坏，可以先刷新 BIOS 程序，如果故障没有排除，接着更换 BIOS 芯片。注意：在刷新 BIOS 程序时，要使用高于原版本型号的 BIOS 程序，不能使用比原版本低的程序。

**6. BIOS 与 COMS 的区别**

BIOS 是基本输入输出系统的英文缩写，是一个固化有基本输入输出系统程序的 ROM 芯片。而 CMOS 是互补金属氧化物半导体存储器的缩写，是一些保存电脑硬件配置信息的 RAM 芯片。用户可以通过 BIOS 软件(电脑开机时进入 BIOS)对电脑进行一些基本设置，比如系统日期、启动顺序、硬盘参数、密码设置等，这些参数就存放在 CMOS 芯片里，而钮扣电池是为 CMOS 芯片供电的，如果电池没电了，这些设置就会恢复初始状态，电脑就会出现各种的问题。

**7. COMS 电路的组成**

CMOS 电路主要由 3.3VSB 供电、3V 钮扣电池 BAT1 供电、双二极管 VD1、CMOS 跳线、南桥芯片、电阻、电容、32.768 kHz 晶振 Y1 等组成，如图 5-49 所示。其中，CMOS

RAM 芯片位于南桥中，实时时钟(Real Time Circuit，RTC)电路提供一个 32.768 kHz 的精准频率，供给 CMOS 以及 PC 机的时间产生电路使用。

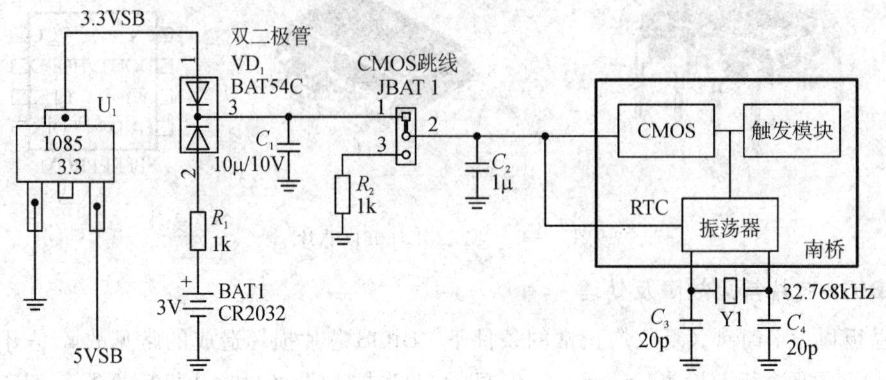


图 5 - 49　CMOS 电路

**8. COMS 电路的工作原理**

当主机加电后，ATX 电源输出 5VSB 正常，经稳压器 1085 稳压后输出 3.3VSB 电压，二极管 $VD_1$ 导通，经 CMOS 跳线，对南桥中的 CMOS RAM 和振荡器供电，同时实时时钟 RTC 向南桥内 CMOS RAM 提供时钟(CLK)信号，CMOS RAM 处于工作状态。当主机开机后，CMOS 电路会根据 CPU 请求向 CPU 发送 CMOS 中的硬件配置信息和 BIOS 开机自检程序。当主机断电后，由钮扣电池经二极管 $VD_1$ 向 CMOS 电路供电，以保持 CMOS RAM 中的数据信息在 ATX 电源关闭时不丢失。

**9. COMS 电路故障检修**

CMOS RAM 保存系统配置信息，如果 CMOS 电路不正常，将会引起主板不能触发(电源良好、待机电压正常，但不能开机)、CMOS 设置不能保存、系统时间不正确、电脑启动后提示故障信息、无法识别硬件、死机蓝屏，以及每次开机均需要按 F1 键进入 BIOS 设置然后退出才能进入操作系统等。

1) CMOS 引起主板无法触发故障

故障现象：电源良好，待机电压正常，按启动键无反应，按开机键无反应，主板不能开机。

故障分析：电池没电、CMOS 跳线位置不对、32.768 kHz 晶振或谐振电容损坏、1085 三端稳压器损坏、南桥损坏均会引起主板无法触发故障。

(1) 查 CMOS 钮扣电池电压是否正常(正常：电池电压≥2.5 V)。

(2) 查 CMOS 跳线位置是否正确(正确：在 NORMAL 位置)。对于没有位置说明的主板，需要通过万用表测量针脚对地电阻来确定跳线位置。

(3) 查 CMOS 跳线中间脚上是否有正常电压(若电池良好，中间脚电压≥2 V)。

(4) 查 1085 三端稳压器输出 3.3 VSB 是否正常。

(5) 查 32.768 kHz 晶振是否起振(正常起振时，晶振引脚有振荡波形，各脚电压≥0.5 V)。

(6) 如果仍然不触发，则南桥已经损坏，需更换南桥。

2) 电脑启动提示 CMOS 出错信息

故障现象：电脑启动时，出现“CMOS checksum error-Defaults loaded”提示。

故障分析：出现“CMOS checksum error-Defaults loaded”故障提示，说明主板保存的 CMOS 信息出现了问题，需要重置。由于电池电压降低，导致 CMOS 无法保存信息，这样系统就会提示重置 CMOS。

(1) 一般情况下都是主板上的纽扣电池没电了，换一个电池，然后开机进入 CMOS 直接按 F10 键再按 Y 键保存后退出即可。

(2) 如果更换电池不能解决问题，则应测试主板供电回路中的二极管是否断路，滤波电容是否漏电，如果这两个元器件出现问题，更换相同型号的二极管或电容即可。

(3) 如果问题还是没有解决，那么说明 CMOS RAM 有问题，则需更换南桥芯片。

**★同步训练**

目标：通过分析 BIOS 和 CMOS 的工作原理，理解它们之间的区别与联系。

### 5.5.5　主板开机电路

**1. 开机电路的作用**

开机电路的作用是：通过操作开机键实现计算机的开机和关机。在电脑关机时按开机键，控制 ATX 电源输出 3.3 V、5 V、±12 V 电压给主板，使主板开始工作。在电脑运行中按开机键，使计算机关闭除了 5VSB 之外的所有电源输出，使计算机关机。

**2. 开机电路的工作条件**

提供 5VSB 待机电压、32.768 kHz 时钟信号和复位信号均正常，是开机电路开始工作的 3 个必备条件。其中，5VSB 供电由 ATX 电源的第 9 脚(紫色导线)提供，时钟信号由南桥的实时时钟(RTC)电路提供，复位信号由电源开关键、南桥内部的触发电路提供。

**3. 开机电路的组成与工作原理**

不同的主板有不同的开机电路，主要有“南桥＋I/O 芯片”、“南桥＋门电路”和“南桥独立构成”3 种开机电路类型。下面以“南桥＋I/O 芯片”构成的开机电路为例来介绍开机电路的组成。

开机电路主要由 ATX 电源插座、3.3VSB 稳压电路、触发电路(南桥＋I/O)、开机键、电阻等组成，主板开机电路如图 5－50 所示，电路工作原理图如图 5－51 所示。

开机电路的工作原理：按下开机键 SB 后再松开，将为 I/O(83627)芯片第 68 脚提供一个上升沿的触发脉冲，经 I/O 处理后由其第 67 脚输出一个上升沿脉冲(PSOUT)，并加到南桥内部的触发模块，使触发模块的状态发生翻转，经过 I/O 芯片最终向 ATX 电源第 14 脚(20 针电源插座)或 16 脚(24 针电源插座)发出低电平开机信号，触发 ATX 电源工作，使电源各引脚输出相应的电压，为电脑各个设备供电。再按一次开机键并保持一定时间，将使 ATX 电源进入待机状态。

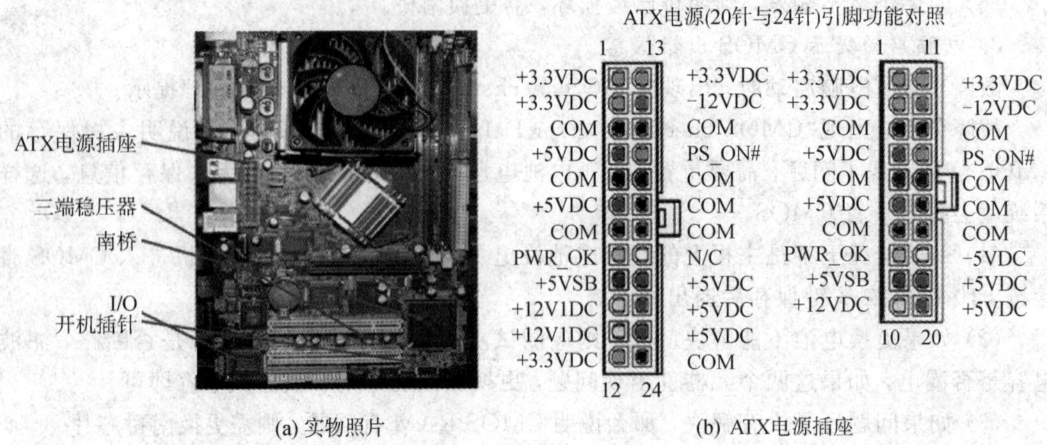


(a) 实物照片　　　　(b) ATX电源插座

图 5-50　主板开机电路

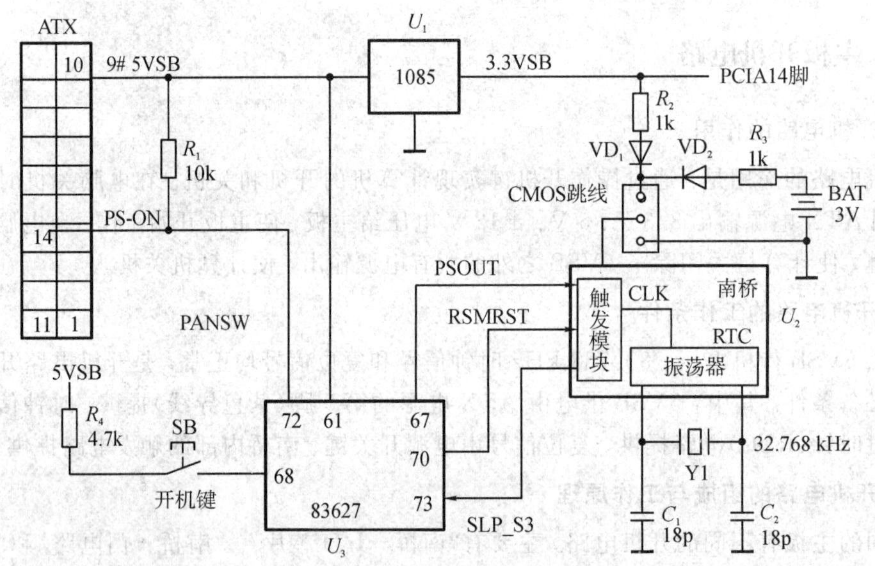


图 5-51　主板开机电路图

W83627 和南桥芯片的开机触发过程如下：

(1) 当电脑加电且 I/O 的第 61 脚和第 67 脚电压 5VSB 和 3.3VSB 电压均正常，由 I/O 第 70 脚向南桥输出高电平 RSMRST 信号，通知南桥 5VSB 和 3.3VSB 待机电压正常。如果这个信号为低电平，则南桥认为待机电压没有 OK，不能正常开机。

(2) 按下开机键，I/O 的第 68 脚有一个低电平到高电平的上升沿跳变电压，启动 I/O 工作。

(3) 上电后(插入 ATX 电源)，I/O 的第 67 脚有 3.3VSB 电压。当 I/O 第 68 脚收到启动工作指令后，将在其第 67 脚上输出一个从 3.3 V→0 V→3.3 V 的脉冲信号。

(4) 当南桥检测到从 I/O 第 67 脚送来的 3.3 V→0 V→3.3 V 的脉冲信号，南桥触发电路被启动，南桥会输出持续为 3.3V(SLP－S3)高电平并加到 I/O 的第 73 脚。

(5) I/O 检测到其第 73 脚持续 3.3 V 高电平的 SLP-S3 信号后，经过内部电路处理后由其第 72 脚输出一个低电平信号加到 ATX 电源的 PS-ON 信号引脚(绿色线)，使其由高电平变为低电平信号，启动 ATX 电源正常运行。

(6) 再按一次开机键并保持一定时间，南桥内部的触发器会翻转一次，输出低电平并加到 I/O 的第 73 脚，I/O 的第 72 脚会输出高电平而使 PS-ON 信号变为高电平，进而使 ATX 电源进入待机状态(只剩 5VSB 工作)。

**4. 开机芯片分类**

(1) I/O 芯片：高进低出(高电平输入触发，低电平输出控制电源)的有 83627、83637 系列(第 68 脚输入触发信号，第 72 脚输出控制信号)。低进低出(低电平输入，低电平输出)的有 8712、8702、8728、83977 系列。

(2) 南桥芯片：低进高出的有 VIA 系列南桥、Intel 系列南桥、专用的复位芯片(如华硕、微星等)。低进低出的有 SIS 系列南桥。

**5. 开机电路常见故障现象及检修**

1) 主板无法加电

故障现象：按电源开关，发现电源风扇转几圈就停、电源灯亮一下就灭、或者电源发出响声等均说明主板有短路现象。用万用表测量主板上各路电压均为 0V，即给主板强行加电而加不上电。

故障分析：如果不可以给主板加电，说明有严重的短路现象。可能的短路有 ATX 电源输出的红线短路、黄线短路、紫线短路或者 CPU 的主供电端短路，引起 ATX 电源内部保护。

(1) 首先通过测量 ATX 电源插座的各供电脚对地电阻值，来判断短路部位。正常时，橙色线对地电阻为 100～300 Ω 左右；红色线对地电阻为 75～380 Ω 左右；黄、紫、灰、绿线对地电阻在 300～600 Ω 左右。若有短路故障，ATX 电源对黄线 12 V 和红线 5 V 进行短路保护。

(2) 对于红线 5 V 对地短路，重点测量使用 5 V 电压的元器件，它们是南桥、I/O 芯片、BIOS、声卡芯片、串口芯片、并口芯片、门电路芯片、电源管理芯片、滤波电容、场效应管等，沿着与 5 V 电压相连电路找到相关损坏的元器件，更换掉。

(3) 对于黄线 12 V 对地短路，重点测量与 12 V 电压相连的场效应管、滤波电容、电源管理芯片、串口芯片等，找到相关损坏的元器件，更换掉。

(4) 对于橙线 3.3 V 对地短路，重点测量与 3.3 V 电压相连的南北桥、I/O 芯片、BIOS、时钟芯片、声卡芯片、网卡芯片、1394 芯片、滤波电容等，找到相关损坏的元器件，更换掉。

(5) 对于紫线 5VSB 对地短路，重点测量与 5VSB 相连的南北桥、I/O 芯片、网卡芯片、门电路芯片、滤波电容、稳压二极管等，找到相关损坏的元器件，更换掉。

(6) 对于 CPU 主供电对地短路，重点测量与 CPU 主供电(CPU 核心电压)相连的场效应管、电源管理器和滤波电容等，找到相关损坏的元器件，更换掉。对于 P4 的主板，CPU 主供电对地短路故障也有可能是北桥短路引起，需要进行相关甄别。

2) 主板无法开机(不触发)

故障现象：按电源开关，发现电源风扇一直不动、电源指示灯从未亮过，主机不开机，电脑没反应。

故障分析：主板不能开机的故障原因有：① ATX电源损坏无法开机；② 开机按钮接触不良造成无法开机；③ 开机电路故障不能开机；④ 主板其他地方有短路造成电源保护而无法开机。

(1) 首先要排除电源插板的供电因素，然后判断ATX电源好坏。将ATX电源插头和主板连接好，按下主机开关按钮，如果主板不能通电，再把电源连接主板的电源插头拔出来。

(2) 用镊子把电源的绿线和黑线短路(强行开机)，发现电源风扇运转，电源指示灯点亮，说明电源能正常启动，电源是好的。而通过主板控制却不能触发开机，故障在主板开机电路。

(3) 判断电脑电源开关好坏。将ATX电源线和主板接好，把主板上的开关针、复位针等拔起，用镊子短路开关针触发电源开关，看看能不能开机，如果能开机，而通过主机箱的电源开关却不能开机，则说明是主机箱的电源开关坏了，需要把主机箱开关拆出清洗或更换。

(4) 如果短接开关插针还不能开机，则说明主板真的不能触发开机，需要把主板从机箱上拆出来检修。接着检测电源第9脚输出的紫线5VSB电压是否正常。可以用万用表测量，一般此电压小于4.5 V就有问题，会造成主板开机电路无法工作，应检修5VSB供电线路或者更换ATX电源。

(5) 如果5VSB电压正常但不能触发开机，则应检查主板开机电路。① 查看主板CMOS跳线安装位置是否正确，如果跳线位置不对，请调回给南桥供电位置。② 测量给南桥供电的稳压器输出电压是否为3.3 V，如果电压不是3.3 V，很可能是稳压器损坏，需要更换。③ 测量开关针上的电压是否为高电平(3.3～5 V)，如果没有电压或是低电平，应检查ATX电源插座9脚到开关之间的线路。④ 判断实时晶振和谐振电容是否工作正常，测量晶振各个引脚电压(正常起振时，晶振引脚有振荡波形，各脚电压≥0.5 V)，如果没有电压和振荡波形，有可能是晶振坏或者谐振电容坏，先更换电容再更换晶振。⑤ 如果RTC振荡正常而不能开机，测量电源开关到I/O芯片再到南桥相关连线在操作电源开关时是否有高低电平变化，如果没有合适的高低电平变化，则为I/O芯片或南桥损坏，先换I/O芯片再换南桥。

例如：一块P6VXM2T(威盛芯片组)主板，当按下主机电源开关时，不开机，主机指示灯不亮。

检修过程：经检查发现PW-0N开关正极电压为1.0 V，正常情况下应为3.3 V以上，此电压变低大多数为南桥损坏或与其相连的门电路短路。用万用表测PW-0N开关正极的对地电阻为100 Ω，正常应为600 Ω以上，说明此电路有明显短路的地方，经查找电路PW-0N正极通过R217(680)的限流电阻连接R213(472)的上拉电阻，经过C99电容滤波最后进入南桥，首先排除C99短路，拆下C99再测量PW-0N正极的对地数值还是120 Ω，这种情况可能是南桥短路，为了证实是不是南桥内部短路造成PW-0N开机电压过低，拆下R217，测 R217 两端的对地电阻，发现进南桥一边的对地电阻为 600 Ω 左右，说明故障不在南桥，仔细查找线路发现 PW-0N 正极还与一门电路 74HCT74(U11)相连，更换此门电路芯片，故障排除。

3）开机后过几秒钟就自动关机

故障现象：按开机键，电脑正常开机后，过几秒钟就自动关机。

故障分析：电脑能正常开机，说明开机电路是可以触发的，它向 ATX 电源第 14 脚(20 针电源插座)或 16 脚(24 针电源插座)发出低电平开机信号，触发 ATX 电源工作。过几秒钟后自动关机，可能是由于电源故障、散热不良、BIOS 设置了自动断电保护功能、开机电路无故又被触发一次等造成的。

(1) 主机电源出现故障，由于滤波电容漏电，三极管性能不良，调制脉宽 IC 性能不良，主驱动变压器出现性能下降而引起的突然断电，导致主机停止运转，则需更换新的电源。

(2) CPU 风扇灰尘太多导致 CPU 温度过高引起自动关机，则需清理一下 CPU 风扇和散热片的灰尘，新加散热硅脂，如果是散热风扇坏了，则需更换一只新的风扇。

(3) 显卡的显存芯片存在虚焊，造成加电后和主板 PCB 板接触不良，就会自动关机或者重启，则需给显存芯片补焊或者更换新的显卡。

(4) 主板 BIOS 设置了自动断电保护功能，当电脑超负荷运行或者遇到其他有损 CPU 或者系统的情况时，系统就会自动断电，只需取消 BIOS 设置中的自动断电保护功能即可。

(5) 开机电路无故又被触发一次，一般是门电路损坏或 I/O 芯片损坏造成的，则需更换相同型号的门电路或 I/O 芯片。如果门电路和 I/O 芯片都没有损坏，也有可能是电路中某个电容损坏，需要检查开机电路的所有电容，并进行逐一更换试验，最后再更换南桥芯片。

4）通电后自动开机，无法关机

故障现象：电脑接上输入电源就自动开机，按开机键也无法关机。

故障分析：电脑开机条件是向 ATX 电源第 14 脚(20 针电源插座)或 16 脚(24 针电源插座)发出低电平开机信号，触发 ATX 电源工作。自动开机说明 ATX 电源的绿线一直处于低电平状态，所以 ATX 电源一直保持工作状态，无法关机。

(1) 引发通电后自动开机无法关机故障的原因较多，主要有电源、电源绿线的开机控制晶体管与二极管、开机实时晶振与谐振电容、南桥、I/O 芯片、门电路等损坏。先判断电源好坏，如果电源有故障，则更换电源。接着检查与电源绿线开机控制相关的晶体管、二极管、I/O 芯片、门电路、实时晶振与谐振电容、南桥等，逐一检查与更换，直至故障排除。

(2) 插上电源自动开机，还有一个可能的原因，就是在电脑 BIOS 设置中有一项电源管理设置，叫做意外断电、来电自动开机，找到这个选项，改成按电源开关开机就行了。具体操作：开机按 Del 键进入 BIOS 设置，在“INTEGRATED PHRIPHERALS SETUP”中，有个“PWRON After PWR-Fail”的设置选项管理这个功能。其选项有 3 个，分别为“On(开机)”、“Off(关机)”和“Former-Sts(恢复到断电前状态)”。你应该将它设置为“Off”。这样在打开电源开关或停电后突然来电等情况下，电脑就不会自动启动了。如果上述方法不奏效，可以继续尝试下面的修改：将 BIOS 中“POWER MANAGENT SETUP”的“Restore ac power loss”设置为“Disabled”。将 BIOS 中“POWER MANAGENT SETUP”的“PM Control by

APM”设置为“Yes”。如果还是不行，通过拔出钮扣电池恢复 BIOS 出厂设置。

(3) 电脑不能关机也可能是软件原因引起，例如系统安装程序太乱、病毒驻留内存、杀毒软件冲突、各种盗版软件之间冲突等也会引起不能关机故障，解决的方法就是重装操作系统。

## 5.5.6 主板供电电路

### 1. 主板供电电路及电压要求

主板上的元器件和总线除了可以直接利用 ATX 电源所提供的 5VSB(5 V 待机)、3.3 V、5 V、±12 V 电压外，还需要一些其他数值的电压，这些电压需要通过主板上的供电电路来转换。主板供电电路主要有 CPU 供电、内存供电、北桥供电、南桥供电和显卡供电 5 大电路，具体分布位置如图 5-52 所示。

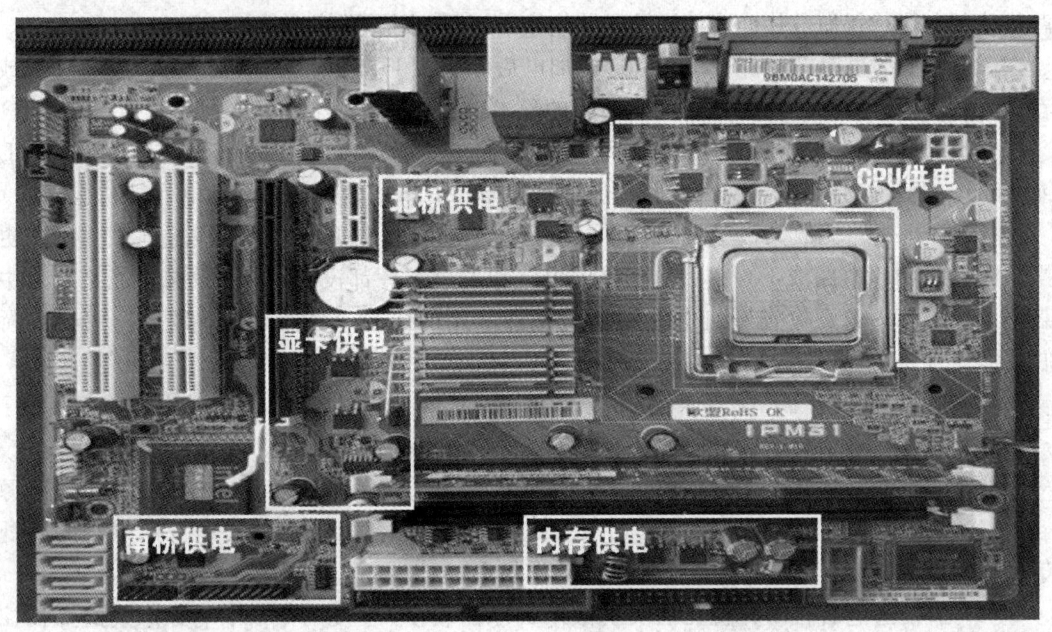


图 5-52 主板供电分布示意图

主板工作电压主要有 3.3 V、5 V、±12 V、5VSB、3.3VSB、1.5VSB、1.5 V、2.5 V、5V_DUAL(5 V 和 5VSB 共同供电，相互间用场效应管隔离)、3.3V_DUAL、2.5 V_DUAL、2.5V_DAC、1.8V_DUAL、VCORE(CPU 核心电压)、VTT_DDR(内存总线上拉电压)、VTT_CPU(前端总线上拉电压)等。主板主要部件供电电压要求及器件之间共享供电情况，如图 5-53 所示。

### 2. ATX 电源所提供的电源连接器

ATX 电源主要有外设电源连接器(Peripheral Power Connector)、软驱电源连接器(Floppy Drive Power Connector)、+12 V 电压连接器(+12V Power Connector)、SATA 连接器(Serial ATA Connector)和主电源连接器(Main Power Connector)，如图 5-54 所

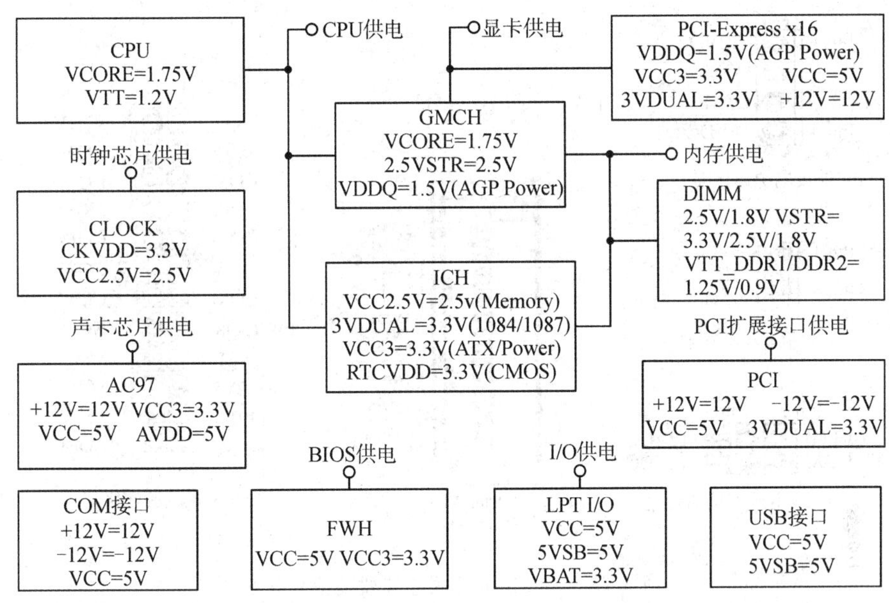


图 5－53　主板主要部件工作电压示意图

示。其中，外设电源连接器主要为 ATA 设备(如带 ATA 接口的硬盘、光驱等)供电，软驱电源连接器为软盘驱动器供电，＋12 V 电源连接器为 CPU 供电电路提供电源，SATA 连接器为带 SATA 接口的设备(如带 SATA 接口的硬盘)供电，主电源连接器为主板供电。PS_ON#为 ATX 电源送电控制信号(低电平有效)，当电脑处于关机状态时主板电路将此引脚上拉至 5VSB，当用户操作开机键后，南桥和 I/O 芯片等将此引脚下拉至低电平，通知 ATX 电源送电。PWR_OK 为 ATX 电源准备好信号(高电平有效)，当电源送出的 3.3 V 和 5 V 电压达到标称值的 95%时，此引脚输出高电平信号；当电源送出的 3.3 V 和 5 V 电压下降到标称值的 95%以下时，此引脚输出低电平信号。电源送出的 PWR_OK 信号可用于通知主板 ATX 电源是否已经准备好了，但更多情况不用此信号来通知主板动作，而是使用专门的 ASIC 芯片(如 W83627EHF、AS016 等)来侦测 3.3 V 和 5 V 电压，当这两个电压均符合要求时，由 ASIC 芯片发出 PWR OK 信号通知主板动作。

**3. INTEL 芯片组主板上电时序**

(1) 装入电池后首先送出 RTCRST#、3V_BAT 给南桥。CMOS 电池没电或 CMOS 跳线设为清零时，VCCRTC 为低电平(检测点：CMOS 跳线 1 脚)，RTCRST#有效，使 CMOS 电路处于复位状态，即保存的 CMOS 消息丢失。

(2) 晶振提供 32.768 kHz 频率给南桥。

(3) ＋5VSB 转换出＋3VSB，IO 检查＋5VSB 是否正常，若正常则发出 RSMRST#，通过南桥待机电压 OK。RSMRST#＝＝ resume well reset 低电平有效，用于复位南桥的睡眠唤醒逻辑。如果为低电平，则南桥 ACPI 控制器始终处于复位状态，当然就无法上电了。

(4) 南桥送出 SUSCLK(32 kHz)实时时钟信号。SUSCLK：Suspend Clock. This clock is an output of the RTC generator circuit to use by other chips for refresh clock。

(5) 按下电源开关后，送出 PWRBTN#给 IO。

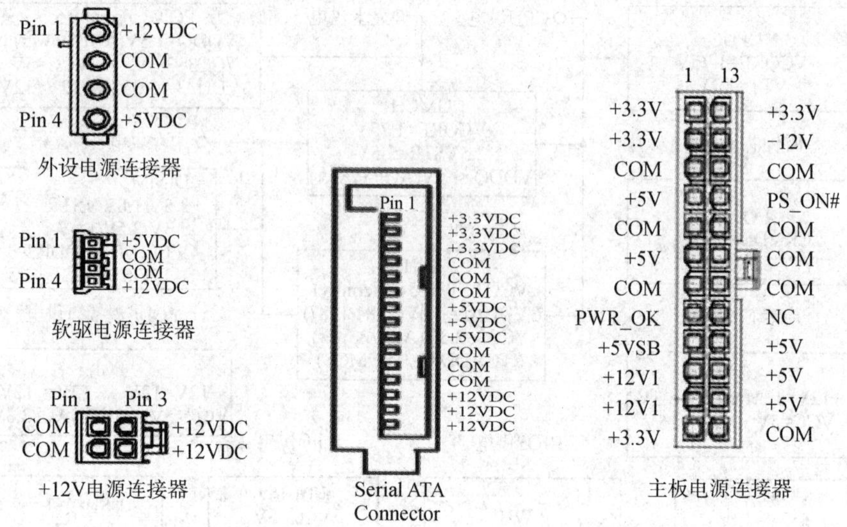


图 5-54　ATX 电源的连接器及信号分配

(6) IO 收到 PWRBTN#信号后，发出 IO_PWRBTN#给南桥。

(7) 南桥送出 SLP_S4#和 SLP_S3#给 IO。

(8) IO 发出 PS_ON#(持续低电平)给 ATX 电源。

(9) 当 ATX 电源插头的 PS_ON#引脚变为低电平后，ATX 电源立即输出＋12 V、－12 V、＋5 V、－5 V、＋3.3 V 电压以及 PG 信号。

(10) 当 ATX 电源送出主电压后，即通过主板供电电路转换成其他工作电压：VTT_CPU，1.5V，2.5V_DAC，5V_Dual，3V_Dual，1.8V_Dual 等。

(11) 当＋VTT_CPU 一路供给 CPU 后，另一路会经过电路转换输出 VTT_PWRGD 信号(高电平)，送给 CPU、电源管理芯片和时钟芯片。

(12) 当 CPU 收到 VTT_PWRGD 信号后，发出 VID 组合信号(VID0～VID4)给电源管理芯片。

(13) 电源管理芯片，在供电正常和收到 VTT_PWRGD 和 CPU 发来的 VID 组合信号后，产生 VCORE。

(14) VCORE 正常后，电源管理芯片发出 VRMPWRGD 信号给南桥，通知南桥此时 CPU 电压已经正常。

(15) 时钟芯片收到 VTT_PWRGD，且其 3.3V 电压和 14.318 MHz 都正常后发出各组频率。

(16) ATX 电源灰色线延时发出 ATXPWRGD 信号，经过电路转换送给南桥，或者 IO 延时发出 PWROK 信号给南桥。

(17) 南桥发出 CPUPWRGD 信号给 CPU，通知 CPU 电压已经正常。

(18) 南桥电压、时钟都正常，且收到 VRMPWRGD、PWROK 信号后，发出 PLTRST#(平台复位信号)及 PCIRST#给各个设备。

(19) 北桥接收到南桥发出的 PLTRST#信号，且其电压、时钟都正常，大约 1 ms 后发出 CPURST＃信号给 CPU，通知 CPU 可以开始执行第一个指令动作。

**4. CPU 供电电路**

随着 CPU 制造工艺提高，其集成度不断提高，其核心工作电压要求也在逐步下降，目前 CPU 的核心工作电压通常为 0.8～1.6 V，从而达到大幅减少功耗和发热量的目的。但是，随着 CPU 的主频和运算速度的不断提升，CPU 的功耗逐年增长，如最新的 P4EE 芯片(频率 3.4 GHz，核心电压 1.2～1.4 V)功耗已经达到 110 W，最大工作电流 90A 左右，不可能由 ATX 电源的 12 V/5 V 电压直接供电，所以需要一定的供电电路来进行高直流电压到低直流电压的转换(即 DC-DC)，这些转换电路就是 CPU 的供电电路。根据 CPU 功耗大小的不同，分别有单相、两相、三相、四相、六相等供电电路。

应该注意，主板维修一般不涉及 CPU 核心电压影响开机情况，所以一般不需要测量 CPU 的核心电压。除非怀疑故障是 CPU 引起的，必须使用 CPU 假负载工具用万用表来测量 CPU 核心电压。要测量 CPU 核心电压，不能直接用真 CPU 去测量，而是要上 CPU 假负载(芯片公司提供与真 CPU 相对应的假负载)测量，否则很容易烧坏 CPU 芯片。

1) CPU 单相供电电路

(1) CPU 供电电路组成框图。由于 CPU 工作在高频、低电压、大电流状态，它的功耗非常大，因此，CPU 供电电路使用的开关电源方案是由电源管理芯片(如 RT9618、RT8841、APW7120、TL494 等)、场效应管、线绕磁环电感和电解电容等元件组成，如图 5－55所示。其中，电源管理芯片主要负责识别 CPU 供电幅值，产生相应的矩形波，控制场效应管轮流导通，经线绕磁环电感和电解电容滤波后，得到稳定的直流电压(核心电压)供给 CPU 使用。

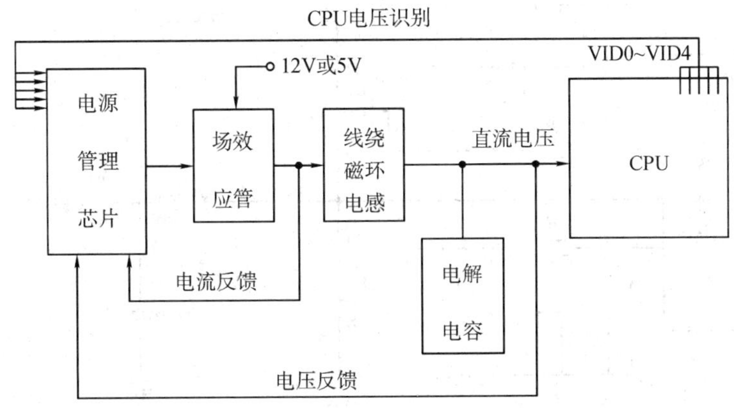


图 5－55　CPU 供电电路组成框图

(2) CPU 单相供电电路的组成。CPU 单相供电电路主要由电源管理芯片、2 只轮流导通的场效应管、滤波电感和滤波电容、限流电阻等组成，如图 5－56 所示。由于场效应管工作在开关状态，导通时的内阻和截止时的漏电流都较小，所以自身耗电量很小，避免了线性电源串接在电路中会消耗大量能量的问题。

(3) CPU 单相供电电路的工作原理。开机后，12 V、5 V、3.3 V 等电压进入主板，其

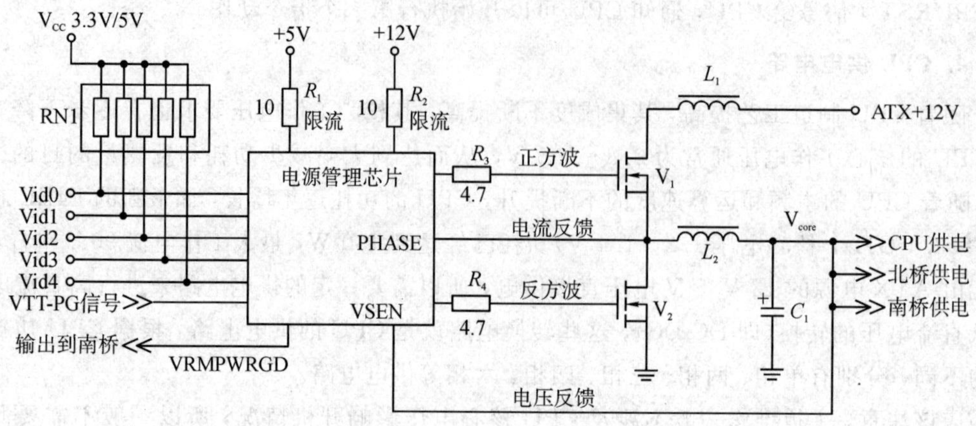


图 5-56　CPU 单相供电电路图

中，12V 或 5 V 电压直接给电源管理芯片供电，同时 12V 电压经过 $L_1$ 为场效应管 $V_1$ 的 D 极供电。这时 CPU 的 5 个电压识别管脚就会输出一组固定电压识别指令(Vid0～Vid4)，加到电源管理芯片的电压识别引脚上。当内存供电电压正常稳定后，经过调压方式的供电电路输出 VTT_GMCH 北桥上拉电压，然后此电压经过转换，给电源管理芯片输出一个 VTT_PG(北桥上拉电压的电源好信号，一般为 1.25 V)，通知电源管理芯片可以正常工作。电源管理芯片在供电、VTT_PG 和 VID 信号的作用下，其内部电路开始工作，从而输出两路互为反相的脉宽方波，分别通过 $R_3$ 和 $R_4$ 后，去控制场效应管 $V_1$ 与 $V_2$ 的轮流导通与截止，如图 5-57 所示。

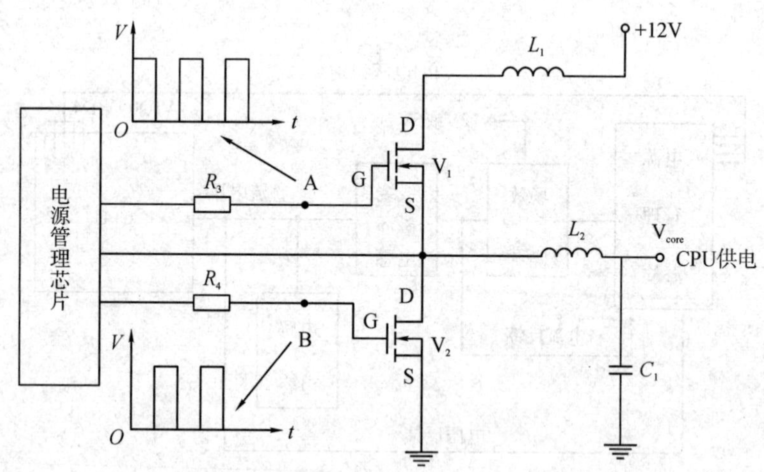


图 5-57　电源管理芯片输出的控制信号

当电源管理芯片的高端门向场效应管 $V_1$ 的栅极(G 极)输出高电平时，此时 $V_1$ 导通，同时，电源管理芯片的低端门向场效应管 $V_2$ 栅极(G 极)输出低电平，$V_2$ 截止。此时，+12 V 电压通过 $V_1$ 调整，由电感电容滤波后向 CPU 供电，同时电感 $L_2$ 中电流逐步增大而处于储能状态。当电源管理芯片换成向 $V_1$ 栅极输出低电平、向 $V_2$ 的栅极输出高电平时，$V_1$ 截止、$V_2$ 导通，电感 $L_2$ 的储能 (左负、右正的电动势)给电容 $C_1$ 充电。当下一周期到来时，重复上面的动作，这样周而复始，CPU 就会得到恒定的电压 $V_{core}$（同时 $V_{core}$ 也为北桥 GMCH 和南桥 ICH 供电），如图 5－58 所示。当 $V_1$ 截止后，瞬间会在 $L_2$ 上产生反电动势，此时 $V_2$ 的作用主要是把 $L_2$ 上产生的反电动势释放掉。这样 $V_1$ 就不会被 $L_2$ 上的反电动势反向击穿，从而达到保护 $V_1$ 的目的。

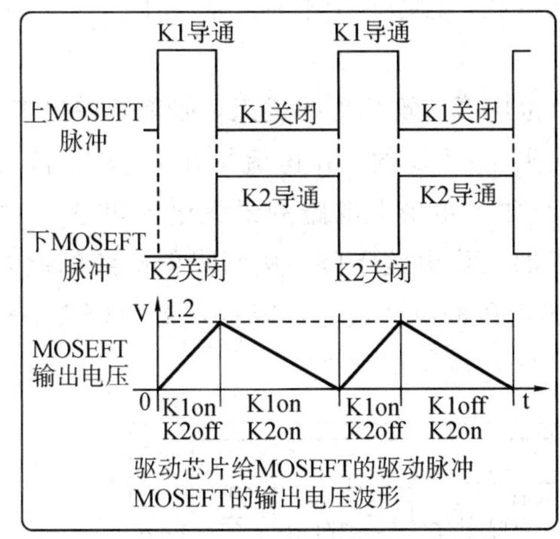


输出的不是平稳的1.2V的直流是0V–1.2V–0V的脉动直流。

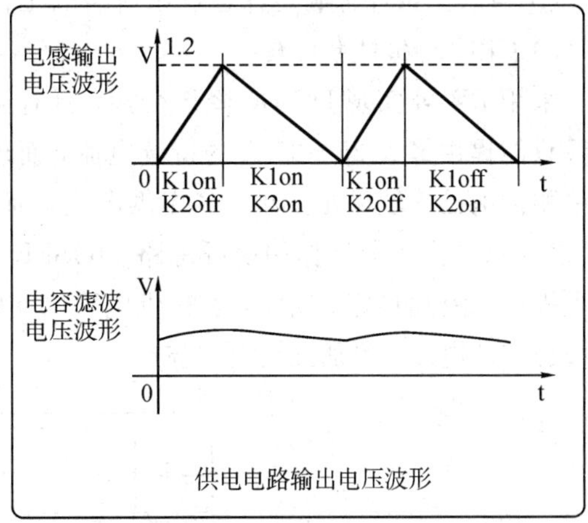


经电容存储和滤波后，脉动的幅度减小接近恒稳的1.2V直流。

图 5－58　场管输出及经过电感电容滤波后的电压波形

（4）电压反馈与稳压控制。当经过 $L_2$ 和 $C_1$ 滤波后输出 $V_{core}$ 电压，又经另一路直接反馈到电源管理芯片的 VSEN 脚，此脚经过内部比较器对比后，对电源管理芯片的 PWM1 与 PWM2 输出信号进行调整，从而使 CPU 得到一个稳定的电压。若 $L_2$ 输出电压偏高，那么到达电源管理芯片的 VSEN 脚电压也偏高。当电源控制芯片检测到反馈脚的电压偏高后，在内部对 PWM1 与 PWM2 输出的脉宽进行调整，让 CPU 得到一个稳定的电压。若 $V_{core}$ 输出电压过高，则电源控制芯片内部会使 PWM1 与 PWM2 停止输出，从而使得 $V_1$ 与 $V_2$ 停止工作，达到过压保护的目的。

（5）电流检测与过流保护。$V_1$ 输出电压除了加到 $L_2$ 外，又经另一路给电源管理芯片的过流检测脚(PHASE 脚)，检测场管工作电流大小。如果输出电流比芯片内部设定的额定电流大，则电源控制芯片经过内部调整后，控制场效应管 $V_1$ 的导通能力减小，直到电流调整到与额定电流相符时，才正常输出给 CPU。若场管工作电流过大，此脚会通知电源管理芯片停止输出，使 PWM1 与 PWM2 输出低电平，从而使得 $V_1$ 与 $V_2$ 停止工作，达到过流保护的目的。

（6）向南桥输出电源好信号。当电源管理芯片各单元电路都正常工作后，电源管理芯片会发出电源好信号（VRMPWRGD#）去通知南桥，让南桥准备工作。此信号输出说明 CPU 供电电路正常工作，南桥得知此电路正常后，内部的各个模块才能正常工作，然后进行下一步工作。

（7）电源管理芯片的工作条件如下：

① 有的电源控制芯片是 12 V 和 5 V 供电，有的电源控制芯片是 12 V 或 5 V 供电。

② 电源控制芯片必须识别到 VID0～VID4 脚送来的识别信号，才能调整内部的基准电

压，经过内部运算比较器转换后，输出控制方波来调整输出电压。

③ 电源控制芯片工作还需要一个 VTT_PWRGD 信号，此信号主要控制芯片内部的 SS(SOFT-START，即软启动)电路开始工作，然后电源控制芯片最终输出控制方波。

④ 电源管理芯片的 FB 脚得到反馈的工作电压后来调整输出电压的高低。

⑤ 当以上条件都满足并且输出所需的工作电压后，电源芯片才会正常工作。

2) CPU 三相供电电路

采用 PWM 实现 DC-DC 降压变换，具有调节范围宽、效率高的优点，但单相供电电路一般只能提供最大 25～30 A 的持续电流，而现在主流 CPU 的工作电流均在 70 A 以上，因此单相供电已无法满足要求，多相供电应运而生，如三相供电电路的最大电流可达 3×25 A。多相供电由于分流作用使得每路 MOSFET 管的工作电流下降，从而降低电路的温升，使主板运行更加稳定。同时，多相供电可以使输出电压的纹波进一步降低，能为 CPU 提供更加稳定的电压、更加强劲的电流。

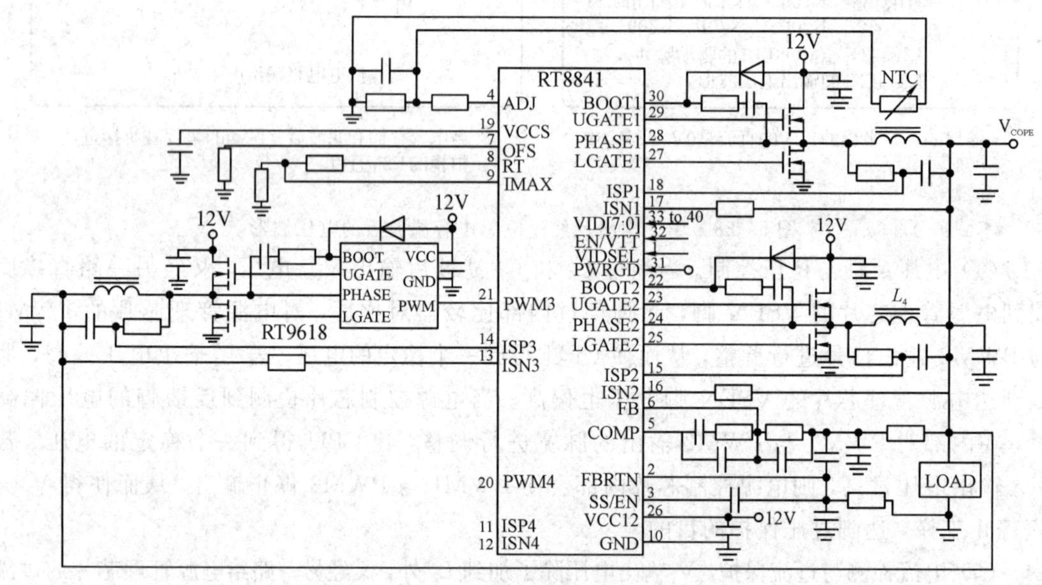


图 5-59　CPU 三相供电电路图

图 5-59 是一种 CPU 三相供电电路的实例，它主要由电源管理芯片 RT8841、MOSFET 驱动器 RT9618、6 只场效应管、滤波电感电容、限流电阻等组成，其工作原理与单相供电电路相似，6 只场效应管轮流导通，每只场效应管的导通时间是单相供电电路的 1/3，其输出电流是单相供电电路的 3 倍，图中负载(LOAD)是指 CPU、南北桥等核心电压的供电负载。RT8841A 是一种 4/3/2/1 相同步 Buck 控制器，整合了两组 MOSFET 驱动器，适用于 VR11 CPU 供电应用。它采用差分电感 DCR 电流检测技术完成相间电流平衡和主动电压定位，还具有工作频率可调、软启动可调、Power Good 电源好指示、外部误差放大器补偿、过压保护、过流保护和使能/关机等特性，可满足多种不同应用的需要，其封装为 WQFN-40L 6×6，引脚功能说明见表 5-5。

**表 5-5　RT8841 引脚功能说明**

| 引脚号 | 引脚名称 | 引脚功能 |
|---|---|---|
| 1 | VIDSEL | VID DAC 选择端 |
| 2 | FBRTN | 输出电压遥测负极 |
| 3 | SS/EN | 通过一个调节软起动时间的电容接地，当该引脚接地时，禁止控制器工作 |
| 4 | ADJ | 该引脚通过一个设置载重线的电阻接地 |
| 5 | COMP | 为误差放大器的输出端和 PWM 比较器的输入端 |
| 6 | FB | 误差放大器的反相输入端 |
| 7 | OFS | 该引脚下通过一个用于设置无载偏移电压的电阻接地 |
| 8 | RT | 该引脚下通过一个用于调节频率的电阻接地 |
| 9 | IMAX | 过流保护比较器的负极输入端(过流保护比较器的正极输入端是 ADJ) |
| 10 | GND | 地线 |
| 11、14、15、18 | ISP4、ISP3、ISP2、ISP1 | 第4、第3、第2、第1通道电流传感器的正极 |
| 12、13、16、17 | ISN4、ISN3、ISN2、ISN1 | 第4、第3、第2、第1通道电流传感器的负极 |
| 19 | VCC5 | 低压差线性稳压5V电压输出端 |
| 20、21 | PWM4、PWM3 | 第4通道、第3通道的 PWM 脉冲输出端 |
| 22、30 | BOOT2、BOOT1 | 第2通道、第1通道自举电源端 |
| 23、29 | UGATE2、UGATE1 | 第2通道、第1通道上管门极驱动端 |
| 24、28 | PHASE2、PKASE1 | 第2通道、第1通道的开关节点(场管工作电流检测端) |
| 25、27 | LGATE2、LGATE1 | 第2通道、第1通道下管门极驱动端 |
| 26 | VCC12 | 芯片12V电源输入端 |
| 31 | PWRGD | 电源准备好信号输出端 |
| 32 | EN/VTT | 上拉电压 VTT 检测输入端 |
| 33～40 | VID7～VID0 | 数模转换器(DAC)的电压识别输入端 |
| 41(裸焊盘) | GND | 裸焊盘应该与 PCB 板焊接并接地 |

RT9618 / A 是一种高频率、双 MOSFET 驱动器，专门设计用于驱动两个在同步整流降压转换器的 N 沟道 MOSFET，应用电路如图 5-60 所示。它将来自 RT8841 的 PWM 控制脉冲，转化为相位相反的两组脉冲信号，分别去驱动 $V_1$ 和 $V_2$ 轮流导通，将 DC12V 电压转化为可以控制的脉动电压，再经电感和电容滤波后形成 CPU 的核心电压 $V_{CORE}$。RT9618 芯片采用 SOP-8 封装，引脚功能说明见表 5-6。单相供电、二相供电和三相供电滤波之前和滤波之后的电压波形如图 5-61 所示，可以看出，三相供电比单相供电可以提供更好的输出电压波形。

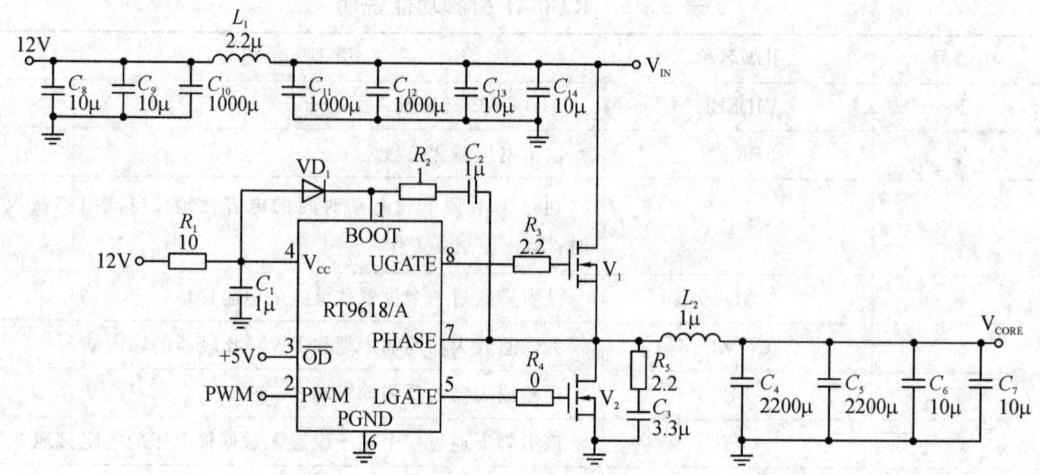


图 5-60　RT9618 应用电路

**表 5-6　RT9618 引脚功能说明**

| 引脚号 | 引脚名称 | 引 脚 功 能 |
|---|---|---|
| 1 | BOOT | 浮动自举电源的上门极驱动引脚 |
| 2 | PWM | 输入控制驱动器的 PWM 信号 |
| 3 | /OD | 输出禁止。当该引脚为低电平时，UGATE 和 LGATE 均被拉低，正常操作被禁止 |
| 4 | VCC | ＋12 V 电源 |
| 5 | LGATE | 下门极驱动输出，与下位 N 沟道场效应管的 G 极相连 |
| 6 | PGND | 接地线 |
| 7 | PHASE | 过流检测，与上位场效应管的 S 极和下位场效应管的 D 极相连 |
| 8 | UGATE | 上门极驱动输出，与上位 N 沟道场效应管的 G 极相连 |

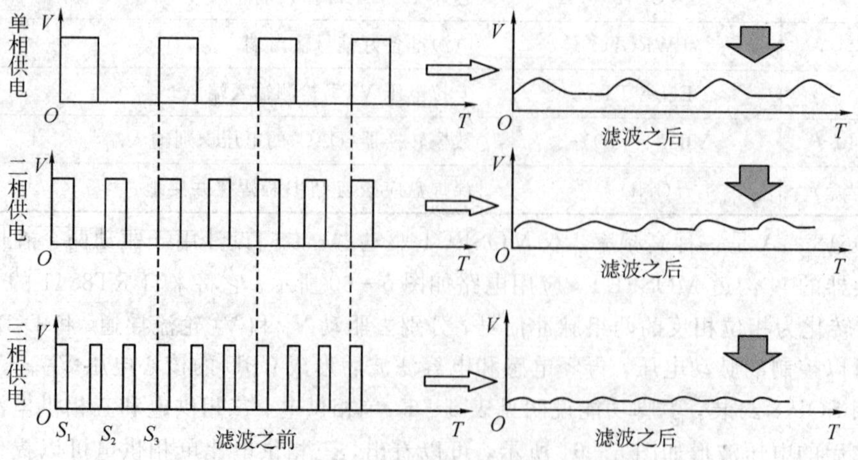


图 5-61　单相、二相、三相输出电压波形对比

**5. 南北桥供电电路**

南北桥芯片组一般需要 5VSB、3.3VSB、5V、3.3V 、2.5V、1.8V、1.5V、1.2V、1.05V等电压，除了用 ATX 电源直接供电、共用 CPU 核心电压供电、共用内存供电外，一般会在南北桥旁边设计专门的供电电路为南北桥供电。目前市场上的主板南北桥供电，一般都使用运算放大器＋场效应管、电源管理芯片＋场效应管、稳压器降压等供电方式。图 5-62就是一个使用运算放大器＋场效应管所构成的南北桥供电电路，它向南北桥提供 1.5 V电压。其工作原理是：3.3VSB 经 $R_{107}$ 和 $R_{108}$ 分压后向运算放大器的第 5 脚提供 1.5 V 基准电压，运算放大器起电压比较器的作用，它将 5 脚输入的基准电压和 6 脚输入的输出电压进行比较。如果运算放大器的第 5 脚电压高于第 6 脚电压，则输出高电平，否则输出低电平，然后去控制场效应管的导通或者截止。场效应管的不断导通与截止，将 1.8 V 电压转换成脉冲电压输出，再经电容 EC63 滤波后形成稳定的 1.5 V 电压，为南北桥芯片供电。

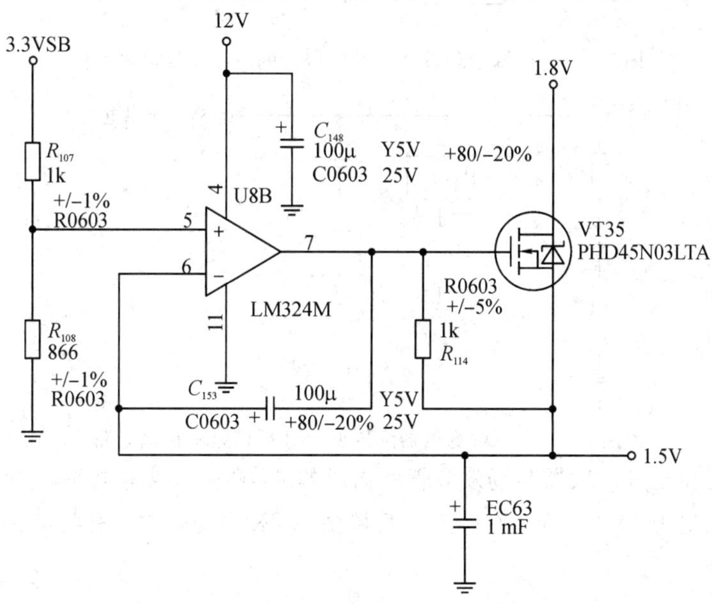


图 5-62　运算放大器＋场效应管的南北桥供电电路图

图 5-63 是一种电源管理芯片＋场效应管所构成的南北桥供电电路，其工作原理和单相 CPU 供电电路相同，它向南北桥芯片提供 1.5 V 电压。

**6. 显卡声卡供电电路**

主板显卡插槽有 AGP 和 PCI－E 两种。AGP 1×/2×的工作电压为 3.3 V，AGP 4×的工作电压为 1.5 V ，AGP 8×的工作电压为 0.8 V。PCI 插槽的工作电压为 5 V 或者 3.3 V，PCI-E 的工作电压为 12 V 和 3.3 V，其中，B1、B2、B3、A2、A3 脚为 12 V 供电脚，A9、A10、B8 为 3.3 V 供电脚，A11 为 PWRGD(电源好)信号，低电平时为 PCI-E 设备提供复位信号，A13、A14 为时钟测试点。图 5-64 是一种由三端稳压器 EH11A 构成的降压型 PCI 显卡供电电路，它将 12 V输入电压经 EH11A 稳压调节后向 PCI 插槽的显卡提供 5 V 电压。

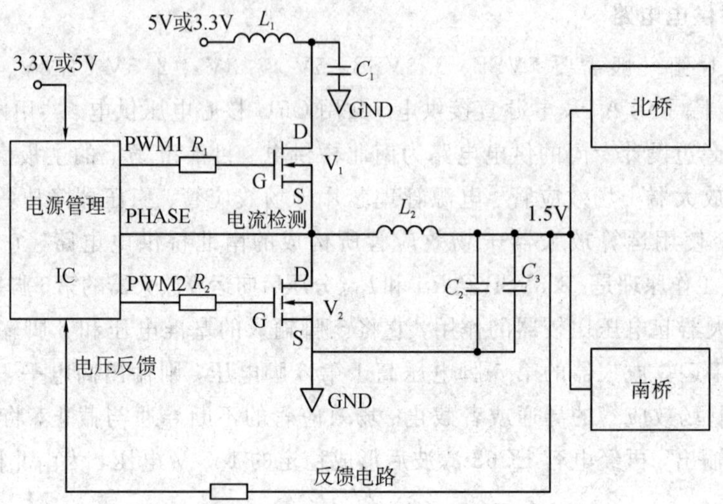


图 5-63　电源管理芯片＋场效应管的南北桥供电电路图

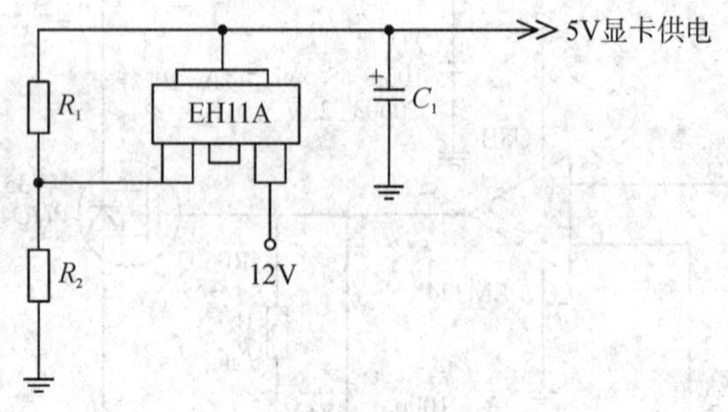


图 5-64　三端稳压器降压型 PCI 插槽显卡供电电路

图 5-65 是由运算放大器与场效应管所构成的 AGP 显卡供电电路，它与南北桥共享供电电路。声卡供电为 5V/3.3V，有些声卡直接由 ATX 电源供电，有些声卡通过 12 V/5 V 转换电路来供电。

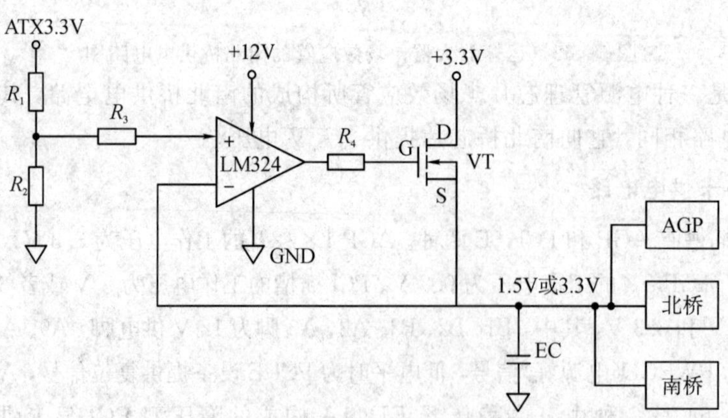


图 5-65　运算放大器＋场效应管构成的 AGP 显卡供电电路

**7. 内存供电电路**

目前常用内存有 SDR(Synchronous Dynamic Random Access Memory，同步动态随机存储器)、DDR (DoubleDataRate，双数据传输模式)及 RAMBUS(RAMBUS 公司推出的新一代内存)等。其中，第一代内存 SDR 的工作电压为 3.3 V，可由 ATX 电源直接供电；第二代内存 DDR(或 DDR1)的工作电压为 2.5 V，总线上拉电压为 1.25 V；第三代内存 DDR2 的工作电压为 1.8 V，总线上拉电压为 0.9V；第四代内存 DDR3 是目前最普遍的内存，工作电压为 1.5 V，总线上拉电压为 0.75 V，单条容量最大可达 8 GB，频率从 1066～2400 MHz 不等；新五代内存 DDR4，频率可达 4266 MHz，容量可达 128 GB，工作电压为 1.2 V，总线上拉电压为 0.75 V；第六代内存 DDR5(RAMBUS)工作电压为 1.1 V，总线上拉电压为 0.75 V。一般内存供电部分通常被设计在内存插槽的附近。

1) 开关电源方式内存供电电路

由于内存工作电流较大，一般采用开关电源方式来提供内存工作电压。图 5－66 是一种 DDR2 内存的供电原理图，其工作原理是：在电源管理 IC 的控制下，$V_1$ 和 $V_2$ 轮流导通，将 5 V 电压转化为脉动电压输出，经电感 $L_2$ 和电容 $C_2$ 与 $C_3$ 的滤波后，得到稳定的 1.8 V 电压，供给内存和北桥使用。同时，为了减少信号终端的串扰，DDR 内存的数据和地址总线需要通过终结电阻连接到由 RT9173 提供的上拉电位(VTT)，如图 5－66 中所示的 VTT0.9V 即为上拉电位。

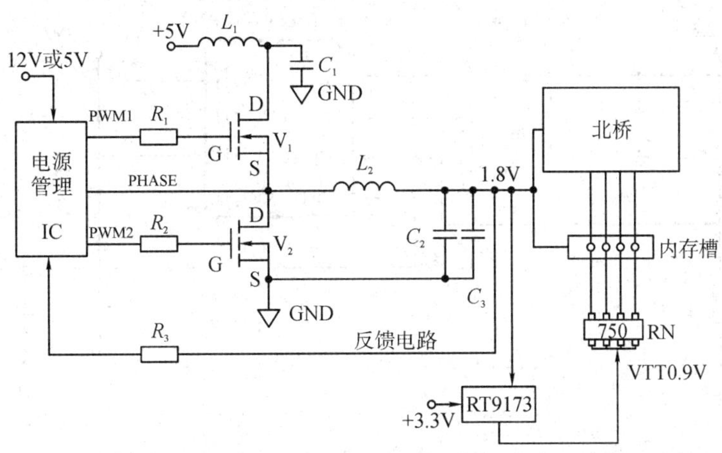


图 5－66　DDR2 内存供电原理图

图 5－67 是一种 DDR2 内存 1.8V/15A 供电电路实例。在电压管理 IC(APW7120)控制下，$V_1$ 和 $V_2$ 轮流导通，输出方波电压信号，经 $L_2$ 和 $C_6$ 滤波后，输出 1.8 V/15 A，供给北桥和内存使用。当南桥输出高电平使 $V_3$ 导通时，APW7120 将停止工作，使输出电压 $V_{OUT}$ 为 0 V。

2) 稳压器降压提供的内存上拉电压

稳压器 AT9173 能够把 1.8 V 或 2.5 V 电压转换成为 0.9 V 或 1.25 V 内存总线上拉电压。图 5－68 是一种由稳压器 AT9173 提供 1.25 V 内存总线上拉电压的电路。图中，2.5 V 电压经过 $R_2$ 和 $R_4$ 分压后向 AT9173 提供 1.25 V 基准电压，经过 AT9173 稳压控制后，向

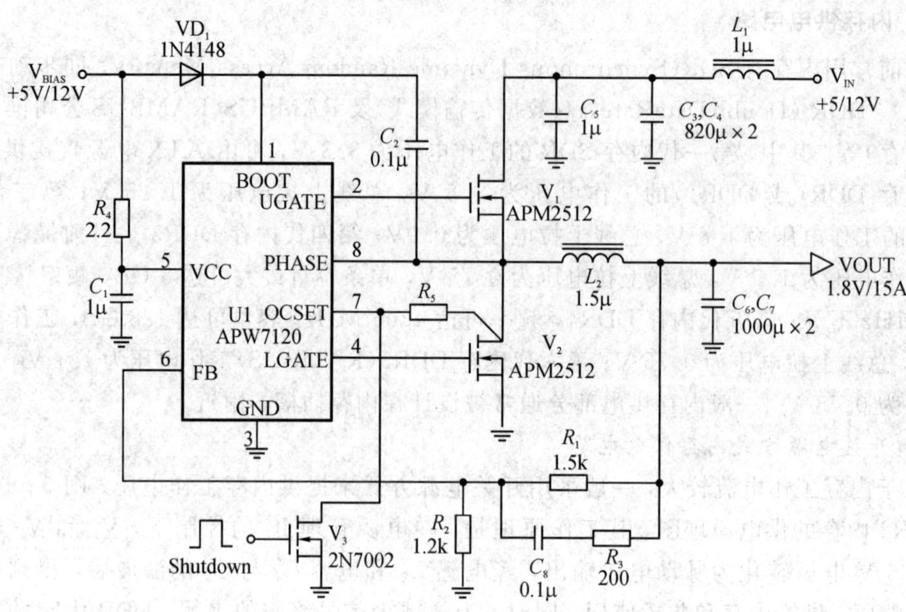


图 5-67　DDR2 内存 1.8V/15A 供电电路实例

内存提供 1.25 V 上拉电压，且其输出电压与基准电压之间的偏差不超过 20 mV。

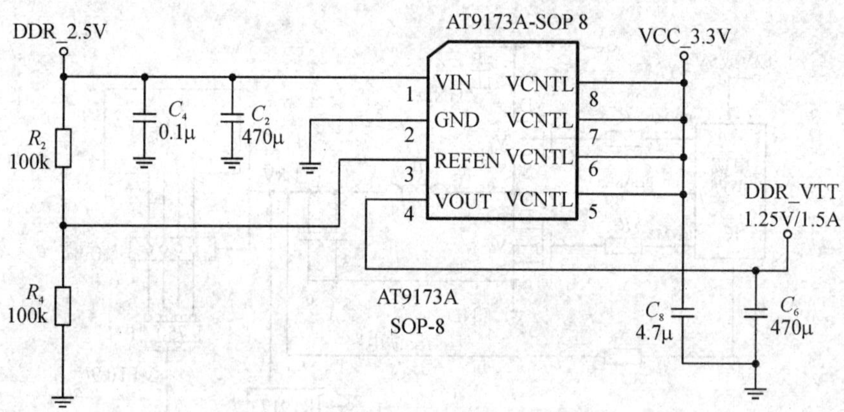


图 5-68　稳压器 AT9173 提供 1.25V 上拉电压电路

## 5.5.7　主板接口电路

计算机之间、计算机与外围设备之间、计算机内部部件之间一般通过接口电路来连接，其主要作用是用于完成计算机主机系统与外部设备之间的信息交换。常用计算机接口有：① PS/2 接口，绿色接口接鼠标，紫色接口接键盘；② VGA 接口，用于连接显示器、投影仪等；③ DVI 数字视频接口，用于连接显示器、投影仪、数字电视机等；④ HDMI 高清晰度多媒体接口，用于连接高清电视、投影仪、DVD 机等；⑤ 1394 接口，用于连接带 1394 插座的设备；⑥ USB 接口，用于连接带 USB 插座的设备；⑦ RJ-45 网络接口，用于连接网络；⑧ 音频接口，浅蓝色接口用于连接音频线路输出设备，草绿色接口用于连接耳机或功放，粉红色接口用于连接麦克风；⑨ RS-232C 串行口，用于串行通信；⑩ LPT 并行口，用于连接打印机、扫描仪等；⑪ IDE 接口，用于连接带 IDE 接口的硬盘/光驱；⑫ SATA 接口，用于连接带 SATA 接口的硬盘；⑬ SCSI 接口，用于连接带带 SCSI 接口的硬盘；⑭ 蓝牙接口，用于连接手机/蓝牙耳机等；⑮ WI-FI 接口，用于连接无线局域网。常用主板接口布置及外形如图 5-69 所示。

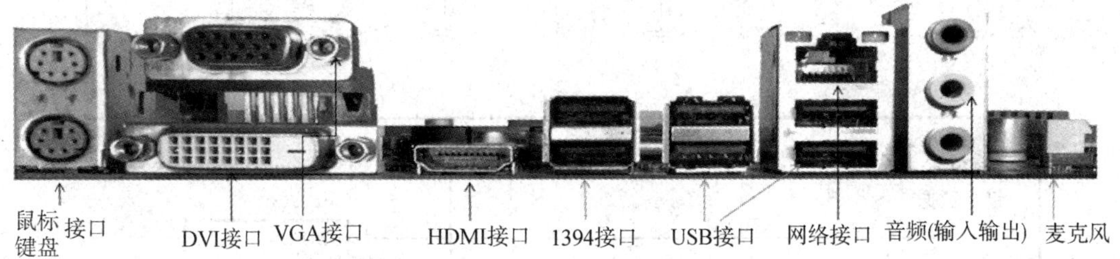


图 5-69　常用主板接口布置及外形

### 1. PS/2 接口电路

键盘/鼠标插座上有 6 个引脚与电路相连，但是只有 4 个引脚接有信号，其他是空脚，见表 5-7。所有型号主板的键盘/鼠标接口电路都是一样的，但是，键盘/鼠标不能混用，因为内部电路信号不同。

**表 5-7　PS/2 接口连接器引脚定义**

| Male | Female | 5-pin DIN | Male | Female | 6-pin Mini-DIN |
|---|---|---|---|---|---|
| | | 1—时钟 | | | 1—数据 |
| | | 2—保留 | | | 2—保留 |
| | | 3—保留 | | | 3—电源地 |
| | | 4—电源地 | | | 4—电源+5V |
| | | | | | 5—时钟 |
| Plug | Socket | 5—电源+5V | Plug | Socket | 6—保留 |

键盘、鼠标接口电路主要由 5VDUAL 电压、熔断器 F1、控制器 PSKBM、电阻排 RN3 和滤波电容等组成，如图 5-70 所示。其工作原理是：5VDUAL 电压经 F1 加到排电阻 RN3 和 PSKBM 控制芯片。键盘数据 KDATA、键盘时钟 KCLK、+5V、GND 组成键盘 PS/2 接口，它接收键盘操作指令，并通过控制器形成按键所对应的编码，并通过 SPI 接口电路输送到计算机的键盘缓冲器中，由 MPU 进行识别处理。鼠标数据 MDATA、鼠标时钟 MCLK、+5V、GND 组成鼠标 PS/2 接口，它接收鼠标位置移动数据并通过 SPI 接口电路输送给 MPU 识别处理。PSKBM 控制器在 W83627 芯片或者南桥芯片中。关于 5VDUAL 电压，在主板未触发前，5VSB 经过一只 MOS 管控制后向 5VDUAL 供电。当主板正常触发后，由于 5VDUAL 负载加重，5VSB 无法承受，此时由 VCC5V 经过另一只 MOS 管控制后向 5VDUAL 供电。

### 2. USB 接口电路

USB 接口电路主要由 5VDUAL 供电、保险丝、滤波电容、USB 控制器、排电阻(202 为

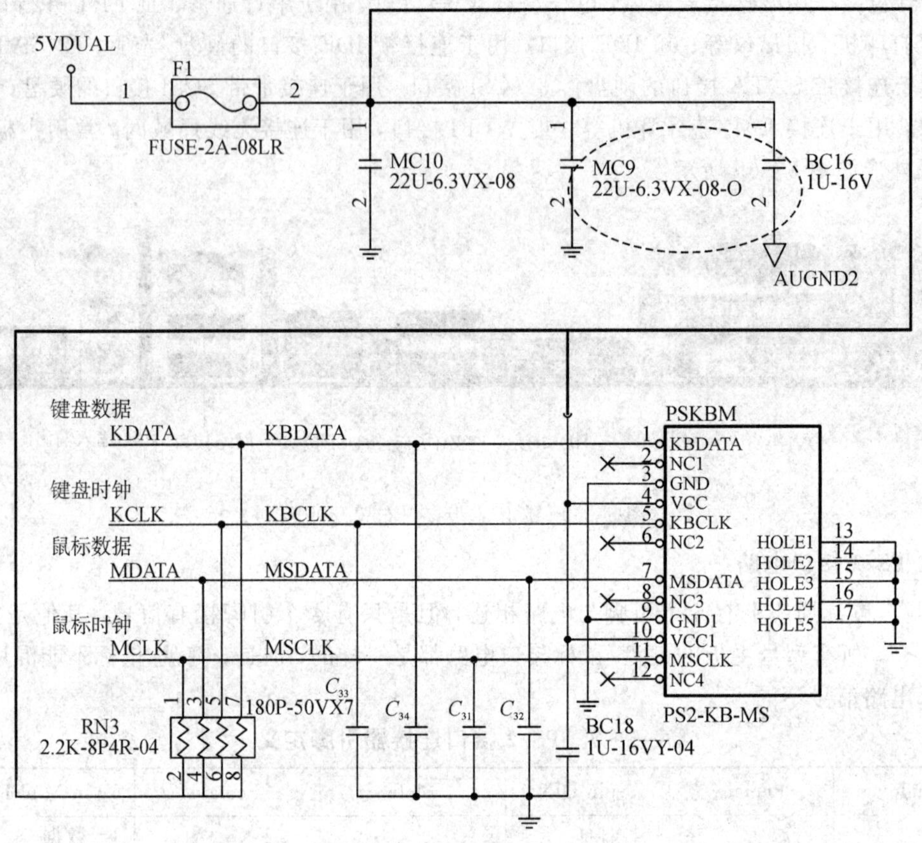


图 5-70　键盘、鼠标接口电路

2 kΩ)、USB 接口插座等组成，如图 5-71 所示。主板上电、时钟、复位电路均工作正常后，USB 控制器(在 W83627 或者南桥芯片内部)会不停地检查 USB 接口连接的 D+和 D-之间的电压。如果发现电压发生变化，则说明有 USB 设备接入，电脑就会进行设备识别、调用驱动程序等。

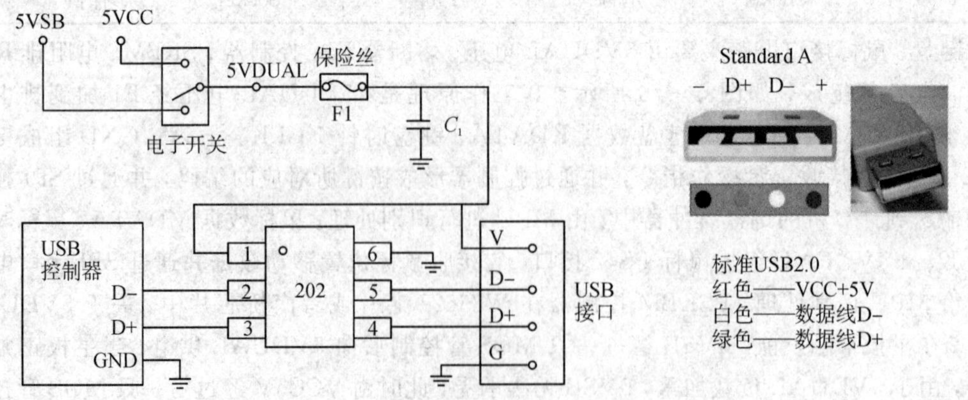


图 5-71　标准 USB 2.0 接口电路

### 3. VGA 接口电路

VGA 接口是模拟信号的电脑显示标准，也是显卡上应用最为广泛的接口类型，绝大多数显卡都带有此种接口，目前应用于显卡视频输出，连接显示器。有很多整合型的主板都集成了 VGA 接口，目前 VGA 接口正逐渐被 DVI/HDMI 接口所取代。VGA 是由主板北桥直接控制，它的线路走向以及信号脚不是很复杂。VGA 接口电路主要由 VGA 插座、北桥芯片、滤波电容、电阻等组成，如图 5-72 所示。北桥输出的 R 数字信号、G 数字信号、B 数字信号经过 75 Ω 电阻转化为模拟电压，再经过两只反并联二极管进行双向限幅后加到 VGA 插座。由北桥输出的行同步 HS 和场同步 VS 信号分别经过 47 Ω 电阻后加到 VGA 插座。三基色电信号和行场同步信号经过 VGA 插座送到显示器显示视频信息。

ATX 电源的 3.3V 电压控制场效应管 $V_7$、$V_6$ 导通后，将北桥芯片输出的数据线 SDA 和时钟线 SCL，与 VGA 插座的第 12 脚和第 14 脚相连，用于读取显示器数据。VGA 接口共有 15 针，分成 3 排，每排 5 个孔，引脚定义如下：1—红基色 red，2—绿基色 green，3—蓝基色 blue，4—保留，5—GND，6—红地，7—绿地，8—蓝地，9—电源+5 V，10—数字地，11—GND，12—串行通信($I^2C$ 总线)数据线 SDA，13—行同步 HS，14—场同步 VS，15—串行通信($I^2C$ 总线)时钟线 SCL。

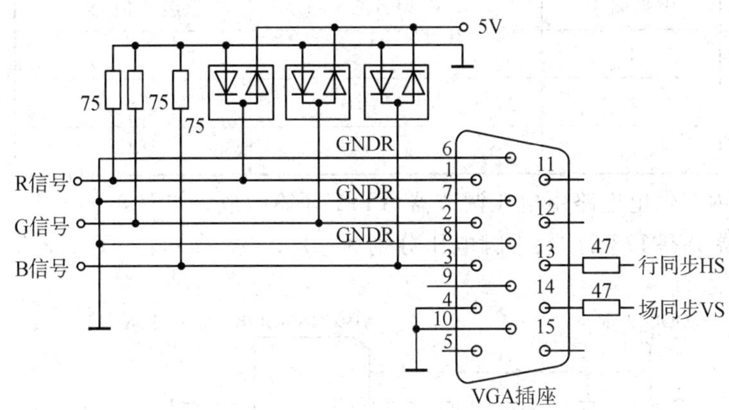


图 5-72 VGA 接口电路

## 实训 7 主板供电电路的识读与测量

**【实训目的】**

(1) 能识读主板上的直流供电电路。

(2) 掌握南北桥供电电路工作原理，掌握南北桥供电电路故障检测与排除方法。

(3) 掌握内存供电电路工作原理，掌握内存供电电路故障检测与排除方法。

(4) 掌握 CPU 三相供电电路工作原理，掌握 CPU 供电电路故障检测与排除方法。

**【实训仪器和材料】**

(1) 电脑主板。

(2) 万用电表。

(3) 一字与十字螺丝刀。

【实训内容】

(1) 测量纽扣电池的实际电压值，并说明正常工作所需电压范围。

(2) 三端稳压器 L1085(或 EH11A)的引脚排列及应用电路如图 5－73 所示。测量三端稳压器 L1085(或 EH11A)(位于两个 PCI 插槽之间)的各引脚对地电压，填写表 5－8。

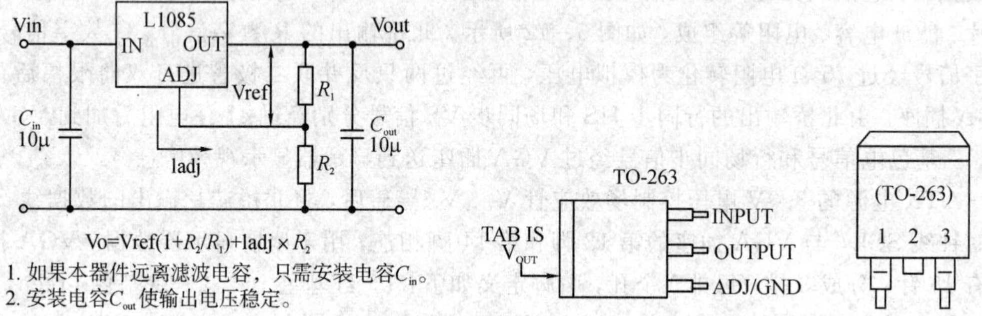


图 5－73　三端稳压器 L1085 引脚排列及应用电路图

**表 5－8　三端稳压器 L1085 各引脚工作电压**

| 引脚编号 | 引脚名称 | 电压值/V |
| --- | --- | --- |
| 1 | | |
| 2 | | |
| 3 | | |

(3) DDR 内存供电电路由电压调节器 AT9173 等组成，如图 5－74 所示。使用万用表测出电压调节器 AT9173 的①、④脚电压分别为( )、( )。提示：AT9173 位于内存插槽和 ATX 电源插座之间。

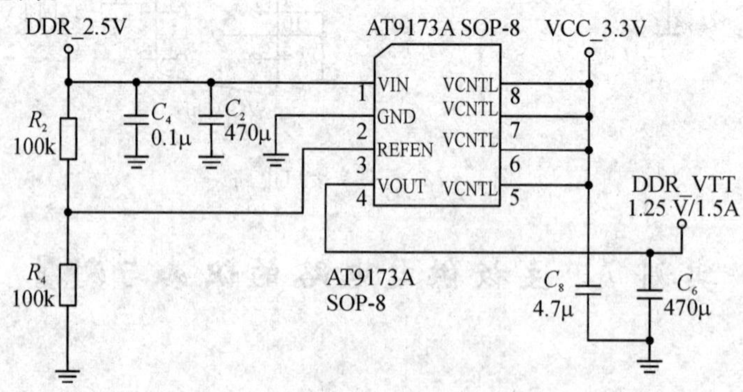


图 5－74　电压调整器 AT9173 的应用电路

(4) 内存和南北桥 1.8V/15A 供电电路由脉宽控制器 APW7120 等组成，如图 5－75 所示。利用万用表测量 APW7120 各引脚电压、场管 $V_1$ 和 $V_2$ 各引脚电压以及电源的输出电压，填写到自己设计的表格中。提示，APW7120 位于内存插槽和 ATX 电源插座之间。

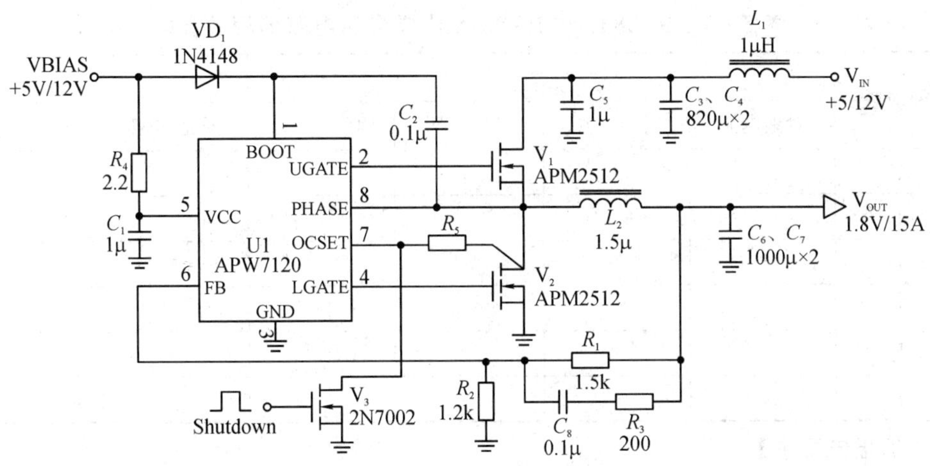


图 5－75　脉宽控制器 APW7120 的应用电路

(5) 主板 CPU 供电电路由 4/3/2/1 相脉宽控制器 RT8841 和场管驱动器 RT9618 等组成，如图 5－76 所示。使用万用表测出三组电路中 1 上、1 下、2 上、2 下、3 上、3 下六只场效应管的对地电阻值及电压值，并填入表 5－9 中。

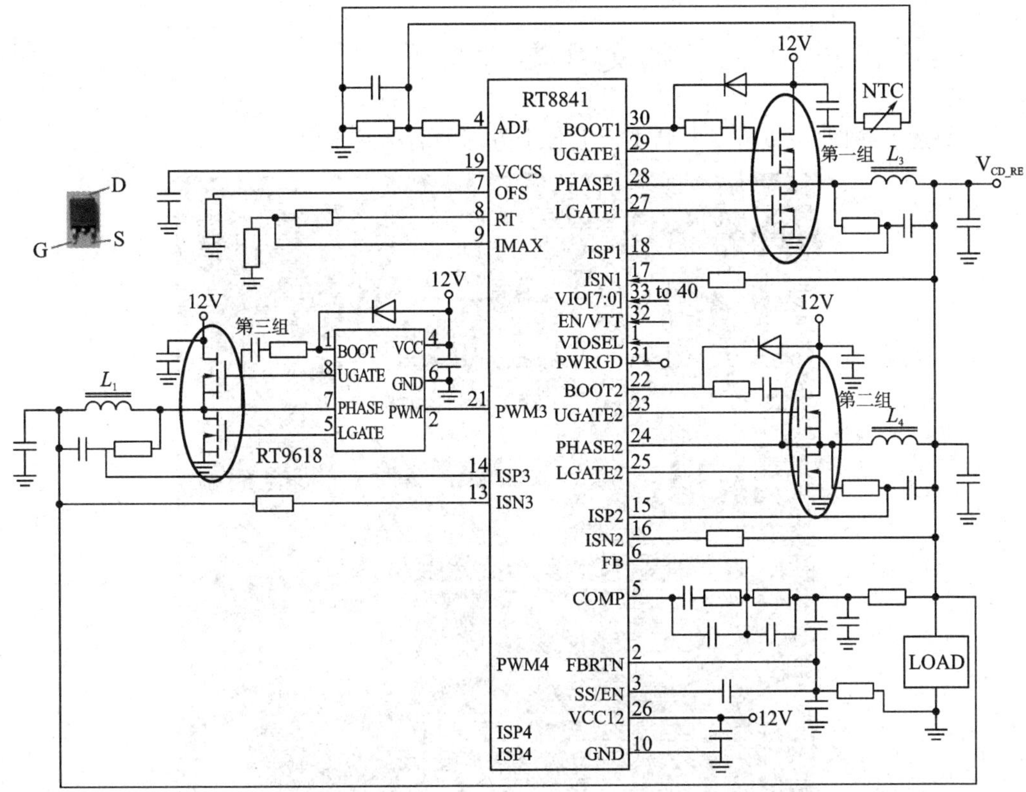


图 5－76　4/3/2/1 相脉宽控制器 RT8841 和场管驱动器 RT9618 构成应用电路

表 5-9　RT8841 和 RT9618 构成应用电路的相关参数

| 场效应管 | G | | D | | S | |
|---|---|---|---|---|---|---|
| | 对地电阻 | 对地电压 | 对地电阻 | 对地电压 | 对地电阻 | 对地电压 |
| 1 上 | | | | | | |
| 1 下 | | | | | | |
| 2 上 | | | | | | |
| 2 下 | | | | | | |
| 3 上 | | | | | | |
| 3 下 | | | | | | |

**【实训报告要求】**

(1) 简述实训步骤与注意事项。

(2) 记录所测电路的各种电压。

**【思考题】**

主板开机电路需要哪些电压？主板直流供电有哪几种供电方式？各有何特点？

# 复习思考题 5

1. 简述习题图 5-1 所示电脑主板上各个方框的名称及作用。

习题图 5-1　电脑主板

2. 简述习题图 5-2 电脑主板各部分的组成及相互关系。

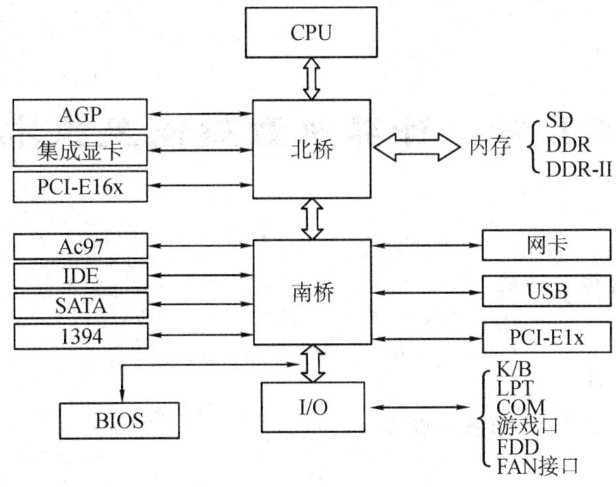


习题图 5-2　电脑主板架构图

3. 简述计算机故障检修过程中的常用流程及方法。

4. 引起计算机系统不稳定的因素有哪些？至少写出 5 条以上。

5. 什么是接口？为什么要在 CPU 与外设之间设置接口？

6. 什么是 USB？它有什么特点？USB 可作为哪些设备的接口？

7. IEEE 1394 的接口信号与 USB 的接口信号有什么异同？

8. 与 ATA 相比，SATA 的主要优势是什么？

9. 如何检修 VGA 接口的电路故障？

10. ATX 开关电源与 AT 电源最显著的区别是什么？

11. 台式机电源有哪些接口类型？分析 ATX24 针与 20 针插头的区别，4PIN 方插头(或者 8PIN 方插头)的作用。

12. 如何判断 ATX 电源工作是否正常？

13. 分析电脑开机电路的工作过程。

14. 分析习题图 5-3 所示 AGP 显卡供电电路的工作原理，并推导出供电电压的表达式。

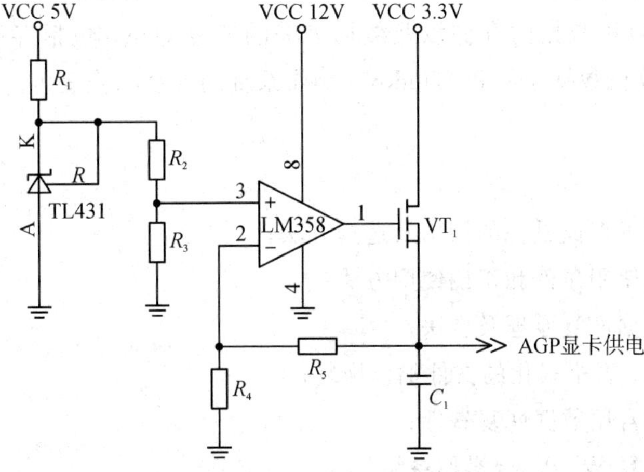


习题图 5-3　AGP 显卡供电电路

# 第 6 章 计算机数据恢复技术

- 存储设备的结构与选购
- 硬盘使用
- 计算机数据恢复
- Windows 操作系统的安装与恢复

## 导入语

我们每天使用计算机都会产生大量数据，这些数据是如何保存的呢？目前主流的数据存储方式和存储设备有哪些？它们在结构上有何特点？如何根据实际需要来选购存储设备？硬盘是电脑中最重要的存储设备之一，如果使用不当，很容易出现故障，严重的话，甚至会造成物理性损坏，使整个硬盘数据荡然无存，所以正确掌握硬盘的使用方法很重要。例如，硬盘工作时需要防震，硬盘工作中切勿直接关闭主机电源，硬盘使用环境需防尘、防潮，硬盘存放与使用要远离磁场等。在日常使用电脑的过程中，每个人都可能遇到误删除数据、误格式化硬盘分区等情况。文件不小心被删除了，或是由于某种我们还没有发现的原因而丢失了，这种情况在电脑、手机、相机、内存卡及 U 盘中都会发生，那么，该如何来恢复这些误删除的数据呢？需要通过专用的软件工具，才能恢复这些意外删除的数据。操作系统控制和管理计算机系统内各种硬件和软件资源，为用户提供一个使用方便、可以扩展功能的工作环境，从而起到连接计算机和用户接口的作用。但是，如果操作系统损坏无法进入或者长时间运行导致系统运行速度降低，这时就需要修复系统或者重装系统。

本章将介绍计算机数据的存储以及数据丢失的恢复知识，包括存储设备的结构与选购、硬盘使用、计算机数据恢复和 Windows 操作系统的安装与恢复等。

## 学习目标

- 了解常用数据存储设备的结构及选购方法；
- 熟悉硬盘的使用条件和正确使用方法；
- 掌握电脑数据恢复原理及方法；
- 能对误删除、误格式化的文件加以恢复；
- 能正确应用常用数据恢复软件；
- 能安装或恢复 Windows 操作系统。

# 6.1　存储设备的结构与选购

## 6.1.1　数据存储设备

存储设备是用于储存信息的设备，通常是将信息数字化后再以利用电、磁或光学等方式的媒体加以存储。通常有：① 利用电能方式存储信息的设备，如 RAM、ROM、U 盘、固态硬盘等；② 利用磁能方式存储信息的设备，如硬盘、软盘(已经淘汰)、磁带等；③ 利用光学方式存储信息的设备，如 CD、DVD 等；④ 利用磁光方式存储信息的设备，如 MO(磁光盘)；⑤ 利用其他物理物如纸卡、纸带等存储信息的设备，如打孔卡、打孔带等。

**1. U 盘**

U 盘现在被用户视为首选的移动设备，截止 2018 年 7 月 7 日，U 盘最大容量为 2048 G(即 2 T)，是金士顿的 DTUGT，该型号有两种规格，一种是 1024 G，一种是 2048 G。大容量 U 盘要需要选择 USB 3.0 及以上超高速接口，购买时要选择知名品牌，如金士顿 Kingston (十大 U 盘品牌，全球内存领导厂商)，爱国者 aigo (中国驰名商标)，联想 lenovo (中国驰名商标)，朗科 Netac (十大 U 盘品牌)等。

U 盘如果使用不当，保存不注意，可能随时威胁数据安全。保证安全插入 U 盘时要注意方向，在插入困难时不要用蛮力，否则会损坏电脑上的 USB 口；在读写 U 盘时不能拔出 U 盘，否则可能会导致数据丢失，甚至损坏 U 盘；要拔出 U 盘，首先要将其停用(安全删除硬件)，有时停用时，系统会提示："现在无法停止'通用卷'设备。请稍后再停止该设备"，这主要是 U 盘中有文件被打开了，或有程序在运行(带毒 U 盘会自动运行病毒程序)，一般只要关闭文件再停用即可(如果还是无法停用，最直接的方法是在正常关闭电脑、拔掉主机电源后，再拔出 U 盘)，只有在系统提示"安全地删除硬件"后，才能拔出 U 盘。

**2. 存储卡**

存储卡有 SD 卡、TF 卡等。SD 卡是 Secure Digital Card 的英文缩写，直译就是"安全数字卡"，SD 卡有写保护开关。SD 卡容量有：32 G、16 G、8 G、1 G、512 M、128 M 等，被广泛地用于便携式装置上，例如数码相机、个人数码助理(PDA)和多媒体播放器等。TF 卡即 T-Flash 卡，又叫 micro SD 卡，即微型 SD 卡。TF 卡插入适配器(adapter)可以转换成 SD 卡，但 SD 卡一般无法转换成 TF 卡。TF 卡没有写保护开关。TF 卡主要于手机使用，但因它拥有体积极小的优点，随着不断提升的容量，它慢慢开始于 GPS 设备、便携式音乐播放器和一些快闪存储器盘中使用。MMC 卡：同样是一种快闪存储卡，外形上同 SD 卡基本一样，但是比 SD 卡略薄，主要应用于数码相机、手机、平板和电子书上。

**3. 硬盘**

硬盘是电脑主要的存储媒介之一，由一个或者多个铝制或者玻璃制的碟片组成。碟片外覆盖有铁磁性材料。硬盘有固态硬盘(SSD，新式硬盘)、机械硬盘(HDD，传统硬盘)、混合硬盘(HHD，Hybrid Hard Disk)。SSD 采用闪存颗粒来存储，HDD 采用磁性碟片来存储，HHD 是把磁性硬盘和闪存集成到一起的一种硬盘。安装在台式机和笔记本电脑中的硬盘是固定硬盘。

移动硬盘(Mobile Hard Disk)顾名思义是以硬盘为存储介质，在计算机之间交换大容量数据，强调便携性的存储产品。移动硬盘多采用 USB、IEEE 1394 等传输速度较快的接口，可以较高的速度与系统进行数据传输。市场中的移动硬盘的容量有 320 GB、500 GB、600 G、640 GB、900 GB、1000 GB(1 TB)、1.5 TB、2 TB、2.5 TB、3 TB、3.5 TB、4 TB 等，最高可达 12 TB。

移动硬盘和 U 盘比较：U 盘体积小、容量小、速度慢，适合临时、小容量存储；移动硬盘体积大、容量大、速度快、对环境有要求，适合大数据、长时间保存。

**4. 光盘**

光盘是以光信息作为存储的载体并用来存储数据的一种物品。分不可擦写光盘(如 CD-ROM、DVD-ROM 等)和可擦写光盘(如 CD-RW、DVD-RAM 等)。刻录光盘，是指通过安装了刻录软件的电脑或其他终端使用刻录机将数据刻制到光盘介质中。进行光盘刻录的媒介就是刻录光盘，简称刻录盘。刻录盘的刻录，就是把想要的数据通过刻录机、刻录软件等工具刻制到光盘中。市面上就存在着 DVD-R(可记式)、DVD-RW(可重写式)等不同格式的盘片。刻录机可以分两种：一种是 CD 刻录，另一种是 DVD 刻录。使用刻录机可以刻录音像光盘、数据光盘、启动盘等。方便数据储存和携带。

光盘刻录除了要有刻录机(读写设备)外，还需要刻录软件。刻录软件较多，如狸窝 DVD 光盘刻录软件，这是一款涵盖了数据刻录、影音光盘制作、音乐光盘制作、音视频文件转换、音视频编辑、光盘备份与复制、CD/DVD 音视频提取等多种功能的超级多媒体软件。又如，CDBurnerXP 是一个刻录 CD 和 DVD(包括蓝光和 HD-DVD)的免费应用程序，可在 CD-R/CD-RW、DVD＋R/DVD-R、DVD＋RW/DVD-RW、DVD-RAM、HD-DVD 等光盘上刻录数据。

**5. 云存储/网盘**

云存储是一种新兴的网络存储技术，是指通过集群应用、网络技术或分布式文件系统等功能，将网络中大量各种不同类型的存储设备通过应用软件集合起来协同工作，共同对外提供数据存储和业务访问功能的系统。网盘，是由互联网公司推出的在线存储服务，为用户免费或收费提供文件的存储、访问、备份、共享等文件管理等功能，如百度云、阿里云、腾讯云等。

**★ 即问即答**

常用的存储设备介质包括(　)。

A. 硬盘　　B. 磁带　　C. 光盘　　D. 软盘

## 6.1.2　机械硬盘的结构

**1. 机械硬盘的结构**

机械硬盘(Hard Disk Drive，HDD)基本上由控制电路板和盘体两大部分组成。控制电路板是由 7 针数据接口、15 针电源接口、主控芯片、缓存芯片、主轴控制芯片等组成，如图 6－1(a)所示。盘体是由盘腔、上盖、盘片电机、盘片、磁头组件、摇臂式音圈电机、其他辅助组件等组成，如图 6-1(b)所示。

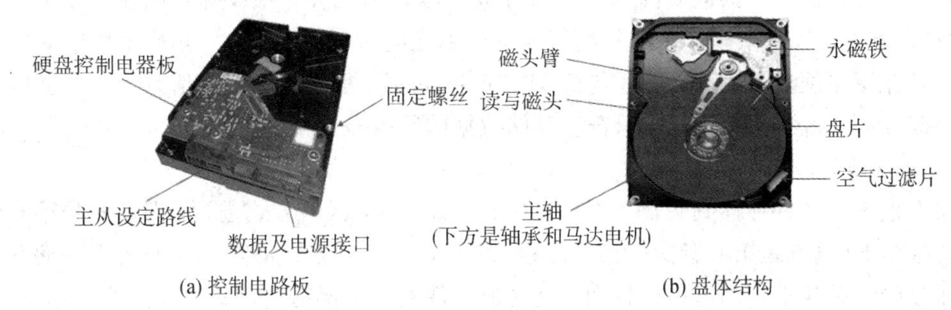


(a) 控制电路板　　(b) 盘体结构

图 6-1　机械硬盘的结构

盘片电机是带动盘片高速旋转的电机，一般为转速恒定的直流无刷电机，为三相直流供电。这种电机可以比较精确地控制转速，让盘片稳定地高速旋转，转速有 4000 r/min、10 000 r/min、15 000 r/min。电机工作电压有+12 V、+5 V。

摇臂式音圈电机是带动磁头做往复运动的电机，它由一到两个高磁场强度的磁体及外围的磁钢组成的封闭磁场和音圈电机线圈组成，其工作原理和扬声器相同，在磁头驱动电路的控制下控制磁头的运动，依读写数据的要求带动磁头在盘片上方作往复运动使磁头定位在需要的数据磁道上。

**2. 硬盘工作原理**

所有盘片都固定在一个旋转轴上，这个轴即盘片主轴。每个盘片的每个面都有一个读写磁头，磁头与盘片之间的距离比头发丝的直径还小。所有磁头连在一个磁头控制器上，由磁头控制器负责各个磁头的运动。而盘片以每分钟数千转到上万转的速度在高速旋转，这样磁头就能对盘片上的指定位置进行数据的读写操作。

1) 盘面与磁头号

硬盘的每一个盘片都有两个盘面，即上、下盘面，一般每个盘面都可以存储数据，成为有效盘面。每一个有效盘面都有一个盘面号，按顺序从上至下从“0”开始依次编号。在硬盘系统中，盘面号又叫磁头号，因为每一个有效盘面都有一个对应的读写磁头。硬盘的盘片组在 2～14 片不等，通常有 2～3 个盘片，对应盘面号(磁头号)为 0～3 或 0～5。

2) 磁道与柱面

磁盘在格式化时被划分成许多同心圆，这些同心圆轨迹叫做磁道。磁道从外向内从“0”开始顺序编号。硬盘的每一个盘面有 300～1024 个磁道，新式大容量硬盘每面的磁道数更多。磁头靠近主轴接触的表面，即线速度最小的地方，它不存放任何数据，称为启停区或着陆区，启停区之外就是数据区。在最外圈，离主轴最远的地方是“0”磁道，硬盘数据的存放就是从最外圈开始的。

所有盘面上的同一磁道构成一个圆柱，通常称做柱面，每个圆柱上的磁头由上而下从“0”开始编号。数据的读/写按柱面进行，即磁头读/写数据时首先在同一柱面内从“0”磁头开始进行操作，依次向下在同一柱面的不同盘面即磁头上进行操作，只在同一柱面所有的磁头全部读/写完毕后磁头才转移到下一柱面(同心圆的再往里的柱面)。

3）扇区

操作系统将盘面上的同心圆(磁道)划分成一段段的圆弧，每段圆弧叫做一个扇区，扇区从“1”开始编号，每个扇区中的数据作为一个单元同时读出或写入。操作系统以扇区为单位将信息存储在硬盘上，每个扇区包括512个字节的数据和一些其他信息。一个扇区有两个主要部分：存储数据地点的标识符和存储数据的数据段。

4）硬盘的写过程

操作系统将文件存储到磁盘上时，按柱面、磁头、扇区的方式进行，即最先是第0磁道的第0磁头下(也就是第0盘面的第0磁道)的所有扇区，然后是同一柱面的下一磁头，一个柱面存储满后就推进到下一个柱面，直到把文件内容全部写入磁盘。

5）硬盘的读过程

为了读取这个扇区的数据，需要将磁头放到这个扇区上方，为了实现这一点，首先必须找到柱面，即磁头需要移动对准相应磁道，这个过程叫做寻道，所耗费时间叫做寻道时间。然后目标扇区旋转到磁头下，即磁盘旋转将目标扇区旋转到磁头下，这个过程耗费的时间叫做旋转时间。

读硬盘数据时要告诉磁盘控制器要读扇区所在的柱面号、磁头号和扇区号。磁盘控制器则直接使磁头部件步进到相应的柱面，选通相应的磁头，等待要求的扇区移动到磁头下。在扇区到来时，磁盘控制器读出每个扇区的头标，把这些头标中的地址信息与期待检出的磁头和柱面号做比较(即寻道)，然后，寻找要求的扇区号。待磁盘控制器找到该扇区头标时，读出数据和尾部记录。

**★ 即问即答**

机械硬盘按照其接口形式的不同可以分为(　)。

A. IDE硬盘　B. SATA硬盘　C. SCSI硬盘　D. M.2硬盘

### 6.1.3 固态硬盘的结构

固态硬盘(Solid State Drive，SSD)是由阵列固态电子存储芯片制成的硬盘，由控制单元、存储单元(FLASH、DRAM芯片)和缓存单元组成，如图6-2所示。

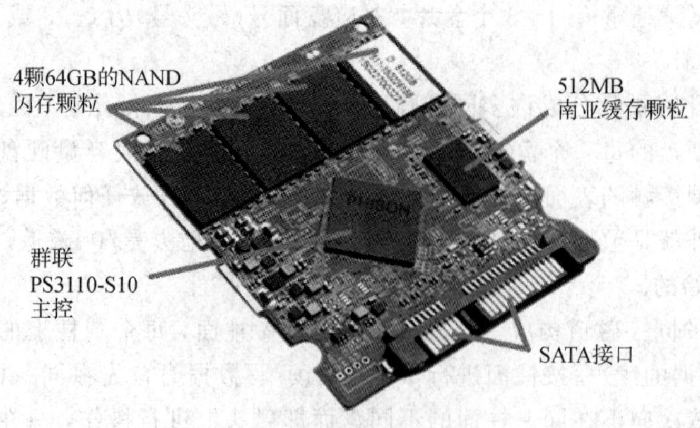


图6-2　固态硬盘的组成

固态硬盘和 U 盘的比较：速度和寿命不同，U 盘一般是一片或两片 FLASH 芯片，反复对这两片芯片读写会加速芯片老化，所以 U 盘故障频发。而 SSD 中有数十片芯片，通过主控的协调，将数据平均分配到每一片芯片，在提高速度的同时，也延长了使用寿命。

### 6.1.4　混合硬盘的结构

混合硬盘(Hybrid Hard Drive，HHD)在一块硬盘中集成了大容量机械硬盘 HDD 和小容量固态硬盘 SSD，如图 6－3 所示。HHD 具有系统起动时间减小，寿命延长、工作噪声降低、数据寻道时间更长、硬盘自旋变化更频繁、闪存模块处理失败的数据不能恢复、成本比机械硬盘稍高等特点，适合于笔记本电脑使用。

图 6－3　混合硬盘的组成

三种硬盘性能对比：

机械硬盘优点是存储空间较大、技术成熟、价格较低、可以多次复写、使用寿命较长，误操作所删除的数据可恢复；缺点是读写速度较慢、功耗大、发热量大、有噪音、抗震性能差。

固态硬盘的优点是数据读写速度快、抗震性强、功耗小、无噪音、重量轻；缺点是存储容量较小、价格较高、数据丢失后不可恢复。

混合硬盘涵盖固态硬盘和机械硬盘的双重优点，既高速快捷又价格低廉，但由于混合硬盘的构造复杂，再加上固态硬盘的制造成本逐年降低，在不远的将来混合硬盘也许会逐步退出历史舞台。

### 6.1.5　硬盘参数与选购

不管是机械硬盘还是固态硬盘都有各自的规格和技术指标，但两者之间也有类似的指标参数，如硬盘容量、缓存等。下面将分别介绍机械硬盘和固态硬盘的主要选购参数。

**1. 机械硬盘的主要选购参数**

1) 硬盘容量

机械硬盘内部往往有多个叠起来的磁盘片，所以说硬盘容量＝单碟容量×碟片数，单位为GB，硬盘容量越大越好，可以装下更多的数据。要特别说明的是，单碟容量对硬盘的性能也有一定的影响：单碟容量越大，硬盘的密度越高，磁头在相同时间内可以读取到更多的信息，这就意味着读取速度得以提高。如希捷公司采用HAMR热辅助磁记录的机械硬盘，单碟容量可达3 TB，八碟装机械硬盘容量可达24 TB，未来可超过40 TB。

2) 硬盘转速

硬盘转速是指硬盘内主轴电机的旋转速度，一般以每分钟多少转(r/min)来表示。转速的快慢是决定硬盘内部传输率的关键因素之一，在很大程度上直接影响到硬盘的读写速度。硬盘的转速越快，寻找文件的速度也就越快，硬盘数据的传输速度也就越高，硬盘的整体性能也就越好。普通硬盘的转速一般有4200 r/min、5400 r/min、7200 r/min几种，主要在台式机和笔记本电脑上使用；服务器中使用的SCSI硬盘转速基本都采用10 000 r/min，甚至还有15 000 r/min。

3) 数据传输率

硬盘的数据传输率(Data Transfer Rate)是指硬盘读写数据的速度，单位为兆字节每秒(MB/s)。硬盘数据传输率包括了内部数据传输率和外部数据传输率。内部传输率(Internal Transfer Rate)也称为持续传输率(Sustained Transfer Rate)，它反映了磁头至缓冲区的数据传输速率。外部传输率(External Transfer Rate)是系统总线与硬盘缓冲区之间的数据传输率，目前Fast ATA接口硬盘的最大外部传输率为16.6 MB/s，而Ultra ATA接口的硬盘则达到33.3 MB/s。Serial ATA 1.0定义的数据传输率可达150 MB/s，这比最快的并行ATA(即ATA/133)所能达到133 MB/s的最高数据传输率还高，而在Serial ATA 2.0的数据传输率达到300 MB/s，最终SATA将实现600 MB/s的最高数据传输率。为了提升机械硬盘的读写速度，希捷和西数公司采用了多读写臂技术(MAT)，持续读写速度可达480～500 MB/s，基本追上SATA接口SSD的读写速度。

4) 缓存

缓存是硬盘与外部总线交换数据的场所。当从硬盘读数据时，首先把读取的数据存入缓存，等缓存填满或者数据全部读完后，再从缓存把数据传向硬盘外的数据总线。当把数据写入硬盘时，数据首先被写入缓存中，随后硬盘自己再从缓存写入到盘片。所以缓存的大小与速度是直接关系到硬盘的传输速度的重要因素，能够大幅度地影响硬盘整体性能。实际上机械硬盘缓存大小依次为256 MB、128 MB、64 MB、32 MB、16 MB、8 MB。其中，3.5英寸的机械硬盘，也就是台式机用的硬盘，缓存起跳规格为64 MB，最高256 MB，其中4 TB以上规格多采用128 MB、256 MB的缓存，3 TB以下多为64 MB、128 MB规格；2.5英寸机械硬盘，也就是笔记本硬盘，缓存最低的是8 MB，最高为128 MB。

**2. 固态硬盘的主要选购参数**

1) 闪存颗粒(存储芯片)

固态硬盘的存储介质分为两种，一种是采用闪存(FLASH芯片)作为存储介质，另外一种是采用 DRAM 作为存储介质。基于 DRAM 的固态硬盘采用 DRAM(象 PC 机内存一样)作为存储介质，提供工业标准的 PCI 和 FC 接口用于连接主机或者服务器，是一种高性能的存储器，而且使用寿命很长，美中不足的是需要电池供电(断电数据丢失)来保护数据安全。基于闪存的固态硬盘采用 FLASH 芯片作为存储介质，是固态硬盘的主要类别。固态硬盘中最为常用的是 NAND 闪存颗粒，它是闪存家族(NorFlash、NandFlash、EMMC)的一员，最早由日立公司于 1989 年研制并推向市场，目前主要有三星、东芝、闪迪、英特尔、SK 海力士、美光等 6 家制造商，它们占据 NAND 闪存市场近 90%份额。

根据 NAND 闪存中电子单元密度的差异，又可分为 SLC(单层次存储单元)、MLC(双层式存储单元)和 TLC(三层式存储单元)3 种类型。SLC 写入数据时电压变化区间小，寿命长，读写次数在 10 万次以上，造价高，多用于企业级高端产品。MLC 使用寿命长，造价可接受，多用民用高端产品，读写次数在 5000 次左右。TLC 存储密度最高，容量是 MLC 的 1.5 倍，造价成本最低，读写次数在 1000～2000 次左右。例如，100G 的 MLC 固态硬盘，假设每天写入 100G 的文件能用上 5000 天，约等于 13 年，但是如果你每天只写入 10G 文件，就可以使用 130 年了。

2) 接口

当前市面上主流固态硬盘的接口有四种：SATA、mSATA、M.2 和 PCI-E。其中，STAT 固态硬盘接口主要分为 SATA1.0～3.0，SATA3.0 是当前主流接口。mSATA 接口是迷你版本 SATA 接口，将提供跟 SATA 接口一样的速度和可靠性，已被越来越多的笔记本电脑所使用。M.2 型接口的固态硬盘相对来说性能较好，价格也相对较高，并且还需要主板支持 M.2 接口，目前主流主板都会配备这个接口。PCI-E 接口就是在显卡的插槽里面使用 SSD，又可分为 PCIE×1、×2、×4、×8、×16，数字越大，速度也就越快。

3) 主控芯片

SSD 主控芯片承担着指挥、运算以及协调的作用，具体表现在，一是合理调配数据在各个闪存芯片上的负荷，让所有的闪存颗粒都能够在一定负荷下正常工作，协调和维护不同区块颗粒的协作。二是承担了整个数据中转，连接闪存芯片和外部 SATA 接口。三是负责 SSD 内部各项指令的执行，诸如 trim、CG 回收、磨损均衡。可以说，一款主控芯片的好坏直接决定了 SSD 的功能和使用寿命。市面上比较常见的 SSD 主控芯片有 LSISandForce、Indilinx、JMicron、Marvell、Phison、Goldendisk、Samsung 以及 Intel 等公司的产品。

4) 缓存

SSD 上的缓存一般都是由 1 颗或者 2 颗 DRAM 颗粒构成，起到数据交换缓冲作用。像 OCZ 最新的 VTX4 固态硬盘则在 PCB 面板两面各焊接一颗 256 MB 的缓存颗粒，三星 830 系列拥有自家生产的单颗 256 MB DDR2 SDRAM 缓存颗粒。一些入门级或者低速 SSD，在设计上就不一定考虑缓存方案，而一些高速 SSD，由于数据交换量大，就会考虑设计缓存，用于提高产品的读写能力。总的来说，影响 SSD 性能的主要因素还是主控芯片和闪存颗粒，不同的闪存颗粒，读写次数也不一样，读写次数也直接影响 SSD 的寿命。面对 SSD 速度大幅度提升，缓存对提升 SSD 速度方面作用并不太大，所以依据缓存大小来判断 SSD 的速度是不科学的。

5) 容量

购买 SSD 时，其中最重要的考虑因素就是 SSD 的存储容量。如何确定要购买的 SSD

容量大小呢？小容量 SSD 不仅价格不划算，而且容量也不够用。以 128 GB 的 SSD 为例，安装 Windows 10 系统时虽然大概只占用 20GB，但再安装诸如 Office、Photoshop 等软件，再加上各种来自系统的更新，系统分区的容量很快就会被填满。另外需要注意的是，一旦 SSD 容量占用超过 75%，SSD 的读写性能表现会在一定程度上变弱。如果仅是升级 SSD 作为系统盘的需要，建议至少选择 256 GB 的容量，这样可以保证系统有比较充足的空间存放所需的运行数据。如果您有利用 SSD 进行游戏的需求，不妨购置 512 GB 的容量。如果 SSD 是计算机中惟一的数据储存设备，请根据预算选择容量，没有上限，更大的容量总是没有坏处的。

6）读写速度

SSD 的读写速度分为顺序读写速度和 4k 随机读写速度。只读写一个文件的速度称为顺序读写速度；如果同时读写多个文件的速度，称为 4k 随机读写速度。顺序读写就是对一个大文件的读写，就好比我们要拷贝一部 100G 的电影，拷贝时的速度就是顺序读写速度，但是我们要是同时拷贝 100 部 1G 的电影就不是这样了，速度会慢很多，这时就用到 4k 随机读写速度。4k 随机读写速度更贴近我们的日常使用习惯，所以购买 SSD 时主要看 4k 随机读写速度。在 SSD 中，Page 为最小的读写单位，Block 为最小的擦除、编程单位。其中 1 个 Page 为 4KB，1 个 Block 由 256 个 Page 组成，1 个 Plane 由 2048 个 Block 组成，2 个 Plane 组成 1 个 Die，也就是最小的芯片(4GB)。

综上所述，固态硬盘只是加快数据传输速度，比如之前开机一分钟现在开机只需十秒钟，之前打开一个程序需要等半天现在几秒钟就能打开。但是，如果运行某个游戏或者程序很卡，帧率较低，那是电脑其他配置较低的原因，换了固态硬盘也不能解决问题。

**3. 混合硬盘的主要选购参数**

除了机械硬盘和固态硬盘外，现在还有少量的混合硬盘，混合硬盘除了拥有和机械硬盘一模一样的规格外，还额外添加了 8 GB 左右的闪存颗粒，用以进一步提高读写性能。这种硬盘目前非常少，比机械硬盘贵得多(至少贵 1/3)，性能又不能完全赶上固态硬盘，属于折中选择。混合硬盘不仅能提供更佳的性能，还可减少硬盘的读写次数，从而使硬盘耗电量降低，特别是使笔记本电脑的电池续航能力提高。现在较多笔记本都采用了与台式机所用的不同的混合硬盘(SSD＋HDD)，其中一块小容量的固态硬盘，大多数为 128 GB 或 256 GB 容量的作系统盘，用于休眠和文件高级缓存，而另一块大容量的机械硬盘用于保存大量的数据。选择混合硬盘时，主要考虑的参数有：容量、转速、盘体尺寸、缓存容量、接口标准、传输标准等。

## 6.2 硬盘使用

### 6.2.1 硬盘低级格式化方法

**1. 硬盘低级格式化的含义**

机械硬盘 HDD 必须经过低级格式化后才能进行分区和高级格式化，然后才能存储数据。硬盘低级格式化相当于对白纸打格子，将空白的磁盘划分出柱面和磁道，再将磁道划分为若干个扇区，每个扇区又划分出标识部分 ID、间隔区 GAP 和数据区 DATA 等。可见，低级格式化是硬盘分区和高级格式化之前的一项工作，它不仅能在 DOS 环境来完成，也能在 Windows NT 系统下完成。而且低级格式化只能针对一块硬盘而不能支持单独的某一个分区。每块硬盘在出厂时，已由硬盘生产商进行低级格式化，因此通常使用者无需再进行低级格式化操作。对于固态硬盘来说，必须经过初始化后才能分区和高级格式化。绝大部分新 SSD 第一次使用都要经过一个初始化过程，当然少数 SSD 出厂时就已经初始化，也就不需要进行另外的初始化工作。对于没有初始化的 SSD，可以先挂到任何一台电脑上进行初始化，系统会自动选择 MBR 模式，只要点击确定即可进行初始化。

**2. 什么情况需要进行低级格式化**

硬盘低级格式化（简称低格）是对机械硬盘最彻底的初始化方式，经过低格后的机械硬盘，原来保存的数据将会全部丢失，还会缩短硬盘的使用寿命，所以一般来说低格硬盘是非常不可取的，只有非常必要的时候才能低格硬盘。而这个所谓的必要时候有两种情况，一是硬盘出厂前，硬盘厂会对硬盘进行一次低级格式化；另一个是当硬盘出现某种类型的坏道时，使用低级格式化能起到一定的缓解或者屏蔽作用。当硬盘受到外部强磁体、强磁场的影响，或因长期使用，盘片上某些扇区的磁性记录部分丢失，从而出现大量“坏扇区”时，可以通过低级格式化来重新划分“扇区”，但是前提是硬盘的盘片没有受到物理性划伤。

**3. 物理坏道和逻辑坏道**

坏道可以分为物理坏道和逻辑坏道。其中，逻辑坏道相对比较容易解决，它指硬盘在写入时受到意外干扰，造成了 ECC 错误。从过程上讲，它是指硬盘在写入数据的时候，会用 ECC 的逻辑重新组合数据，一般操作系统要写入 512 个字节，但实际上硬盘会多写几十个字节，而且所有的这些字节都要用 ECC 进行校验编码，如果原始字节算出的 ECC 校正码和读出字节算出的 ECC 不同，这样就会产生 ECC 错误，这就是所谓的逻辑坏道产生原因。至于物理坏道，它对硬盘的损坏更具致命性，它也有软性和硬性物理坏道的区别，磁盘表面物理损坏就是硬性的，这是无法修复的。而由于外界影响而造成数据的写入错误时，系统也会认为是物理坏道，而这种物理坏道可以使用一些硬盘工具（例如硬盘厂商提供的检测修复软件）来修复。此外，对于微小的硬盘表面损伤，一些硬盘工具（例如西部数据的数据保护工具 Data Lifeguard Tools）就可以重新定向到一个好的保留扇区来修正错误。对于这些坏道类型，硬性的物理坏道肯定是无法修复的，它是对硬盘表面的一种最直接的损坏，所以即使再低格或者使用硬盘工具也无法修复（除非是非常微小的损坏，部分工具可以将这部份坏道保留不用以此达到解决目的）。

**4. 低级格式化方法**

HDD Low Level Format Tool（低级格式化硬盘）是一款小巧强大的硬盘低级格式化工具，支持对硬盘、USB 硬盘、SSD 硬盘、U 盘和闪存卡（SD、MMC、记忆棒和 CF）等进行低级格式化操作。使用 HDD Low Level Format Tool 软件即硬盘低格工具，它可以在 Windows 平台上直接低格你的硬盘，而不需要进入 DOS 环境下使用。或者用 U 盘系统盘启动操作系统，并在 DOS 工具菜单中的“LOW 或 LFORMAT”选项，再按“确认”键进行低级格式化当前驱动器。硬盘低级格式化一般花费时间较长，如 500 GB 的 HDD 低级格式化需要

50 h 左右，80 GB 的 HDD 低级格式化一般需要 8 h 左右。

对于 SSD 的初始化，把新购买的 SSD 接到电脑上开机，系统会自动安装驱动程序。当驱动程序安装完成后，显示 SSD 基本信息。右击“我的电脑”，选择“管理”，再选择“设备管理器”，此时会弹出“初始化磁盘”对话框，按确定键，进行 SSD 的初始化。SSD 只有初始化后，才可以分区与高级格式化。使用 Low Level Format 软件也可以对 SSD 进行低级格式化，将固态硬盘恢复到出厂状态，一般初始化时间比较长，而且初始化后不管用什么工具都无法恢复原来的数据，另外，如果 SSD 出现了坏道，也可以借助这个工具尝试修复。

### 6.2.2 硬盘分区原理及方法

**1. 硬盘分区的概念**

在硬盘安装操作系统和软件之前，首先需要对硬盘进行分区和高级格式化，然后才能使用硬盘保存各种信息。所谓硬盘分区，就是将硬盘的整体存储空间划分成相互独立的多个区域。这些区域可以用作多种用途，如安装不同的操作系统和应用程序、存储文件等。现在生产的硬盘容量大，在使用硬盘前，需要对硬盘进行分区。如果硬盘没有分区，则操作系统将不能识别硬盘。创建分区时，就已经设置好了硬盘的各项物理参数，指定了硬盘主引导记录(即 Master Boot Record，一般简称为 MBR)和引导记录备份的存放位置。而对于文件系统以及其他操作系统管理硬盘所需要的信息，则是通过之后的高级格式化，即 Format 命令来实现的。

**2. 硬盘为什么要分区**

硬盘为什么要分区？主要有以下几个因素：

(1) 为了在一个硬盘上安装不同的操作系统，硬盘必须分区。

(2) 将一个大容量的硬盘分成多个容量相对较小的逻辑分区，可方便文件管理，提高系统查找和读写文件的速度。

(3) 硬盘分区后，可根据需要在不同的分区存放不同的数据，如通常在 C 盘安装操作系统，在其他分区存放用户数据，这样可避免因系统盘损坏而导致用户数据也损坏。

(4) 硬盘分区越大造成的浪费就越大。这是因为给一个文件分配磁盘空间是按簇为单位进行的，一个文件至少占用一个簇空间，大于一个簇的文件则分配两个或多个簇。在硬盘中簇的大小与分区大小有关，分区空间越大，簇就越大。而一个文件的大小不可能正好是簇的整数倍，或多或少会产生一些空间浪费，而总的空间浪费与分区大小成正比。

**3. 硬盘分区后的分区类型**

硬盘分区后可分为主分区、扩展分区和逻辑分区。主分区一般作为引导分区，主要用于安装操作系统。除了主分区外，硬盘的其余空间作为扩展分区，扩展分区不能直接使用，要将其分成一个或多个逻辑驱动的区域，才能被操作系统识别和使用，即我们平常使用的 D 盘、E 盘等逻辑盘。

许多人都会认为既然是分区就一定要把硬盘划分成好几个部分，其实我们完全可以只创建一个分区使用全部硬盘空间，不过，硬盘只有一个分区除了文件数量较多不易查找外，一旦系统崩溃还会造成大量数据丢失，所以一般都会将硬盘分成几个分区。但不论我们划分了多少个分区，也不论使用的是 SCSI 硬盘还是 IDE 硬盘，都必须把硬盘的主分区设定为活动分区，这样才能够通过硬盘启动操作系统。

**4. 硬盘分区方法**

硬盘分区有 3 种：主分区、扩展分区和逻辑分区。一个硬盘主分区至少有 1 个，最多 4 个，扩展分区可以没有，最多 1 个，且主分区和扩展分区总共不能超过 4 个。创建主分区后，一般将剩下的部分全部分成扩展分区，也可以不全分，那么剩余的部分就浪费了。扩展分区不能直接使用，必须分成若干逻辑分区，所有的逻辑分区都是扩展分区的一部分。硬盘的容量＝主分区的容量＋扩展分区的容量；扩展分区的容量＝各个逻辑分区的容量之和。由主分区和逻辑分区构成的逻辑磁盘称为驱动器(Drive)或卷(Volume)。激活的主分区会成为“引导分区”(或称为“启动分区”)，引导分区会被操作系统和主板认定为第一个逻辑磁盘(用 C：表示)。硬盘分区通过分区工具软件进行，常用的分区工具有 DiskGenius、PQmagic、ADDS、DM、操作系统安装盘自带分区工具等，并按提示菜单操作即可完成硬盘分工任务。

**5. 基本磁盘和动态磁盘**

*1) 基本磁盘与基本卷*

基本磁盘和动态磁盘是 Windows 中的两种硬盘配置类型。一个硬盘既可以是基本磁盘，也可以是动态磁盘，但不能二者兼是。但是，如果计算机上安装有多个硬盘，就可以将各个硬盘分别配置为基本磁盘或动态磁盘。在新硬盘安装操作系统时总是被初始化为基本磁盘，而动态磁盘是由基本磁盘通过升级转化而来的。

基本磁盘是包含主磁盘分区、扩展磁盘分区或逻辑驱动器的物理磁盘。基本磁盘上的分区和逻辑驱动器称为基本卷，只有在基本磁盘上才能创建基本卷。

*2) 动态磁盘与动态卷*

动态磁盘可以提供基本磁盘不具备的一些功能，例如，动态磁盘允许计算机上的多个硬盘之间拆分或共享数据，例如，将第二块新硬盘升级转换成动态磁盘，它将成为第一块硬盘的一部分，不再有主分区和扩展分区。动态卷是指在动态磁盘上创建的卷。在动态磁盘中可以创建 5 种类型的动态卷：简单卷、跨区卷、带区卷、镜像卷和 RAID-5 卷，其中，镜像卷和 RAID-5 卷是容错卷。

如果你的磁盘是“基本磁盘”，完全可以升级到“动态磁盘”，但要注意的是磁盘里必须有最少 1 MB 没有被分配的空间。升级方法非常简单：右击“磁盘管理”界面右侧的磁盘盘符，在菜单中选择升级到“动态磁盘”就可以了。在这个过程中会重新启动计算机，重启次数＝磁盘分区数量－1(如磁盘分了四个区，那就需要重启 3 次)，升级过程会自动完成。在升级过程中，磁盘的数据不会丢失。注意：从“基本磁盘”升级到“动态磁盘”，磁盘数据是不会改变的，但是从“动态磁盘”返回到“基本磁盘”，磁盘中的数据会全部丢失，所以一定要慎用此功能。此外，一旦升级到动态磁盘，就无法再返回到原来的基本磁盘(除非重新分区)，因此，最好不要把启动磁盘升级到动态磁盘以保证安全。

**6. MBR 分区表和 GPT 分区表**

对基本硬盘创建分区时要选择 MBR 分区表或者 GPT(GUID)分区表。如果磁盘容量不超过 2 TB，可以选择 MBR 或 GPT 分区表，如果磁盘容量大于 2 TB，只能选择 GPT 分区表。

1) MBR 分区表

对于主启动记录(Master Boot Record，MBR)磁盘，最多可以创建 4 个主分区，或者最多 3 个主分区再加上 1 个扩展分区。在扩展分区内，可以创建多个逻辑驱动器。MBR 分区最大支持 2TB 容量的磁盘，拥有最好的兼容性，能够实现多系统引导。但是，新的 UEFI BIOS 不支持 MBR 分区表。

2) GPT 分区表

对于 GUID(Globally Unique Identifier，全局唯一标识符)分区表(GUID Partition Table，简称 GPT)磁盘，这是一个正逐渐取代 MBR 分区表的新标准，它由 UEFI(统一可扩展固件接口)辅助而形成，这样就有了 UEFI 用于取代 BIOS，而 GPT 分区表取代 MBR 分区表。通过 UEFI，所有 64 位的 Win10，Win8，Win7 和 Vista，以及所对应的服务器都能从 GPT 启动。由于 GPT 分区的磁盘并不限制 4 个分区，最多可创建 128 个主分区，因而不必创建扩展分区或逻辑驱动器。

(1) GPT 各分区的作用。在 GPT 分区中安装 Windows7/8 系统时，并且使用Windows 安装程序对磁盘进行重新分区操作时，有 5 种分区类型：第一种是恢复分区(即 WinRE 分区)，是存放 Windows 恢复环境(Windows Recovery Environment，简称 WinRE)映像的分区;第二种是存放系统引导文件的 ESP 分区，这是实现 UEFI 引导所必须的分区；第三种是微软保留的 MSR 分区(Microsoft Reserved Partition，缩写 MSR)，用于动态磁盘管理等；第四种是用于安装操作系统的 Windows 分区;第五种是用于存储用户数据的分区。

(2) GPT 分区方法。有两种较常用的 GPT 分区方法。第一种是在安装 Windows 7、8、10 系统时，应用系统自带的 Diskpart 命令进行 GPT 分区。第二种是应用 DiskGenius 等分区工具进行 GPT 分区或者将 MBR 分区转化为 GPT 分区。

**7. 文件系统格式**

文件系统格式是指电脑为了存储信息而使用的对信息的特殊编码方式，是用于识别内部储存的资料，在硬盘分区时要给各个逻辑驱动器选择合适的文件系统格式。常用的文件系统格式有 FAT(FAT16)、FAT32、NTFS、exFAT 等，它们对文件的组织方式不同，导致它们对分区管理的最大容量、对单个文件读写的最大长度、操作系统的兼容性等不同。

1) FAT32 文件系统格式

文件配置表 FAT(File Allocation Table)，是一种供 MS-DOS 及其他 Windows 操作系统对文件进行组织与管理的文件系统。FAT 分为 FAT16 和 FAT32，其中,FAT16 是 16 位的文件配置表，主要用于 DOS 和 Windows 95 系统，支持磁盘最大分区 2 GB，支持最大单个文件 2 GB。FAT32 是 32 位的文件分配表，支持最大为 2 TB 的磁盘空间(2048 GB)，但不支持小于 512 MB 的分区。基于 FAT32 的 Win 2000/XP 可以支持的分区最大为 32 GB，而基于 FAT16 的 Win 2000/XP 支持的分区最大为 4 GB。支持 FAT32 的操作系统有 Win 98、Win 2000、Win 2003、Win Vista、Win 7 和 Win 10。但由于 FAT32 无法存放大于 4 GB的单个文件，且性能不佳，易产生磁盘碎片，目前已被性能更优异的 NTFS 文件格式所取代。

2) NTFS 文件系统格式

新技术文件系统 NTFS (New Technology File System)是 WindowsNT 环境的文件系统。NTFS 可以支持的最大分区(如果采用动态磁盘则称为卷)2 TB，支持的最大文件 2 TB。它能更充分有效地利用磁盘空间，支持文件级压缩，且具备更好的文件安全性。

3) ExFAT 文件系统格式

扩展文件系统 ExFAT(Extended File Allocation Table File System)，是 Microsoft 为了解决 FAT32 不支持 4GB 及其更大文件而引入的一种更适合闪存的文件系统。对于闪存，现在超过 4 GB 的 U 盘格式化时默认是 NTFS 文件格式，但是选用 NTFS 文件系统会很伤 U 盘，因为 NTFS 分区采用"日志式"文件系统，需要记录详细的读写操作，肯定会比较伤闪存芯片，因为要不断读写，所以在格式化 U 盘时最好能够选用 ExFAT 文件系统格式。

相对 FAT32 文件系统，ExFAT 有如下优点：增强了台式电脑与移动设备的互操作能力，分区大小和单文件大小最大可达 16 EB(16×1024×1024 TB)，簇大小非常灵活，最小 0.5 KB，最高达 32 MB ，采用了剩余空间分配表，空间利用率更高，同一目录下最大文件数可达 65 536 个。只有 U 盘和存储卡才能格式化成 ExFAT，传统硬盘是无法格式化成 ExFAT 格式，且 ExFAT 兼容性相对较差，目前主流的 XP 默认不支持 ExFAT，XP 需升级至 SP3 补丁、Vista 需升级至 SP1 补丁才能支持它，在 Win 7 和 Win 8 系统中问题不大。但要注意的是，在 ExFAT 文件分区上安装 Windows 系统是不可能的，Windows Vista/7 都非常依赖 NTFS 的文件许可等特性。

如果使用 Windows 系统，NTFS 文件系统显然是上佳之选。这种默认的分区格式在测试的两块固态硬盘上基本都可以带来最好的性能，便利性也是最好的，而且很多非 Windows 系统也能读取它，有着较好的跨系统兼容性。FAT32 虽然有着最广泛的平台兼容性，但毕竟老旧，除了小容量 U 盘之外实在不推荐使用。缺乏各种先进特性，读写性能也是一塌糊涂。ExFAT 其实也表现良好，很多时候甚至要比 NTFS 更好一些，良好的热插拔支持更是使得它非常适合外接 USB 存储设备，不过内部硬盘最好还是选 NTFS，尤其是系统盘只能用 NTFS。如果你有多块固态硬盘，机内固态硬盘选 NTFS、机外固态硬盘选 ExFAT 或许是最佳选择。

### 6.2.3　硬盘高级格式化方法

#### 1. 高级格式化的含义

分区类型和格式化类型不一样。分区类型有两个部分：① 分区的类型标志，只是一个变量。② 分区的文件系统(如 FAT、FAT32、NTFS、exFAT 等)，是一个数据结构。格式化时，是根据分区的类型标志，用相应的程序，在指定分区上，建立对应的文件系统。

磁盘经过分区后，所产生的各个分区还要经过高级格式化后才能安装操作系统和进行文件管理。高级格式化通常简称格式化，它是一种根据用户选定的文件系统(如 FAT、FAT32、NTFS、exFAT 等)，在磁盘的特定区域写入特定数据，包括对主引导记录中分区表相应区域的重写，根据用户选定的文件系统，在分区中划出一片用于存放文件分配表、目录表等用于文件管理的磁盘空间，然后初始化磁盘或者某个分区，清除磁盘或者分区中的文件数据。

**2. 快速格式化**

高级格式化又分为快速格式化和一般格式化。快速格式化需要的时间非常少，如果硬盘有坏道，它也不会提示，只是将磁盘中的文件删除，但是这个删除其实并没有真正删除文件，快速格式化是通过清除FAT表(文件分配表)，让电脑认为磁盘上没有数据了，并不是真正的格式化数据，所以电脑会显示磁盘是空的，但是其实数据都在，只要通过数据恢复工具就能恢复数据，这就是为什么叫快速格式化，只是清理文件分配表而已。

**3. 一般格式化**

一般格式化和快速格式化完全相反，一般格式化除了清除数据之外，会对硬盘进行检测，所以时间比较长，如果检测到硬盘有坏道的话，还会进行提示。如果你的硬盘数据经常出现问题，可以通过一般格式化进行检测。使用一般格式化进行数据清除的时候，会将磁盘上所有磁盘扫描一遍，并清除所有内容，且不可恢复。所以，如果只是平常的电脑维护，那么使用快速格式化就可以了，而且万一删除掉了重要的数据还可以进行恢复。如果是想清理一些比较隐私的数据，那么最好还是使用一般格式化。

**4. 格式化SSD**

固态硬盘(SSD)和机械硬盘(HDD)的工作原理不一样，格式化的操作也有所区别。如果是全新固态硬盘，那么格式化是必须的，要先4k对齐，再装系统。如果固态硬盘已经有系统了，那么就不需要格式化，除非你要重新分区，这时候才需要重新分区和全盘格式化，再装系统。在格式化SSD之前应确保勾选快速格式化方框，如果没有选中这个选项，计算机将执行完全格式化，这样一来计算机将循环执行一个完整的读写，容易损坏SSD，缩短使用寿命。如果计算机操作系统提供TRIM支持，可启用TRIM功能，对SSD进行碎片整理，其结果只是删除已保存的不再需要的文件。如果要出售或者转让已经使用过的固态硬盘，格式化SSD就可以清除所有数据了。应该注意是，在重新格式化SSD之前，应确保已备份SSD中的重要文件。

在Windows系统对固态硬盘进行格式化或重新格式化时，可按照下列步骤操作：

(1) 单击开始或Windows按钮，选择控制面板，然后选择系统和安全。

(2) 选择管理工具，然后选择计算机管理和磁盘管理。

(3) 右键单击要格式化的硬盘并选择格式化。

(4) 在所出现的对话框中，选择文件系统(通常为NTFS)并输入分配单元大小(通常为4096)，然后选中执行快速格式化。

(5) 单击确定。

待固态硬盘格式化完成后，便可以安装操作系统或应用程序。除了删除个人数据进行格式化操作外，部分用户在固态硬盘出现问题时也会进行格式化操作，经常格式化会缩短固态硬盘的使用寿命。笔者建议，在固态硬盘达到一定的使用年限而出现问题时，最好及时更新换代，以确保数据安全。普通用户可选择128G固态硬盘，中级游戏玩家和用户可选择256G固态硬盘或500G固态硬盘，高级用户可选择1T固态硬盘或2T固态硬盘以获取更高性能。

**★同步训练**

目标：通过机械硬盘和固态硬盘的性能对比，掌握硬盘的选用方法以及使用前的准备工作。

## 实训 8　硬盘分区与格式化练习

**【实训目的】**

(1) 熟悉硬盘的逻辑结构与使用流程。

(2) 掌握硬盘的分区类型及分区方法。

(3) 能对硬盘进行低级格式化(HDD)或初始化(SSD)。

(4) 能使用常用工具软件对硬盘进行分区与高级格式化。

**【实训仪器和材料】**

(1) 笔记本电脑或台式电脑。

(2) 移动硬盘。

(3) SATA 硬盘转 USB 底座。

(4) 电源线与连接电缆。

**【实训内容】**

(1) 创建系统分区，一般可选择系统安装前分区、系统安装过程中分区和系统安装后分区 3 种分区方法。系统安装前分区，必须使用专用工具如 Fdisk 或者 Partition Magic 进行分区。系统安装过程中分区，使用系统安装盘在安装操作系统的过程中，按照安装提示完成磁盘的分区操作。系统安装后分区，是对已创建主分区并安装了操作系统后的计算机，通过系统磁盘管理工具进行主分区以外其余分区的划分。现给定一个 500G 的机械硬盘，使用 Fdisk 软件将硬盘均匀分成 4 个分区(选择 MBR 分区表、NTFS 文件系统格式)。

(2) 使用分区工具 Partition Magic，对已经划分过的硬盘分区，在不破坏现有数据的情况下，对包括主分区在内的所有分区进行复制、移动、格式转换和更改硬盘分区大小、隐藏硬盘分区以及多操作系统起动设置的操作训练。注意，使用 FDISK 分区时，无法正确显示大于 60 GB 硬盘的容量，使用 PartitionMagic 8.0、Disk Genius 这些分区工具，也不能识别大于 137 GB 以上的硬盘。这就需要使用超大硬盘的分区工具——DM 万用版这个程序了，它可以在几分钟内把一个超大容量(分区大于 200 GB)的硬盘进行分区并格式化完毕。

(3) 在已经创建过主分区并安装了 Windows XP 操作系统的计算机上，通过使用系统磁盘管理工具进行主分区以外的其余分区的划分。

(4) 对电脑硬盘、U 盘、移动硬盘进行格式化，而在格式化时候会弹出文件系统的选项，分别有 FAT32、NTFS、ExFAT 三种格式，那么分别用 FAT32、NTFS、ExFAT 格式进行高级格式化。

**【实训报告要求】**

(1) 简述实训步骤与注意事项。

(2) 记录硬盘分区操作与高级格式化操作的过程与显示结果。

**【思考题】**

(1) 使用 Fdisk、Partition Magic 分区魔术师以及在 WindowsXP 系统环境下进行分

区，有 3 种常用分区方法，这 3 种分区方法有什么区别？

(2) 分区类型和格式化类型有什么区别？

# 6.3 计算机数据恢复

## 6.3.1 数据恢复技术

一些重要文件不小心被删除了，或是由于某种我们还没有发现的原因而丢失了，可能会带来巨大损失，如电脑、手机、相机、内存卡及 U 盘中都会发生上面提到的情况，到底有什么办法来解决这样的问题呢？这时需要采取数据恢复技术，将丢失的数据恢复回来。随着大数据时代的来临，数据恢复技术变得越来越重要，其发展前景将会越来越好。

**1. 数据恢复概念**

数据恢复(Data recovery)的概念是指通过技术手段，将保存在台式机硬盘、笔记本硬盘、服务器硬盘、存储磁带库、移动硬盘、U 盘、数码存储卡、Mp3 等设备上丢失的电子数据进行抢救和恢复的过程。数据恢复技术是通过各种手段把丢失和遭到破坏的数据还原为正常数据的技术。数据恢复主要是将保存在存储介质上的数据通过数据恢复技术完好无损地恢复出来的过程。

**2. 电脑数据丢失原因**

当存储介质(包括硬盘、移动硬盘、U 盘、闪存、磁带等)由于软件问题(如误操作、病毒、系统故障等)或硬件原因(如振荡、撞击、电路板或磁头损坏、机械故障等)均可能导致数据丢失。由于数据丢失可能是软件问题引起，也可能是硬件问题引起的，因此，数据恢复技术分为软件问题数据恢复技术和硬件问题数据恢复技术。

电脑数据丢失的主要原因有以下几个方面：

(1) 电脑中毒导致数据丢失。

(2) 误格式化、误删除文件所引起的数据丢失。

(3) 分区表丢失/系统出错所造成的数据丢失。

(4) 突发断电或者忽然重启所引起的数据丢失。

**3. 数据恢复的原则**

数据丢失后，心态一定要冷静，不要慌乱，更不要在慌乱中做出错误操作。最好不要在原介质上恢复，要在备份或镜像上进行恢复。对原介质要只读不写。如果数据重要，最好请专业人士进行恢复，如果自己要尝试恢复，一定要有把握再进行。具体数据恢复原则如下：

(1) 开始不要轻举妄动。要理清思路，查出在丢失数据之前发生的事情，查出是否有其他的应用程序对磁盘进行过操作。认真分析与思考：为什么会出现这个问题？破坏程度如何？使用什么工具能达到最好的恢复效果？其主要步骤有哪些？同时，学习掌握必要的知识和方法。

(2) 具体实施过程要三思而后行。在进行操作之前就必须考虑好做完该步之后能达到什么目的，可能造成什么后果，能不能回退至上一状态。强烈建议先对存储介质进行备份，确保数据是按位转存(备份或镜像)而不是按文件复制来保护初始现场。

(3) 最后需要耐心、细心。数据恢复过程有时需要很长的时间，且不小心就可能功亏一篑，所以必须耐心仔细地工作。

**4. 常用数据恢复方法**

由于软件问题导致数据无法读取时，如在误操作或者病毒引起的资料损失的情况下，大部分数据通过数据恢复工具软件加上一些使用技巧和经验是可以恢复的。由于任何工具软件都不是百分之百可以恢复数据的，所以很多情况下还需要利用基础的编辑软件手工完成数据恢复，而这需要具备存储介质的数据存储结构及文件系统的数据管理等相关专业知识。

对于硬件问题引起数据无法读取时，如果是电路控制板的问题，则可以通过排除故障点或更换相同的控制板来解决，而其他问题则需要专业的数据恢复工程师配合专业数据恢复设备(如开盘机、DCK 硬盘复制机等)，且在无尘环境下维修。

**5. 软件故障引起的数据丢失及恢复方法**

(1) 误删除、误格式化、分区表丢失、BOOT 区丢失等事故，可以用专用软件扫描后进行恢复。

(2) 误 GHOST 重装系统引起的数据丢失，可以用原来的镜像文件来恢复系统。如果只恢复单个文件夹，使用顶尖数据恢复软件 Data Recovery，这个软件支持按文件头来恢复文件。

(3) 误分区、PQ 重新分区引起的数据丢失，可以使用 DiskGenius 扫描分区信息，进行数据恢复。

(4) 中病毒、受黑客攻击引起的数据丢失，需要视破坏内容再定恢复方法。

当计算机感染引导区病毒后，病毒会对分区进行加密或者对引导区进行扇区转移，此时不能使用杀毒软件杀毒，以免造成分区丢失而无法找回数据。一般可以先对主引导区和引导区进行备份后再杀毒。如果杀毒后数据丢失，可以使用以下几种方法恢复数据：

- 使用 KV3000 的 F10 功能找回丢失分区。
- 通过低级编辑工具查找在 0 磁道中主引导区的备份。
- 使用 Fdisk/MBR 重建主引导区，并根据情况修正分区表。

当计算机遭受黑客攻击导致“逻辑锁”时，这是因为黑客人为修改硬盘的分区表，制造死循环，导致系统死机的一种故障现象。若被黑客攻击使电脑中勒索病毒，先别重装系统，尝试系统安全模式恢复文件。具体解决方法如下：

- 在 CMOS 中把硬盘屏蔽后用光盘启动系统，使用 DM 软件对硬盘进行格式化。
- 制作一张 DOS 启动盘，用 DISKEDIT 修改启动盘中的 IO. SYS 文件，将其中的“C203 06 E8 0A 00 07 72 03”改为“C2 03 90 E8 0A 00 72 80 90”，再用改动后的启动盘来启动被逻辑锁锁住的硬盘，最后用 Debug 修改硬盘分区表即可。

**★ 即问即答**

(1)计算机病毒是(　)。

A. 一种侵犯计算机的细菌　　B. 一种坏的磁盘区域

C. 一种特殊程序　　　　D. 一种特殊的计算机

(2)判断一个计算机程序是否为病毒的最主要依据就是看它是否具有(　)。

A. 传染性　　B. 破坏性　　C. 欺骗性　　D. 隐蔽性和潜伏性

## 6.3.2 DiskGenius 软件的使用

DiskGenius 是一款硬盘分区及数据恢复软件。它具备分区建立、分区复制、分区备份、分区删除、分区格式化、分区表检查与修复等功能，还具有已丢失分区的搜索、误删除文件的恢复、误格式化或分区破坏文件的恢复、硬盘坏道修复等功能。

### 1. 程序主界面

程序运行后，出现 DiskGenius 的主界面，它是由硬盘分区结构图、分区目录层次图、分区参数图组成，如图 6-4 所示。

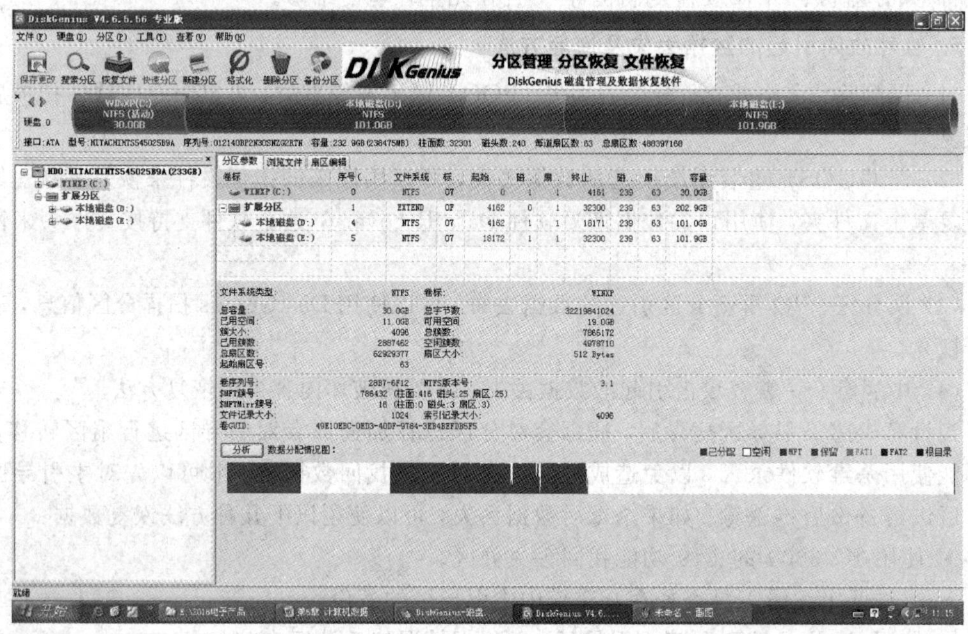


图 6-4　DiskGenius 的主界面

菜单下方部分，给出硬盘分区结构图，用不同颜色显示当前硬盘的各个分区(如 C：、D：、E：)。左下方部分，给出分区目录层次图，显示分区的层次及文件夹的树状结构。右下方部分，给出分区参数图，显示各个分区的详细参数(起止位置、名称、容量、文件系统类型等)。

### 2. 快速分区

快速分区是为磁盘重新分区。适用于为新硬盘进行分区，或者对已经存在分区的硬盘完全重新分区。执行时会删除所有现存分区，然后按指定要求对磁盘进行重新分区，分区后立即格式化所有分区。

**3. 建立新分区**

在空闲区域上点击鼠标右键，在弹出菜单中选择“建立新分区”，会弹出如图 6－5 所示的“建立分区”对话框，进行相关设置，按需要选择分区类型、文件系统类型、输入分区大小后，点击“确定”即可建立新分区。新分区建立后并不会立即保存到硬盘，仅在内存中建立。执行“保存分区表”命令后才能在“我的电脑”中看到新分区。这样做的目的是为了防止因误操作造成数据破坏。要使用新分区，还需要在保存分区表后对其进行格式化。

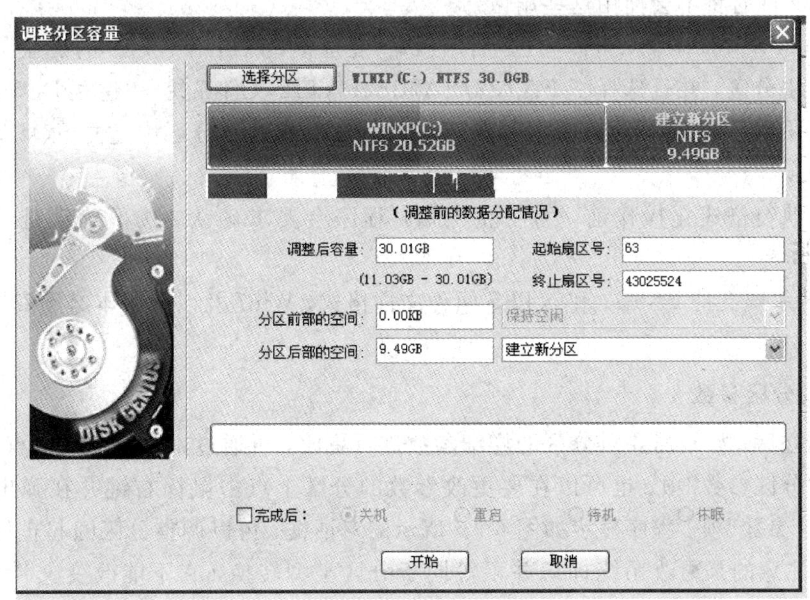


图 6－5　建立新分区的对话框

**4. 激活分区**

活动分区是指用以启动操作系统的一个主分区。一块硬盘上只能有一个活动分区。要将当前分区设置为活动分区，可以点击工具栏按钮“激活”，或者点击菜单“分区”→“激活当前分区”项，也可以在要激活的分区上点击鼠标右键并在弹出菜单中选择“激活当前分区”项。在警告信息框上，点击“是”即可将当前分区设置为活动分区。同时清除原活动分区的激活标志。

通过点击菜单“分区”→“取消分区激活状态”项，可取消当前分区的激活状态，使硬盘上没有活动分区。

**5. 删除分区**

先选择要删除的分区，然后点击工具栏按钮“删除分区”，或者点击菜单“分区”→“删除当前分区”项，也可以在要删除的分区上点击鼠标右键并在弹出菜单中选择“删除当前分区”项。在警告信息框上，点击“是”即可删除当前选择的分区。

**6. 格式化分区**

分区建立后，必须经过格式化才能使用。本软件目前支持 NTFS、FAT32、FAT、Ex-

FAT 等文件系统的格式化。首先选择要格式化的分区为“当前分区”，然后点击工具栏按钮“格式化”，或点击菜单“分区”→“格式化当前分区”项，也可以在要格式化的分区上点击鼠标右键并在弹出菜单中选择“格式化当前分区”项。程序会弹出“格式化分区”对话框。在对话框中选择“文件系统类型”、“簇大小”，设置卷标后即可点击“格式化”按钮准备格式化操作。还可以选择在格式化时扫描坏扇区，要注意的是，扫描坏扇区是一项很耗时的工作。多数硬盘尤其是新硬盘不必扫描。如果在扫描过程中发现坏扇区，格式化程序会对坏扇区做标记，建立文件时将不会使用这些扇区。

对于 NTFS 文件系统，可以勾选“启用压缩”复选框，以启用 NTFS 的磁盘压缩特性。

如果是主分区，并且选择了 FAT32/FAT16/FAT12 文件系统，“建立 DOS 系统”复选框会成为可用状态。如果勾选它，格式化完成后程序会在这个分区中建立 DOS 系统，可用于启动电脑。

在开始执行格式化操作前，为防止出错，程序会要求确认。按下确认键后，开始格式化。

注：XP 系统支持 FAT32 和 NTFS 两种文件格式，Win7 及以上版本必须安装在 NTFS 文件格式的分区。

**7. 更改分区参数**

分区建立后，如果需要对分区的详细参数进行更改，可通过本功能实现。点击菜单“分区”→“更改分区参数”项，也可以在要更改参数的分区上点击鼠标右键并在弹出菜单中选择“更改分区参数”项。程序显示如图 6-6 所示的对话框，可以调整分区的起止位置及系统标识。需要注意的是更改系统标识并不等同于分区类型转换，它不能改变文件系统类型。通过本功能对分区大小的调整也不是无损调整，对于已格式化的分区，错误的调整将会造成分区内的文件无法访问。

图 6-6　更改分区参数对话框

**8. 搜索丢失分区(重建分区表)**

搜索已丢失分区(重建分区表)：是指通过已丢失或已删除分区的引导扇区等数据恢复这些分区，并重新建立分区表。出现分区丢失的状况时，无论是误删除造成的分区丢失，还是病毒原因造成的分区丢失，都可以尝试通过本功能恢复。分区的位置信息保存在硬盘分区表中。分区软件删除一个分区时，会将分区的位置信息从分区表中删除，不会删除分区内的任何数据。本软件通过搜索硬盘扇区，找到已丢失分区的引导扇区，通过引导扇区及其他扇区中的信息确定分区的类型、大小，从而达到恢复分区的目的。

本功能操作直观、灵活、搜索全面，在不保存分区表的情况下也可以将搜索到的分区内的文件复制出来，甚至可以恢复其内的已删除文件。搜索过程中立即显示搜索到的分区，可即时浏览分区内的文件，以判断搜索到的分区是否正确。要恢复分区，请先选择要恢复分区的硬盘。选择硬盘的方法有：① 点击左侧“分区、目录层次图”中的硬盘条目，或硬盘内的任一分区条目。② 点击界面上部“硬盘分区结构图”左侧的小箭头切换硬盘。如果仅需要搜索空闲区域，请在“硬盘分区结构图”上点击要搜索的空闲区域。选择好硬盘后，点击“工具”→“搜索已丢失分区(重建分区表)”菜单项，或在右键菜单中选择“搜索已丢失分区(重建分区表)”。程序弹出“搜索分区”对话框，并进行相应操作即可。

可以选择搜索范围是整个硬盘或者指定柱面范围，点击“开始搜索”按钮，就开始搜索丢失的分区。等到搜索完成，可在主窗口中看到新分区的详细情况，如遇到“提示：是否保留此分区?”如果用户确认分区正确后，请选择“保留”，否则选择“忽略”。此时无论选择“保留”还是“忽略”都不会立即写磁盘。分区只是暂存在内存中，不会对磁盘数据造成损害。

说明：在搜索丢失分区过程中，本软件不会向磁盘写入任何数据。直到用户确认搜索结果正确，并且执行了保存分区表命令时，才会将分区表写入磁盘。因此，当搜索一次不成功时，可以在更改不同的搜索参数后反复尝试。

**9. 已删除或格式化后的文件恢复**

当计算机内的文件被有意无意删除，或遭到病毒破坏、分区格式化后，若想恢复这些已丢失的文件，均可使用本功能来恢复。实际上，操作系统在删除文件时，只是将被删除文件打上了“删除标记”，并将文件数据占用的磁盘空间标记为“空闲”。文件数据并没有被清除，还静静在“躺在”磁盘上。只要删除文件后没有建立新的文件，操作系统没有写入新的数据，这些被删除的文件数据就不会被破坏，就有机会通过一定的技术手段将它们“抢救”出来。

格式化分区时一般会删除分区表和根目录，但文件数据一般不会清除，通过本功能可以重新找到文件数据和文件夹的层次结构，从而达到恢复文件数据的目的。

对于整个分区已经丢失的情况，请首先参阅“搜索丢失分区(重建分区表)”功能，先搜索到丢失的分区，然后可以在保存分区表后，或在不保存分区表的情况下，再利用“文件恢复”功能来恢复分区内的丢失文件。分区被破坏时表现是：在“我的电脑”中打开分区时系统提示“未格式化”、“需要格式化”、分区属性显示“RAW”，或在打开分区后看不到任何文件。遇到这些情况时，都可以通过“误格式化后的文件恢复”功能来恢复文件。

要开始恢复文件，首先选择已删除文件所在的分区，然后点击主菜单“工具”中的“已删除或格式化后的文件恢复”菜单项，以打开文件恢复对话框，如图 6－7 所示。

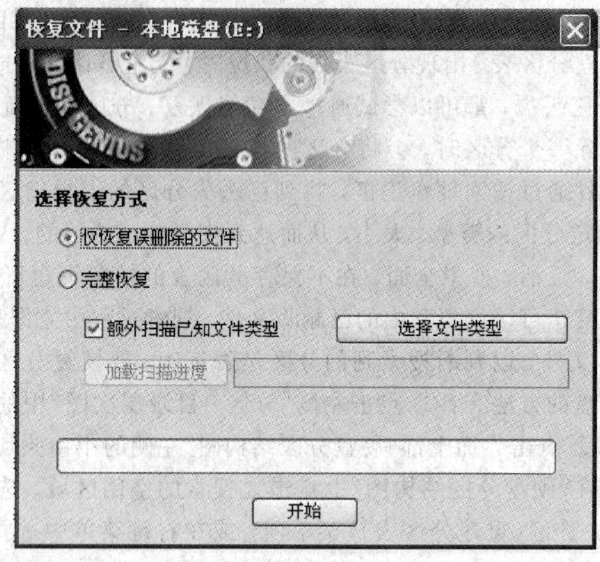


图 6－7　恢复文件对话框

由于格式化后的文件恢复与正常删除文件的恢复过程不同，我们将这两种情况分别处理。

1）删除文件的恢复

选择“仅恢复误删除的文件”。如果在文件被删除之后，文件所在的分区有写入操作，则最好同时勾选“额外扫描已知文件类型”选项，并点击“选择文件类型”按钮设置要恢复的文件类型。勾选这个选项后，软件会扫描分区中的所有空闲空间，如果发现了要搜索类型的文件，软件会将这些类型的文件在“所有类型”文件夹中列出。这样，如果在删除之前的正常目录中找不到删除过的文件，就可以根据文件扩展名在“所有类型”里面找一下。很多情况下，即使刚刚删除的文件，通过普通的删除恢复功能也无法找回。这是因为已删除文件的重要信息被操作系统或用户的误操作破坏了。这种导致二次破坏的操作往往是在不经意间发生的。比如在误删除了一些照片文件后，马上打开“资源管理器”在各个目录中寻找刚刚删除的文件并使用了 Windows 的缩略图预览功能。恰恰是这样的操作就足以破坏已删除文件的大量重要信息。因为缩略图预览功能会在文件夹下面生成缩略图缓存文件。类似的不经意操作有很多，在这种情况下，必须通过“额外扫描已知文件类型”的方式来恢复文件。虽然通过这种方式找到的文件，文件名是用序号来命名的，但仍然可以通过预览功能或者复制出来后打开确认。特别是对于恢复照片以及 Office 文档时非常有效。由于扫描文件类型时速度较慢(需要扫描所有空闲扇区)，建议先不使用这个选项，用普通的方式搜索一次。如果找不到要恢复的文件，再用这种方式重新扫描。点击“开始”按钮，开始搜索过程。

当搜索完成时提示：“文件扫描完成，请勾选要恢复的文件”，然后将文件复制到不需要恢复数据的其他磁盘或分区。按“确定”键，程序主界面将显示搜索到的文件，每个已删除文件前面都有一个复选框，左侧的文件夹层次图中的条目也加上了复选框。对于不能确定归属的文件或文件夹，程序统一将它们放到一个叫做“丢失的文件”的内存文件夹中。恢复后查找文件时，不要忘了这个文件夹，有可能要恢复的重要文件就在这里。

在恢复文件的状态下，文件列表中的属性栏将给已删除文件增加两个标记“D”和“X”。其中，“D”表示这个文件已经删除，“X”表示这个文件的数据已经被部分或全部覆盖，文件数据完全恢复的可能性较小。

要恢复搜索到的文件，请通过复选框选择要恢复的文件。然后在文件列表中点击鼠标右键，或打开“文件”主菜单，选择“复制到桌面”或“复制到我的文档”，再点击“确定”按钮，程序会把当前选中的文件复制到指定的文件夹中。为防止复制操作对正在恢复的分区造成二次破坏，本软件不允许将文件恢复到原分区。当完成复制操作后，点击“完成”按钮，程序自动清除已复制文件的选择状态。当所有要恢复的文件都复制出来后，通过“分区”→“重新加载当前分区”菜单项，释放当前分区在内存中的暂存数据，并从磁盘加载当前分区，显示分区的当前状态。

2）格式化后的文件恢复

在恢复文件对话框中，选择“完整恢复”，程序开始搜索文件。当搜索完成时提示：“文件扫描完成，请勾选要恢复的文件”，然后将文件复制到不需要恢复数据的其他磁盘或分区。按“确定”键，程序主界面将显示搜索到的文件类型目录，每种已删除文件类型前面都有一个复选框，请通过复选框选择要恢复的文件类型。然后在文件列表中点击鼠标右键，或打开“文件”主菜单，选择“复制到桌面”或“复制到我的文档”，再点击“确定”按钮，程序会把当前选中的文件类型的文件复制到指定的文件夹中。

**10. 备份分区到镜像文件**

备份分区功能是将整个分区中的所有文件数据备份到指定的文件（称为“镜像文件”）中，以便在分区数据遭到破坏时恢复。本软件提供 3 种备份方式：

（1）备份所有扇区：将源分区（卷）的所有扇区按从头到尾的顺序备份到镜像文件中，而不判断扇区中是否存在有效数据。在对有效数据进行备份的同时，此方式也会备份大量的无用数据，适用于有特殊需要的情况。因为要备份的数据量大，所以速度最慢。并且在将来恢复时只能恢复到源分区，或者与源分区大小完全相同的其他分区。

（2）按存储结构备份：按源分区（卷）的文件系统结构将有效数据“原样”备份到镜像文件中。备份时，本软件只备份含有有效数据的扇区，没有有效数据的扇区将不备份。此方式速度最快，但与第一种方式一样，将来恢复时也要求目标分区的大小必须与源分区完全相同。

（3）按文件备份：将源分区（卷）的所有文件及其他有效数据逐一打包备份到镜像文件中。此方式也不备份无效扇区，所以备份速度较快。恢复时可将备份文件恢复到与源分区不同大小的其他分区（卷）中，只要目标分区（卷）的容量大于源分区的已用数据量总和即可。因此，这种方式比较灵活，恢复时文件的存储位置会被重新安排。一般情况下，新恢复的分区将没有文件碎片。备份的步骤如下：

① 要开始备份分区，点击工具栏按钮“备份分区”，或点击菜单“工具”→“备份分区到镜像文件”项。

② 点击“选择分区（卷）”按钮，程序打开分区选择对话框，选择要备份的分区，然后点

击“确定”按钮。

③ 选择“备份类型”，备份类型有完整备份和增量备份(只备份变化部分)，根据需要完成选择操作。完整备份是指备份所指定的所有文件，不管它以前有没有备份过。增量备份是指只备份新增加的文件或者内容发生变化的文件。

④ 点击“备份选项”按钮，有备份方式(备份所有扇区、仅备份有数据的分区、按文件备份)和压缩方式(不压缩、快速压缩、正常压缩、高质量压缩)需要选择操作。为了缩减镜像文件的大小，可以选择在备份时对数据进行压缩。但压缩数据会对备份速度造成一点影响。选择的压缩质量越高，备份速度越慢，但镜像文件越小。建议选择“快速压缩”。

⑤ 点击“选择文件路径”按钮，选择一个位置来保存备份文件，并为镜像文件命名。此外还可以在备注栏为此次备份写一些备注(240 字节)。以及设定完成后的工作状态：关机、重启、待机、休眠。

⑥ 点击“开始”按钮，程序开始对分区进行备份。程序正在备份分区，备份完成后，点击“完成”按钮即可。

**11. 从镜像文件还原分区**

当分区数据损坏时，可以从先前备份的镜像文件还原分区，将其还原到备份前的状态。点击菜单“工具”→“从镜像文件还原分区”项，程序弹出“从镜像文件还原分区”对话框。

点击对话框中的“选择文件”按钮，以选择分区镜像文件(.pmf 文件)。再点击“选择目标分区(卷)”按钮以选择要还原的分区。对话框中会显示镜像文件的有关信息，同时选择需要还原的时间点。如果文件及目标分区选择正确，可以点击“开始”按钮准备还原分区。程序显示下面的警告提示：“目标分区中的现有数据都将被覆盖，请首先退出使用这个分区上文件的所有程序，以免造成数据丢失”。

确认无误后，点击“确定”按钮，程序将开始还原分区进程。如果原镜像文件是“按文件”备份的，且在备份时源分区没有锁定，还原分区完成后，程序将自动对还原后的数据做必要的检查及更正。

**12. 克隆分区**

克隆分区是指将一个分区的数据克隆到另一个分区。在备份分区功能中，本软件提供了 3 种备份数据的方式。类似地，本软件对克隆分区的功能也提供了 3 种克隆数据方式。这 3 种方式分别是：

(1) 复制所有扇区：将源分区(卷)的所有扇区按从头到尾的顺序复制到目标分区(卷)，而不判断要复制的扇区中是否存在有效数据。此方式可能会复制大量无用数据，要复制的数据量较大，因此复制分区速度较慢，但这是最完整的复制方式，会将源分区数据“不折不扣”地复制到目标分区。由于此方式不对分区数据进行任何重组，因此要求两个分区大小必须完全相同。

(2) 按文件系统结构原样复制：按源分区(卷)的数据组织结构将有效数据“原样”复制到目标分区(卷)。复制后，目标分区中的数据组织结构与源分区完全相同。复制时会排除掉无效扇区，因为只复制有效扇区，所以此种方式复制分区速度最快。此方式也不对分区数据进行重组，所以同样要求两个分区大小必须完全相同。

(3) 按文件复制：通过分析源分区(卷)中的文件数据组织结构，将源分区中的所有文件复制到目标分区(卷)。复制时会将目标分区中的文件按文件系统结构的要求重新组织。用此方式复制后，目标分区将没有文件碎片，复制分区速度也比较快。此方式不要求目标分区的容量必须与源分区相同，只要大于源分区的已用数据总量即可。

要克隆分区，请点击菜单“工具”→“克隆分区”项，也可以从右键菜单中选择“克隆分区”菜单项。程序弹出克隆分区对话框。该对话框打开后，程序会自动弹出源分区选择及目标分区选择对话框。

选择好源分区与目标分区后，重新回到克隆分区对话框。然后根据需要选择一种克隆方式。如果两个分区的大小不相同，将只能选择“按文件复制”。之后即可点击“开始”按钮准备克隆分区。程序显示下面的警告提示：“目标分区(卷)上的现有文件将会被覆盖!”

确认无误后点击“确定”按钮 。程序尝试锁定选中的分区。如果无法锁定源分区(无法锁定的分区一般包括系统分区及本软件所在的分区)，程序将显示类似下面的提示：“不能锁定本软件所在的分区”。如果要在不锁定源分区的情况下继续克隆分区，请点击“是”按钮，程序开始克隆进程。

“按文件”克隆时，如果源分区没有锁定，克隆分区完成后，程序将自动对克隆后的目标分区数据做必要的检查及更正。

**13. 克隆硬盘**

克隆硬盘功能是指将一个硬盘的所有分区及分区内的文件和其他数据克隆到另一个硬盘。克隆过程中，本软件将按源硬盘中的分区结构，在目标硬盘上建立相同大小、相同类型的分区，然后逐一克隆每个分区内的文件及数据。对于克隆分区数据的过程，本软件提供了以下 3 种克隆数据的方式：

(1) 复制所有扇区：将源硬盘的所有扇区按从头到尾的顺序复制到目标硬盘，而不判断要复制的扇区中是否存在有效数据。此方式会复制大量的无用数据，要复制的数据量较大，因此复制速度较慢，但这是最完整的复制方式，会将源硬盘数据“不折不扣”地复制到目标硬盘。对于使用了本软件不支持的文件系统类型的分区，复制时将采用复制所有扇区的方式，以保证复制后的分区与源硬盘中的分区一致。

(2) 按文件系统结构原样复制：按每一个源分区的数据组织结构将数据“原样”复制到目标硬盘的对应分区。复制后，目标分区中的数据组织结构与源分区完全相同。复制时会排除掉无效扇区，因为只复制有效扇区，所以用这种方式复制硬盘速度最快。

(3) 按文件复制：通过分析源硬盘中每一个分区的文件数据组织结构，将源硬盘分区中的所有文件复制到目标硬盘的对应分区。复制时会将目标分区中的文件按文件系统结构的要求重新组织。用此方式复制硬盘后，目标分区将没有文件碎片，复制速度也比较快。

要克隆硬盘，首先要求目标硬盘容量要等于或大于源硬盘容量，然后再点击菜单“工具”→“克隆硬盘”项。程序会自动弹出源硬盘及目标硬盘选择对话框。选择好源硬盘与目标硬盘后，重新回到克隆硬盘对话框。然后根据需要选择一种克隆方式。之后即可点击“开始”按钮准备克隆硬盘。程序将显示下面的警告提示：请确认目标硬盘上没有重要数据，或重要数据已做好备份”。确认无误后点击“确定”按钮 。程序将尝试锁定两个硬盘中的所有分区。如果无法锁定源硬盘中的分区(无法锁定的分区一般包括系统分区及本软件所在的分区)，程序将显示类似下面的提示信息：“不能锁定本软件所在的硬盘。要在不锁定的情况下继续当前操作吗?”

如果要在不锁定源硬盘的情况下继续克隆硬盘，请点击“是”按钮，程序将开始克隆进程。

**★ 即问即答**

DiskGenius 是一款(　)软件。

A. 杀毒　B. 文字编辑　C. 硬盘分区及数据恢复　D. 分区与格式化

### 6.3.3 R-Studio 软件的使用

**1. R-Studio 软件简介**

R-Studio 是功能超强的数据恢复软件，采用全新恢复技术，为 FAT12/16/32、NTFS、NTFS5、ExFAT、HFS/HFS+/APFS (Macintosh)和 Ext2/Ext3/Ext4 FS (Linux) 等分区的磁盘提供完整数据维护解决方案。它对当前计算机操作系统如 Windows、Linux、Unix 以及苹果的 Mac OS 等均能提供支持，其跨平台恢复能力很强，而且还可以连接到网络磁盘进行数据恢复，此外，大量参数设置让高级用户能够获得最佳恢复效果。

**2. R-Studio 的基本功能**

R-Studio 主要用于本地和网络磁盘、USB、记忆棒、Zip 硬盘及其他移动存储介质中的数据恢复，即使已格式化、毁损或删除该分区的文件进行恢复。R-Studio 可恢复的文件类型有：对于没有进回收站而被直接删除的文件，或当回收站被清空时的文件进行恢复；由于病毒袭击或断电导致移除的文件进行恢复；或从带有损坏扇区的硬盘中恢复文件；针对严重毁损或未知的文件系统，使用原始文件恢复(扫描已知的文件类型)来恢复文件。如果硬盘上的分区结构已更改或损坏，在这种情况下，通过扫描硬盘，尝试找到之前存在的分区并从中恢复文件。从带有损坏扇区的硬盘中恢复数据时，R-Studio 首先会将整个或部分磁盘复制到镜像文件，然后进行处理。如果硬盘上持续出现新损坏的扇区，必须立即保存其余信息，这一处理方式尤为有用。

**3. R-Studio 的特色功能**

特色功能：① 远程恢复数据。在 R-Studio 程序中能连接到远程主机(支持 Win NT/2000/XP、Linux、UNIX 系统)，例如可搜索局域网中的其他计算机(输入计算机名或 IP 地址)执行数据恢复操作。② 图形化显示扫描状态。当我们执行扫描操作后，会发现 R-Studio 程序会如同 Windows 进行磁盘碎片整理时一样实时显示当前的分区扫描状况。在分区扫描结果中，各颜色区块代表的意思可参看下面的注释，如深绿色表示 NTES 文件夹项，粉色表示特定的文件文档，黄色表示 FAT 文件夹项等。③ 超强恢复功能。R-Studio 不仅能够恢复刚刚删除的文件、格式化分区上的文件、病毒破坏的文件，对于 FDISK 或其他磁盘工具删除数据的恢复效果也很好。

除了是一款功能完善的数据恢复工具外，R-Studio 还包括高级 RAID 重建模块，如果操作系统无法识别 RAID，则可以从其组件创建虚拟 RAID，然后进行数据恢复处理。其功能丰富的文本/十六进制编辑器，可以对文件或磁盘内容进行查看和编辑。编辑器支持 NTFS 文件属性编辑，可以显示硬盘驱动器的 SMART（自我监测、分析和报告技术）属性，以显示其硬件状况并预测可能的故障。如果出现 SMART 警告，则应避免使用此类硬盘驱动器进行的任何不必要的工作。它将整个高级磁盘复制/成像模块置于一个软件中，这使得 R-Studio 成为创建数据恢复工作站的理想解决方案。

**4. R-Studio 的优缺点**

优点综合评述：能够远程连接网络主机显然是 R-Studio 的最大卖点，而且它的数据恢复"基本功"也不弱，否则有再多的独特功能也是惘然。该程序的扫描速度和数据还原效果都不错，扫描结果按照可识别文件和未识别文件进行分类，以便于用户选择。缺点综合评述：由于功能布局有些区别于同类软件，因而在操作上也许有用户感觉不大顺手。

**5. 使用 R-Studio 恢复 U 盘上的删除文件**

(1) 首先打开 R-Studio 软件，进入软件主界面，它包括驱动器、创建、工具、查看、帮助等栏目，如图 6-8 所示。

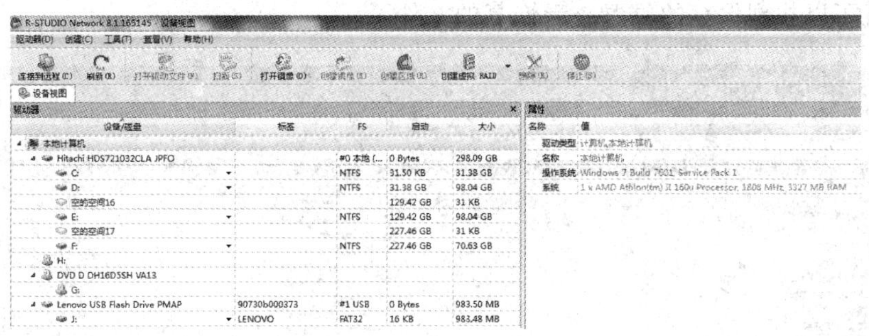


图 6-8　R-Studio 主界面

(2) 准备好要恢复的设备，如电脑的硬盘或者 U 盘，这里以 U 盘为例，恢复 U 盘上的文件。在电脑上插入 U 盘后，在左侧的设备磁盘列表中就会显示该盘符。

(3) 用鼠标点击 U 盘选项，然后在软件上面的工具栏中选择"扫描"栏目，进入扫描对话框进行扫描区域、文件系统、扫描视图（简单、详细、无）的设置。根据自己的情况，选择好相关参数后，点击"扫描"按钮，开始扫描 U 盘的文件信息。

(4) 在软件扫描期间，右侧是以小方格显示的，下方会有颜色对应的说明（如未使用、未识别等）。在软件界面的最下方是扫描的进度，包括已用时间和剩余时间，如图 6-9 所示。等待扫描完成后，在左边的设备列表中就可以看到 U 盘名称下边多了几个目录选项，如 I：(Recognized2)、原始文件、I：(下拉式目录)，名称显示的颜色也是不一样的，选择其中的文件目录。

(5) 在选中的目录 I：(Recognized2)条，再用鼠标左键双击，进入到文件的窗口，如图 6-10 所示。在这里可以选择细分文件的类型，便于我们更快地恢复所需要的文件。图标上有红叉的就是丢失的文件。

(6) 接着在要恢复的图片选项前面的方框内打勾，然后选择上方的恢复标记的选项，接着就会弹出恢复文件的保存位置，设置好保存的文件位置，然后点击确定。接着文件就

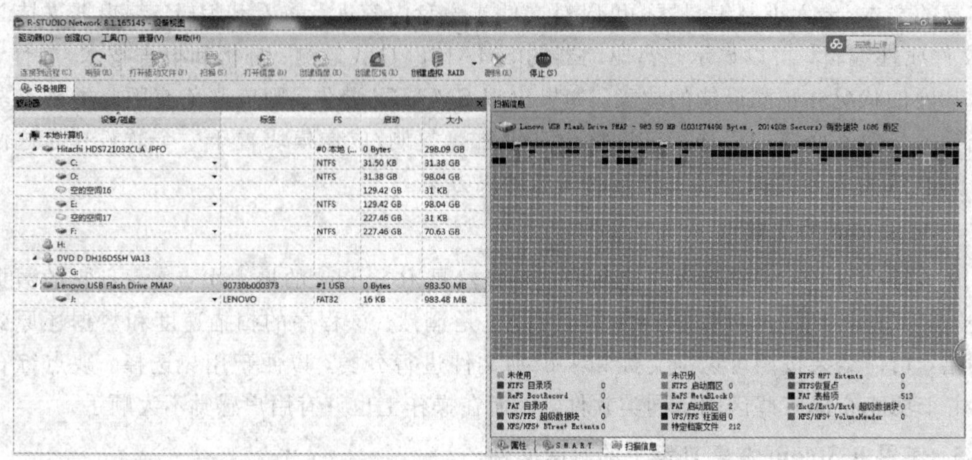

图 6－9　R-Studio 扫描 U 盘的过程

会开始恢复，恢复完成后在下方会显示恢复的日志信息，成功或者失败都会有显示的，成功恢复的就可以找到保存的位置查看恢复的文件了。

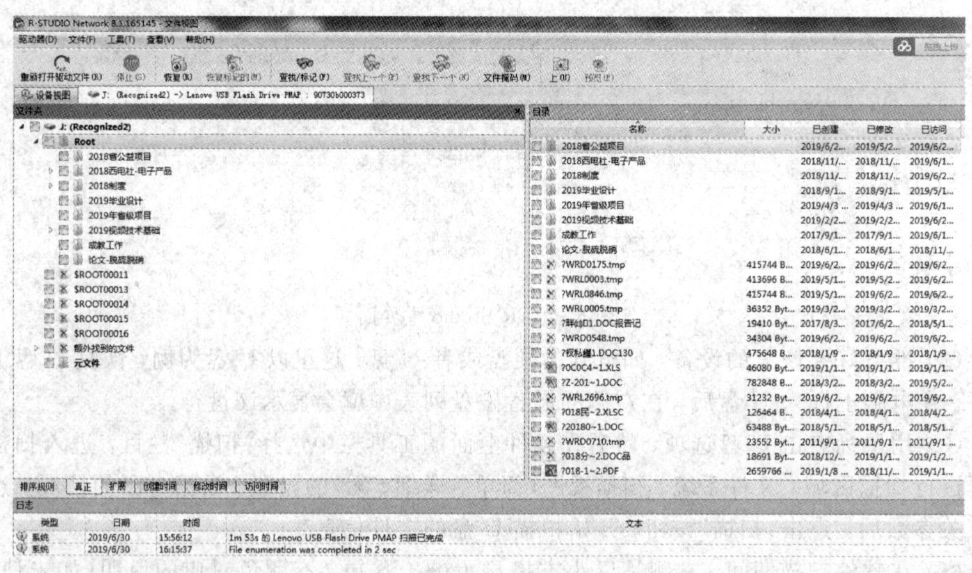

图 6－10　R-Studio 的文件窗口

**6. 使用 R-Studio 对硬盘数据进行恢复**

一块 160 G 的硬盘，由于电脑系统故障，进行了重新分区格式化安装系统。20 天后，发现一些需要的数据没有备份，有没有可以恢复这些文件的方法？

1）了解硬盘使用情况

首先要了解故障硬盘当前分区的数据量，即对以前数据的覆盖破坏量。在磁盘管理中，在每个盘符上单击右键→属性，可以了解客户硬盘各个分区的属性。发现客户硬盘共有 4 个分区，如图 6－11 所示的 H、I、K、L 分区。其中，当前第一个分区（H 盘）的剩余空间不多，但客户声明本分区为操作系统分区，数据不在这里，因此我们大致了解一下硬盘的使用情况即可。

客户硬盘当前第二个分区 (I 盘)占用量为 4.86 G，这意味着对原来数据可能有约 4.86 G 的覆盖破坏量，是不是覆盖在原重要数据位置要看运气，还原分区后可具体分析。客户硬盘第三、四个分区(K 盘和 L 盘)已用空间都基本为空，这些位置的数据恢复效果将会很好。诊断了解客户硬盘状况完毕，下面开始数据恢复，这里我们使用 R-Studio 软件来恢复数据。

2）分析客户需求

客户需要的是重新分区格式化安装系统以前的数据，并且要求尽可能全部恢复，因为他不记得原来数据放在什么位置，因此需要点击选择扫描恢复整个硬盘而不是分区。选择要恢复的硬盘或分区，点击 R-Studio 的开始扫描图标。可以根据硬盘型号、卷标、文件系统、开始位置、分区大小来正确确认。

3）选择并扫描硬盘

选择要恢复数据的硬盘，点击“扫描”后，R-Studio 弹出扫描设置窗口，一般采用默认选项即可，也可以去掉不需要的文件系统(例如，只选择 Windows 操作系统识别的 FAT 和 NTFS 格式)，可加快分析速度。我们要扫描的是整个硬盘，所以从 0 位置开始，长度 149.1G。

R-Studio 扫描速度很快。整个硬盘扫描到一半了，在这里可以看到数据分布、分区状况及扫描进度，160G 硬盘大约要 1 小时。当 R-Studio 完成扫描时，就出现“扫描已完成”的信息。

4）保存扫描信息

扫描结束后，保存 R-Studio 的扫描信息是个好习惯，以后就可以直接打开，无需再扫描。点击“驱动器”→“保存扫描信息”，然后选择一个保存位置，注意：不要选择待恢复数据的硬盘上的分区！

点击“驱动器”→“打开扫描信息”，选中扫描信息文件，将 R-Studio 扫描到的分区结构、分区大小、起始位置、文件系统等信息都分列出来。根据每个分区的完整度，R-Studio 分开显示不同的推荐级别，用绿色、橙色、红色表示。

5）分析硬盘的分区结构

下面重点介绍怎样排除并挑选有可能需要恢复数据的分区。首先要排除那些与当前结构(H、I、K、L)一样的扫描结果，然后分析剩余的分区结构。如图 6－11 所示，从最高推荐等级绿色项中，可以看到从 48.8 G 开始，首尾相接完整的 4 个优质扫描分区，分别是 48.8＋29.3＝78.1、78.1＋29.3＝107.4、107.4＋20.5＝127.9、128＋21.1＝149.1 G，直到硬盘尾部。这样完全可以确认这些是故障硬盘没有被分区格式化安装系统之前的结构，即硬盘的后 4 个分区，R-Studio 的识别标记分别为 Recognized19、Recognized10、Recognized17、Recognized11 分区。

确定完这 4 个分区结构，接下来寻找在 48.8 G 之前的空间有几个分区。

橙色部分里有一个从头起始，19.5 G 大小，与当前 FAT32 格式不同的 NTFS 结构，估计是第一个分区。下面还有两项起始位置为 19.5G 左右，长度为 28.8 G 的两个推荐项。两项起始位置接近，长度一样，19.5G＋28.8G＝48.3 结果接近 48.8 G 。

至此，我们可以大致认为原来结构为 6 个分区，各分区大小分别为 19.5 G、28.8 G、

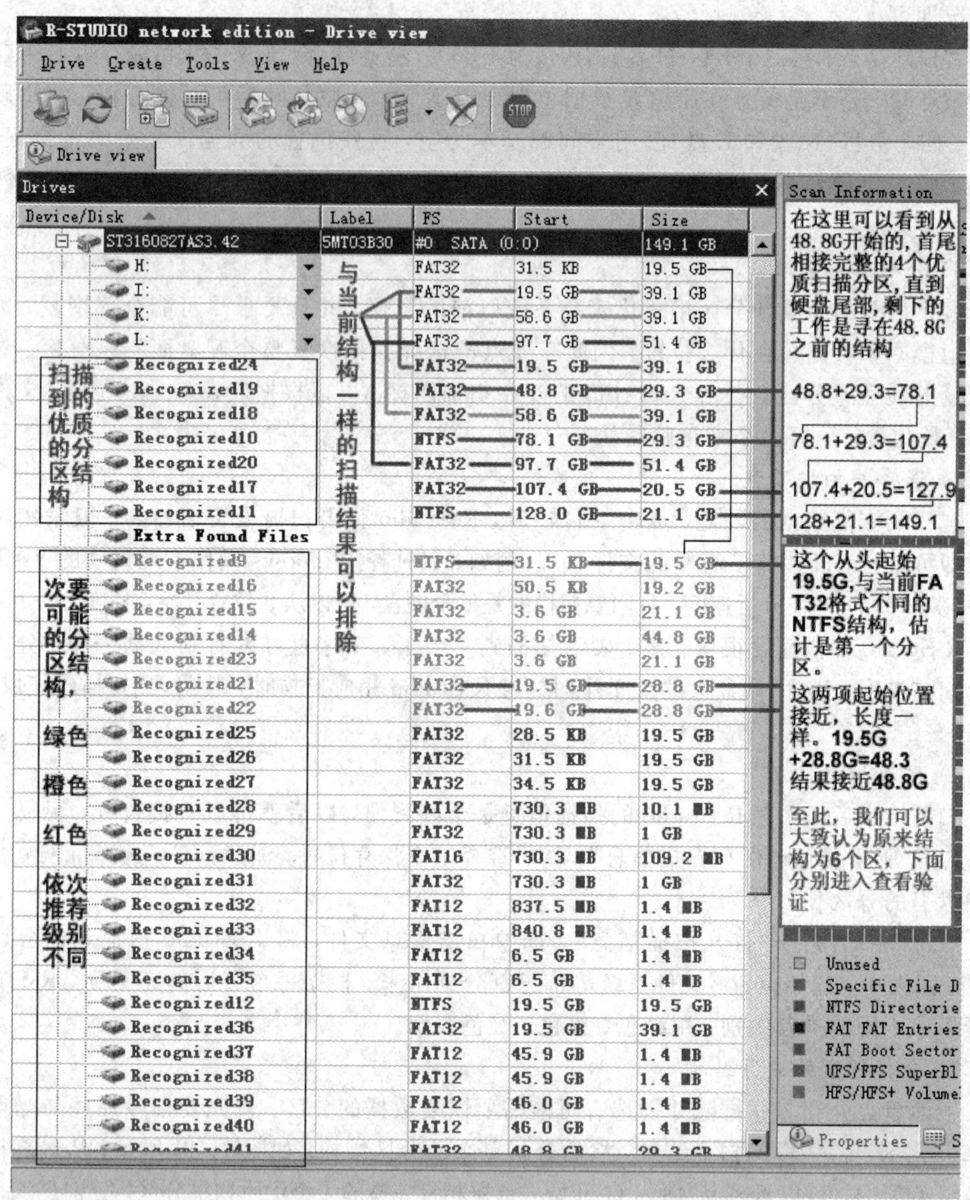


图 6-11　硬盘的分区结构

29.3 G、29.3 G、20.5 G、21.1 G。下面分别进入分区查看验证。

6）查看验证 Recognized17 分区

双击命名为 Recognized17 的分区，打开这个分区，查看相关目录与文件，如图 6-12 所示。R-Studio 目录列表中可以看到完整的文件夹结构，红色带 X 和问号的文件夹是以前人为或系统删除过的内容。

图 6-12　Recognized17 分区的目录与文件结构

拖动滚动条继续向下看，R-Studio 命名的 Extra Found Files 文件夹里存放的是没有目录结构、按文件类型归类的文件。再下面是父目录链丢失，R-Studio 重命名的目录 $ROOT0000n...。

有时如果在正常目录结构里没有找到我们需要的数据，就要到 Extra Found Files 文件夹寻找挑选需要的文件类型，R-Studio 将这些孤立的文件根据类型存放在一起。

7) 过滤去掉不需要的显示内容

继续查看挑选父目录名丢失的文件及文件夹。其中，带“红 X”的文件和目录，是表示以前删除的文件与目录。在文件目录多、删除整理频繁的电脑上，特别是 FAT32 格式分区，这些红 X 文件夹项非常多，显得杂乱，这时就需要用到 R-Studio 的过滤功能来显示要恢复的目录。

点击 R-Studio 过滤图标(文件掩码)，去掉不需要显示的内容，如是否显示空文件夹、是否显示已删除的文件、是否当前文件等。恢复删除文件的数据故障时，去掉正常存在文件夹，可以只保留显示删除过的文件夹。在这里是恢复重新分区的数据，一般去掉显示空文件夹、显示已删除的文件这两项。

8) 挑选需要恢复的数据并导出

过滤掉删除的和异常的文件夹，目录清晰多了，挑选需要的数据并勾选，如图 6-13 所示。在 R-Studio 窗口底部状态栏里，显示挑选标记的文件信息，有文件数量、文件夹数量，还有标记的文件空间、总的文件空间。

图 6-13　过滤掉删除的和异常的文件夹后的目录

右边显示的是可恢复的所有文件信息，挑选完成，点击“恢复”图标，进入“恢复”对话框，选择输出文件夹(导出数据存放目的地)。注意：存放地址不能是待恢复数据的硬盘分区！其他选项默认即可，按“确认”按钮，开始导出。遇到目录重名时，R-Studio 会提示，有覆盖、重新命名、跳过、中断恢复几个选项。在这些选项的上方，可以勾选总是采用相同回答，勾选后若遇到相同问题将不再提示。

9) 打开一个 NTFS 结构的 Recognized10 分区

继续打开其他分区查看恢复数据。这次打开一个 NTFS 结构的 Recognized10 分区。在 R-Studio 的目录列表中，左边显示包含以前删除过的文件夹，右边显示 cp 目录下的文件，如图 6-14 所示。相对于 FAT32，NTFS 分区数据恢复时的目录结构要清晰得多。

如果想恢复删除的文件，可以在对应目录前的方框中选择。右边显示的是可恢复的所有文件信息，挑选完成，点击“恢复”图标，进入“恢复”对话框，选择输出文件夹(导出数据存放目的地)。注意：存放地址不能是待恢复数据的硬盘分区！其他选项默认即可，按“确认”按钮，开始导出。

10) 打开一个 NTFS 结构的 Recognized9 分区

现在分别打开 48.8 G 之前的两个分区(大小分别为 19.5 G、28.8 G)，进行查看与数据恢复。首先打开第一个 19.5 G 分区(Recognized9 分区)，双击 Recognized9 分区，可以看到文件结构保留非常完整，如图 6-15 所示。这是因为该分区之前为 NTFS 结构，重装系统后使用 FAT32 结构，不同的分区格式文件存放起始位置不一样。选择左边的文件夹，右

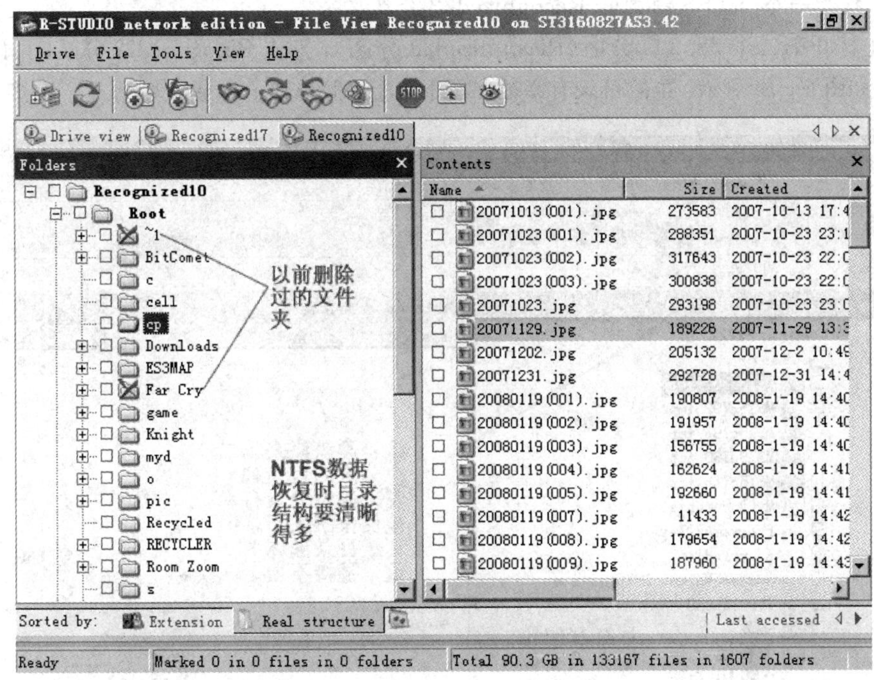


图 6-14 Recognized10 分区的目录与文件

边显示的是可恢复的所有文件信息，挑选完成，点击“恢复”图标，进入“恢复”对话框，选择输出文件夹(导出数据存放目的地)，按“确认”按钮，开始导出。

图 6-15 Recognized9 分区的目录与文件

11）打开一个 NTFS 结构的 Recognized22 分区

现在打开第二个 28.8 G 分区(Recognized22 分区)，双击 Recognized22 分区，可以看到文件结构，如图 6-16 所示。虽然目录有幸被保留下来了，但是其子目录破坏严重，链接不上。

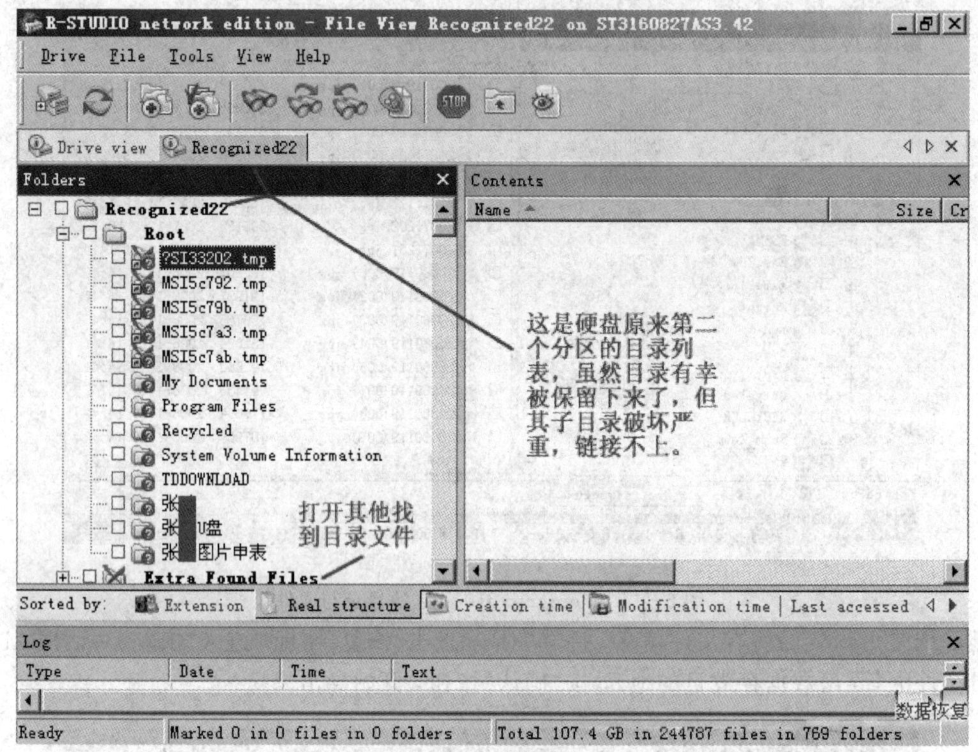


图 6-16　Recognized22 分区的目录

这些都是 R-Studio 认为删除的目录，进去挑选一下，看看有没有想要的内容。继续向下查看，这些是 R-Studio 认为内容完整，但目录链丢失的项目，我们挑选一个，双击打开查看。如果还能够打开文件内容，就可以恢复。

★ 即问即答

R-Studio 是一款(　)软件。

A. 杀毒　B. 文字编辑　C. 硬盘分区　D. 数据恢复

## 6.3.4　Winhex 软件的使用

### 1. Winhex 软件简介

Winhex 是在 Windows 下运行的十六进制编辑软件，用来检查和修复各种文件，可以对删除文件、硬盘损坏、数码相机卡损坏造成的数据丢失等进行恢复，有完善的分区管理功能和文件管理功能，能自动分析分区链和文件簇链，能对硬盘进行不同方式不同程度的备份，甚至克隆整个硬盘。它能够编辑任何一种文件类型的二进制内容(用十六进制显示)，其磁盘编辑器可以编辑物理磁盘或逻辑磁盘的任意扇区，是手工恢复数据的首选工具软件。

**2. Winhex 软件的主要功能**

Winhex 具有强大的搜索功能，可以查找和替换文本或 Hex 值。选择搜索菜单中的联合搜索项，弹出搜索对话框，先输入该文件要搜索的十六进制值，选择通配符和搜索的范围就可以开始搜索了。可以选择在整个文件中搜索，也可选择仅在区块中进行有条件的搜索。而且在 Winhex 中可以进行定位操作，快速转到新的位置。执行定位菜单中的标记定位命令，或按 Ctrl＋L，将鼠标指向需要定位的位置，就可以在当前鼠标所在的位置作上标记，不管操作到什么地方，按组合键 Ctrl＋K，就可以返回到标记所在的位置。执行定位菜单中的删除标记命令，可以将所作的标记删除。除了利用标记定位以外，还可以转到文件的开始和结尾，区块的开始和结尾，行首和行尾以及页首和页尾。

在 Winhex 中集成了强大的工具，包括磁盘编辑器，Hex 转换器和 RAM 编辑工具，还能够调用系统常用工具，如计算器、记事本、浏览器等。按 F9，弹出磁盘编辑器对话框，首先选择磁盘分区，然后按确定按钮，就可以对磁盘的空余空间进行清理。点击工具栏中的 RAM 编辑工具按钮，弹出 RAM 编辑器，选择需要浏览或编辑修改的 RAM 区，选择确定就可以了，RAM 的内容就显示在主窗口了。在未登记注册的版本中，可以编辑，但不能保存大小超过 512K 的文件且只能浏览而不能修改编辑 RAM 区域。按 F8，弹出十六进制和十进制转换器，左边栏显示十六进制数字，右边栏显示十进制数字。如果在左边输入十六进制数，按 Enter 其十进制结果就出现在右边的矩形框中了，反之亦然。如果按组合键 Alt＋F8，可调用系统计算器。

Winhex 软件的主要功能包括以下几个方面：

（1）查看、编辑和修复磁盘，可用于硬盘、软盘以及许多其他可存储介质类型。

（2）支持 FAT12、FAT16、FAT32 和 NTFS 分区格式。

（3）RAM 编辑器，可直接查看/编辑被调试程序的虚拟内存。

（4）连接、分割、合并、分析和比较文件。

（5）智能搜索和替换功能。如果替换字符大于或小于原始字符，可进行选择性操作。

（6）不同驱动器克隆以及驱动器镜像解释。

（7）粉碎文件和磁盘数据，粉碎后的文件和磁盘数据不可能恢复。

（8）数据格式转换，支持二进制、十六进制、ASCII、Intel16 进制、Motorola-S 等数据之间的相互转换。

（9）隐藏数据和查找隐藏数据。

**3. Winhex 软件的使用**

1）功能菜单

Winhex 的菜单栏由 10 个菜单组成，分别是：文件(File)、编辑(Edit)、搜索(Search)、导航(Navigation)、查看(View)、工具(Tools)、专业工具(Specialist)、选项(Options)、窗口(Window)和帮助(Help)。在文件菜单里面包含新建、打开文件、保存以及退出命令，另外还有备份管理、创建备份和载入备份等功能。在编辑菜单里面除了复制、粘贴之类的常见命令之外，还有对数据格式进行转换和修改的功能。搜索功能是方便用户在文件里面查找特定的文本内容或者是十六进制代码的，支持整数值和浮点数值。导航菜单里面的命令就是在编辑大体积文件时能够方便定位，可以根据其中的偏移地址或者是区块的位置来快速定位。查看菜单里包括显示方式的选择、字符集的选择、显示内容设置、模块管理器的设置、同步窗口、刷新视图等功能。工具菜单里面包括的都是一些十分实用的功能，如磁盘编辑工具、文本编辑工具、计算器、模板管理工具和十进制/十六进制转换器等。专业工具菜单里包括进行磁盘快照、技术细节报告、将镜像文件转化为磁盘、安全复制等功能。选项菜单包括常规设置、目录浏览器、卷快照、查看器程序、安全性设置等。窗口菜单包括窗口管理器、关闭、层叠、水平平铺等功能。帮助菜单包括内容、设置、联机、注册。

2）将英文菜单转化为中文菜单

首先要将 Winhex 软件以及汉语语言包放到软件存放目录中，然后打开 Winhex 应用软件，显示英文菜单项。在 Help 菜单下选择 Help/Setup/Chinese please!，即可将英文菜单转化为中文菜单，如图 6－17 所示。

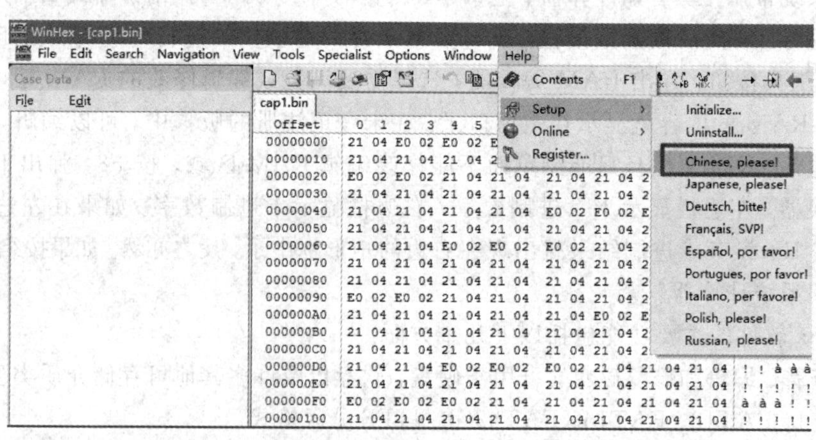


图 6－17 将英文菜单转化为中文菜单

3）文件编辑功能

具体菜单操作：“文件→打开→选择”要打开的文件，例如打开“W83627 芯片.docx”，如图 6－18 所示。在图 6－18 中，最左边一栏，显示文件名称、文件所在目录、文件大小、创建时间等资源信息；左边第二栏，显示偏移量纵坐标；左边第三栏，显示纵横坐标下各个单元的十六进制数据；最右边一栏，显示对应的 ASCII 码字符。利用鼠标拖放功能可以选择一块数值进行修改编辑。按 Ctrl＋T，弹出数据修改对话框，选择数据类型和字节变换方式，可以方便地修改区块中的数据。执行文件菜单中的创建备份命令，弹出备份对话框，用户可以指定备份的文件名和路径、备份说明，还可以选择是否自动由备份管理指定文件夹，是否保存检查和摘要，是否压缩备份和加密备份。

**4. Winhex 对硬盘进行清零操作**

1）任务要求

在数据存储方面，很多人认为简单地删除文件就可以做到万无一失，事实并非这样，层出不穷的数据恢复软件打破了我们的所想，彻底安全地删除数据显得尤为重要。例如某单位要淘汰一批工作计算机，但是计算机上都有一些机密数据，担心这批计算机处理后会

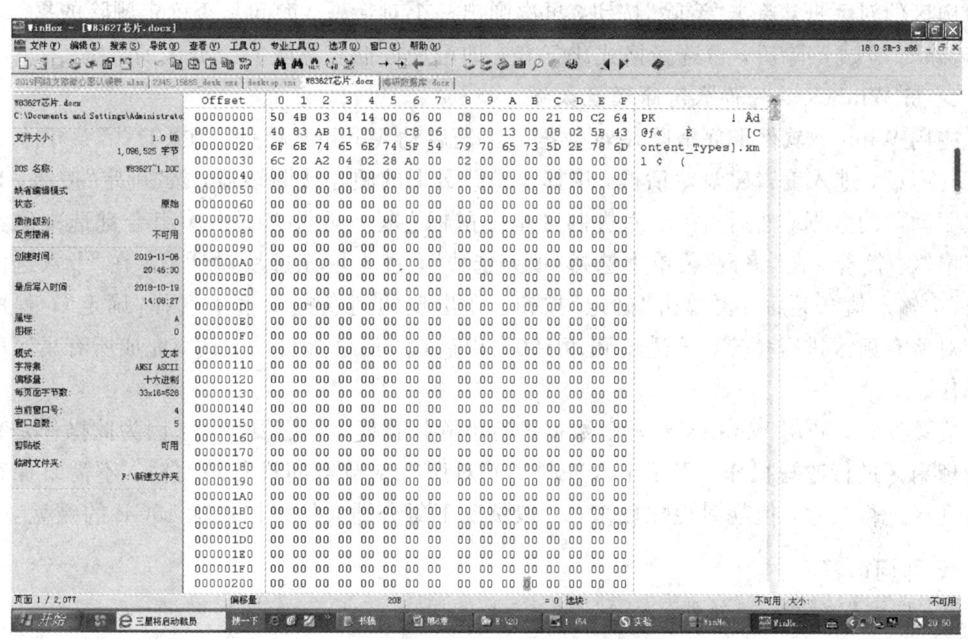

图 6－18　Winhex 文件打开例子

造成数据泄密，所以需要将计算机硬盘上的数据彻底清除掉，但不能损坏硬盘。另外，当处理保密数据时，为了防止别人用数据恢复软件来恢复删除的数据，这时候也需要把整个硬盘或者分区的数据进行彻底清除。

2) 彻底清除硬盘(SSD、HDD)数据的方法

彻底删除硬盘数据是指数据被删除后不留一点痕迹，不能被恢复。要彻底清除硬盘里的数据，有 3 种基本方法。第一种方法，通过操作系统来彻底清除硬盘的数据。从 Win8 开始，微软在电脑操作系统里加入了非常快捷的硬盘清除策略，即硬盘初始化。具体操作为：点击“PC 设置”→“通用”→“删除所有内容并重装 Windows”，就能实现以上操作。第二种方法，通过一些硬盘擦除软件来彻底清除硬盘数据。如 DiskGenius、Darik's Boot And Nuke、LFORMAT、DM、WIPEINFO、Eraser、HD Tune 等软件，首先格式化硬盘，然后用垃圾信息将其填满，然后再次格式化，反复多次重复，最终将硬盘上的原始数据彻底清除。其中，Darik's Boot and Nuke 是一款硬盘数据彻底删除软件，简称“DBAN”，该软件采用计算机引导的方式，是一个 ISO 镜像文件，需要刻录在光盘或 U 盘中使用，能够彻底删除硬盘中的数据，删除后，任何方式都无法恢复，彻底保护了隐秘数据的安全，如美国 CIA 和军方都使用这一方法清理无用的信息。第三种方法，摧毁硬盘使其丧失存储能力。摧毁 HDD 很简单，只要把盘片取出来摩擦摩擦，损坏表面的磁就好了；摧毁 SSD 要费力一点，把它砸烂即可。现在一些用于工控、军事领域的 SSD 还有自毁装置，可以一键烧毁闪存。

3) 用 DiskGenius 软件彻底清除硬盘数据

应用 DiskGenius 软件可以彻底清除硬盘数据。具体操作是：打开 DiskGenius 软件后，选择需要彻底擦除的分区或者硬盘，这里以擦除 F 盘为例，首先选中 F 盘分区，然后单击“工具”选项，在下拉框中找到“清除扇区数据”，单击“清除扇区数据”选项后，会弹出一个

清除扇区的对话框，单击“清除”按钮，再次弹出一个对话框，询问是否确定删除的提示，选择“清除”。完成擦除后，再选择格式化 F 盘，即可完成彻底擦除一个分区的数据。

4）用 Winhex 软件彻底清除硬盘数据

应用 Winhex 软件彻底清除硬盘数据。首先启动 Winhex 软件，在“工具”菜单下选择“打开磁盘”，进入编辑磁盘对话框，选择要销毁数据的硬盘或驱动器，按“确定”按钮，显示选中驱动器的数据。然后，在十六进制区单击鼠标左键，再按 Ctrl＋A 组合键选中磁盘的所有扇区。接着，在“编辑”菜单下选择“填充选块”，进入填充选块对话框，在“十六进制值填充”中输入值“00”后，再单击“确定”按钮。在出现的消息提示框中选择“确定”，程序用“00”对所有扇区进行填充。等进度到达 100％以后，对话框会自动关闭，完成所有扇区的清除工作。

应该注意，利用 Winhex 对硬盘数据进行清除操作时，一定要慎用，因为此操作是直接对物理扇区进行改写操作，当用十六进制“00”对所有字节空间进行填写时，不需要保存就会对扇区进行改写，但耗时也比较多，一般情况下每分钟大约可以清除 15GB 的磁盘空间。

**★ 即问即答**

Winhex 是一款（　）软件。

A. 杀毒　B. 编辑　C. 硬盘分区　D. 数据恢复

# 实训 9　误删除与误格式化文件恢复练习

**【实训目的】**

（1）认识文件删除、分区格式化对硬盘所做的操作过程。

（2）熟悉存储介质数据丢失原因以及常用数据恢复技术。

（3）能应用数据恢复软件对磁盘上误删除文件进行恢复。

（4）能应用数据恢复软件对磁盘格式化后的文件数据进行恢复。

**【实训仪器和材料】**

（1）台式电脑或笔记本电脑。

（2）SATA 硬盘及转 USB 接口或者 U 盘。

（3）DiskGenius 软件。

（4）R-Studio 软件。

（5）Winhex 软件。

**【实训内容】**

（1）安装 DiskGenius 软件，熟悉软件的主要菜单功能。

（2）对移动硬盘或 U 盘进行分区练习，要求分成 3 个区，第一分区容量占 50％，第二分区容量占 30％，第三分区容量占 20％。

（3）对移动硬盘的一个分区或 U 盘复制大量文件直至充满为止，然后删除其中的 50％左右空间的文件，再用 DiskGenius 软件进行恢复。接着，对该分区或 U 盘进行格式化，再用 DiskGenius 软件进行恢复，并且比较删除文件与格式化后数据恢复的异同点。

（4）将移动硬盘或 U 盘先分成 3 个分区，每个分区大小均分，并且分别复制大量文件，然后对该硬盘或 U 盘进行重新分成两个容量均等的分区，复制一些文件后，再用 R-Studio 软件对该硬盘或 U 盘数据进行恢复，并且与原先的复制文件进行比较。

(5) 用 Winhex 软件对移动硬盘的一个分区或 U 盘进行彻底清除数据(即用十六进制 00 填充所有扇区)操作。

**【实训报告要求】**

(1) 简述实训步骤与注意事项。

(2) 记录数据恢复操作的全部过程并对操作结果进行分析。

**【思考题】**

1. 比较 DiskGenius 软件与 R-Studio 软件的功能差别。

2. 简述 Winhex 软件的主要作用。

## 6.4　Windows 8 的安装与恢复

操作系统有各种类型，每种类型对计算机的硬件要求也不同，因此需要确保计算机硬件系统能满足操作系统的安装要求。在安装操作系统之前，需要确定安装方法，例如通过安装介质(光盘、U 盘、硬盘)或是通过网络来安装操作系统，还要确定安装类型是全新安装还是升级安装。

### 6.4.1　标准安装操作系统

**1. 安装准备**

操作系统必须安装在计算机系统的存储设备中才能正常使用。有多种可用的存储设备类型，它们可用于接收新的操作系统。当今使用的两种最常见的数据存储设备为硬盘驱动器和基于闪存的驱动器。

技术人员在以下情况下可执行全新安装：

• 计算机从一个员工转到另一个员工时；

• 操作系统已损坏时；

• 更换计算机中的主硬盘驱动器时。

安装并开始操作系统启动的过程称为操作系统设置。虽然可以通过网络从服务器或本地硬盘驱动器安装操作系统，但是家庭或小型企业最常用的安装方法是通过外部介质(如 CD、DVD 或 USB 驱动器)进行安装。要通过外部介质安装操作系统，应配置 BIOS 设置，使外部介质成为系统的优先启动项，并从该介质启动系统。大多数现代 BIOS 应支持从 CD、DVD 或 USB 启动计算机。

注意：执行全新安装时，如果操作系统不支持某个硬件，则需要先安装第三方驱动程序。在安装操作系统之前，必须选择和准备好存储介质设备。

**2. 确定安装选项**

Windows 8.x、7 和 Vista 等 Windows 操作系统的安装过程很相似。下面以 Windows 8.1 为例详细介绍这一过程。使用 Windows 8.1 安装光盘(或 USB 闪存驱动器)启动计算机时，安装向导会显示现在安装和修复两个选项。

• 现在安装：允许用户安装 Windows 8.1。

• 修复：打开恢复环境以修复安装的操作系统。

1）选择现在安装

如果选择“现在安装”选项，有两个可用选项：升级安装与自定义安装。

• 升级：升级 Windows 操作系统，但会保留当前的文件、设置和程序。使用此选项可以修复安装。如果未找到现有(低版本)的 Windows 安装，则会禁用“升级”选项。

注意：仅升级 Wndows 操作系统时，以前的 Windows 文件夹将与 Documents and Settings 和 Program Files 文件夹一起保留。在 Windows 8.1 安装过程中，这些文件夹将被移至名为 Windows.old 的文件夹中。您可以把文件从以前的安装复制到新的安装。

• 自定义(高级)：在选定的位置，安装 Windows 的新副本，并允许更改磁盘和分区，但不会保留文件、设置和程序。所以建议先备份现有的文件，然后再进行该项操作。

2）选择修复操作系统

• 选择需要修复 Windows 8.1 并单击“下一步”。从多个恢复工具中进行选择，例如“启动修复”。“启动修复”会查找操作系统文件中的问题并修复问题。如果“启动修复”不能解决问题，可以使用其他选项，例如“系统还原”或“系统映像恢复”。

• 注意：执行修复安装之前，应将重要的文件备份至不同的物理位置，如备用的硬盘驱动器、光盘或 USB 存储设备。

**3. 安装复制 Windows 文件**

安装程序将复制文件并重新启动几次，然后会出现“个性化”屏幕。为了简化这一过程，如果找不到分区，Windows 8.1 将自动对驱动器进行分区并格式化。安装过程还将擦除驱动器上之前存储的所有数据。如果驱动器中存在分区，安装程序将显示这些分区并允许用户自定义分区方案。

在“个性化”屏幕中，安装程序要求用户提供计算机名称，并选择主题颜色。

安装程序现在将尝试连接网络。如果有网卡(NIC)并且已连接网线，安装程序将请求一个网络地址。如果安装了无线网卡，安装程序将列出范围内的无线网络，提示用户选择无线网络并提供密码(如果需要)。如果此时没有可用的网络，将会跳过网络配置，但是可以在安装系统后完成该配置工作。

安装程序提供快速设置列表。这些是安装程序在扫描计算机后推荐的设置。单击“使用快速设置”接受并使用默认设置。或者，单击“自定义”更改默认设置。

安装程序会提示用户提供电子邮件地址来登录 Microsoft 账户。虽然这是可选操作，但是它可授予对 Windows 在线商店的访问权限。输入电子邮件地址，然后单击“下一步”。要跳过账户关联并创建本地用户账户，单击“不使用 Microsoft 账户登录”。

如果未创建 Microsoft 账户，安装程序将显示允许创建本地账户的屏幕。安装程序允许用户创建 Microsoft 账户或使用本地账户。如果没有创建本地用户账户，下一屏幕将显示要求用户提供信息来创建本地用户账户。

Windows 将完成这一过程并显示“开始”屏幕，如图 6-19 所示。出现 Windows 8.1“开始”屏幕时，表示安装过程已经完成，可以使用计算机了。

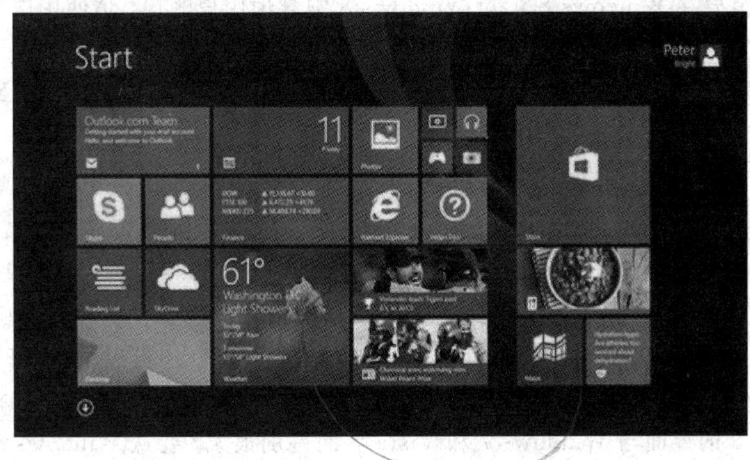


图 6 - 19　Windows 8.1 开始屏幕

**4. 组织网络共享资源**

根据计算机的当前位置和操作系统的版本，系统将提示用户选择一种方法来组织计算机的网络共享资源。如下所述，工作组、家庭组和域是在网络中组织计算机的不同方式。

• 工作组：同一个工作组中的所有计算机可以通过局域网共享文件和资源。共享设置用于在网络上共享特定资源。

• 家庭组：家庭组是 Windows 7 中开始使用的一项新功能，允许同一个网络中的计算机自动共享文件和打印机。

• 域：一个域中的计算机由中心管理员管理，并且必须遵守管理员设定的规则和程序。用户可以借助域共享文件和设备。

**5. 账户创建**

用户尝试登录设备或访问系统资
份。用户输入用户名和密码来访问用户
用单点登录(SSO)身份验证，用户只需
问个别资源时都进行登录。

用户账户允许多个用户使用自己
Windows 7 和 Windows Vista 有 3 种
用户提供了不同级别的系统资源控制

在 Windows 8.1 中，在安装过程
户可以做出会影响所有计算机用户的
有管理员权限的账户只应该用于管理
员账户可以做出会影响所有人的重
户。对于常规用途，建议用户创建

管理员可以随时创建标准用户
是用户不能做出会影响其他用户或

在计算机上没有用户帐户的

由管理员启用。要在 Windows 8.1 和 Windows 8 中管理用户账户，请使用以下路径：控制面板→用户账户→管理账户，来创建或删除用户账户。

要在 Windows 7 和 Windows Vista 中创建或删除用户账户，请使用以下路径：开始→控制面板→用户账户→添加或删除用户账户。

**6. 控制面板**

“控制面板”是 Windows 的一个功能，包含用来操控 Windows 配置和设置的许多工具。Windows 的每个版本中都有许多访问控制面板的方法。

要访问 Windows 7 和 Vista 中的控制面板，请单击桌面底部任务栏左侧面的“开始”按钮。这将显示“开始”菜单。在“开始”菜单中单击“控制面板”。还可以单击“开始”按钮并在“搜索程序和文件”框中键入“控制”，然后按 Enter 键。

Windows 8 的界面与 Windows 7 和 Vista 界面差别很大。要从 Windows 8 的桌面上访问控制面板，请将光标置于桌面右上角，等待显示超级按钮。单击“搜索”超级按钮，并在搜索框中键入“控制”，然后按 Enter 键。在触摸屏上，还可以从屏幕右侧滑入，这样可显示超级按钮。

在默认情况下，Windows 8 不带“开始”菜单。Windows 8 使用“开始”屏幕。要访问“开始”屏幕，首先访问超级按钮并单击“开始”图标。要从“开始”屏幕访问控制面板，请键入“控制”并按 Enter 键。您还可以单击桌面底部任务栏左侧的“开始”按钮，访问 Windows 8.1 中的“开始”屏幕。

查看控制面板的方法有很多，具体取决于使用的 Windows 版本。在本课程中，控制面板的视图“类别”有“大图标”和“小图标”两种，可以选择设置。选择控制面板中的“查看方式”下拉菜单中的“大图标”或“小图标”即可进行设置。在 Windows Vista 中，单击控制面板中的“经典视图”即可查看图标。

**7. 完成安装**

Windows 操作系统安装完成后，要确保软件是最新版本并且所有硬件都能正常运行。完成初始安装后，要更新操作系统，可以使用 Microsoft Windows 更新来扫描新的软件并安装服务包和修补程序。要在 Windows 8 或 Windows 8.1 中安装修补程序和服务包，请使以下路径：控制面板→Windows 更新。

在 Windows 7 或 Windows Vista 中安装修补程序和服务包，请使用以下路径：开始→Windows 更新。

**理器**

后，请验证是否已正确安装了所有硬件。在 Windows Vista、Windows常使用设备管理器来检查计算机硬件的状态以及更新计算机上的

8.1 中，请使用以下路径：控制面板→设备管理器，显示设备其中，带感叹号的黄色三角形表示设备有问题。要查看问带向下箭头的灰色圆圈表示设备已禁用。要启用该设设备类别，请单击类别旁边的右指三角形。

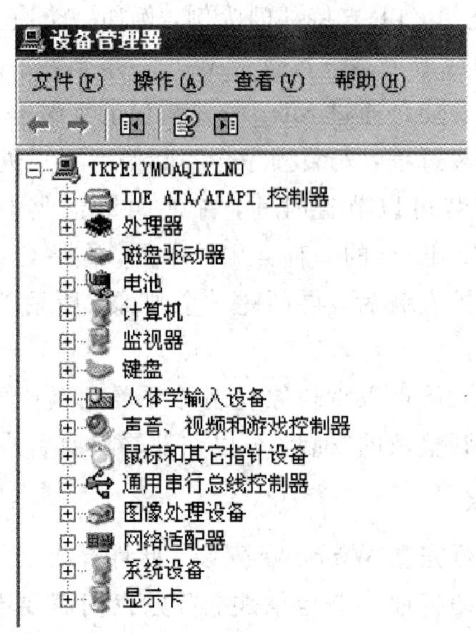


图 6-20　Windows 8.x 设备管理器

## 6.4.2　自定义安装操作系统

当需要使用新的操作系统部署多个系统时，自定义安装可以节约时间和成本。如果需要恢复已经停止正常工作的操作系统，使用系统映像完成安装也会非常有用。正如这一部分所讨论的，一种自定义安装选项是磁盘克隆，它将整个硬盘驱动器的内容复制到另一个磁盘驱动器，因此减少了在另一个驱动器上安装驱动程序、应用、更新等项目的时间。

**1. 磁盘克隆**

在多台计算机上逐个安装操作系统会需要许多时间。为了简化这一活动，管理员通常选择一台计算机作为基础系统，并完成正常的操作系统安装过程。在基础计算机中安装操作系统后，使用特定的程序将磁盘中的所有信息(逐个扇区)复制到另一个磁盘。这个新磁盘(通常是一个外部设备)现在包含完全部署好的操作系统，可用于快速部署基础操作系统的一个全新已安装内容的副本。由于目标磁盘现在包含的内容与原始磁盘是扇区到扇区的映射，因此目标磁盘的目录就是原始磁盘的映像，这就是基于系统映像的安装。

如果基础安装过程中意外包含了不需要的设置，管理员可以使用 Microsoft 系统准备(Sysprep)工具删除这些设置，然后再创建最终映像。Sysprep 可用于多台计算机上安装并配置相同的操作系统。借助 Sysprep，技术人员可快速安装操作系统，完成最后的配置步骤，并安装应用。

将一个 Windows 映像转移到另一台计算机上，则必须运行 Sysprep /generalize，即使该计算机具有相同的硬件配置。Sysprep /generalize 命令从用户的 Windows 安装删除唯一性信息，这使得用户可以在不同的计算机上重用映像。

**2. 自定义安装操作系统**

Windows 的标准安装对于家庭或小型办公室环境中的大多数计算机而言足够了，但有时需要用户自定义安装过程。以IT支持部门为例，例如一个有数十台计算机的机房，这些环境中的技术人员必须安装数十个甚至数百个Windows系统。以标准方式执行这么多次安装并不可行，这是因为标准安装是通过Microsoft提供的安装介质(DVD或USB驱动器)来完成，它是一个交互式的安装过程，安装程序会不断提示用户进行时区和系统语言等设置。

Windows 8的自定义安装可以节省时间，并使大型企业中各个计算机的配置保持一致。在多台计算机上安装Windows的一种常用技术是，在一台计算机上执行安装并将其用作参考安装。完成这台计算机安装后，再创建一个映像。所谓映像就是一个包含某个分区所有数据的文件。

映像准备就绪后，技术人员可以将映像复制并部署到企业中的所有计算机上，从而显著缩短安装时间。如果需要调整新的安装，可以在部署映像后快速进行调整。

**3. 创建系统映像的步骤**

(1) 在一台计算机上执行完整Windows安装。此计算机必须尽量与稍后接收安装内容的计算机相似，以免出现驱动程序不兼容问题。首先我们需要准备一台模板计算机，在这台计算机上安装打算批量部署的操作系统，并安装所有需要的驱动程序、应用软件、系统更新程序，同时我们还可以根据实际需要对系统和程序的各种选项进行设置。设置完成之后运行sysprep. exe删除所有不必要的信息，并关闭计算机。

(2) 使用软件工具(如imageX、ghost)创建安装映像。以imageX命令行工具为例，它可以用来捕获、修改和应用基于文件的磁盘映像，以进行快速部署。假设我们希望使用默认设置创建一个C盘的映像，映像文件将以data. wim为名保存在D盘根目录下，并在创建完成后进行数据校验，那么我们可以使用这样一个命令：

imagex /capture c：d：\data. wim “Drive C ” /verify

其中，“/capture”参数的作用是创建映像文件，而该参数后面的“c：”则指定了要创建映像的目标分区。“d：\data. wim”这个参数指定了镜像文件的保存位置以及名称，“Drive C”参数定义了映像文件的描述，需要用引号引用。最后的“/verify”参数则会让imagex创建完映像之后进行校验。

当屏幕显示“Successfully imaged c：\”的字样时表示映像已经创建完成了。这时候我们就可以将创建出来的data. wim文件保存起来，并用于之后的部署了。

**4. 网络安装**

网络安装可以减少现场为每台客户端计算机安装操作系统(OS)所需的成本和时间。这一部分将介绍无需操作每台客户端计算机即可为整个企业网络中的计算机安装操作系统的方法。

1) 远程网络安装

在有多台计算机的环境中，安装操作系统的一种常见方法是远程网络安装。使用此方法时，操作系统安装文件存储在服务器上，这样客户端计算机便可以远程访问文件来开始安装过程。软件包(如远程安装服务(RIS))可用于同客户端通信，存储设置文件，并为客户端提供必要的指示，使其访问设置文件、下载设置文件并开始安装操作系统。

由于客户端计算机未安装操作系统，因此必须使用特殊的环境来启动计算机、连接网络并与服务器通信，进而开始安装过程。这个特殊的环境称为预启动执行环境(PXE)。要想使用 PXE，网卡必须已启用 PXE。BIOS 或网卡上的固件可能附带此功能。计算机启动时，网卡会侦听网络中用于开始 PXE 的特殊指令。注意：如果网卡未启用 PXE，可使用第三方软件从存储介质中加载 PXE。

2) 无人参与安装

无人参与安装是另一种基于网络的安装，几乎无需用户干预即可安装或升级 Windows 系统。Windows 无人参与安装基于一个应答文件。此文件包含了指示 Windows 安装程序如何配置和安装操作系统的简单文本。

要执行 Windows 无人参与安装，必须使用应答文件中的用户选项运行 setup. exe。安装过程将像往常一样开始，但安装程序不会提示用户，而是用应答文件中列出的应答。

### 6.4.3　一键 Ghost 软件的使用

备份操作系统的实质是备份操作系统所在的分区，该操作会将分区使用的文件系统，以及分区上的所有文件都备份下来。恢复时，会使用备份的文件覆盖整个分区。安装上操作系统后，最好对其做一个备份，以便出现问题时恢复。

**1. Ghost 软件简介**

Ghost 是一款备份和还原数据的工具软件，它能将硬盘分区或整块硬盘制作成映像文件备份下来，在需要的时候再恢复回去。使用 Ghost 备份文件的优点之一是快速，10 分钟左右就能备份或恢复存有 5 GB 文件的分区；优点之二是极高的压缩比，能将一个存放有 5 GB 文件的分区制作成 1.5 GB 左右的映像文件。

**2. Ghost 软件的安装**

(1) 确认第一硬盘是 IDE 或 SATA 硬盘。注意：如果是 SATA 串口硬盘，一般不需要设置 BIOS，如果不能运行 GHOST，请将 BIOS 设置成：Compatible(兼容模式)和 IDE (ATA 模式)。

(2) 下载→解压→双击“一键 Ghost 硬盘版. exe”。

(3) 连续点击“下一步”，直到最后安装完成，点击“完成”。

**3. 分区备份**

使用 Ghost 复制备份，有整个硬盘(Disk)和分区硬盘(Partition)两种备份方式。Ghost 运行后，在菜单中点击“Local”(本地)项，在右面弹出的菜单中有 3 个子项，其中“Disk”表示整个硬盘备份，“Partition”表示单个分区硬盘备份以及硬盘检查“Check”。

“Check”项的功能是检查硬盘或备份的文件，查看是否可能因分区、硬盘被破坏等造成备份或还原失败。而分区备份作为个人用户来保存系统数据，特别是在恢复和复制系统分区具有实用价值。

选择“Local/Partition/To Image”菜单，弹出硬盘选择窗口，点击该窗口中白色的硬盘信息条，选择硬盘，进入窗口，选择要备份的分区(用鼠标点击)，开始分区备份操作。然后在弹出的窗口中，选择备份储存的目录路径并输入备份文件名称，注意备份文件的名称带有 GHO 的后缀名。

接下来，程序会询问是否压缩备份数据，并给出 3 个选择。“No”表示不压缩，“Fast”表示小比例压缩而备份执行速度较快，“High”就是高比例压缩但备份执行速度较慢。最后，选择“Yes”按钮即开始进行分区硬盘的备份。Ghost 备份的速度相当快，不用多久等就可以完成备份，备份的文件以 GHO 后缀名储存在设定的目录中。

建议：在备份前，请重新整理硬盘或直接格式化，再将操作系统与常用的软件装上，例如 Office、QQ、微信等软件，不要装太多，以免备份的档案太大。在 C 盘安装 Win8 和一些常用小软件，将重要文件保存到 C 盘以外的其他盘，以保证数据不丢失，将 3D max、VB、AUTOCAD 等大型软件装在 D 盘，这样有一点最好就是，恢复系统的时候，不用去考虑备份或重装这些大软件。

**4. 分区备份的还原**

如果硬盘中备份的分区数据受到损坏，可以用备份的数据进行完全的复原，无须重新安装程序或系统。要恢复备份的分区，就在界面中选择菜单“Local/Partition/From Image”，在弹出窗口中选择还原的备份文件，再选择还原的硬盘和分区，点击“Yes”按钮即可。

恢复还原时要注意的是，硬盘分区的备份还原是要将原来的分区一成不变地还原出来，包括分区的类型、数据的空间排列等。

**5. 硬盘克隆**

硬盘的克隆就是对整个硬盘的备份和还原，选择菜单“Local/Disk/To Disk”，在弹出的窗口中选择源硬盘(第一个硬盘)，然后选择要复制到的目的硬盘(第二个硬盘)。

Ghost 能将目的硬盘复制得与源硬盘几乎完全一样，并实现分区、格式化、复制系统和文件一步完成。只是要注意目的硬盘不能太小，必须能将源硬盘的内容装下。

注意：被克隆或还原的硬盘，原有资料将完全丢失 。请慎重使用，把重要的文件或资料提前备份以防不测。

**6. 硬盘备份**

Ghost 还提供了一项硬盘备份功能，就是将整个硬盘的数据备份成一个文件保存在硬盘上(菜单“Local/Disk/To Image”)，然后就可以随时还原到其他硬盘或原硬盘上。这对要安装多个系统硬盘很方便。使用方法与分区备份相似。要注意的是，备份成的文件不能大于 2 GB。

**7. Win8 硬盘安装**

1) 安装准备

(1) 备份 C 盘和桌面上的文件。

(2) 准备系统镜像：下载深度技术 Ghost win8 系统到硬盘上。

(3) 准备解压工具：下载或复制 WinRAR 或好压等解压工具。

2) Win8 硬盘安装过程

(1) 下载 win8 镜像(win8. GHO)到 C 盘之外的分区，比如 G 盘，使用 WinRAR 等工具解压出来，目录文件如图 6 - 21 所示。

图 6-21 下载 win8 镜像解压后的文件目录

(2) 双击“安装系统.exe”，打开 Onekey Ghost，保持默认设置，选择安装位置如 C 盘，点击“确定”按钮，进入安装选择。

(3) 这时候会弹出对话框，点击“是”后重启电脑，进行系统解压操作。

(4) 操作结束后自动重启，进行 win8 的硬盘安装过程。

(5) 等待安装完成，最后启动进入全新的 win8 桌面，硬盘安装就完成了。

**★ 即问即答**

Ghost 是一款(　)软件。

A. 备份与还原　B. 编辑　C. 硬盘分区　D. 杀毒

# 实训 10　Windows 操作系统的安装

**【实训目的】**

(1) 熟悉操作系统的安装方法。

(2) 能利用常用工具对磁盘进行分区与格式化。

(3) 了解操作系统安装过程中各项设置的含义。

**【实训仪器和材料】**

(1) 台式电脑或笔记本电脑。

(2) SATA 硬盘及转 USB 接口或者 U 盘。

(3) 带有操作系统的光盘或 U 盘。

(4) 磁盘分区与格式化的软件。

**【实训内容】**

(1) 设置电脑启动的优先项。根据安装盘是光盘还是U盘，设置CD-ROM或U盘为第一启动设备。

(2) 操作系统安装过程(复制文件、安装设备等)。先进行分区与分区格式化，第一主分区为活动分区，然后点击进行自动安装，按提示进行操作。

(3) 安装组件。等待安装程序进行各种组件、控制面板等项目的安装，直到各组件安装完成。

(4) 取出安装盘，恢复原BIOS设置，重启电脑。

(5) 设置系统。自动调整屏幕分辨率，设置系统时间、自动保护、网络等，单击"确定"按钮。

**【实训报告要求】**

(1) 简述实训步骤与注意事项。

(2) 记录操作系统安装的全部过程。

**【思考题】**

(1)有哪些常用的操作系统安装方法？

(2)简述操作系统安装之前的注意事项。

# 复习思考题 6

1. 常见数据存储设备有哪些？
2. 如何根据自己的需要来选购存储设备？
3. 机械硬盘与固态硬盘有什么异同点？
4. 硬盘有哪些主要参数？如何来选购自己需要的硬盘？
5. 什么是低级格式化？什么情况下需要对硬盘进行低级格式化？
6. 硬盘为什么需要分区？如何进行磁盘分区？
7. 电脑数据丢失的原因有哪些？有哪些常用的数据恢复方法？
8. DiskGenius软件有哪些基本功能？如何应用DiskGenius软件来克隆硬盘？
9. R-Studio软件有哪些基本功能？
10. Winhex软件有哪些主要功能？如何对某个分区进行清零操作？
11. 有哪些常用的操作系统安装方法？如何进行操作系统的升级？
12. Ghost软件有哪些主要功能？如何应用Ghost软件来备份C盘上的文件？

# 第 7 章 “电子产品芯片级检测维修与数据恢复”技能大赛

- 赛项简介
- PC 系列板卡分析
- NB 系列板卡分析
- MO 系列板卡分析

## 导入语

“电子产品芯片级检测维修与数据恢复”技能大赛以我国电子信息产业发展的人才需求为依托，以电子产品主板芯片级检测维修及硬盘数据恢复技术为载体，将这两方面的前沿技术及技能融入比赛内容，主要检验选手在真实的工作场景下对电子产品芯片级检测维修及数据恢复的技能运用及综合职业素养表现，全面展现职业教育改进与改革的最新成果以及参赛选手良好的精神风貌，引导高职教育关注在“电子产品芯片级维修与数据恢复”教育方面的发展趋势，为行业、企业培养紧缺人才，提高电子信息类高素质、高技能应用型人才的培养质量。

本章将以全国职业院校技能大赛“电子产品芯片级检测维修与数据恢复”赛项为引领，主要介绍电子产品芯片级检测维修相关内容，包括 PC 系列板卡、NB 系列板卡、MO 系列板卡的电路功能分析、检测和维修。

## 学习目标

- 了解技能大赛；
- 能正确分析板卡电路的工作原理；
- 能正确检测和维修各电路板卡；
- 具备参加“电子产品芯片级检测维修与数据恢复”技能大赛的能力。

## 7.1 赛项简介

“电子产品芯片级检测维修与数据恢复”赛项，是为检验我国信息化时代所培养电子信息类高素质技术技能人才质量，以及引领相关专业人才培养改革而设置的。在工业 4.0 时代，越来越多的生产流水线上的工人被机器人所取代，机器人的维修和维护需要大量的技术工人。随着大数据技术应用的快速发展，数据成为核心资产，社会急需一大批数据恢复领域的技术技能人才。为此，通过组织“电子产品芯片级检测维修与数据恢复”技能大赛，来培养相关工作岗位的核心技能，重点提高学生开展电子产品的故障检测、故障定位、故障维修、电子元器件拆焊和更换、存储设备数据恢复等能力，同时培养学生善于思考、勇于探索、合作探讨、规范操作等素养，毕业后能更好地胜任电子产品芯片级检测维修与数据恢复等工作岗位的工作。

**1. 竞赛内容**

1）竞赛时间

“电子产品芯片级检测维修与数据恢复”赛项的竞赛时间为240分钟。

2）竞赛任务

(1) 电路板检测与维修(赛项比重40%)。在规定的时间内，依据赛项执委会提供的技术文件(包括原理图等)，完成指定电子产品的故障检测及维修。

(2) 存储介质维修及数据恢复(赛项比重40%)。对赛项执委会现场提供的存储介质(硬盘\U盘\SD卡等)进行检测维修，将介质中存储的指定文件资料恢复出来。

(3) 填写竞赛报告单(赛项比重15%)。完成竞赛报告单的填写。

(4) 职业素养(赛项比重5%)。根据行业标准要求，选手做好规范操作、安全操作等事项。

**2. 竞赛流程**

(1) 竞赛开始90分钟前，参赛队选手到赛场指定地点抽取赛位号，接受检录，进入指定赛位，但不可进行任何操作。赛位号由加密裁判经两次加密处理后封存保管于指定场所。

(2) 在裁判长发布“赛前30分钟准备”的指令后，选手依照竞赛物料清单核对竞赛板卡、硬盘及相应配件是否符合需求，同时检查仪器设备及工具的功能是否正常，并对出现的异常及时申请更换，完成后填写相关表格并签字确认。

(3) 在裁判长发布“竞赛开始”的指令后，选手可自行决定工作程序，使用现场配套的设备及工具，开始竞赛操作，完成规定的工作任务。

(4) 竞赛开始后，裁判长将随机生成数据恢复指定文件，并打印下发给参赛选手。

(5) 在裁判长发布“竞赛结束”的指令后，选手必须停止一切竞赛操作。

(6) 竞赛结束后，根据现场裁判的指示进行电路板卡维修结果上传及电子版竞赛报告单上传，完成竞赛结果提交及确认。

(7) 竞赛结果提交完成后，按照现场裁判的安排有序离开比赛现场。

**3. 成绩评定**

本赛项的评分在注重对参赛选手综合能力考察的同时，也能客观反映参赛选手的技能水平及职业素养。

1）机评分

对于电路板卡的维修结果，现场采用专用的检测平台及软件进行自动评分并记录成绩，参赛队选手在电路功能板维修完成后，只需将电路板卡通过检测平台提交结果即可。

2）客观结果性评分

客观结果性评分小组由两名裁判组成，负责任务二(存储介质维修及数据恢复)的评分。评分方法：将选手对存储介质维修及数据恢复的结果与标准答案进行对照，即可确定选手得分。

3）主观结果性评分

由两个主观结果性评分小组分别负责，每组 5 人。对于竞赛任务中参赛队选手填写的维修报告，由 5 名评分裁判依照给定的参考答案，对填写的内容分别进行打分，取其中 3 名裁判的平均分(去掉最高分和最低分)作为参赛队本项得分。

4）职业素养评分

由现场裁判根据选手操作、规范、安全等方面的表现情况进行综合评分。

# 7.2 PC 系列板卡分析

## 7.2.1 PCSTART 板卡功能分析

### 1. 系统简介

PCSTART 功能板为电脑主板开机电路的功能板，主要模拟 PC 开机过程。电路方框图由 6 部分组成，如图 7－1 所示。

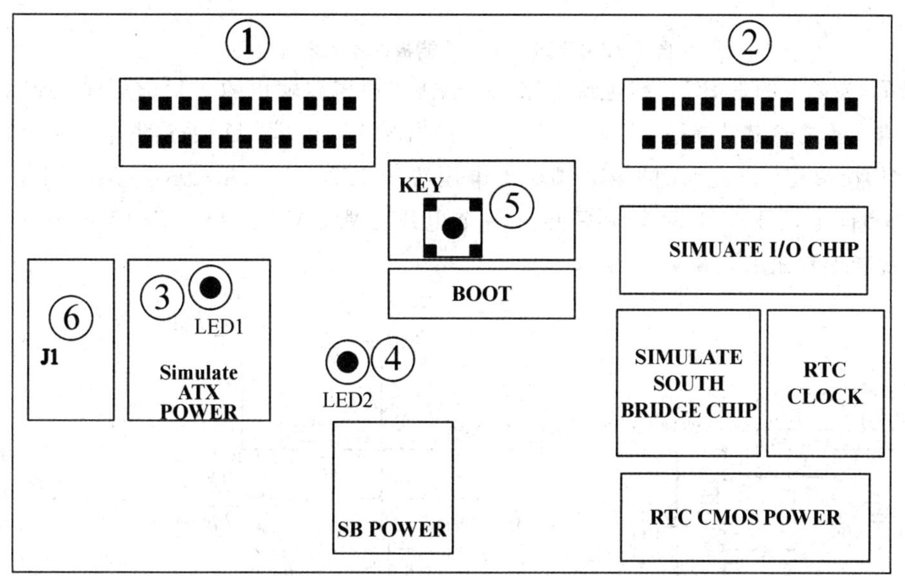


图 7－1 PCSTART 系统框图

在图 7－1 中，编号①为外接连线接口，是 40PIN 的排线接口；编号②为外接连线接口，是 40PIN 的排线接口；编号③为红色指示灯；编号④为绿色指示灯；编号⑤为开关按钮；编号⑥为输入电源，是 9V 的直流电源。

### 2. 线路板的调试

该项目采用 J1 端子接入 9V 工作电源。电路所有故障排除后可实现以下功能：

(1) 插上直流电源，电源红色指示灯亮，RTCCLK 正常输出振荡波形。

(2) 按下开关按钮，绿色指示灯亮，这时候相当于电脑工作状态。

(3) 再按下开关按钮，绿色指示灯灭，这时候相当于电脑关机状态。

**3. 电路工作原理**

图 7－2 给出了 PCSTART 功能板的电源供电电路。给 J1 端口输入 9V 的直流电压，通过电容 $C_3$ 和保险丝 $F_1$ 连接到稳压芯片 AIC1735 的第 2 脚，稳压芯片输出 5V 电压，发光二极管 $VD_1$ 正常发光。

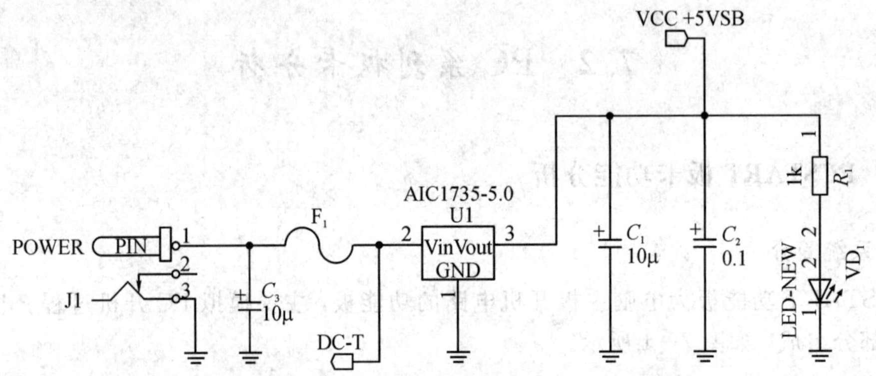


图 7－2 PCSTART 功能板的输入电源电路

图 7－3 模拟的是 PC 待机电源电路。由电源供电电路输出的 5 V 电压输入到 $U_4$ 芯片的第 3 脚，经过输出可调稳压芯片 APL1084 输出 3.3 V 电压。$U_4$ 的输出电压由电阻 $R_9$ 和 $R_8$ 的比值所决定。因此 $U_4$ 的第 2 脚输出电压等于 $1.25\ \text{V}\times(R_8+R_9)/R_9$。因此 VCC＋3.3VSB和锂电池 BAT1 两个中只要有一个电压正常，VCCRTC、INTVRMEN 和 RT-CRST 就能正常输出 3.3 V。

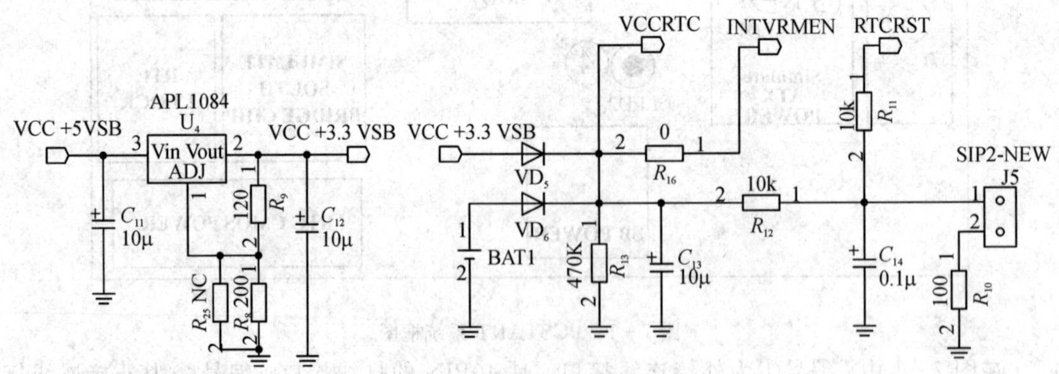


图 7－3 PCSTART 待机电源电路

图 7－4 模拟的是 PC 主机按键启动控制电路。PWR_SW 是按键，二极管 $VD_3$ 和 $VD_4$ 主要起静电保护作用。按键输出 PANSW 和芯片 MC74HC74A 的第 3 脚、第 11 脚相连接，也就是和 D 触发器的 CLK 端连接，D 触发器的输入端 D 和反向输出端 $Q$ 相连。因此，按键

每按一次，也就是给 CLK 端一个脉冲，D 触发器触发一次，触发器输出端 Q 输出一个反相电平。

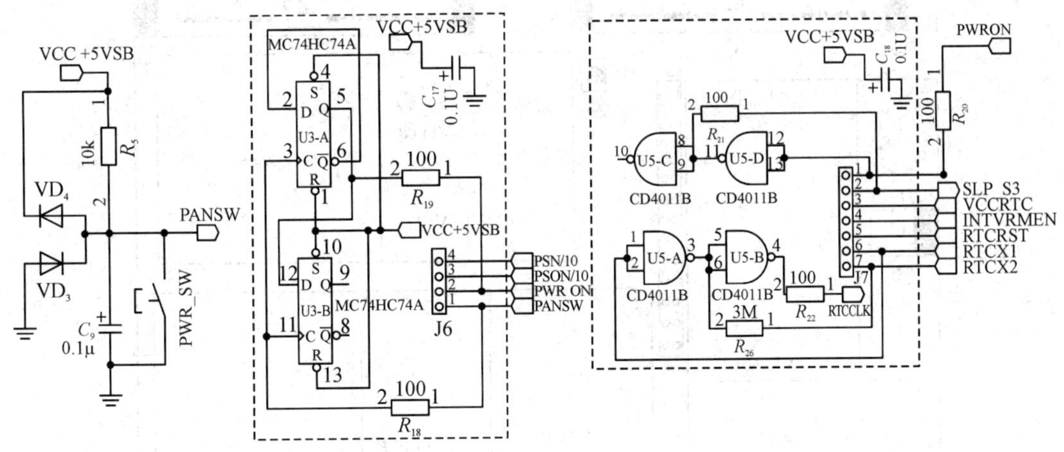


图 7-4 PCSTART 按键启动控制电路

假设触发器初始状态输出是高电平，则 PWRON 输出“1”，经过芯片 CD4011B 输出的 SLP_S3 为“0”，SLP_S3 作用于三极管 $V_2$ 的基极，其集电极输出信号 PSON 为“1”，因此 PMOS 管 $V_1$ 不导通，此时 VCC+5V 为 0V。当按下 PWR_SW 一次，PANSW 输出一个脉冲给 D 触发器的 CLK 端，PWRON 输出变成“0”，经过芯片 CD4011B 反相输出的 SLP_S3 为“1”，再经过三极管 $V_2$ 作用，PSON 信号输出“0”，此时 PMOS 管 $V_1$ 导通，VCC+5 V 输出 5 V，发光二极管 $VD_2$ 正常发光，如图 7-5 所示。这样就模拟了 PC 的开机过程。

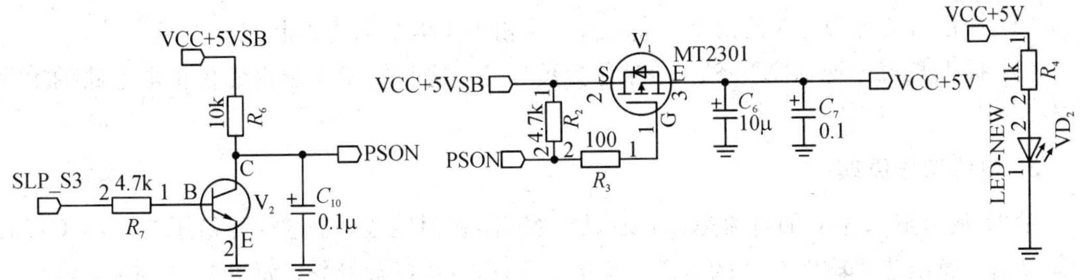


图 7-5 PCSTART 开机电路

### 7.2.2 PCICHPS 板卡功能分析

**1. 系统简介**

PCICHPS 功能板为电脑主板南北桥供电电路的仿真功能板，能够实现南北桥供电电路工作过程，其系统框图如图 7-6 所示。

在图 7-6 中，编号①为外接连线接口：40PIN 的排线接口(与检测平台上端 40PIN 排线接口相连，用于维修前及维修后检测，维修过程中无需连接)；编号②也是外接连线接口：40PIN 的排线接口(与检测平台下端 40PIN 排线接口相连，用于维修前及维修后检测，

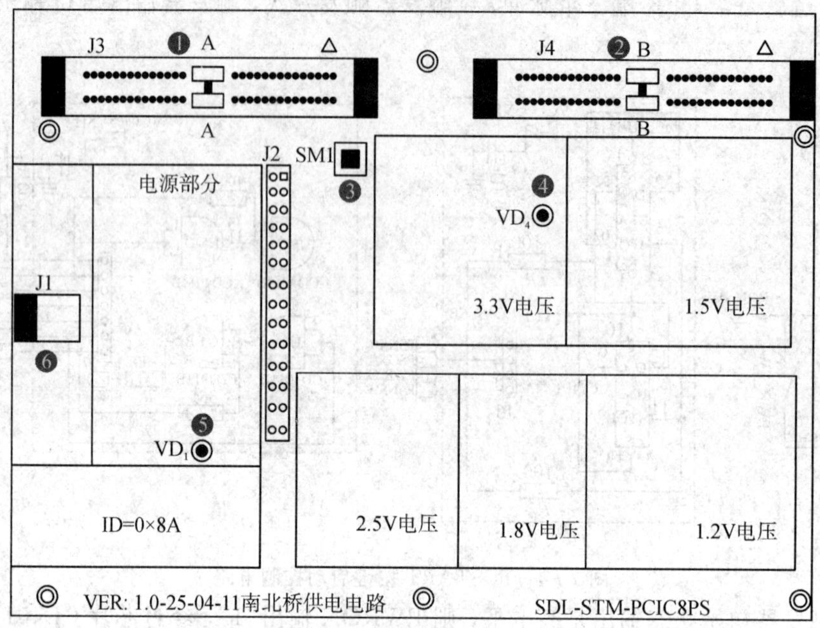


图 7-6　PCICHPS 系统框图

维修过程中无需连接)；编号③为 SW1 按钮；编号④为 $VD_4$ 绿色指示灯；编号⑤为 $VD_1$ 红色指示灯；编号⑥为 J1，是输入 9V 的直流电源。

**2. 线路板的调试**

(1) 未连接直流电源，这相当于电脑关机状态。

(2) 插上直流电源，红色指示灯亮，这时候相当于电脑通电的状态。

(3) 插上直流电源，按下 SW1，绿色指示灯亮，这时候相当于南北桥供电电路的工作状态。

**3. 电路工作原理**

给 J1 端口输入 9 V 的直流电压，通过电容 $C_3$ 和保险丝 $F_1$ 连接到稳压芯片 AIC1735 的第 2 脚，稳压芯片输出 5 V 的电压，发光二极管 $VD_1$ 正常发光，如图 7-7 所示。

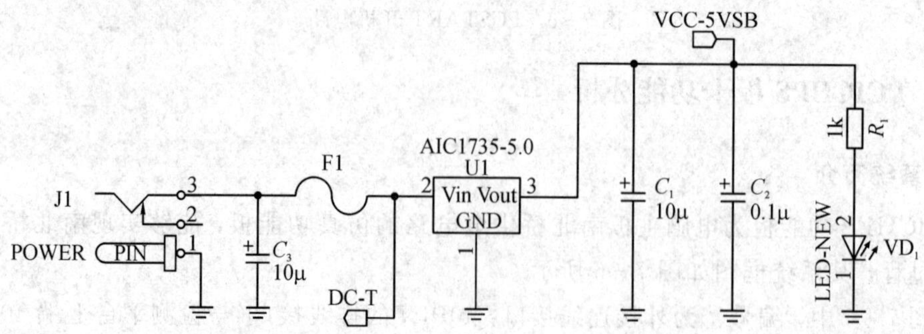


图 7-7　PCICHPS 功能板输入电源供电电路

按键 SW1 按下，EN_3.3 V 与 5 V 相连，此电压作用于三极管 $V_2$ 的基极，其集电极输出低电平，使 PMOS 管 $V_1$ 导通，相当于短路，将 5 V 电压输入到芯片 U4 的 3 脚，稳压芯片 APL1084 输出 3.3 V，发光二极管 $VD_4$ 正常发光，如图 7－8 所示。

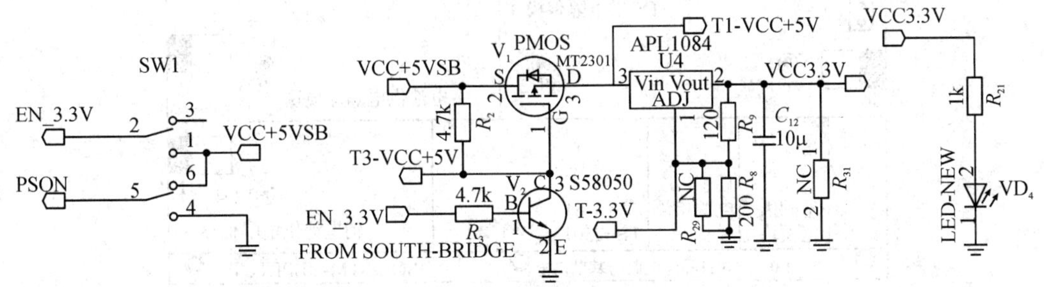


图 7－8 PCICHPS 功能板按键上电电路图

PCICHPS 功能板线性稳压电路如图 7－9 所示。在图 7－9 中，TL431 是基准稳压芯片，输出 2.5 V 电压，经过 $R_7$、$R_{10}$ 电阻分压后，输出 1.5 V 电压加到运放 LM358 的正向输入端。由于运放、MOS 管 $V_4$ 以及电阻 $R_{11}$ 组成负反馈，运放的两个输入端具有“虚短”功能，所以运放的反相输入端也是 1.5 V。负反馈运放还有“虚断”功能，也就是说流过 $R_{11}$ 的电流为 0，$R_{11}$ 两端的电压也是 0。因此，VCC1.5 V 的输出电压为 1.5 V。

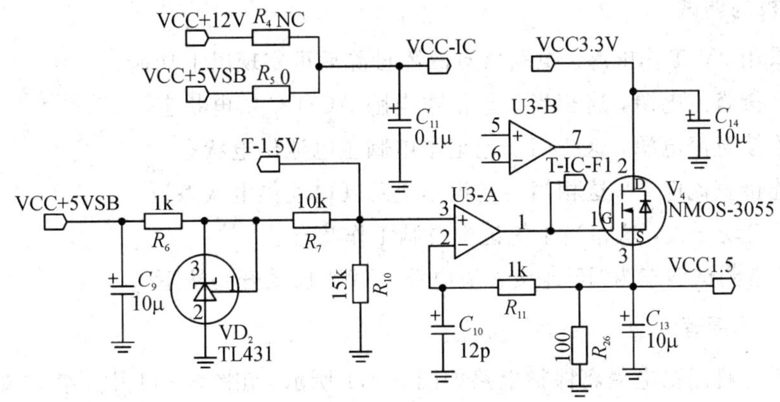


图 7－9 PCICHPS 功能板线性稳压电路

# 7.3 NB 系列板卡分析

## 7.3.1 NBPRTCT 板卡功能分析

### 1. 系统简介

NBPRTCT 功能板为笔记本电脑电池充放电电路仿真功能板，其系统框图如图 7－10 所示。

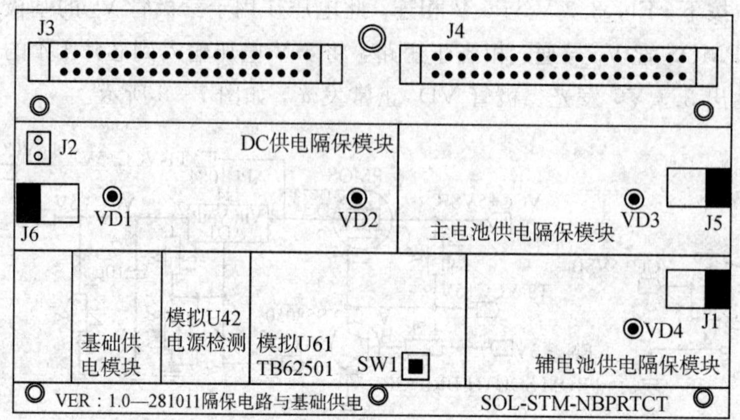


图 7-10　NBPRTCT 系统框图

在图 7-10 中，J3 外接连线接口 A：40PIN 的排线接口(与检测平台 40PIN 排线接口 A 相连，用于维修前及维修后检测，维修过程中无需连接)；J4 外接连线接口 B：40PIN 的排线接口(与检测平台 40PIN 排线接口 B 相连，用于维修前及维修后检测，维修过程中无需连接)；VD1、VD3、VD4 为红色指示灯；VD2 为绿色指示灯；SW1 为启动开关按钮；J1、J5、J6 为输入电源，电压是 9V 的直流电源。

**2. 线路板的调试**

该项目采用 9V 工作电源。电路所有故障排除后可实现以下功能：

(1) J1 连接直流电源，这相当于笔记本电脑 AC/DC 供电状态。

(2) J5 连接直流电源，这相当于笔记本电脑主电池供电状态。

(3) J6 连接直流电源，这相当于笔记本电脑辅电池供电状态。

(4) 按下启动开关，这相当于笔记本电脑工作状态。

注意：正常测试状态为“J5 连接直流电源；SW1 启动开关按下”。

**3. 电路工作原理**

NBPRTCT 直流供电隔离保护电路如图 7-11 所示。在图 7-11 中，给 J6 端口输入 9V 的直流电压，通过电容 $C_9$ 和保险丝 F1 连接到 $V_3$ 管的源极和电阻 $R_{57}$，经过电阻 $R_{57}$、$R_{70}$、$R_{66}$ 和 $R_{61}$ 电阻分压，给 $V_1$ 管的基极供电，$V_1$ 导通，集电极输出低电平。$V_3$ 导通，TP6 输出 9 V，经过电阻 $R_{54}$、$R_{49}$ 和 $R_{48}$ 分压，给 NMOS 管的栅极供电，此时 NMOS 不导通。但是，$V_2$ 源漏极之间有一个寄生二极管导通，因此 VINT20 的输出电压为 9 V 减去二极管的导通压降，约为 8.3 V，发光二极管 $VD_2$ 正常发光。

NBPRTCT 功能板控制逻辑图如图 7-12 所示。在图 7-12 中，DOCK-PWR20_F 和 J6 端口相连，当输入电源和 J5 端口相连时，DOCK-PWR20_F 电压为 0 V，经过电阻 $R_{52}$、$R_{53}$ 分压，再通过 CD4011 输出 EXTPWR 为高电平。当按键按下，SW-STATU 为高电平，因此经过芯片 CD4011，DCIN_DRV 输出“0”；BAT_DRV、M1_DRV、S1_DRV 输出“1”；M2_DRV、S2_DRV 输出“0”。

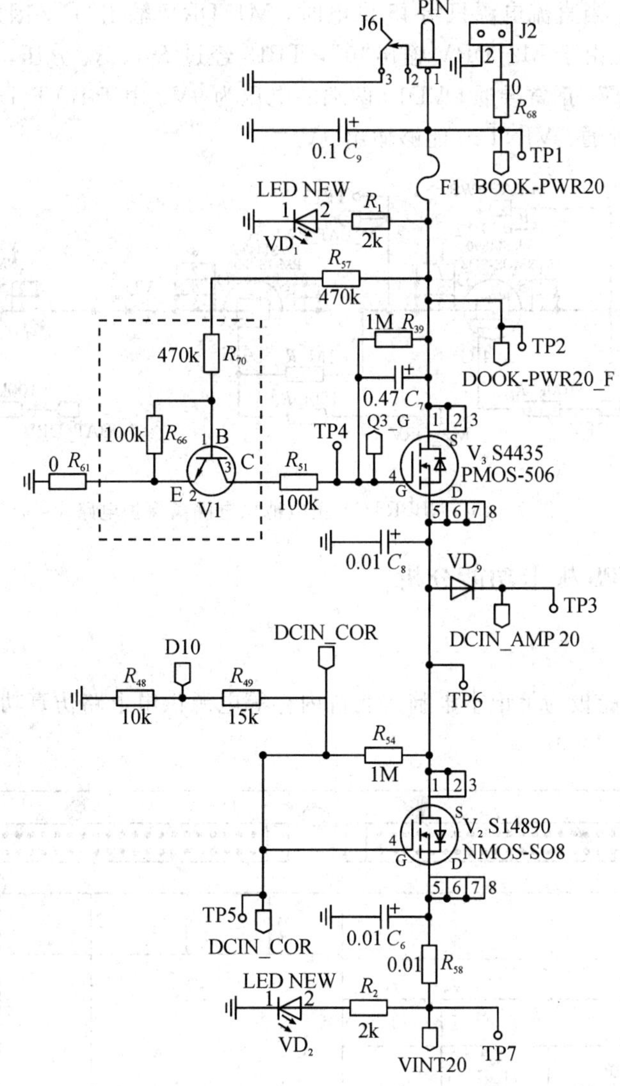


图 7－11 NBPRTCT 直流供电隔离保护电路

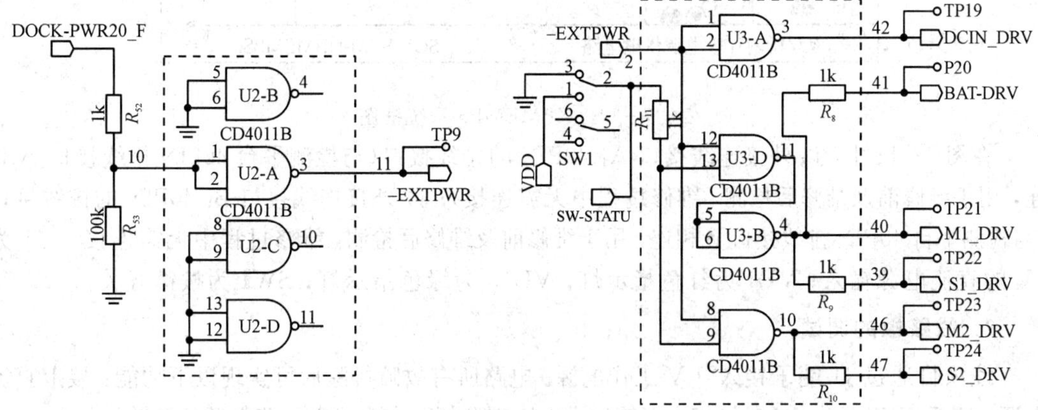


图 7－12 NBPRTCT 功能板控制逻辑图

在图 7－13 中，当直流电源只给 J5 供电时，M1_DRV 输出“1”，因此 NMOS 管 $V_8$ 导通，TP13 输出 9V。由于 M2_DRV 输出“0”，TP13 经过 $R_{60}$、$R_{65}$ 分压，还是输出低电平给 PMOS 管 $V_6$，因此 $V_6$ 正常导通，VD10 两端的电压为 9V。由于 BAT_DRV 输出“1”，因此 NMOS 管 $V_5$ 正常导通，VINT20 能够输出 9V。

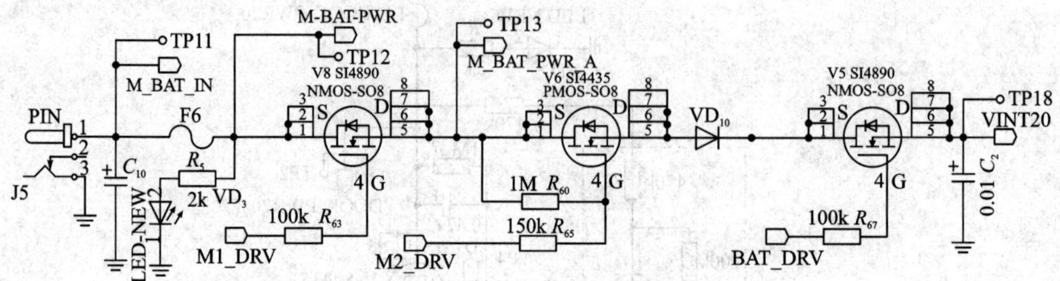


图 7－13　NBPRTCT 主电池供电隔离保护电路

## 7.3.2　NBMEMPS 板卡功能分析

### 1. 系统简介

NBMEMPS 功能板为笔记本电脑南北桥内存等电源供电电路仿真功能板，其系统框图如图 7－14 所示。

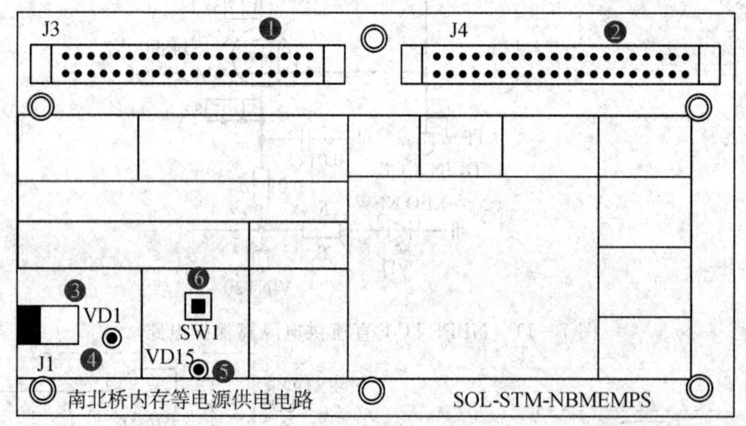


图 7－14　NBMEMPS 系统框图

在图 7－14 中，J3 外接连线接口 A：40PIN 的排线接口（与检测平台 40PIN 排线接口 A 相连，用于维修前及维修后检测，维修过程中无需连接）；J4 外接连线接口 B：40PIN 的排线接口（与检测平台 40PIN 排线接口 B 相连，用于维修前及维修后检测，维修过程中无需连接）；J1 为 9V 的直流电源输入；VD1 为红色指示灯；VD15 为绿色指示灯；SW1 为按键开关。

### 2. 线路板的调试

该项目通过 J1 端子接入 9 V 工作电源。电路所有故障排除后可实现以下功能：接上直流电源，按下 SW1 开关，这时候相当于笔记本电脑南北桥内存等供电电路电源处于工作状态。

### 3. 电路工作原理

NBMEMPS 功能板卡的其他电路和之前分析的电路非常类似，这里就不作重复分析。本小节主要分析笔记本电脑南北桥内存供电电路。VCC1R8A 电压产生电路就是一个同步整流的 BUCK 开关电源，如图 7－15 所示。同步整流的开关电源，上管的驱动是一个难点，驱动电路的高电平必须要比输入电源电压还要高 5V，因此需要一个自举电路。在图 7－15 中，自举电路是由电容 $C_{20}$、二极管 $VD_2$ 组成的。当下管 $V_2$ 导通时，VCCM5V 通过二极管 $VD_2$ 给电容 $C_{20}$ 充电到 5 V；当下管 $V_2$ 关断，上管 $V_1$ 导通时，电容 $C_{20}$ 下端被抬高到 VINT20 的电压 9 V，由于电容两端的电压不能瞬变，电容 $C_{20}$ 上端的电压被抬高到 9 V＋5 V＝14 V，此时二极管 $VD_2$ 反向截止，这个电压就能保证上管 $V_1$ 充分导通。

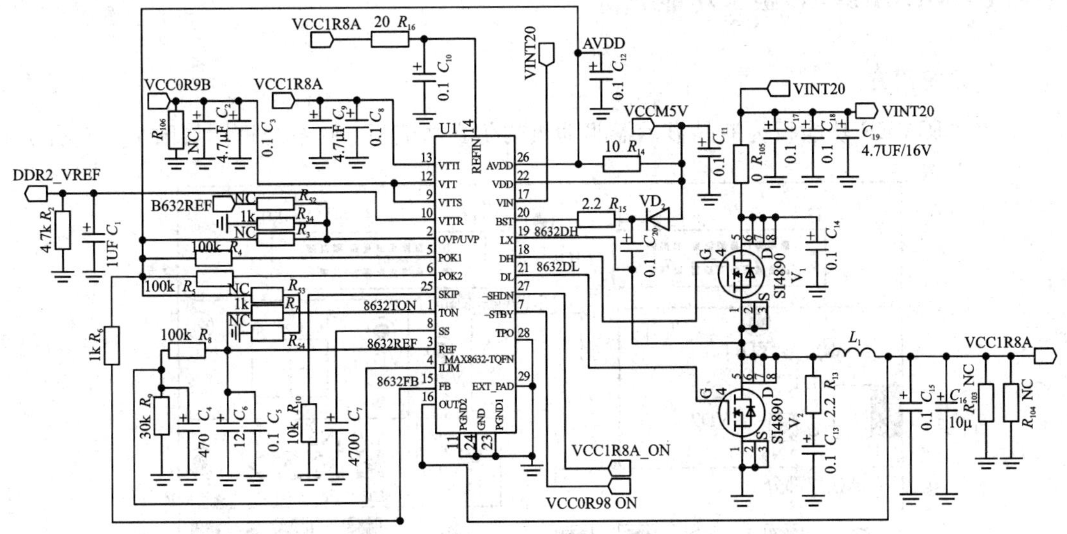

图 7－15　NBMEMPS 功能板 VCC1R8A 电压产生电路

通过查看 MAX8632 的芯片规格书就发现，10 脚 VTTR 就是 14 脚 REFIN 的输入电压经过两个相同的电阻分压为 REFIN/2，经过一个单位增益放大电路的输出。因为 REFIN 的电压就是开关电源的输出电压 1.8 V，因此 10 脚 VTTR 的输出就是 1.8 V 的一半0.9 V。

当芯片的第 9 脚 VTTS 和第 12 脚 VTT 相连时，内部也构成了一个单位增益放大电路，因此第 12 脚 VTT 的输出也等于 REFIN 电压的一半 0.9 V。

MAX8632 的第 2 脚是过压/欠压保护(OVP/UVP)控制输入。该四电平逻辑输入用来使能/禁止过压/欠压保护。过压门限值为额定输出电压的 116%。欠压门限值为额定输出电压的 70%。使能 OVP 的同时启用放电模式。OVP/UVP 的连接如下：OVP/UVP = AVDD (使能 OVP 和放电模式，使能 UVP)；OVP/UVP = 悬空(使能 OVP 和放电模式，禁止 UVP)；OVP/UVP = REF (禁止 OVP 和放电模式，使能 UVP)；OVP/UVP = GND (禁止 OVP 和放电模式，禁止 UVP)。

MAX8632 的第 5 脚 POK1 是 BUCK 电源就绪开漏输出。当 BUCK 输出电压比规定稳定电压高出或低出 10%，或在软启动期间时，POK1 为低电平。当输出电压达到稳定且软启动电路停止工作时，POK1 为高阻态。关断模式下 POK1 为低电平。

MAX8632 的第 6 脚 POK2 是 LDO 电源就绪开漏输出。在正常模式下，只要 VTTR 和 VTTS 电压中的任何一个比额定稳定电压(通常为 REFIN/2)高出或低出 10%，POK2 都为低电平。待机模式下 POK2 仅对 VTTR 输入响应。关断模式下或当 VREFIN 小于 0.8 V 时，POK2 为低电平。

# 7.4　MO 系列板卡分析

## 7.4.1　MODRIVER 板卡功能分析

### 1. 系统简介

MODRIVER 功能板为液晶显示器驱动板的仿真功能板，其系统框图如图 7－16 所示。

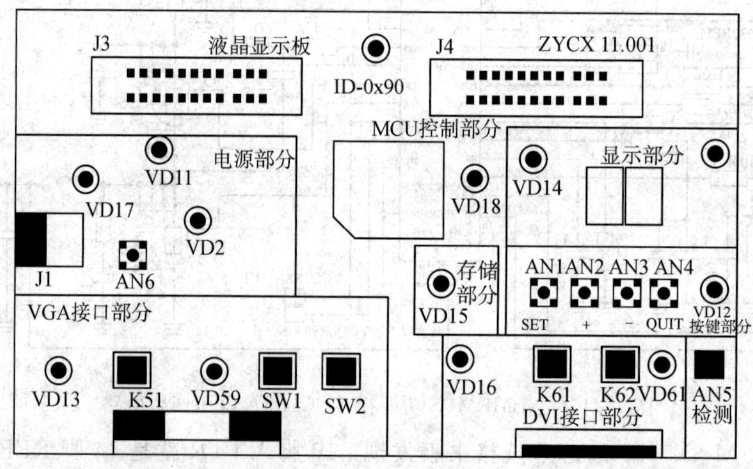


图 7－16　MODRIVER 功能板系统框图

在图 7－16 中，J3 外接连线接口 A：40PIN 的排线接口(与检测平台 40PIN 排线接口 A 相连，用于维修前及维修后检测，维修过程中无需连接)；J4 外接连线接口 B：40PIN 的排线接口(与检测平台 40PIN 排线接口 B 相连，用于维修前及维修后检测，维修过程中无需连接)。

按键说明。K51 按键：VGA 信号开关；K61 按键：DVI 信号开关；K62 按键：DVI 信号节能开关；SW1 按键：行信号开关；SW2 按键：场信号开关；AN6 按键：开关机按钮；AN5 检测按钮：数码管，24C02 测试，行/场状态检测按钮，按一下为数码管电压，按二下为行频，按三下为场频，按四下为亮度值(默认数码管显示亮度值)(对亮度值进行设置时首先按下 SET 按钮，VD12 灯亮)。

SET 按钮：将亮度值保存于 24C02 后，退出；＋按钮：亮度＋；－按钮：亮度－；QUIT 按钮：退出不保存。

指示灯说明。VD2：电源指示灯；VD11：开机指示灯；VD14：显示部分错误指示灯；VD12：设置状态指示灯；VD13：VGA接口部分错误指示灯；VD16：DVI接口部分错误指示灯；VD59：接VGA数据线指示灯；VD61：接DVI数据线指示灯；VD15：存储部分错误指示灯；VD18：MCU控制部分错误指示灯；VD17：电源部分错误指示灯。

J1为输入电源，是9 V的直流电源。

**2. 线路板的调试**

该项目采用通过J1端子接入9 V工作电源。电路所有故障排除后可实现以下功能：

(1) 接通电源后，电源指示灯VD2亮。

(2) 待机状态。接通电源后，电源指示灯VD2亮，表示显示器处于待机状态。在待机状态下，按电源部分的AN6开关，工作指示灯VD11亮，进入工作状态；在工作状态下，按电源部分的AN6开关，工作指示灯VD11灭，进入待机状态。

(3) 显示连机状态信号。在工作状态下，若无连机信号，则显示部分的数码管显示“no”,进入未连机状态。按下VGA接口部分的K51开关，或按下DVI接口部分的K61开关，模拟连机信号，则数码管不再显示“no”，进入连机状态；在连机状态下，断开VGA接口部分的K51开关、DVI接口部分的K61开关，无模拟连机信号，则数码管显示“no”，进入未连机状态。

(4) 检测行场同步信号。在连机状态下(K51开关按下状态)，若无行场同步信号，数码管显示“——”，进入VGA节能状态。按下VGA接口部分的行场信号模拟开关SW1、SW2，数码管显示亮度设定值，进入显示状态；在显示状态下，断开VGA接口部分行、场信号模拟开关SW1、SW2，数码管显示“——”，进入VGA节能状态。

(5) 亮度调节与显示。在显示状态下，按下按键部分的“SET”开关，设置指示灯VD12亮，进入亮度设置状态。在亮度设置状态下，按下按键部分的“+”开关，数码管数值增加，同时数码管亮度增加，按下按键部分的“-”开关，数码管数值减少，同时数码管亮度减少，数码管亮度调节至适宜。

(6) 亮度调节参数的存储或者不保存。在亮度调节状态下，将数码管亮度调节至适宜。若想保存数码管亮度值，按下按键部分的“SET”开关，设置指示灯VD12灭，保存数码管亮度值后退出亮度设置状态；若不想保存数码管亮度值，按下按键部分的“QUIT”开关，设置指示灯VD12灭，退出亮度设置状态，数码管恢复原亮度。

(7) 自动检测。在节能状态或者显示状态下，按右下角的“检测”开关自动进入检测状态。在自动检测状态下，MCU自动检测显示部分、存储部分、VGA接口部分；检测中发现异常时，对应区域的黄灯点亮，亮灯时间为10s，不可连续测试，待黄灯熄灭后再次检测。

**3. 电路工作原理**

MODRIVER功能板卡主要是模拟液晶显示器驱动板的功能，如图7-17所示。计数器芯片CD4060产生两路信号，其中行信号的频率高，场信号的频率低。两路信号分别通过按键SW1和SW2控制后输入到单片机的两个I/O口。单片机接收到这两路信号，还可以通过按键电路设置信号的频率值，并输出相应的PWM1信号去调节数码管的亮度。同时，存储芯片24C02通过$I^2C$总线和单片机连接，且可以存储相应的值。

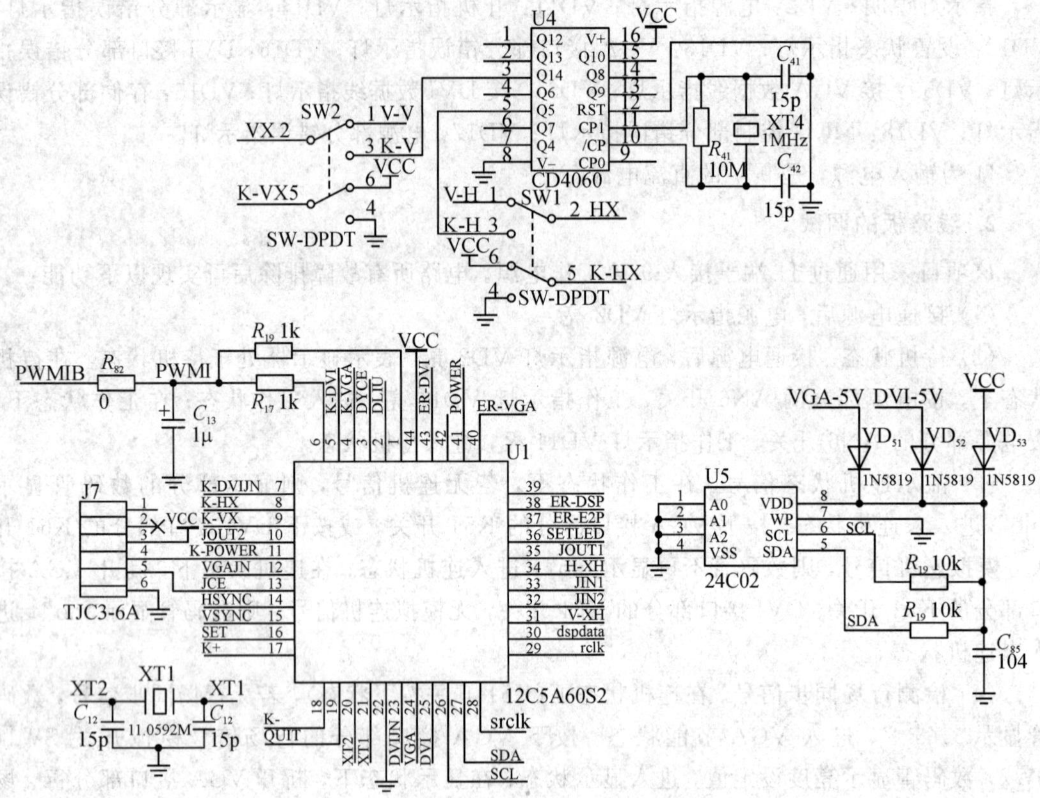

图 7－17　MODRIVER 核心电路图

## 7.4.2　MOPOWER 板卡功能分析

### 1. 系统简介

MOPOWER 功能板为液晶显示器电源仿真功能板，其系统框图如图 7－18 所示。

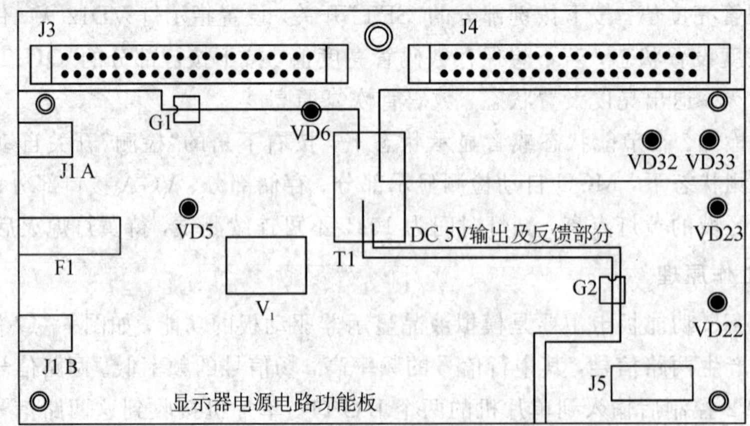


图 7－18　MOPOWER 功能板系统框图

在图 7-18 中，J3 外接连线接口 A：40PIN 的排线接口(与检测平台 40PIN 排线接口 A 相连，用于维修前及维修后检测，维修过程中无需连接)；J4 外链接线接口 B：40PIN 的排线接口(与检测平台 40PIN 排线接口 B 相连，用于维修前及维修后检测，维修过程中无需连接)；VD5、VD32、VD22 为红色指示灯；VD6、VD33、VD23 为绿色指示灯；J1A、J1B 为 24 V 的直流电源输入。

**2. 线路板的调试**

该项目采用通过 J1A、J1B 端子接入 24V 工作电源。电路所有故障排除后可实现以下功能：

(1) 未接上直流电源，这相当于液晶显示器电源未接入。

(2) 接上直流电源，这相当于液晶显示器电源处于工作状态。

**3. 电路工作原理**

MOPOWER 功能板电路图如图 7-19 所示，该电路是 FLYBACK 结构的隔离型开关电源。电路刚刚启动时，J1A 和 J1B 输入电源通过 $R_1$ 给芯片 UC3842 供电，UC3842 的 6 脚输出 PWM 信号驱动开关管 $V_1$ 工作，通过变压器 T1 将能量传输到输出。当输出电压稳定以后，变压器通过二极管 VD1 给芯片供电。

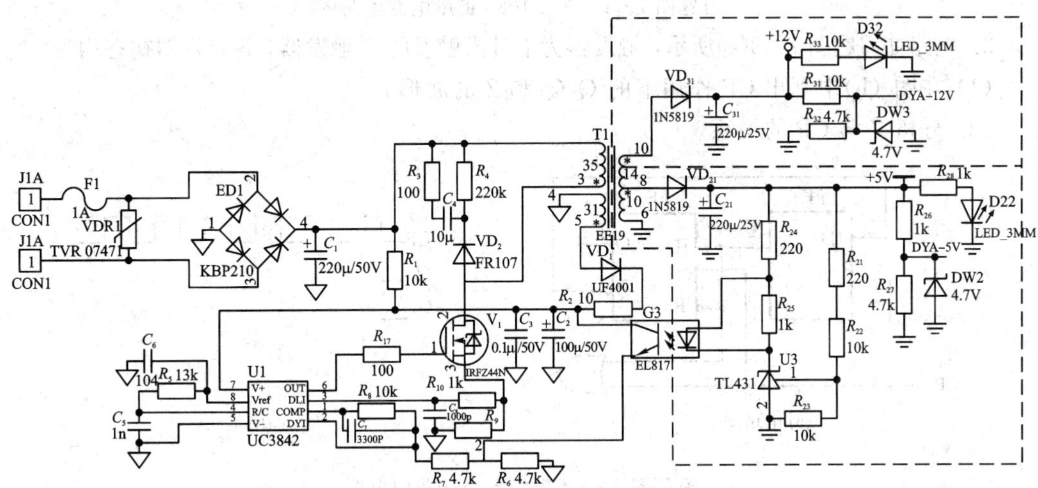


图 7-19 MOPOWER 功能板电路图

开关电压的振荡频率由 $R_5$ 和 $C_6$ 的值决定。$R_8$ 和 $C_7$ 是频率补偿元件，保证开关电源工作稳定。$R_3$、$R_4$、$C_4$ 和 $VD_2$ 的作用是缓冲保护，保护开关管 $V_1$ 在工作过程中不被快速变化的电压和电流损坏。TL431 芯片是基准电压芯片，它的 1 脚输出稳定的 2.5 V，当电路稳定工作时，通过改变电阻值 $R_{21}$、$R_{22}$、$R_{23}$ 的电阻值，就可以改变开关电源在 $C_{21}$ 这一路的输出电压。此时，输出电压应该等于

$$V_{C21} = 2.5 \times \frac{R_{21} + R_{22} + R_{23}}{R_{23}} = 5\ \text{V} \tag{7-1}$$

开关电源在 $C_{31}$ 这一路的输出电压可以通过设定与 $C_{21}$ 这一路变压器的匝数比来确定，即

$$\frac{U_{C31}}{U_{C21}} = \frac{N_{31}}{N_{21}} \tag{7-2}$$

# 复习思考题 7

1. 由 APL1084 组成的可调电压源电路如习题图 7－1 所示，对于 APL1084 芯片，第 2 脚和第 1 脚的电压差为 1.25 V。已知输入电压 $V_{IN}$＝5 V，输出电压 $V_{OUT}$＝3.3 V，$R_2$＝220 Ω，求 $R_1$ 的电阻值。

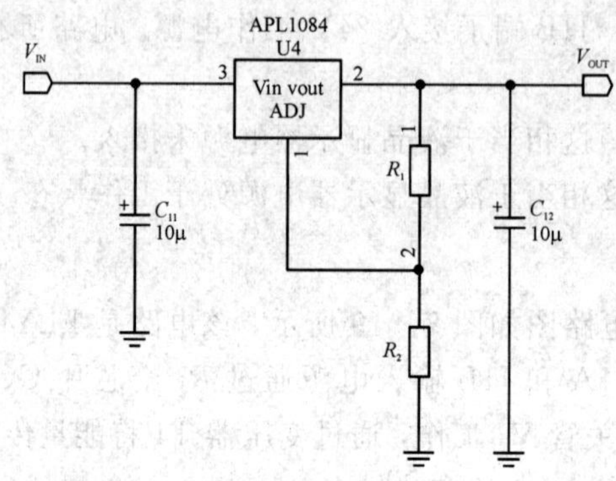


习题图 7－1　APL1084 稳压电源电路图

2. 电路如习题图 7－2(a)所示，触发器为上升沿触发的 D 触发器，各触发器初态均为“0”。

(1) 在图 (b)中画出 CP 作用下的 $Q_0Q_1$ 和 Z 的波形；

(2) 分析 Z 与 CP 的关系。

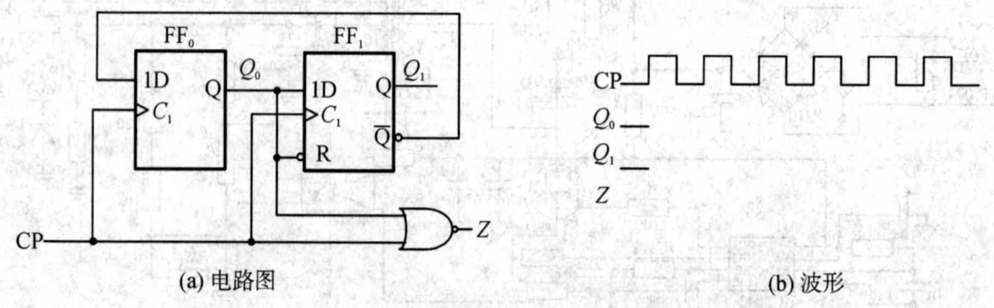


习题图 7－2　触发器与或非门电路

3. 电路如习题图 7－3(a)所示，试在图(b)中画出给定输入波形作用下的输出波形，各触发器的初态均为“0”。根据输出波形，说明该电路具有什么功能。

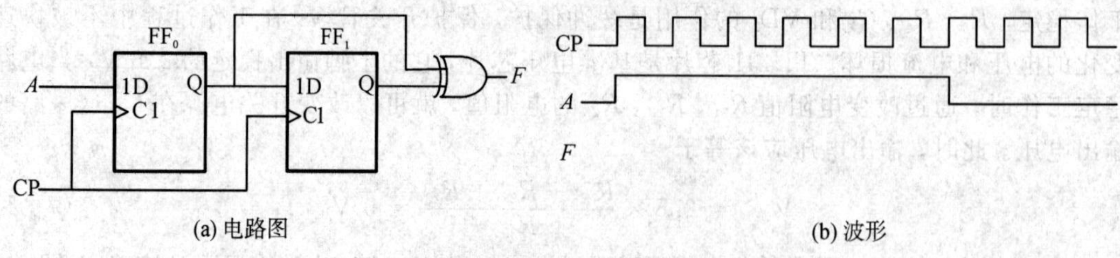


习题图 7－3　触发器与异或门电路

4. 电路如习题图 7-4 所示，试在图(b)中画出给定输入波形作用下输出端 $Q_0$ 和 $Q_1$ 的波形，设各触发器的初态均为“0”。

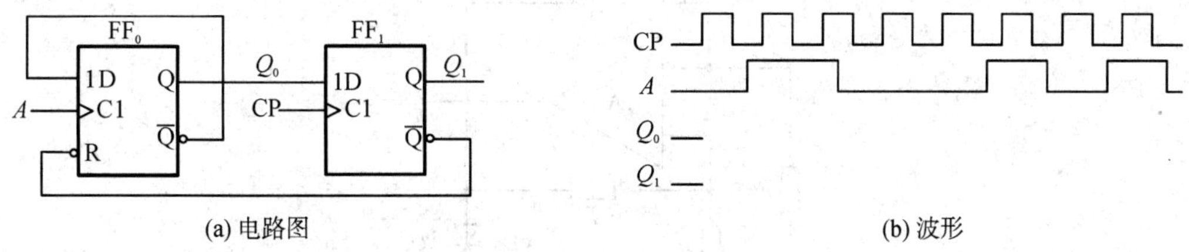

(a) 电路图 (b) 波形

习题图 7-4 双触发器电路

5. MOSFET 和 IGBT 是场控器件，直流输入阻抗极高，为什么当工作频率很高时，仍然需要较大的栅极驱动电流？

6. 在习题图 7-5 所示的电路中，和开关器件 V 相连的电阻 $R$、电容 $C$ 和二极管 VD 的主要作用是什么？

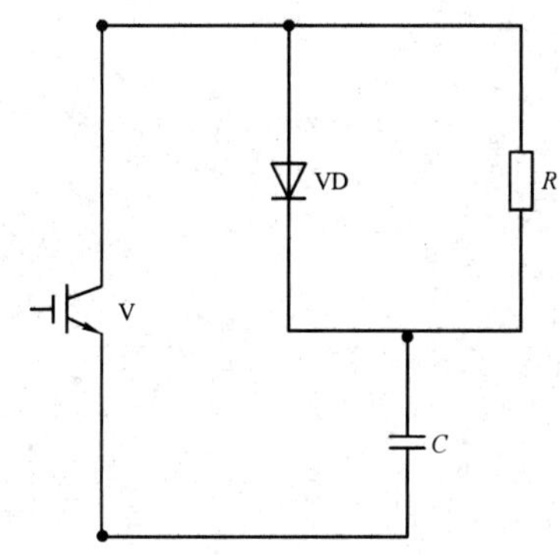

习题图 7-5 开关管 VT 的输出端电路

7. 什么叫单片机最小系统？单片机最小系统由哪些部分构成？

8. 光电耦合器的输入侧等效的基本电子元件是什么？

9. 电路如习题图 7-6 所示，试求解：(1) $R_W$ 的下限值；(2) 振荡频率的调节范围。

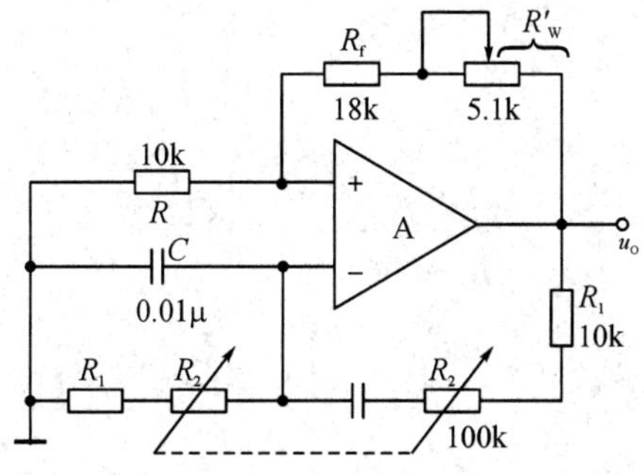

习题图 7-6 振荡器电路

10. 习题图 7－7 是某同学所接的方波发生器电路，试找出图中的三个错误，并改正。

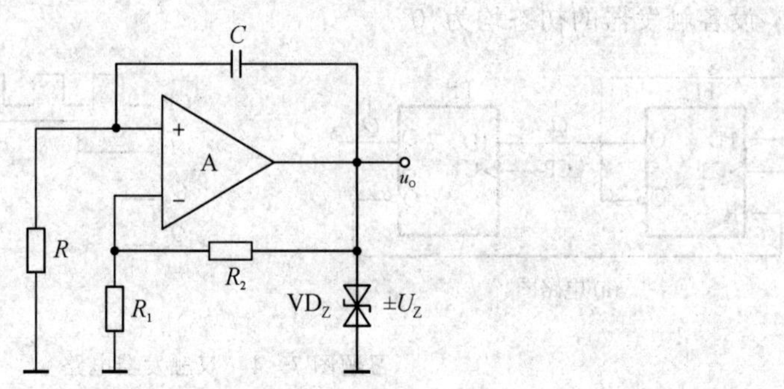


习题图 7－7　方波发生器电路

# 参 考 文 献

[1] 王成福，吴弋旻，李荣学. 电子产品原理分析与故障检修. 北京：电子工业出版社，2011.

[2] 李雄杰. 电子产品修修技术. 北京：电子工业出版社，2009.

[3] 莫受忠，孙昕炜. 计算机主板芯片级维修实训. 北京：机械工业出版社，2018.

[4] 陈晓峰，孙昕炜. 硬盘维修与数据恢复. 北京：机械工业出版社，2018.

[5] 乔英霞，孙昕炜. 计算机数据恢复技术与应用. 北京：机械工业出版社，2018.

[6] 窦明升. 电子元器件识别与应用一本通. 北京：人民邮电出版社，2018.

[7] 张东虞. 基于单片机控制的太阳能手机充电器的设计[D]：[硕士学位论文]. 新疆：石河子大学大学，2015.

[8] 李燕. 电动自行车用锂电池充电器设计[D]：[硕士学位论文]. 河南：河南师范大学，2012.

[9] 胡清琮. 基于恒流/恒压方式的锂离子电池充电保护芯片的设计[D]：[硕士学位论文]. 杭州：浙江大学，2007.

[10] 刘晓宇. 锂电池充电器芯片的设计与研究[D]：[硕士学位论文]. 上海：复旦大学，2012.

[11] 程凯韬. 智能无线消防应急灯指示系统的关键技术研究[D]：[硕士学位论文]. 杭州：杭州电子科技大学，2013.

[12] J. Sebastian, D. G. Lamar, M. Arias, M. Rodriguez, and M. M. Hernando, "A very simple control strategy for power factor correctors driving high-brightness lighting-emitting diodes," in Proc. IEEE Appl. Power Electron. Conf. (APEC), Feb. 2008, vol. 1, pp. 537 - 543.

[13] Y. H. Fan, C. J. Wu, C. C. Fan, K. W. Chih, and L. D. Liao, "A simplified LED converter design and implement," presented at the 9th Joint Conf. Inf. Sci. (JCIS), Taipei, Taiwan, Oct. 8 - 11 2006.